嵌入式组件设计
——驱动·界面·游戏

王小妮　魏桂英　杨根兴　主编

北京航空航天大学出版社

内 容 简 介

本书是嵌入式系统应用、嵌入式组件设计和嵌入式游戏设计的教材，涉及了设备驱动程序设计、控件设计、应用程序开发以及PDA与手机中常用功能组件和游戏的设计。内容共分13章。第1章介绍了嵌入式系统、组件设计和游戏设计基础知识。第2章介绍了组件开发的基本构件。第3～7章介绍了电话簿、系统时间、日历、智能拼音输入法及科学型计算器组件设计。第8～13章介绍了高炮打飞机游戏、沙壶球游戏、24点游戏、高尔夫球游戏、五子棋游戏及拼图游戏设计。对每个设计都详细讲述了设计方法、编写要点，并包括源代码详解。本书附带光盘，其中包括源代码、课件PPT及相关资料，以方便教师授课及读者学习。

本书可以作为高等院校有关嵌入式系统教学的本科生或者研究生的专业课教材，也可作为实验教材，也适合作为各类相关培训班的教材，还可以作为机电仪器一体化控制系统、信息电器、工业控制、手持设备、智能玩具、游戏软件等方面嵌入式应用软件开发人员的参考书及嵌入式系统爱好者的自学用书。

图书在版编目(CIP)数据

嵌入式组件设计 ：驱动·界面·游戏 / 王小妮，魏桂英，杨根兴主编. -- 北京 ：北京航空航天大学出版社，2012. 1

ISBN 978-7-5124-0678-0

Ⅰ. ①嵌… Ⅱ. ①王… ②魏… ③杨… Ⅲ. ①程序设计—教材 Ⅳ. ①TP311.1

中国版本图书馆CIP数据核字(2011)第263485号

嵌入式组件设计——驱动·界面·游戏

王小妮 魏桂英 杨根兴 主编

责任编辑 张冀青

*

北京航空航天大学出版社出版发行

北京市海淀区学院路37号(邮编100191) http://www.buaapress.com.cn

发行部电话：(010)82317024 传真：(010)82328026

读者信箱：bhpress@263.net 邮购电话：(010)82316936

北京市媛明印刷厂印装 各地书店经销

*

开本：787×1092 1/16 印张：25 字数：640千字

2012年1月第1版 2012年1月第1次印刷 印数：4 000册

ISBN 978-7-5124-0678-0 定价：52.00元(含光盘1张)

前　言

《嵌入式组件设计——驱动·界面·游戏》涵盖了嵌入式系统开发中的设备驱动程序设计、控件设计、绘图设计和组件级编程四部分内容。其中，设备驱动程序设计包含了串行口、键盘、I/O接口、A/D接口、D/A接口、液晶屏、触摸屏、USB接口的原理介绍及驱动程序的编写；控件设计包括消息、文本框控件、列表框控件、按钮控件、窗口控件及系统时间功能部分的应用程序编写；绘图设计包括画点、线、矩形、椭圆及颜色设置和Unicode字库的显示；组件级编程包括基本功能组件和游戏功能组件，其中基本功能组件包括电话簿组件设计、记事本组件设计、日程表组件设计、系统时间组件设计、日历组件设计、智能拼音输入法组件设计和科学型计算器组件设计，游戏功能组件包括高炮打飞机游戏设计、沙壶球游戏设计、24点游戏设计、高尔夫球游戏设计、五子棋游戏设计和拼图游戏设计。

本书是嵌入式系统应用程序开发的综合教程。该教程指导读者由"浅"入"深"，由"局部"到"整体"，由"不会"到"轻松驾驭"嵌入式软件开发。"浅"处教会读者怎样设计一个控件，如按钮、文本框、列表框；"深"处读者可以根据这些控件完成一项功能设计，如可以将存储卡中的bmp格式的位图文件名列表显示出来，通过点击可以把图形显示出来。"局部"教会读者怎样设计一个设备驱动程序，如串行口、键盘、I/O接口、A/D接口、D/A接口、液晶屏、触摸屏和USB接口驱动程序；"整体"是指读者可以根据这些设备驱动程序，把一个完全的"裸"硬件平台，通过一点点加驱动程序，使它慢慢变成一个可以让读者操作的嵌入式设备。"不会"是现在学习了好长时间嵌入式开发的学生对自己学完后的评价，即使已经学过了嵌入式系统及应用课程，或者也翻阅了好多嵌入式相关书籍，但开发水平却一直停滞不前。其主要原因就是实践不够，嵌入式系统的开发不是"学"出来的，而是"用"出来的，是需要不断编程、下载，通过多个实例摸索实践出来的；"轻松驾驭"就是指通过本书中组件设计引用的实例及编程思想的剖析、源代码的解读，及大量代码的阅读、实践，读者很容易在这其中找到设计灵感，找到嵌入式开发的乐趣，完成属于自己的嵌入式系统应用程序设计。

本书的内容适合作为"嵌入式软件开发"、"嵌入式驱动程序设计"、"嵌入式组件设计"和"嵌入式游戏开发"课程的教材。

本书由王小妮、魏桂英、杨根兴主编，北京信息科技大学的徐英慧老师和李雪峰、段志勇、解杨、刘嘉、武涛、杨达、罗欧、张波龙、张皓旻、张坤、张杨等同学参与编写，全书由王小妮统稿。本书作者从事嵌入式教学多年，先后主讲过"嵌入式操作系统"、"嵌入式组件设计"、"计算机组成原理与结构"、"ARM体系结构与编程"、"嵌入式系统及其应用"等多门嵌入式方面相关课程，主持并参与了多项嵌入式方面校及市教委课题。

在本书的编写过程中，得到了北京航空航天大学出版社和北京信息科技大学理学院的大力支持，在此表示衷心感谢！北京博创兴盛科技有限公司在本书的策划过程中起了很大的促进作用，在此也表示衷心的感谢！本书由北京市教委科技发展计划面上项目(KM201110772018)支持编写。

由于作者水平有限，不当之处在所难免，敬请读者批评指正。

作　者
北京信息科技大学
2011年9月

前言

目　录

第1章 概 述

本章应掌握嵌入式系统的基本概念、特点以及嵌入式操作系统的概念和特点，基本掌握嵌入式系统软硬件技术及嵌入式产品种类划分、应用范围及其发展趋势。了解嵌入式产品中的典型产品(如掌上电脑、笔记本电脑和PDA)，包括基本概念、基本功能及市场前景；深入了解嵌入式系统中的关键技术及开发过程中应注意的问题。

嵌入式系统在人们的印象中多应用在工业控制领域以及智能机器人，但随着移动通信以及智能家电、网络家电的发展，嵌入式系统的应用越来越广。

1.1 嵌入式系统概念

1.1.1 嵌入式系统的基本概念

嵌入式系统是计算机技术、通信技术、半导体技术、微电子技术、语音图像数据传输技术，甚至传感器等先进技术和具体应用对象相结合后的更新换代产品。它是以应用为中心，以嵌入式计算机为技术核心，软硬件可裁剪的，适用于对功能、可靠性、成本、体积和功耗等综合性具有严格要求的专用计算机系统。多年来，嵌入式系统一直被广泛应用于各种设备当中，大到车、船和卫星，小到家用电器。

嵌入式系统通常由嵌入式处理器、嵌入式操作系统、嵌入式外围设备和嵌入式应用软件等部分组成，用于实现对其他设备的控制、监视或管理等功能。

1. 嵌入式处理器

嵌入式处理器是嵌入式系统的核心部件。目前据不完全统计，全世界嵌入式处理器的品种总量已经超过1 000多种，流行体系结构有三十几个系列。嵌入式处理器可以分为嵌入式微控制器(Micro Controll Unit，MCU)、嵌入式数字信号处理器(Embedded Digital Signal Processor，EDSP)、嵌入式微处理器(Embedded Micro Processor Unit，EMPU)和嵌入式片上系统(System On Chip，SOC)几类。

嵌入式处理器具有以下特性：对实时多任务有很强的支持能力；具有功能很强的存储区保护功能；可扩展的处理器结构；功耗很低，尤其适用于便携式无线及移动的计算和通信设备中靠电池供电的嵌入式系统。嵌入式处理器具有高集成、高可靠、功能强、成本低的优点。与传统的X86相比，精简指令集的ARM产品无论是在系统构架、运算速度、系统功耗，还是在应用成本方面都更能体现较明显的优势。

选择处理器时要考虑的主要因素有：调查上市的CPU供应商；考虑处理器的处理速度、处理器的低功耗、处理器的软件支持工具，以及处理器是否内置调试工具，处理器供应商是否提供评估板以及技术指标等。

2. 嵌入式操作系统

嵌入式操作系统是嵌入式系统应用的核心，完成嵌入式应用的任务调度和控制等核心功能。嵌入式操作系统控制着应用程序编程与硬件的交互。它以尽量合理有效的方法组织多个用户共享嵌入式系统的各种资源。嵌入式软件开发要想走向标准化，为了合理地调度多任务，利用系统资源，就必须使用多任务的操作系统。嵌入式操作系统不同于一般意义的计算机操作系统，它有占用空间小、执行效率高、方便进行个性化定制和软件要求固化存储等特点。目前，国外商品化的嵌入式实时操作系统，已进入我国市场的有 WindRiver、Microsoft、QNX 和 Nucleus 等产品。但是这些产品的造价都十分昂贵，用于一般用途会提高产品成本从而失去竞争力。而 μC/OS 和 μClinux 操作系统，是当前得到广泛应用的两种免费且公开源码的嵌入式操作系统。为了合理地调度多任务，利用系统资源、系统函数以及和专家库函数接口，用户必须自行选配嵌入式实时操作系统开发平台，这样才能保证程序执行的实时性、可靠性，并减少开发时间，保障软件质量。

3. 嵌入式外围硬件设备

嵌入式系统的硬件组成除了包括中心控制部件嵌入式系统处理器外，还有内存、输入输出装置以及一些扩充装置开关、按钮、传感器、模/数转换器、控制器、LED(发光二极管)等嵌入式外围硬件设备。嵌入式硬件环境是整个嵌入式操作系统和应用程序运行的硬件平台，不同的应用通常有不同的硬件环境。硬件平台的多样性是嵌入式系统的一个主要特点。

4. 嵌入式应用程序

嵌入式应用程序基于相应的嵌入式硬件平台运行于操作系统之上，利用操作系统提供的机制完成特定功能的嵌入式应用，控制着系统的运作和行为。不同的系统需要设计不同的嵌入式应用程序。在嵌入式系统的软件开发过程中，采用 C 语言将是最佳和最终的选择，另外还需要会使用汇编语言和 Java 语言。在设计嵌入式应用软件时，不仅要保证准确性、安全性、稳定性以满足应用要求，还要尽可能地优化。

1.1.2 嵌入式系统的特点

嵌入式系统应具有以下特点：

1. 系统内核小

嵌入式系统一般应用于小型电子设备，系统资源相对有限，所以内核比传统的操作系统要小得多。

2. 专用性强

嵌入式系统的软件和硬件结合非常紧密，一般要针对硬件进行系统的移植。即使在同一品牌的产品中也需要根据系统硬件的变化不断进行修改。

3. 高可靠性

高可靠性指系统的正确性，即系统所产生的结果都是正确的，以及系统的健壮性。当系统出现了错误，或者与预先假定的外部环境不符合时，系统仍然可以处于可控状态下，而且可以安全地带错运行。

4. 系统精简

嵌入式系统不要求其功能设计及实现上过于复杂，这样利于控制系统成本，同时也利于实现系统安全。

5. 面向特定应用，一般都有实时要求

嵌入式软件要求固态存储，以提高速度。软件代码要求高质量、高可靠性和实时性。

6. 嵌入式系统开发需要专门的开发工具和环境

由于嵌入式系统本身不具备自主开发能力，即使设计完成以后，用户通常也是必须有一套开发工具和环境才能进行开发。

1.1.3 嵌入式系统的技术特点

1. 微内核结构

嵌入式系统一般配有操作系统。操作系统分为内核层与应用层两个层次。内核仅提供基本功能，建立及管理进程；I/O、文件系统由应用层完成。

微内核结构仅提供基本的功能，如任务调度、通信及同步、内存管理和对外管理等。其他属于应用组件，如网络功能、文件系统和 GUI 等，系统可裁剪，即用户可选择需要的组件。

2. 任务调度

在嵌入式系统中，大多数嵌入式操作系统支持多任务，即多线程。

多任务运行，靠 CPU 在多个任务之间进行切换、调度，每个任务都有优先级。不同任务的优先级不同，调度方式可分为三种：不可抢占式调度、可抢占式调度和时间片轮转调度。

不可抢占式调度：一旦某个任务获得 CPU，就独占 CPU，除非某种原因（如任务完成、等待资源），它才放弃 CPU。

可抢占式调度：基于任务优先级，当前运行的任务，随时可让位于优先级更高的处于就绪态的任务。

时间片轮转调度：当两个以上的任务优先级相同时，一个任务在用完自己的时间片后就将 CPU 让位于同优先级的另一个任务。

嵌入式系统的大多数操作系统采用的方式是：优先级不同时，采用抢占式调度法；而优先级相同时，采用时间片轮转调度法。

3. 硬实时系统与软实时系统

一般嵌入式系统对时间要求较高，即要求在较短的时间内，对提交的任务做出响应，称之为实时系统。

硬实时系统对响应时间有严格要求，软实时系统可在较宽时间范围内完成。

4. 内存管理

大多数嵌入式系统存储器采用实地址管理模式，这样存储保护技术也相应降低。然而，随着嵌入式技术的发展及需求的牵引，近来不少嵌入式系统中也在加强存储管理，引入虚拟存储器概念和 MMU（存储器管理单元），同时也在加强存储保护。

5. 内核加载方式

操作系统内核既可在 FLASH 中运行，也可在片内 RAM 中运行。一般在片内 RAM 中运行可获得更快的速度。但 RAM 是易失性的，故无论内核还是应用程序，都应放在 FLASH 中。因此在实际加载时，就存在两种方式：一种是在 FLASH 中直接运行；另一种是运行 FLASH 中的加载程序，将内核装入片内 RAM 中，然后再运行装入 RAM 的内核。

1.1.4 嵌入式系统的硬件结构

与一般计算机硬件结构相同，一个嵌入式系统，其硬件结构也包含了嵌入式处理器、外围电路和外设三部分。

1. 嵌入式处理器

嵌入式处理器可以分为下面几类：

1）嵌入式微控制器 MCU(Micro Control Unit)

嵌入式微控制器的典型代表是单片机，目前 8 位的单片机在嵌入式设备中仍然有着极其广泛的应用。单片机就是将整个计算机的主要硬件电路集成到一个芯片上。在芯片上集成了 ROM/EPROM/FLASH(只读存储器/可擦除只读存储器/FLASH 存储器)、RAM(随机存储器)、BUS(总线)、T/C(定时器/计数器)、Watchdog(监督定时器)、I/O(输入/输出口)、SIO(串行输入/输出口)、PWM(脉宽调制器)、ADC(模/数转化器)、DAC(数/模转换器)等。有些产品还支持 LCD 控制，如一些 32 位机。

嵌入式微控制器的优点是单片化、体积小，从而使功耗和成本下降，可靠性提高。

2）嵌入式微处理器 EMPU(Embedded Micro Processor Unit)

嵌入式微处理器由通用计算机中的 CPU 演变而来，将其放在专用板(单板计算机)上，与存储器、总线外设放在一块板上，如火柴盒或名片般大。与计算机处理器不同的是，在实际嵌入式应用中，只保留和嵌入式应用紧密相关的功能硬件，以最低的功耗和资源实现嵌入式应用的特殊要求。

EMPU 功耗低，成本低，体积小，可靠性高，但片内无 ROM 和 RAM。因此，在实际应用中，要使用接口电路外扩存储器及输入/输出电路。这样又会增加体积，降低可靠性。

3）嵌入式数字信号处理器 EDSP(Embedded Digital Signal Processor)

嵌入式数字信号处理器是专门用于信号处理方面的处理器，其指令系统经特殊设计，有利于信号处理。

这种产品的形成源于两个渠道：一是通过加外围电路及功能部件将 DSP 系统单片化；二是将单片机 DSP 化。这种产品应用前途非常宽广，在数字滤波、FFT、波谱分析等各种仪器上 DSP 都获得了大规模的应用。嵌入式系统智能化，语音压缩、解压，图像处理等许多领域内都有信号处理的需求。

目前，应用比较广泛的嵌入式数字信号处理器是 TI 公司的 TMS320C2000/C5000 系列，另外 Intel 公司的 MCS-296 和 Simens 公司的 TriCore 也有各自的应用范围。

4）嵌入式片上系统 SOC(System On Chip)

嵌入式片上系统集成了许多功能模块，将各功能模块做在一个芯片上。嵌入式片上系统分为通用类 SOC 和专用类 SOC。通用类 SOC 为 IP Core 内核(知识产权核)，而专用类 SOC 采用 FPGA 研发，用于某一个专门领域，如 RSA 算法。

SOC 最大的特点是成功实现了软硬件无缝结合，直接在处理器片内嵌入操作系统的代码模块。FPGA 在这一方面迅速发展，其用 VHDL 硬件描述语言开发一些系统，如视频控制器等。SOC 芯片也将在声音、图像、影视、网络及系统逻辑等应用领域中发挥重要作用。

在众多嵌入式处理器中，ARM 公司的 ARM RISC 架构微处理器在嵌入式系统市场中起着重要的作用，如今 ARM 公司在 32 位的嵌入式系统微处理器领域占有率高达 76.8%。

下面介绍 ARM 嵌入式处理器体系结构。

1) ARM(Advanced RISC Machines)介绍

ARM 公司是知识产权供应商,是设计公司,其本身不生产芯片,而是转让设计许可,由合作伙伴公司来生产各具特色的芯片。基于 ARM 的 16/32 位微处理器市场占有率目前已达到 80%,世界上绝大多数 IC 制造商都推出了自己的 ARM 结构芯片。

ARM 32 位嵌入式 RISC(Reduced Instruction Set Computer)处理器在世界范围内应用非常广泛,占据了低功耗、低成本和高性能的嵌入式系统应用领域的领先地位。ARM 已成为移动通信、手持计算、多媒体数字消费等嵌入式解决方案的 RISC 标准。

ARM 的特点:耗电少,成本低,功能强;16 位/32 位双指令集;全球众多合作伙伴,保证芯片供应(如三星、Atmel 公司等)。

ARM 系列:ARM7,ARM9,ARM9E,ARM10 及 SecurCore。

2) ARM9TDMI 处理器核

T——带 16 位压缩指令集 Thumb;

D——在线片上调试(debug),允许处理器响应调试和请求暂停;

M——增强型乘法器(multiplier),可产生 64 位乘法结果;

I——嵌入式 ICE 硬件,提供片上断点及调试点支持。

ARM 是一个硬件十分复杂的 CPU,各不同厂商为了各种不同的用途,开发了不同的机器,如 AT91 的一系列产品。

2. 外围电路

一般在一个嵌入式单片机系统中,除了含有内核外,还含有一些外围电路,如通用 I/O,ADC,PWM,T/C,DMA,甚至有些芯片中还含有 LCD 控制器。作为嵌入式系统的微处理器,ARM 在其自身设计中,仅带一个 ARM 内核,但各厂家在实现其结构时无一例外地都加进了外围电路。

3. 外 设

系统外围设备的硬件部分主要包括液晶显示屏(LCD、触摸屏)、USB 通信模块、网络接口模块、键盘、海量 FLASH 存储器、系统的时钟和日历。这些硬件部分是保证系统实现特定任务的最底层的部件。

1.1.5 嵌入式操作系统简介

1. 嵌入式操作系统的基本概念和特点

嵌入式操作系统是嵌入式系统的核心,它的出现大大提高了嵌入式系统的开发效率,减少了总开发工作量,提高了嵌入式系统的可移植性,扩大了系统的可靠性与功能。

如前所述,嵌入式操作系统采用微内核,将许多功能以库的形式提供给用户,这样就可以通过 API 来实现多功能。

与一般操作系统相比,嵌入式操作系统具有以下特点:

1) 具有更好的硬件适应性

由于芯片发展快,要求嵌入式操作系统有良好的移植性,支持多种开发平台。每一种处理器都有编译器、连接器、调试器、加载工具、测试工具等工作平台,从而形成从开发到调试的一体化支持。

2）要求占有较少的硬件资源

- 嵌入式系统一般比较小巧，体积小、不带磁盘，以 FLASH 为外存。
- 单用户系统。
- 可装载和卸载软硬件，软件可裁剪。
- 固化代码，将所有代码，含操作系统及应用软件都固化到 FLASH 中。
- 具有高可靠性。
- 高端嵌入式系统要求支持 TCP/IP 协议或其他协议。
- 实时性。将实时性作为一个重要的因素来考虑，用各种方法来满足实时性的要求。一般而言，可产生中断，在中断期间发出消息，再由操作系统调用相应的任务管理程序来完成消息指定的任务。

2. 嵌入式操作系统简介

嵌入式操作系统的内核至少含有以下几个部分：

1）任务调度

任务的状态有运行、就绪、等待等几种。调度是指哪一个进程占有 CPU，例如基于优先级抢占式的调度算法。任务调度就是遵循一定的原则，使多个任务共同使用同一处理机的过程。这个过程主要是通过对任务控制块的管理来实现的。

备份调度算法：调度程序的调用是由特定事件引起的，这种典型事件有三种，分别是进程创建、进程删除及时钟滴答。

与通用操作系统的不同之处，主要在于两种调度策略：

① 静态表驱动方式，其调度器开销少。

② 固定优先级抢占式调度方式，这是大多数采用的方式。

2）内存管理

采用简单静态存储分配策略，进程数量、内存数量均静态可知。

3）中　断

外部事件及 I/O 请求都采用了中断方式。中断期间发消息至某个进程。

4）API

嵌入式操作系统通过系统调用与用户交互，它所提供的系统调用在数量及功能上各不相同。

3. 目前最流行的嵌入式操作系统

(1) 从 PC 机上向下移植嵌入式操作系统，如 Windows CE，Java OS，Inferno OS。

(2) 嵌入式软件独立开发，如 Vxworks，pSOS，QNX，Nucleus。

(3) 公开源代码的操作系统，如 Linux，μC/OS－II 等，这些操作系统是免费的。

选用合适的操作系统应考虑以下几点：

- 操作系统的硬件支持；
- 开发工具的支持程度；
- 能否满足应用需求。

嵌入式操作系统应用面覆盖了诸多领域，如照相机、医疗器械、音响设备、发动机控制、高速公路电话系统和自动提款机等。

广义而言,可将计算机技术作为一种技术,嵌入到应用系统中,计算机技术又经常是一种核心技术。对一般用户而言,嵌入式系统是透明的。

1.1.6 嵌入式产品及发展

嵌入式系统的应用前景是非常广泛的,随着后PC时代的到来,人们将会无时无处不接触到嵌入式产品。嵌入式系统几乎进入到了生活中的所有电器设备,如信息家电、网络设备、工业控制设备等。

1. 嵌入式产品

嵌入式产品种类很多,可分为消费电子、网络设备、办公自动化、工业控制、仪器仪表、医疗电子和军事国防等。手机、PDA、掌上电脑均属于手持的嵌入式产品;网络化的电视机、电冰箱、微波炉、电话机均属于消费电子类嵌入式产品;路由器、交换机均属于网络设备类嵌入式产品;还有车辆、智能仪表、工业控制设备等嵌入式产品。随着国内外各种嵌入式产品的推广和开发,嵌入式技术将与人们的生活越来越紧密。

1) 消费电子类嵌入式产品

消费电子类嵌入式产品指所有能提供信息服务或通过网络系统交互信息的消费类电子产品。随着后PC时代的到来,消费电子类嵌入式产品包括信息家电、智能玩具、通信设备和移动存储产品,如图1.1所示。家用电器将向数字化和网络化发展,电视机、电冰箱、微波炉、电话机等都将嵌入计算机,并通过家庭控制中心与Internet连接,转变为智能网络家电。这些产品一般都具有信息服务功能,如:网络浏览、视频点播、文字处理、电子邮件、个人事物管理等,还可以实现远程医疗,远程教育等,简单易用、价格低廉、维护简便。手持便携设备类嵌入式产品如手机、PDA和掌上电脑等。我国手机用户在世界上最多,而PDA、掌上电脑由于易于使用,携带方便,价格便宜,因此具有巨大的市场发展潜力。PDA与手机已呈现融合趋势,PDA手机就是整合了大多数PDA常有功能的一种手机,用手机或PDA上网,人们可以随时随地获取信息。

图1.1 消费电子类嵌入式产品

2) 网络设备类嵌入式产品

网络设备包括路由器、交换机、Web服务器、网络接入盒等,如图1.2所示。在网络日益重要的今天,越来越多的嵌入式产品有了联网的要求,网络上运行着各种嵌入式智能设备,人们通过网络操作控制智能设备,嵌入式智能设备通过网络为人们服务。如何设计和制造嵌入网关和路由器已成为嵌入式Internet时代的关键和核心技术。

3) 工业类嵌入式产品

工业类嵌入式产品包括工控设备、智能仪表和汽车用电子产品等。在这些系统中,计算机

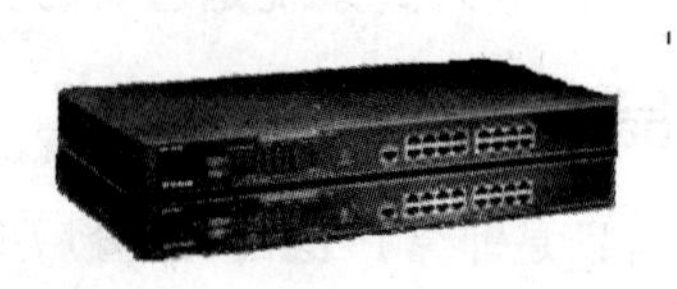

图 1.2　网络设备类嵌入式产品

用于总体控制和监视，而不是对单个设备直接控制。

2. 嵌入式系统的现状和发展

在 20 世纪 70 年代前后，出现了嵌入式系统的概念。当时，还没有出现操作系统，仅有监控系统及汇编语言。随着计算机技术的发展及应用的需求，将操作系统引入嵌入式系统中，使嵌入式系统显示出强大的生命力。嵌入式系统的编程以 C 语言为主，并具有了强大的嵌入式开发平台。

如今，以信息家电为代表的互联网时代嵌入式产品，不仅为嵌入式市场展现了美好前景，注入了新的生命，同时也对嵌入式系统技术提出了新的挑战。随着信息技术的发展，数字化产品空前繁荣。近几年来，嵌入式系统在 PDA、手机、信息家电、在线事务处理、工业控制设备等各个领域得到了广泛的应用。嵌入式软件已经成为数字化产品设计创新和软件增值的关键因素，是未来市场竞争力的重要体现。由于数字化产品具备硬件平台多样性和应用个性化的特点，因此嵌入式软件呈现出一种高度细分的市场格局，国外产品进入也很难垄断整个市场，这为我国的软件产业提供了一个难得的发展机遇。

目前嵌入式系统的开发成为国家产业发展的主要政策之一，加上后 PC 时代种种需要，其核心是低成本高效率的即时性嵌入式系统，而国内在未来几年这一方面的人才依然相当缺乏。目前，嵌入式系统工程师队伍迅速扩大，与他们紧密相伴的嵌入式系统开发工具的发展潜力十分巨大。后 PC 时代的数字化产品要求强大的网络和多媒体处理能力、易用的界面和丰富的应用功能。无线网络通信技术的迅速发展，使更多的信息设备运用无线通信技术。同时，Java 技术的发展，对开发相关无线通信软件起到推动作用，因此嵌入式浏览器、嵌入式 GUI、嵌入式应用套件、嵌入式 Java 和嵌入式无线通信软件成为嵌入式支撑软件的基本要素，其市场十分巨大。而微处理器的成功也改变了人类的生活，典型的嵌入式系统无处不在，例如微波炉、空调、电冰箱等。

目前，嵌入式系统正处于飞速发展阶段，在未来几年里这种发展将更加迅速。未来嵌入式系统的几大发展趋势如下：

1) 提供强大便利的开发工具

嵌入式系统开发是一项系统工程，系统开发需要专门的开发工具和环境，因此要求嵌入式系统厂商不仅要提供嵌入式软硬件系统，还要提供强大的开发工具和软件包及相应的开发环境。

作为嵌入式系统核心的嵌入式实时操作系统是开发嵌入式应用的关键。目前，国外已有商品化的嵌入式实时操作系统，如 WindRiver，Microsoft，QNX，Nucleus 等产品。我国自主开发的嵌入式系统软件产品如科银公司的嵌入式软件开发平台 DeltaSystem，它不仅包括 DeltaCore 嵌入式实时操作系统，还包括 LamdaTools 交叉开发工具套件、测试工具、应用组件等，中国科学院也推出了 Hopen 嵌入式操作系统。

2）联网成为必然趋势

随着现代互联网的不断应用和发展，如果嵌入式系统也能够联网，就可以方便、低廉地将信息传送到几乎世界上任何一个地方。如今嵌入式网络的应用范围正随着成本的降低而不断扩大。通过嵌入式 Internet 接入技术，嵌入式设备与计算机一样，成为网络中的独立节点，实现基于 Internet 的远程控制、上传/下载数据文件等功能，用户通过浏览器也可实时浏览到所需的信息。嵌入式系统要求配备标准的一种或多种网络通信接口，针对外部联网要求，需要支持 TCP/IP 协议簇，随着设备之间互联的增加，还需要支持 IEEE 1394、USB、CAN、Bluetooth（蓝牙）或 IrDA（红外）等通信接口。

3）降低功耗和软硬件成本

嵌入式系统是对功耗有严格要求的专用计算机系统。嵌入式微处理器必须功耗很低，尤其是用于便携式的无线及移动的计算，通信设备中靠电池供电的嵌入式系统更是如此。这类产品性能指标日益向实用化、方便化发展，产品不仅要求功能完备，用户界面友好，操作方便简捷，而且要求产品寿命长，功耗低，能使用户较长时间稳定地使用嵌入式设备。为满足这种特性，要求嵌入式产品设计者选择合理的处理器性能，限制内存容量和复用接口芯片。

4）提供友好的人机界面

嵌入式设备提供友好的人机界面，方便用户使用。人们与信息终端交互要求以 GUI 屏幕为中心的多媒体界面，尤其是加入语音技术，可以使冰冷的计算设备，以更富友好和人性化的界面出现。目前一些手机和 PDA 不仅可以通话、汉字写入、发彩信、短信，还能在其上随时观看小幅面电视新闻、电影、MTV，欣赏 MP3 和各种在线音乐，玩各种在线游戏，用 MSN 和 QQ 聊天。

目前嵌入式产品具有安全、方便、高效、快捷、智能化、个性化的独特魅力，它对于改善现代人类的生活质量，创造舒适、安全、便利的生活空间有着非常重要的意义，因此也具有非常广阔的市场前景。现在的嵌入式产品向着经济型、小型化、可靠性、高速度、智能化方向发展。随着现代科技的进步，制造成本的降低，这些嵌入式产品不久就会步入中国寻常百姓家。

1.1.7 掌上电脑及笔记本电脑

如果你一天中大部分时间都要应付各种外部环境，如果想方便而快速地获取个人或商务信息，那么掌上电脑和笔记本电脑就可以帮助你发送、收取及处理各种信息。掌上电脑和笔记本电脑都小巧轻薄，便于用户随身携带。

掌上电脑和笔记本电脑的概念是什么，它们的不同在哪里？下面分别介绍一下。

1. 掌上电脑

从 1999 年起，国内的掌上电脑市场就成为了一道引人注目的风景。掌上电脑是非常通用的随身电脑，是基于某种操作系统的小型个人微机产品。由于体积小、功能强，因此被称为 Pocket PC（口袋电脑）。操作系统是掌上电脑的核心，掌上电脑的界面、附件以及程序组都很像台式计算机的副本，用户很容易适应。有了掌上电脑，你可以随时通过它来获取重要的数据。

掌上电脑顾名思义，大小如巴掌大，可以放入衣服的口袋里，携带方便，如图 1.3 所示。掌

上电脑可以应用在各种领域，操作方法非常简便，文字支持全屏手写输入，应用软件众多。用户可以通过掌上电脑管理日历、任务，编辑数据并能把它传送到其他的计算机上，收发电子邮件，浏览网络资源，可以在网上随处下载游戏、电子书籍、工具软件，实现全球定位系统、移动电话，并且可以自动更新重要商务信息软件。如果安装了 IrDA 兼容的红外功能，可以使用红外在电脑附件和装配了红外装置的基于 Windows 操作系统的计算机间传送信息。自掌上电脑产生以来，就有各种各样的外形、外围设备以及随机捆绑软件配置，内置立体声、数码相机、游戏机等功能，并具有彩色大屏幕 5 级亮度背光显示。掌上电脑支持手写字符输入识别，同时也支持触摸屏键盘的输入方式。

图 1.3　掌上电脑

掌上电脑最重要的应用是商务应用。这种商务应用不是通常所理解的“大容量电子名片夹”，而是真正实现信息共享、信息管理、信息传递等多方位的移动应用，比如身份认证与安全认证、信息实时更新与随身办理等。

新型掌上电脑具备了对于商业用户来说特别有用的功能——指纹加密功能。因为掌上电脑属于便携式产品，小巧玲珑，意外丢失的概率比较大。对于普通用户来说丢失后损失最大的可能是没了一台机器，但对于商业用户来说，其掌上电脑里面数据的价值可能是机器本身价值的几十倍，甚至是无法估量的，所以数据保密非常重要。而普通掌上电脑的加密手段比较容易被高手破译，如 4 位或 6 位数字加密，因此采用指纹加密功能就更为重要了。由于世界上每个人的指纹都是不一样的，所以它的加密非常有效，而且由于其先进的加密手段，加密信息被高手破译的概率非常小。但指纹加密的制造成本也很高，而且指纹加密的缺点是使用起来比较麻烦，因为在确认指纹时，经常需要多次确认甚至出现误判的情况。

掌上电脑属于高端应用产品，目标客户主要是行业用户，但在国内，高档礼品市场和个人消费市场也是不容忽视的部分。如今掌上电脑生产者都纷纷提升掌上电脑的新功能，如提高内置数码相机像素、内置卫星导航系统、可横式转向看数字影片等，力图让掌上电脑成为更普及的电器产品。

随着移动互联概念的不断深入，掌上电脑的使用范围也越来越广。虽然现在很多台式电脑和笔记本电脑用户都开始小心避免感染病毒和警惕探测攻击的方法，但是掌上电脑的这些问题经常被忽略，因此掌上电脑面临的病毒危机与日俱增。自从出现了第一批 Palm OS 特洛伊木马病毒后，掌上电脑的安全问题已经愈发引起人们的重视。掌上电脑的病毒基本是通过三种方式传播的——同步、红外线和互联网下载。

目前，国内整个掌上电脑市场正在进入良性发展的时期，主要体现在众多厂商的大量投入，掌上电脑产品的逐步成熟，掌上电脑本身的硬件逐渐成熟，机器越来越稳定，死机的现象不再时有发生；而且掌上电脑周围的应用环境也正朝好的方向发展，应用软件也将越来越丰富。

生产掌上电脑的厂家很多，如联想、康柏、微软、惠普、Palm公司等。

2. 笔记本电脑

笔记本电脑的性能和组成结构与台式机几乎完全一致，是台式PC向小型化、低功耗方向发展的延伸。笔记本电脑的实质特征是轻巧、方便、易于携带，如图1.4所示。现在的笔记本电脑，随着自身配置的不断提高，总体性能也接近于台式电脑了。

图1.4 笔记本电脑

1) 主 板

笔记本电脑采用单一主板结构，全机只有一块主板，板上安装了CPU、存储器、显示控制器、输入/输出控制器、软硬盘控制器、图像控制器、网络控制器等集成电路芯片。由于主板上的元器件安装密度很高，为减少发热量，集成电路芯片一般都采用低功耗的CMOS芯片。

2) 显示屏幕

笔记本电脑采用的是完全不同于CRT显示器的液晶显示屏。采用液晶显示的最大特点是驱动电压低、功耗小、自身不发光，人的眼睛不易疲劳。液晶显示屏还具有平、薄、轻的特点，并且容易实现大面积显示的要求，特别适合用于做笔记本电脑的显示器。显示屏是笔记本电脑的关键部件，也是最昂贵的部件，通常要占去笔记本电脑40%以上的成本。笔记本由于受体积和质量的限制，不宜采用超过15英寸的液晶显示屏。

3) 硬 盘

笔记本电脑的必配设备——大容量硬盘，必须符合笔记本电脑尺寸小、容量大、功耗低、品质高的条件。笔记本电脑使用的是2.5英寸的硬盘，其质量是普通硬盘的1/4。硬盘要实现大容量就必须容纳更多的盘片数和更高的存储密度。相对于台式机的硬盘，笔记本电脑作为移动设备，其硬盘要具有较好的防振性。

4) 内 存

笔记本电脑要求内存功耗低，且外形比台式机中的内存条短许多。笔记本电脑的内存条以SDRAM为主，主要有512 MB，1 GB，2 GB，4 GB，8 GB等。当前笔记本电脑市场的主流内存产品为2 GB和4 GB。

5) 光 驱

笔记本电脑配备的光盘驱动器有内置和外置两种形式。目前光驱产品的速度已发展到16倍速以上的DVD-ROM或52倍速以上的CD-ROM。

6) 电 池

电源系统是笔记本电脑的关键部件。电源系统包括电源适配器、充电电池和电源管理系统等。目前笔记本电脑在无交流电源时大多采用锂电池供电，延长电池供电时间是用户和厂商都非常关心的问题，现在多数笔记本电脑普遍采用对各主要耗电部件的用电状态进行控制，对暂不工作部件减少甚至停止供电，电源消耗能减少70%以上。

随着笔记本电脑各部件运行频率的增高，产生的热量也增大，使系统稳定性受到很大影响。良好的散热性能有利于延长笔记本电脑的使用寿命。在散热方面，方法有多种：散热板、风扇散热、散热孔、键盘对流散热和智能温控系统等。

笔记本电脑可分为全内置机型及轻巧机型。全内置机型机身质量一般为2～3 kg。这类产品由于偏重，不便外出携带，因此主要是取代桌面电脑，在家中或办公室中使用；但是这类电脑的性能较高，功能强大。轻巧型笔记本电脑的质量约为1.5 kg，偏薄。这类笔记本电脑对于需要经常外出办公的用户携带非常方便，并且外形时尚美观。但这类产品的性能一般，并且有些较厚配件不会内置在笔记本电脑中，如光驱、软驱等。当用户使用时，需要外接相应设备。

3. 掌上电脑与笔记本电脑的比较

高档掌上电脑的功能与笔记本电脑类似，性能也很强，但由于屏幕等硬件上的制约，效果不够理想；但有些低价笔记本电脑不具备的功能，高档的掌上电脑却可能拥有。

笔记本电脑或者台式电脑是掌上电脑信息保持同步，收发电子邮件及其附件，以及交换个人信息的中枢。而掌上电脑方便的移动特性是为了扩展台式电脑或笔记本电脑的功能而设计的，而并非为了取代它们。对于掌上电脑软件的设计原则也是同样的。依靠同步信息功能，无论你身在何处，都可以方便地获取重要信息，并且可以查看和编辑信息。而且由于掌上电脑小巧的尺寸，可以将其放在衬衫口袋、公文包或者钱包中携带。

1.1.8 PDA

PDA(Personal Digital Assistant，个人数字助理)集中了信息管理、计算、通信、网络、游戏等功能，可以管理个人信息、上网浏览、收发电子邮件，并且具备电子词典的功能。PDA一般都不配备键盘，而用手写输入或语音输入。PDA的造型轻薄短小，易于放在衣服口袋中携带。

1. PDA基本组件

PDA的硬件组件包括外壳、显示器、处理器、内存、外围接口、触摸屏等。显示屏的标准大小为320×240像素，分为黑白显示屏和彩色显示屏，以及是否支持背光。黑白显示屏的PDA价格通常比彩色显示屏低数百元，主要适合做文字处理的用户。而背光支持可使用户在不同视角都能看清屏幕，但是比较耗电。更多的PDA现在已经增加了硬件配置来为用户提供更多的功能，如内置Modem、红外通信端口、通用电话端口，能轻松实现网络浏览、电子邮件、传真，以及与PC、笔记本电脑、打印机的数据交换等功能。

PDA的软件组件包括操作系统、浏览器、网络协议软件、绘图组件、手写识别软件、红外及无线通信软件等。目前的操作系统主要有Palm OS，Windows CE，Linux等。

2. PDA的功能介绍

PDA的主要功能：

(1) 个人信息管理，主要包含科学计算器、记事簿、英汉互译辞典、电话本等功能。

(2) 专业信息管理，具有强大的电子图书、多媒体、数据库、网络通信等功能。一般具有软件升级或硬件扩展能力。

(3) 无线通信功能,直接通过无线通信网络提供内容和服务,同时还具有寻呼机或手机的功能。

3. PDA 与掌上电脑的区别

"个人数字助理"是一个很广泛的概念,应该说笔记本电脑、掌上电脑都可以归入其中。如今 PDA 成了低端的记事本产品的专有名词,而掌上电脑则为很多高端产品的称呼,也称作"随身电脑"。现在的市场情况是,低端 PDA 产品的"价格战"愈演愈烈,而各大掌上电脑厂商(如联想、惠普、康柏等)都在力推各自的高端掌上电脑产品——随身电脑。

掌上电脑和 PDA 之间有很大的区别,PDA 更适合那些不需要个人电脑的用户,而掌上电脑则是台式计算机的扩展。掌上电脑提供与 Windows 操作系统风格相似的工具和界面,而 PDA 的程序模式和语言的支持与 PC 完全不同。

PDA 与掌上电脑的大小相似,都只有巴掌大小。PDA 主要依赖于手写字符输入识别,如果不更换全部的设备是无法升级的,而且不能从不同的制造商处选取附件。

4. PDA 的市场前景

PDA 市场的前途有赖于这个行业如何为无线市场开发出更好的产品,如具有手机、GPS、摄像头、扫描头等功能,与无线通信设备整合加入"蓝牙技术"的应用,使 PDA 具有移动信息管理、专业信息管理、电子商务交易、个人信息管理等多种功能。如今 PDA 市场正面临着巨大的考验,首先是对厂商自身的考验,目前市场对 PDA 行业应用理念的认知度还不够,也就是说,需要厂商想办法来推动整个市场的发展;其次是整个市场大环境不理想,目前国内的信息基础设施建设和用户的信息技术应用水平都还有很大欠缺。

国内典型品牌包括商务通、名人、震旦、好易通、联想等厂商的产品。

1.1.9 嵌入式关键技术

嵌入式产业的关键技术主要包括 32 位嵌入式开发应用领域的集成电路设计、生产测试、工具开发、技术支持等。

1. 嵌入式系统开发的关键技术

嵌入式系统的开发技术,比一般在 Windows 下开发要复杂一些,它与硬件平台有关。嵌入式系统开发中,嵌入式处理器、嵌入式操作系统、仿真器和调试器等都至关重要。

开发平台分为宿主机与目标机。

1) 宿主机与目标机的主要功能

宿主机:一般采用通用 PC,主要功能是编译、链接、定址,以及进行调试期间的运行控制。

目标机:运行嵌入式软件。

调试是嵌入式系统开发过程的重要环节,嵌入式系统开发调试和 PC 系统开发调试有一定的区别。嵌入式系统调试时,主机上运行集成开发调试工具,应用交叉调试器,采用宿主机与目标机联合调试。首先将宿主机中的内核及应用程序下载至目标板;然后对目标板进行源码级和汇编级调试。

目标监控器是对目标机上的应用程序进行控制的,它事先被固化在 FLASH 中,宿主机与目标监控器相连接,完成调试控制过程,其步骤为:下载程序至目标板,控制其运行,并随时检测返回状态。

2）嵌入式系统开发过程

第一过程：使用交叉编译器。所谓交叉，是在一个计算机平台，为另一个计算机平台产生代码的编译器。

第二过程：链接，将所有目标程序链接为一个目标文件。

第三过程：定址，将目标文件分配到物理存储器的相应地址。这一过程与目标机硬件结构有关，即与各存储器的起始地址有关。

2. 开发过程中的软件移植

所谓移植，是指使一个实时操作系统能够在某个微处理器平台上运行。嵌入式开发平台在向提高效率、减少开发工作量的方向发展着。

为了应用通用计算机技术的一些丰富的软件，软件移植技术成为嵌入式系统的一个重要领域。如：网络开发中的协议 TCP/IP。能否方便移植，其关键在于被移植软件对硬件的依赖程度，是独立于硬件还是依赖于硬件。原则上，独立于硬件的软件，且有源码的软件均可移植；有源码但不独立于硬件的软件的移植要有一定的技巧，以下是在软件移植中值得注意的一些问题：

1）字节顺序问题

存储系统具有大端和小端两种模式。对于大端存储系统，一个字的最低有效位存放在高地址单元，因此从存储器向寄存器加载一个字数据时，高地址单元的字节数据应放到寄存器的低字节位置，而低地址单元的数据应放到寄存器的高字节位置。反之，对于小端存储系统，一个字的最低有效位存放在低地址单元，因此从存储器向寄存器加载一个字数据时，高地址单元的字节数据应放到寄存器的高字节位置，而低地址单元的数据应放到寄存器的低字节位置。在移植过程中，要注意大端、小端的正确设置问题。

2）字节对齐

U16、U32 对应的地址要求，U16 为偶地址，U32 地址可被 4 整除。

3）位 段

X86 自右向左，其他机器的位编址不尽相同。移植时要予以足够重视。

4）代码优化

嵌入式的代码优化有下面几个特点：

(1) 合理书写 switch 语句。switch 语句在编译时相当于多层嵌套的 if 语句，将概率大的情况放在前面，有利于加快运行速度。

(2) 适当采用全局变量。因为使用全局变量比参数传递快，但模块化较差。

(3) 为了提高效率，少用或不用标准程序库（代码量太大）。

(4) 对于程序运行期间申请的空间要及时回收。

1.2 组件设计概述

当需要将已定义的软件组件作为对象或者对象组重用时，就需要进行面向对象的设计。新的组件可以从已有的软件中抽象出来。设计好的组件对象也是用它的标识名（保存它的状态和行为的引用）、状态（它对数据、性质、域以及属性的设计）和行为（方法或者可以对该设计的状态进行操作的方法）进行刻画。

在组件级编程中,我们可以利用单个组件组合成多个功能复杂的大型程序。这些单个组件包括:外设组件、控件组件、绘图组件和组件级编程。

1）外设组件

设备驱动程序是介于硬件和OS内核之间的软件接口,是一种低级的、专用于某一硬件的软件组件。驱动程序是连接底层硬件和上层API函数的纽带驱动程序模块,可以把操作系统的API函数和底层的硬件分离开来。当外围设备改变的时候,只需更换相应的驱动程序,不必修改操作系统的内核以及运行在操作系统中的软件。系统的驱动程序要受控于相应的操作系统的多任务之间的同步机制。在操作系统中使用信号量、邮箱等机制进行协调。操作系统只和特定的驱动抽象层通信,无论在抽象层下面对应的是什么类型的设备,对操作系统和用户的应用程序来说都是统一的接口。驱动抽象层位置图如图1.5所示。

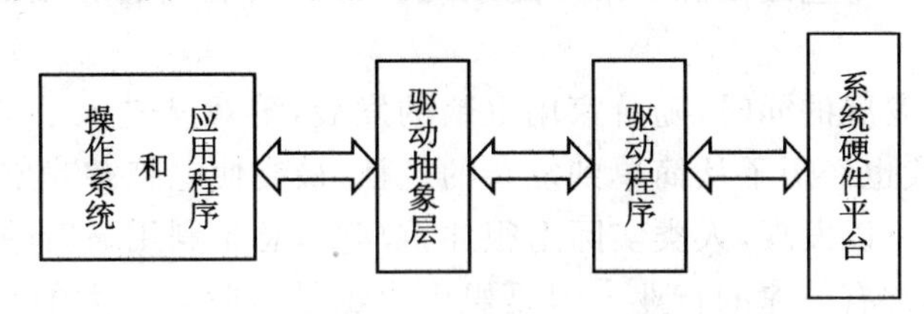

图1.5　驱动抽象层位置图

通过使用C语言的指针函数的方法,实现了驱动抽象层的软件设计。通过指向不同驱动子程序的函数指针,为同一操作系统挂载了多种驱动程序。

2）控件组件

控件是具有用户界面的组件,是提供(或实现)用户界面功能的组件,是用户可与之交互以输入或操作数据的对象。控件是指任何子窗口(按钮、列表框、编辑框或者某个对话框)中的静态文本。每个控件都是一个组件。控件是对数据和方法的封装。控件可以有自己的属性和方法。属性是控件数据的简单访问者,而方法则是控件的一些简单而可见的功能。

3）绘图组件

绘图是操作系统的图形界面的基础,包括线条控件(line)和形状控件(shape),可以用来画点、线、矩形、正方形、椭圆、圆、圆角矩形、圆角正方形、圆弧和扇形等。画点实质上是将对象的点设置为指定的颜色值,画线和形状可以设置任意绘制在窗体上的形状的填充样式、填充颜色、边框样式和边框颜色。

4）组件级编程

组件级编程中涉及到的组件是综合组件,包含多个单个组件设计。利用现有单个组件创建一个程序,实现一项功能,能从零开始开发大量基于组件的应用程序,最终实现嵌入式产品(如手机、PDA、平板电脑及掌上电脑)的功能,如电话簿、日历时间、计算器、输入法以及各种趣味游戏等。

1.3　游戏设计概述

1.3.1　游戏介绍

游戏是一门艺术,就像电影、文学。它包含音乐、程序、美术、服饰、灯光、建筑、文化、思想、哲学、审美、地理、历史、情感、世界观。一个游戏可以反映出这个国家或地区的文化水平、思想潮流。

1. 游戏的来源和发展

随着时代的进步,游戏从单纯的体力活动逐渐向体力与脑力结合的方向发展,甚至出现了一些纯粹的脑力活动。比如棋类和牌类的发明,大师们在进行电视直播时下的棋被称为比赛,咱们老百姓吃完饭在路灯下来的那两盘被称为游戏。人与人之间所进行的娱乐活动,游戏和比赛基本是一体的,只是根据场合与情况的不同而加以区分。

进入科技时代,随着人类科技水平的发展,游戏的形式也在逐渐变化。在电视机普及到家庭以后,游戏通过电视游戏机进入了家庭,最初只是非常简单的形式,只是灰度画面和简单的声音;而后,可以达到 256 色画面和 MIDI 配乐,到今天,发展到真彩画面和 CD 音轨、人语配音的次世代游戏。

在电视游戏向前发展的同时,随着家用电脑的发展,游戏又进入了电脑,与电视游戏的发展过程相同,电脑游戏也经历了从简单到复杂的过程,最终使电脑游戏成为能和电视游戏相抗衡的游戏娱乐方式。可以发现,人类实际上很注重享受,总是利用最新的科技来实现自己的娱乐,因此,娱乐业是非常有前途的行业。但是娱乐业也是风险非常大的行业,只能在和平的经济繁荣时期进行发展,如果没有社会环境的保障,娱乐业就没有土壤,谁会在没有饭吃的情况下玩电脑游戏呢?

2. 什么是电脑游戏

如果要给电脑游戏下一个准确的定义,那么我觉得,电脑游戏是“以计算机为操作平台,通过人机互动形式实现的能够体现当前计算机技术较高水平的一种新形式的娱乐方式”。这一定义会比较合适。

首先,电脑游戏是必须依托于计算机操作平台的,不能在计算机上运行的游戏,肯定不属于电脑游戏的范畴。至于现在大量出现的游戏机模拟器,原则上来讲,还是属于非电脑游戏的。

其次,游戏必须具有高度的互动性。所谓互动性是指游戏者所进行的操作,在一定程度及一定范围内对计算机上运行的游戏有影响,游戏的进展过程根据游戏者的操作而发生改变,而且计算机能够根据游戏者的行为做出合理性的反应,从而促使游戏者对计算机也做出回应,进行人机交流。游戏在游戏者与计算机的交替推动下向前进行。游戏者是以游戏参与者的身份进入游戏的,游戏能够允许游戏者进行改动的范围越大,或者说给游戏者的发挥空间越大,游戏者就能得到越多的乐趣。

电脑出现 15 年后,即 1961 年,电子游戏在美国诞生,40 多年来,电子游戏业从无到有,到现在已经发展成为年产值 2 000 多亿美元的广阔市场,彻底改变了人们的生活和娱乐方式。在最近的调查中显示,电子游戏业已经成为娱乐产业的新霸主,这标志着世界经济技术的进步和人们生活水平的提高。

从 20 世纪 80 年代开始,电视游戏一直是电子游戏业的主流,日本 Sony、世嘉、任天堂三大公司不断推陈出新,不断推出新机型和新游戏,带动了电子游戏业的飞速发展,其中,Sony 公司的 PS 系列游戏机已经售出 13 000 万台,地球上平均每 40 人就有一台。而 Microsoft 公司也公布 X-BOX 计划,大举进入电子游戏业。

PC 游戏是 20 世纪 90 年代随着电脑进入家庭开始大规模扩大的。不到十年里,PC 游戏从DOS游戏发展到现在有着令人惊叹的3D效果、炫目的色彩效果和逼真的声效。PC游戏是新一代青少年重要的生活组成,它将感官冲击和心理满足完美地结合在一起。

同样是由于网络技术的发展,电子游戏业也进入了一个新的网络游戏时代,以韩国网络游戏为代表,大批网络公司开始运营网络游戏,网络游戏已经成为互联网上最有利润的产品。在网络游戏中,人们不但满足了娱乐的需要,而且满足了社交的需要,在几年内,网络游戏将继续扩张,其商业价值现在已难以估计。

3. 如何制作游戏

1) 制作游戏的几个部门

一般来讲,游戏的制作有三个大的单位部门,分别是策划部门、程序部门和美术部门。这三个部门在游戏开发的过程中分别承担不同的工作。策划部门主要担任游戏的整体规划工作,一如建筑工程中施工前要有建筑蓝图一样,策划的工作就是用程序和美工能够理解的方式对游戏的整体模式进行叙述。游戏中的所有部分都属于策划的工作范围之内。

2) 游戏的制作过程

游戏的制作过程可以用流水线来形容。大致分为以下几个步骤:

(1) 立 项

在制作游戏之前,策划们首先要确定一点:到底想要制作一个什么样的游戏?而要制作一个游戏不是闭门造车,也不是一个策划说了就算数的简单事情。制作一款游戏受到多方面的限制:

① 技术方面,你想做的游戏从程序上和美术上是不是完全能够实现?如果不能实现,是否能够有折中的办法?

② 资金方面,是不是有足够的资金能够支持你进行游戏的完整开发过程?要知道,做游戏光有热情是不够的,还要有必要的开发设备和开发环境,而且后期的广告投入也是一笔不小的数目。

③ 周期方面,你所设计的游戏的开发周期长短是否合适?能否在开发结束时正好赶上游戏的销售旺季?一般来讲,学生的寒暑假期间都属于游戏的销售旺季。

④ 产品方面,你所设计的游戏在同类产品中是否新颖?是否具有吸引玩家的地方?如果在游戏设计上达不到革新,是否能够在美术及程序方面加以弥补?如果同类型的游戏市场上已经有了很多,那么你的这款游戏最好有不同于其他游戏的卖点,这样成功才更有把握。

(2) 大纲策划的进行

游戏大纲关系到游戏的整体面貌,当大纲策划案定稿以后,没有特别或者特殊的情况是不允许进行更改的。程序和美术工作人员将按照你所构思的游戏形式来架构整个游戏,因此,在制定策划案时一定要做到慎重,尽量考虑成熟。

(3) 游戏的正式制作

当游戏大纲策划案完成并讨论通过后,游戏就从三方面同时开始进行制作了。在这一阶段,策划的主要任务是在大纲的基础上对游戏的所有细节进行完善,将游戏大纲逐步填充为完整的游戏策划案。根据不同的游戏种类,所要进行细化的部分也不尽相同。

在正式制作的过程中,策划一定要及时与程序人员及美术人员进行交流,了解程序和美工的工作进展以及是否有难以克服的困难,根据现实情况,有目的地变更自己的工作计划或设计思想。三方面的配合在游戏正式制作过程中是最重要的。

(4) 配音和配乐

在程序和美术工作进行的差不多要结束的时候,就要进行配音和配乐的工作了。音乐和音效是游戏的重要组成部分,能够起到很好的烘托游戏气氛的作用,不可轻视。

(5) 检测和调试

游戏刚制作完成,肯定在程序上会有很多的错误,就是通常所说的"BUG",严重情况下会导致游戏完全没有办法进行下去。同样,策划的设计也会有不完善的地方,主要在游戏的参数部分。参数部分的不合理会导致影响游戏的可玩性。所以此时策划的主要工作就是检测程序上的漏洞和通过试玩,调整游戏的各个部分参数使之基本平衡。

4. 游戏的种类

游戏的类型是指游戏以什么样的形式来进行。目前的游戏形式常见的有以下几种:

- 策略类游戏,例如《三国志》系列;
- 模拟类游戏,例如《模拟城市》;
- 战棋类游戏,例如《炎龙骑士团》;
- 育成类游戏,例如《美少女梦工厂》;
- 体育类游戏,例如《FIFA98》系列;
- 即时战略类游戏,例如《C&C》、《魔兽争霸》;
- 桌上类游戏,例如《大富翁》系列、《围棋》;
- 角色扮演类游戏,例如《仙剑奇侠传》;
- 模拟驾驶类游戏,例如《F-117》、《长弓阿帕奇》;
- 射击类游戏,例如《雷电》系列;
- 冒险类游戏,例如《MYST》;
- 动作类游戏,例如《水管马立奥》;
- 益智类游戏,例如《俄罗斯方块》;
- DOOMTOO 类游戏,例如《DOOM》系列;
- MUD 类游戏,架构在国际互联网上的多用户在线游戏,例如《侠客行》;
- 混合类游戏,混合了以上游戏类型两种或两种以上的新形式游戏,常见的是 S-RPG 和 R-SLG,例如《三国英杰传》;
- 其他类游戏,还有一些游戏是比较难以总结出类型的,只好划归在其他类型中。例如《游戏工厂》、《RPG 工厂》,它们是用来制作游戏的游戏,又不能说是一个完整的游戏引擎。而且由于数量较少,没有形成足够的规模可以成为一类游戏。

5. 游戏的发展趋势

(1) 更华丽,更炫目。游戏业带动了硬件的发展,声卡、显卡的迅速发展,处理器、存储器容量的成倍增长,使将来的游戏在效果上更加惊人,而图像处理技术和 3D 技术将把大家带到另一个游戏世界。

(2) 更深地和网络结合。在所有的游戏平台上,网络都可以发展市场,网络运营商只须修改数据就可以赚取大笔钞票,足以诱使更多的人加入这一行列。网络游戏将会成为未来人们娱乐的重要组成部分。

(3) 进一步重整多种行业。电子游戏业受到很多其他行业的影响,出版业、动漫业、传媒业带动了游戏业的发展,游戏业同时也将这些行业带到一起,在未来,势必出现跨多行业的娱乐巨头。

(4) 新技术将带来新的游戏形式。多媒体的发展使游戏多样化，人们从游戏中可以得到视觉、听觉甚至触觉的感官刺激，如果将来新的技术可以带来新的感官刺激，它将很快运用到游戏技术中，比如全息摄像技术和全角度摄像技术。

1.3.2 游戏在嵌入式系统下的发展

据最新统计，以手机、PDA 为代表的嵌入式游戏异军突起，在近几年产值直线上升，2010 年美国移动游戏用户规模为 6020 万人，2010 年国产游戏产品出口规模相比 2009 年增长继续加快，海外市场收入将近 2.3 亿美元，嵌入式游戏已经压过 PC 游戏业成为第二大电子游戏产业。

几年以前，由于硬件的限制，嵌入式游戏只是定位于打发时间，并没有引起人们的注意，直到彩屏手机及掌上电脑的普及才使嵌入式游戏真正产业化，嵌入式游戏的表现力已经不输于大型机，不再是几种色彩的几何图形变化，而嵌入式设备本身与网络的优良结合势必将使嵌入式游戏进一步扩大市场。

和嵌入式系统一样，嵌入式游戏也将重现大型机游戏的历程。

(1) 多媒体全面进入。当嵌入式系统的技术到达一定水平后，多媒体的进入已不可避免，在图像、音效上更出色的表现对于嵌入式设备使用者来说是一个莫大的诱惑。彩信、多和弦铃声的流行已经为嵌入式游戏精致化打开道路。

(2) 推动嵌入式产品发展。为了传输多媒体文件和运行复杂的嵌入式软件及游戏，嵌入式产品要求更高的处理器和存储器，按照现在技术革新的速度，嵌入式系统的运算能力将可达到大型机的运算能力。

(3) 从网络游戏中分走大杯羹。无线通信设备是嵌入式游戏最主要的载体，便于携带，并可与网络完美结合，使无线通信设备成为潜在的网络游戏最大平台。随着技术的进步，当嵌入式设备的表现力足够强大时，人们必将选择其作为网络游戏的新平台。

(4) 成为独立的成熟产业。大型嵌入式系统的普及，嵌入式游戏复杂性的提高，将使嵌入式系统开发商无暇顾及嵌入式游戏，未来必定出现大量的嵌入式游戏开发商，从而彻底改变当今电子游戏业的格局。嵌入式游戏的成熟将使电子游戏业的竞争更加激烈。

下面用一个游戏在手机上的发展来说明游戏在嵌入式系统下的发展。目前在移动电话中实现的游戏主要有以下几类：

1) 嵌入式游戏

一些游戏在出厂前就固化在芯片中了，像 Nokia 的"贪吃蛇"就是一个最著名的例子。但由于用户不能自己安装新的游戏，所以它们逐渐变得不太流行了。

2) 短消息服务游戏

短消息服务(SMS)被用来从一个手机向另一个手机发送简短的文字信息。用户一般为每条信息支付 1 角钱的信息费。短消息服务游戏的玩法通常是发送一条信息到某个号码，这个号码对应游戏供应商的服务器，服务器接收这条消息，执行一些操作然后返回一条带有结果的消息到游戏者的手机中。由于它依靠用户输入文字，因此本质上它是一个命令行环境。而且它还很昂贵，即使和服务器只交换 10 次信息也要花费 1 元钱或者更多的钱。虽然多媒体消息服务(MMS)技术的推出使得基于消息的游戏更加具有吸引力，但是仍然不是一种重要的游戏环境。

3）浏览器游戏

1999年以后出厂的每台手机差不多都有一个无线应用协议(WAP)浏览器。WAP本质上是一个静态浏览载体，非常像一个简化的Web，是为移动电话小型特征和低带宽而专门优化的。要玩WAP游戏的话，可以进入游戏供应商的URL(通常通过移动运营商门户网站的一个链接)，下载并浏览一个或多个页面，选择一个菜单或者输入文字，提交数据到服务器，然后浏览更多的页面。WAP(1.x)版本使用独特的标记语言WML，允许用户下载多个页面，即卡片组。新版本的WAP(2.x)使用XHTML的一个子集，一次传递一个页面并且允许更好地控制显示格式。两种版本的WAP都提供一个比SMS更友好的界面，而且更加便宜，只要根据使用时间付费而不是根据信息数。它是一个静态的浏览载体。手机本身几乎不需要做任何处理，并且所有游戏必须通过网络，所有的操作都是在远程服务器上执行的。手机将继续带有WAP浏览器，而且开发者可能发现WAP更有利于传送比游戏应用程序提供的更详细的帮助信息或者规则，因为大部分的游戏仍然受有限的内存制约。然而，WAP没能达到高使用率的目标(在欧洲和北美洲，只有6%的手机使用WAP)，而且移动运营商和游戏开发者正在远离WAP技术。

1.3.3 游戏策划

1. 技术可行性分析

从技术上来考虑，你的想法是否能够实现呢？一个想法产生后，就要知道要把它做成什么样的游戏，大概需要哪些技术支持。这一般都会受项目组或者游戏开发公司自身的技术实力的影响，因为一个新的创意往往会牵扯到大量的技术性创新，如果想法按照现有的技术能力根本就无法达到或者会超出项目预算，那肯定会否决掉的。只有那些在现有技术基础上进行升级和发展，或者在现有条件下能够进行技术突破而达到要求的创意才是符合要求的。比如，做一个手机游戏，要让50个人能够在一个手机屏幕内同时对抗，就算是程序上能够实现，现有的网络条件也不支持，所以这种想法就属于技术上不可行的。因为策划受到技术本身的影响，所以要求游戏策划对游戏中可能使用到的技术有大致的了解。策划必须及时和主程序沟通，并多接触一些前沿的技术，这样才可以跟上时代的潮流，并不断提出符合技术要求的创意来。

2. 经济可行性分析

一个游戏的实现，如果不考虑到要花多少费用、多少时间和需要多少人，不计算能够回收多少资金，就不是一个好的项目负责人。一个新想法如果不经过项目负责人的决策是不可能立项的。所以，在进行游戏设计的过程中，一定要把项目的规模和市场效果考虑进去，否则也是会很容易被否决的。游戏再好，不适合市场的需要也是白搭，而且公司也有自己的市场战略，所以大多数的策划被"枪毙"都是这些原因所造成的。什么样的游戏可以引起玩家的兴趣？哪些游戏可以挣到钱？这是所有的游戏制作者都在努力寻找的答案。也只有市场才可以决定哪些游戏是成功的，对于策划人员来讲，经常注意游戏市场的动向和海内外游戏的发展趋势才是正确的道路。如何选择一个适合潮流的游戏点来展开想象是获得一个有价值创意的关键！

3. 人力状况分析

在进行了技术和经济上的考虑后，还要看自己周围的人力情况是否允许你这样设计。因为资源并不是想获得就可以得到的,而资源中最重要的就是人。有经验的开发者本身就是一笔巨大的财富,如果有一些很棒的程序员一起来做开发,那么设计就可以很快被别人所接受,他们也可以给出很多建议来完善你的想法。甚至于在产生了这个想法之后,马上就要考虑谁可以完成这个工作,有多少人可以完成这个工作。如果只有几个刚毕业的有志青年,希望开始不要去设计那些过于复杂的东西,就算设计再完善,最后因为人的原因而做不出来也是不管用的。

1.3.4 游戏功能和关键技术

游戏设计主要就是在嵌入式系统上实现游戏,也就是如何使一个游戏和嵌入式系统有机地结合起来!

游戏,是画面和操作的结合体。在游戏设计中,一个是有漂亮的界面,一个是有简单的操作系统,不应该有繁琐的操作风格。

界面的设计:这是游戏的主要难点。在 PDA 上实现图形比在 PC 上实现图形难得多。PDA 上无法实现色彩丰富,甚至 3D 效果的界面。只能利用现有的一些 API 函数导入一些清晰的图片来实现。

控件的设计:如窗口显示控件、按钮控件设计,还有触摸屏的机制。由于是 PDA 上的游戏,所以基本上都是在触摸屏的基础上实现的,应该尽量减少对键盘的依赖。而我们要充分学习触摸屏消息机制和按钮的消息机制。这是嵌入式系统的设计问题,利用 C 语言应该可以实现。

算法的设计:利用数学建模的思想、运动仿真处理、运动的物理过程数字化、物理学中的力学和运动学公式等方法设计程序算法。

游戏的存在肯定有它的输赢。玩游戏的目的一是为了消磨时光,二是为了在游戏中取得娱乐同时还有一种竞争。为了实现这些功能,游戏中应该有计分功能、计步数功能和计时功能等。

1.4 开发平台介绍

1.4.1 开发板硬件资源

本书实验平台采用博创 ARM9/XScale 经典三核心教学科研平台(型号:UP - CUP S2410/S2440/P270),如图 1.6 所示。

(1) Core 小板:S3C2410 ARM CPU、64M SDRAM、64M Nand Flash,通过 280Pin 精密插座与主板连接。基于 ARM920T 内核的 SAMSUNG S3C2410 处理器,系统稳定工作在 202 MHz 主频,实现了 MMU、AMBA 总线。核心板上可以配置 2M 或 4M 容量的 Nor Flash AM29LV160/320,从而可以从 Nor Flash 启动并可增加 Nand Flash 容量。S3C2410 经典平台的核心板设计在一定程度上和博创 PXA270 核心板兼容,基于 XScale 技术的 Intel PXA270 处理器,系统稳定工作在 520 MHz 主频。在软件支持下,PXA270 核心板插到经典开发平台主板上可以使用其多数硬件功能。

(2) 双 100M EtherNet 网卡:由两片 DM9000AE 构成的双网卡,一般可只用其一,预留

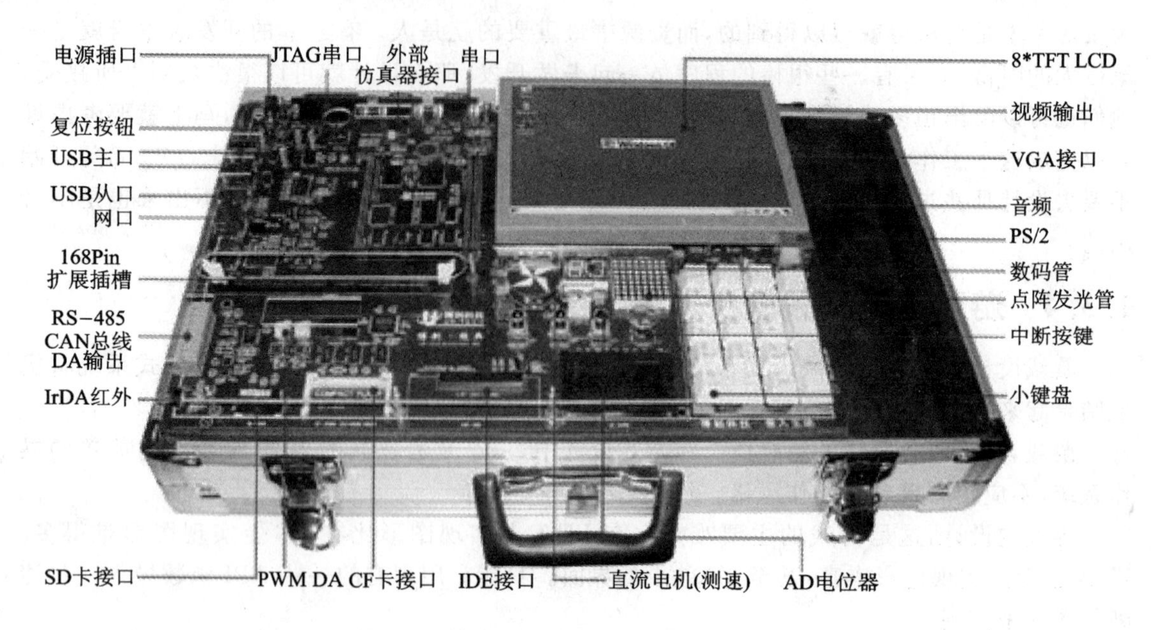

图 1.6　博创 ARM9/XScale 经典开发平台

一个。

(3) HOST/1 DEVICE USB 接口:从 S3C2410 的主 USB 口扩展为 4 个,由 AT43301 构成 USB HUB;USB 从口保持处理器本身的 1 个。

(4) UART/IrDA:2 个 RS-232 串口,另有 1 个 RS-485 串口,1 个 IrDA 收发器,均从处理器的 UART2 引出。

(5) 168Pin EXPORT:提供一个 168Pin 扩展卡插槽,引出所有总线信号和未占用资源。

(6) LCD 和 VGA 接口:标配 8 寸 16 bit 真彩屏,同时预留一个 24 bit 接口。扩展了 VGA 接口和 AV 接口,可以连接 VGA 显示器。

(7) LCD:兼容多种 LCD,可采用 5 寸 256 色屏或 8 寸 16 bit 真彩屏,同时预留一个 24 bit 接口;可以支持板外 8 bit 或 24 bit 屏。

(8) TouchScr:采用 2410 内部 ADC 构成的转换电路接口。

(9) 采用 UDA1341,具有放音、录音和线路输入等功能。功放电路由 LM386 构成,板载扬声器可播放音频。

(10) PS2 KEYPAD:使用 ATMEGA8 单片机控制 2 个 PS2 接口和板载 17 键小键盘;两个 PS2 可接 PC 键盘和鼠标。

(11) LED:扩展 2 个数码管和 1 个 8×8 点阵发光管显示器。

(12) SUPPLY、RESET、RTC 等必需资源。经典平台主板集成了 UP-LINK 调试电路,可以直接用并口电缆连接计算机进行仿真、下载等。

(13) ADC:板载 3 个电位器和选择跳线,同时在板上设模拟电压输入专用接口。

(14) IDE/CF 卡插座:支持 2.5 英尺的笔记本硬盘读/写和 IDE 模式下的 CF 卡读/写。

(15) SD 卡插座:从 S3C2410 扩展 SD 接口。

(16) IC 卡插座:由 ATMEGA8 单片机控制。

(17) DC 电机:扩展直流电机驱动电路,由 PWM 控制;带有红外线测速电路。

(18) CAN BUS:设置 1 个 CAN 口,采用 MCP2510 和 TJA1050 芯片构成。

(19) DA:采用 MAX504,SPI 总线操作,输出模拟电压。

(20) 设置了 PWM D/A、IIC 存储器、I/O 控制 LED 和可产生硬中断的按键等简单调试资源。

(21) 可以提供配套的 GPRS/GPS、FPGA、WLAN、USB2.0 等扩展板。

1.4.2 嵌入式系统开发流程

图 1.7 给出了嵌入式系统开发的总体流程。

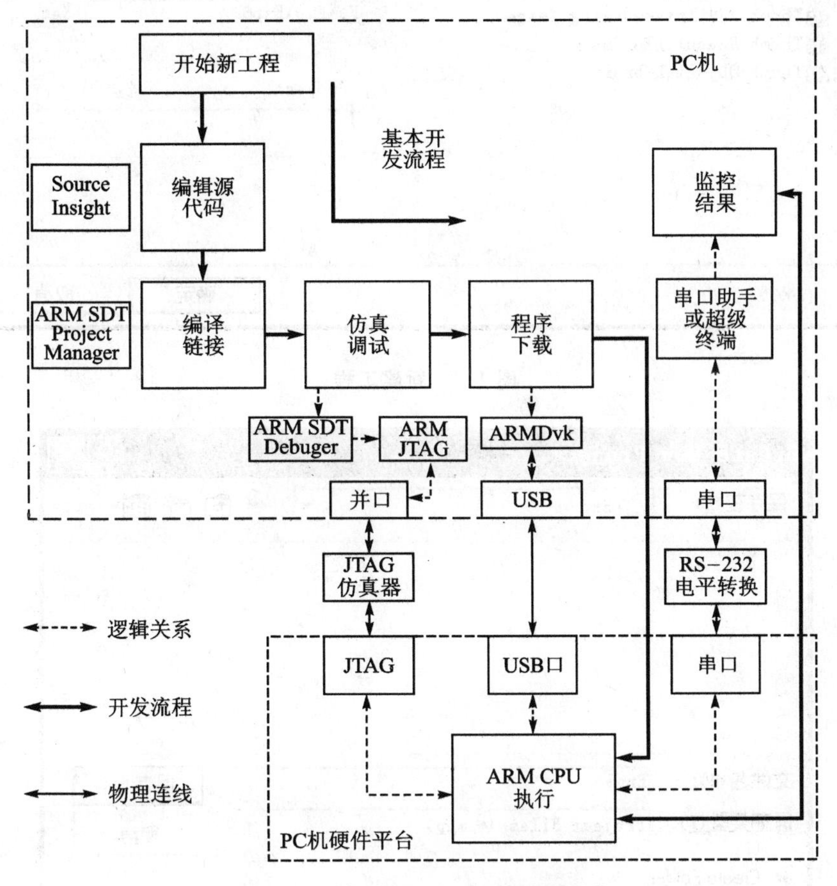

图 1.7 嵌入式系统开发流程框图

1.5 软件介绍

1.5.1 ADS1.2 开发环境

下面使用 ADS1.2 集成开发环境,新建一个简单的工程文件,并编译这个工程文件。

(1) 运行 ADS1.2 集成开发环境(CodeWarrior for ARM Developer Suite)。选择 File→New 菜单项,在对话框中选择 Project 标签页,如图 1.8 所示,新建一个工程文件。图中示例的工程名为 Exp6.mcp。单击 set 按钮可为该工程选择路径,选中 CreatFolder 选项后将以

图 1.8中的 ProjectName 或图 1.9 中的文件名为名创建目录,这样可以将所有与该工程相关的文件放到该工程目录下,便于管理工程。

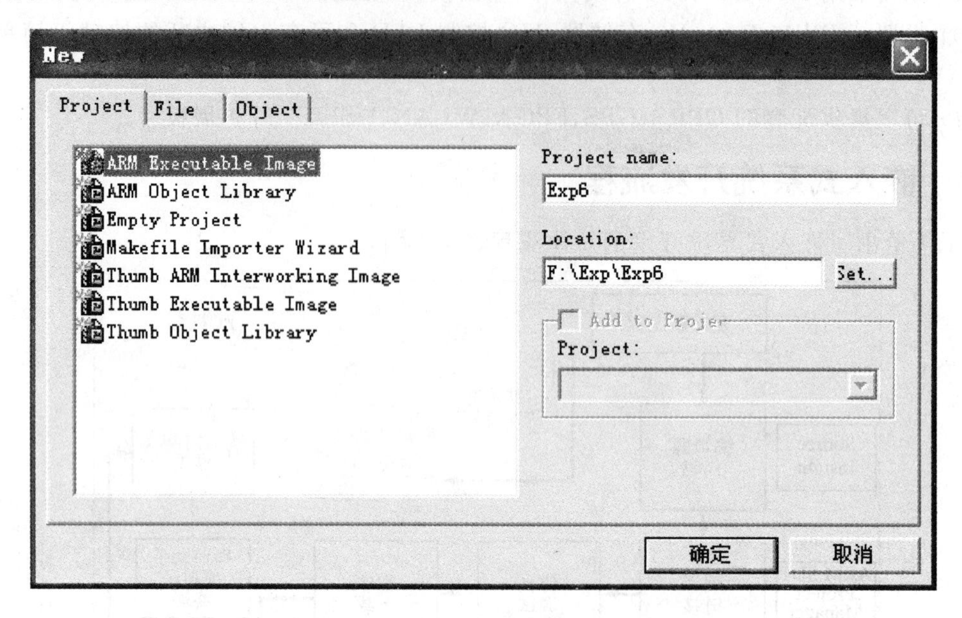

图 1.8 新建工程

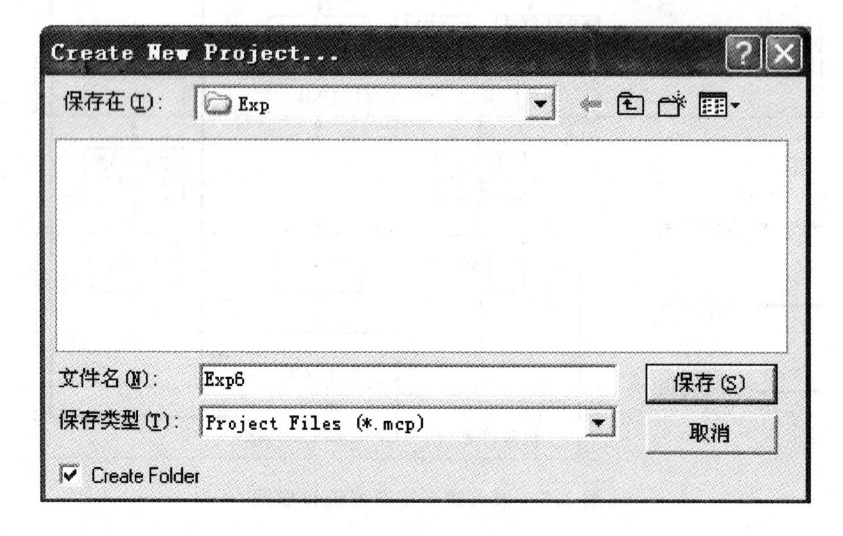

图 1.9 保存工程

(2) 在新建的工程中,如图 1.10 所示,选择 Debug 版本,使用 Edit→Debug Settings 菜单项对 Debug 版本进行参数设置。

(3) 在 Debug Settings 对话框中选择 Target Settings 项,如图 1.11 所示。在 Post - linker 列表框中选择 ARM fromELF。

(4) 在 Debug Settings 对话框中选择 ARM Linker 项,如图 1.12 所示。打开 Output 选项卡,在 Simple image 框中设置连接的 Read - Only(只读)和 Read - Write(读写)地址。地址 0x30008000 是开发板上 SDRAM 的真实地址,是由系统的硬件决定的;0x30200000 指的是系

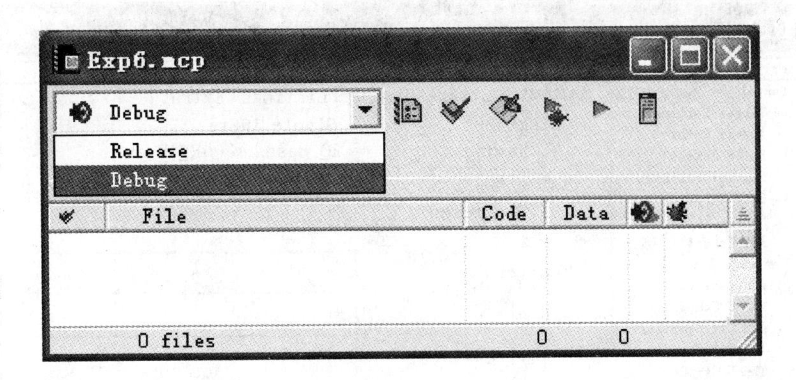

图 1.10　选择版本

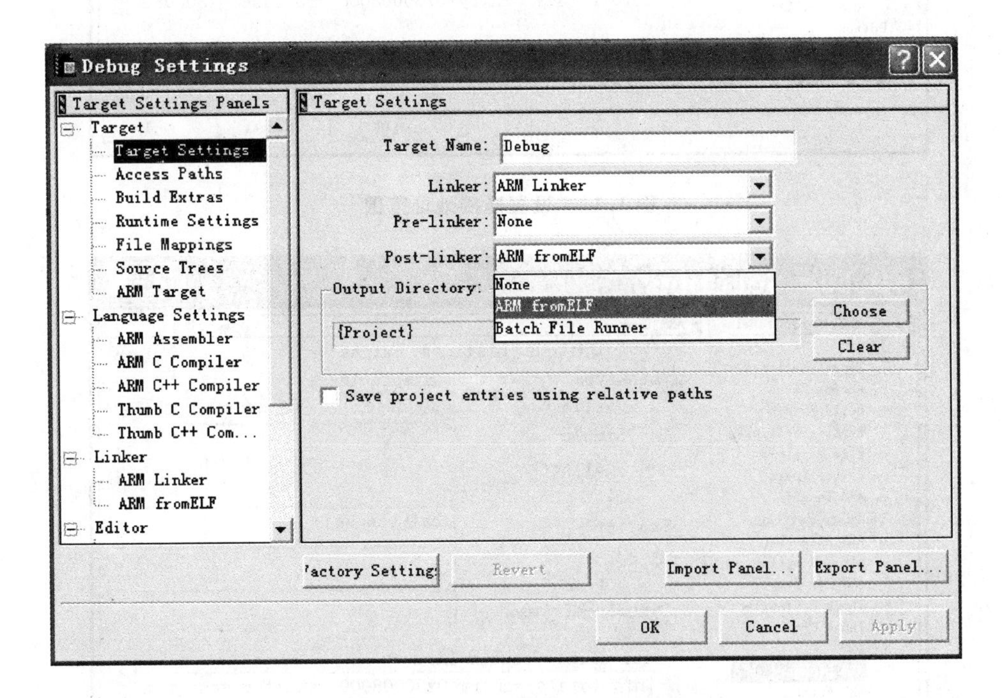

图 1.11　Target Settings 对话框

统可读/写的内存地址。也就是说,0x30008000～0x30200000 是只读区域,存放程序的代码段,在 0x30200000 开始是程序的数据段。

图 1.12 所示的设置只是一种简单设置,如果程序需要用到标准 C 语言库函数,则需要按图 1.13 进行连接地址的设置。

标准 C 语言中如果使用 malloc 及其相关的函数,需要使用系统的堆(Heap)空间,可以通过 scatter 文件来描述系统 HEAP 段的位置。针对 2410 - S 开发板,把程序的入口定位在 0x30008000,并定义 scatter 文件为 scat_ram. scf。在图 1.13 中选择 LinkType 为 Scattered,输入 scatter 文件名 scat_ram. scf;然后切换到 Options 选项卡,在 Image Entry Point 文本框中输入 0x30008000。也可以在图 1.13 的 Equivalent Command Line 文本框中直接输入-entry 0x30008000 -scatter scat_ram. scf 进行上述设置。

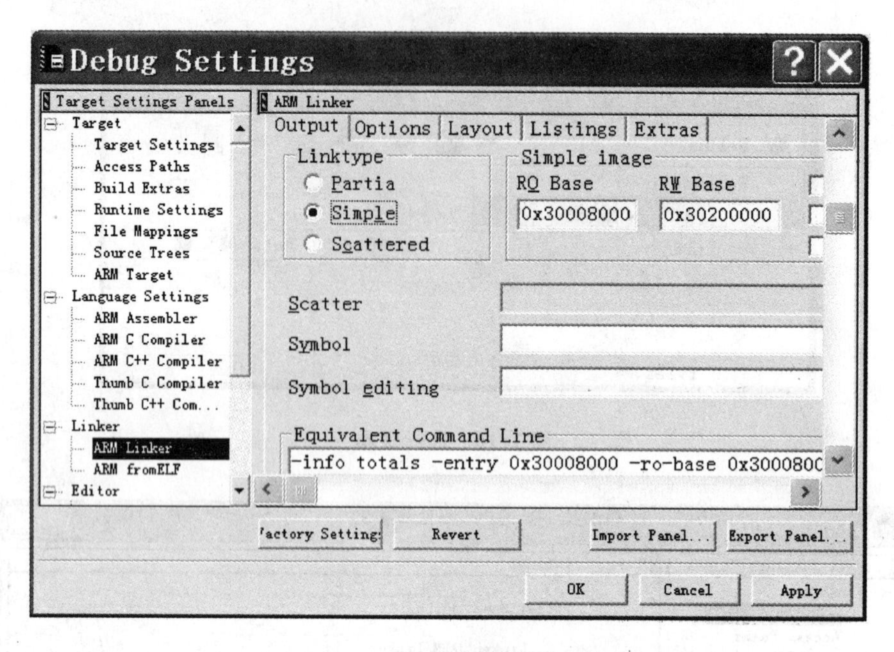

图 1.12　设置连接地址范围

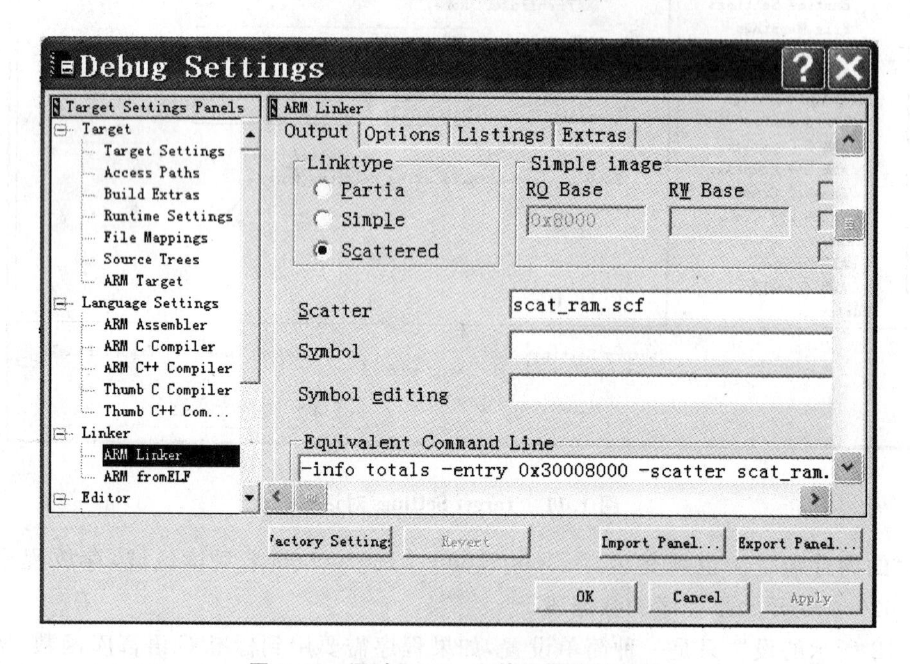

图 1.13　通过 scatter 文件设置连接地址

(5) 在第(4)步中如果不选择简单的连接地址设置，则需按图 1.14 所示设置 C 编译器。在 Debug Settings 对话框中选择 ARM C Compiler 项，在 ATPCS 选项卡中选择 ARM/Thumb interwork，或者在命令行中添加-apcs /interwork。

(6) 在第(4)步中如果选择简单的地址连接设置，则在 Debug Settings 对话框中选择 ARM Linker 项，如图 1.15 所示。在 Layout 选项卡的 Place at beginning of image 文本框中设置程序的入口模块。指定在生成的代码中，程序是从 startup. s 开始运行的。Object/Sym-

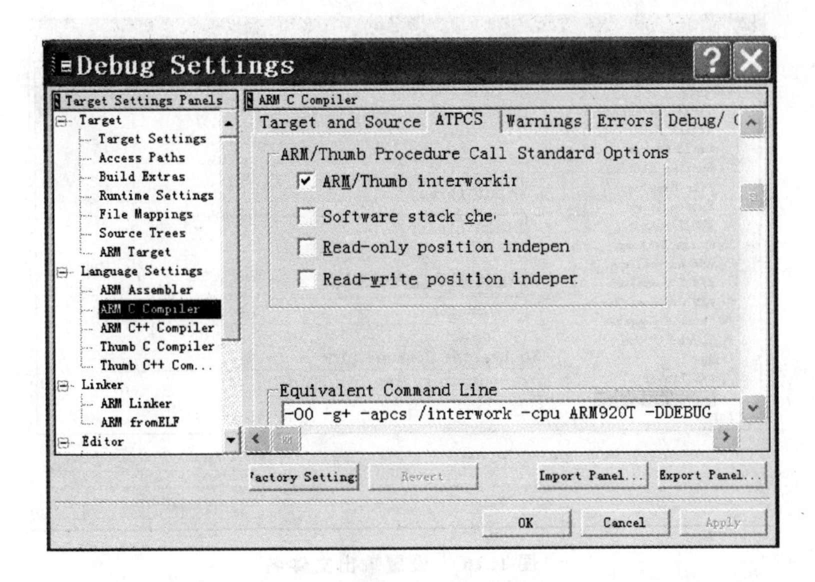

图 1.14 设置 ARM C Compiler

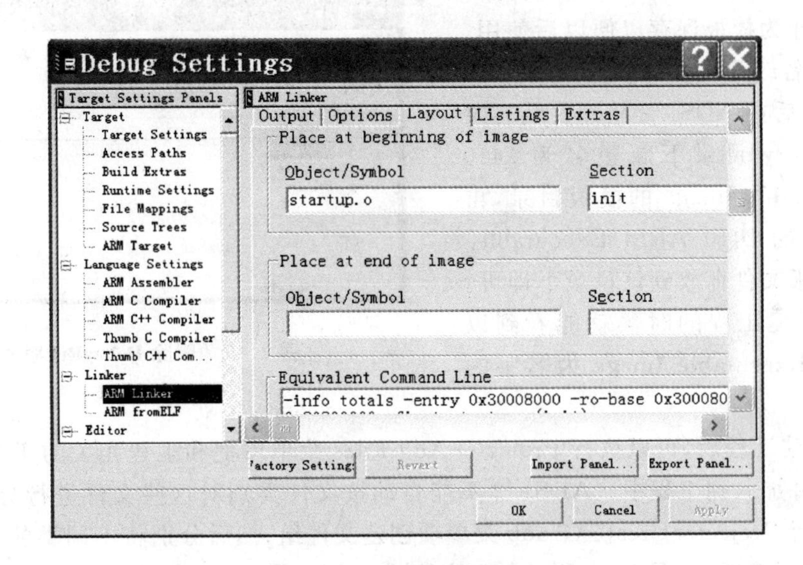

图 1.15 设置入口模块

bol 设置为 startup.o，Section 设为 init。

（7）在 Debug Settings 对话框中选择 ARM fromELF 项，如图 1.16 所示。在 Output file name 文本框中设置输出文件名为 system.bin，这就是要下载到开发板的嵌入式应用程序文件。

（8）回到如图 1.10 所示的工程窗口中，选择 Release 版本，使用 Edit→Release Settings 菜单项对 Release 版本进行参数设置。

（9）参照第（3）、（4）、（5）、（6）、（7）步在 Release Settings 对话框中设置 Release 版本的 Post-linker、连接地址范围、入口模块和输出文件。

（10）回到如图 1.17 所示的工程窗口中，选择 Targets 选项卡。选中 DebugRel 版本，按 Del 键将其删除。DebugRel 子树是一个折中版本，通常用不到，所以在这里删除。

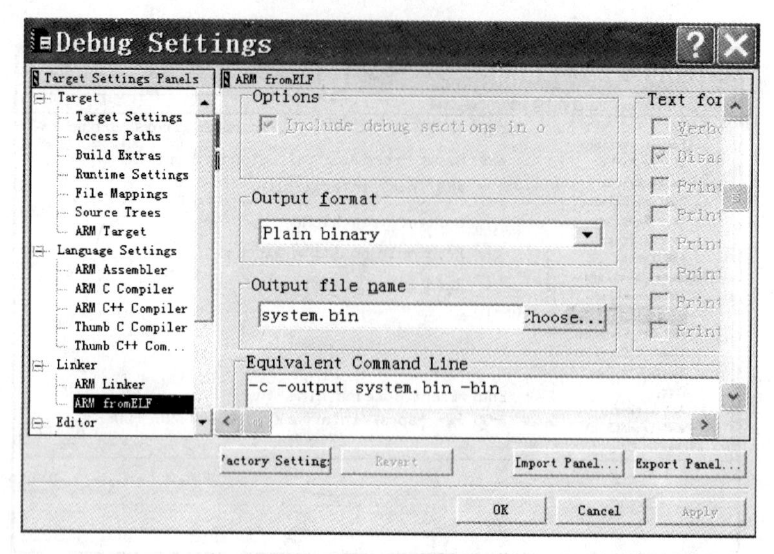

图 1.16　设置输出文件名

(11) 设置完成后,可以将该新建的空工程文件作为模板保存以便以后使用。将工程文件名改为 2410 ARM Executable.mcp。然后在 ADS1.2 软件安装目录下的 Stationery 目录下新建名为 2410 ARM Executable Image 的模板目录,再将刚设置完的 2410 ARM Executable.mcp 工程模板文件存放到该目录下即可。这样,以后新建工程的时候就能看到以 2410 ARM Executable Image 为名字的模板了。

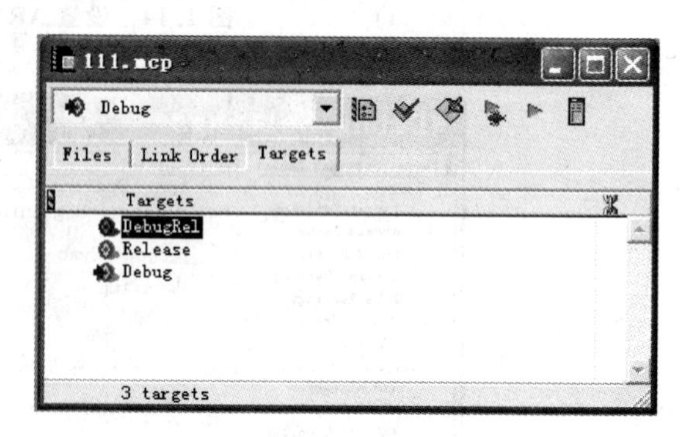

图 1.17　删除 DebugRel 版本

(12) 新建工程后,可以执行 Project→Add Files 菜单项把和工程相关的所有文件,除 inti 外的所有文件加入到工程中。ADS1.2 不能自动按文件类别对这些文件进行分类,需要的话用户可以执行 Project→Create Group 菜单项创建文件组,然后分别将不同类的文件加入到不同的组,以方便管理,如图 1.18 所示。更为简单的办法是,在新建工程时 ADS 创建了和工程同名的目录,在该目录下按类别创建子目录并存放工程文件。选中所有目录拖动到任务栏上的 ADS 任务条上,不要松开鼠标当 ADS 窗口恢复后再拖动到工程文件窗口,松开鼠标。这样 ADS 将以子目录名建立同名文件组并以此对文件分类。

(13) 编译并双击图 1.18 中的 main.c,打开该文件,可以查看 Main()函数的内容,这时也可运行程序。

1.5.2　超级终端设置

(1) 运行 Windows 系统下的超级终端(hyperterminal)应用程序,新建一个通信终端。如果要求输入区号、电话号码等信息请随意输入,当出现如图 1.19 所示对话框时,为所建超级终端取名为 arm,可以为其选一个图标,完成后单击“确定”按钮。

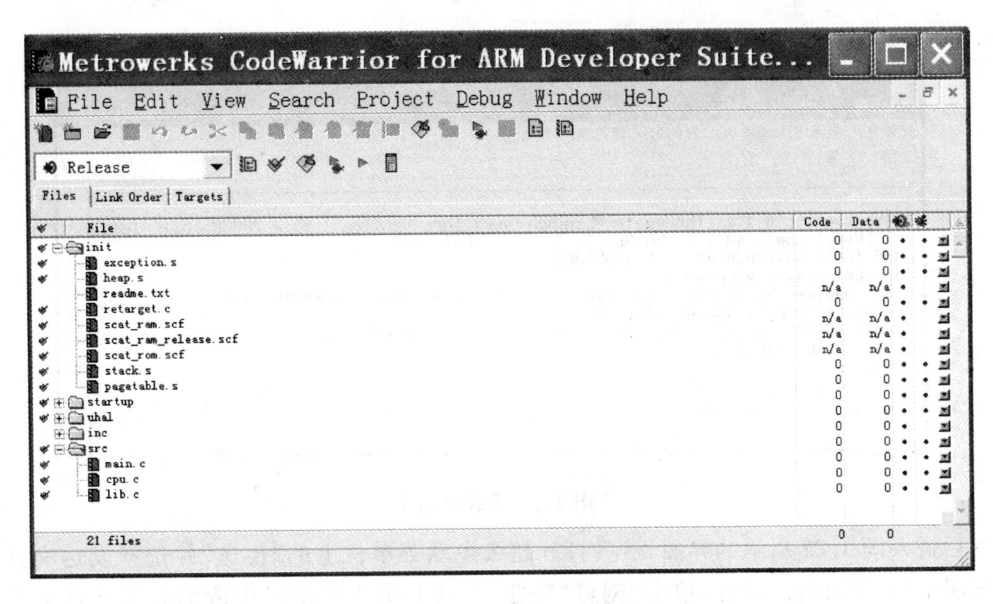

图 1.18　加入工程文件

(2) 在接下来的对话框中选择 ARM 开发平台实际连接的 PC 机串口(如 COM1),单击“确定”按钮后出现如图 1.20 所示的属性对话框,设置通信的格式和协议。这里波特率为 115 200,数据位为 8,无奇偶校验位,停止位为 1,无数据流控制。单击“确定”按钮完成设置。

图 1.19　创建超级终端

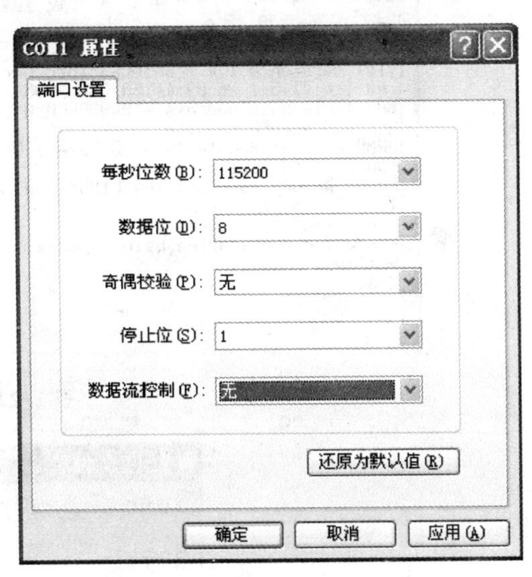

图 1.20　设置串行口

(3) 完成新建超级终端的设置以后,可以选择超级终端文件菜单中的“保存”,将当前设置保存为一个特定超级终端到桌面上,以备后用。用串口线将 PC 机串口和平台 UART0 正确连接后,就可以在超级终端上看到程序输出的信息了,比如本实验的“Hello world!”。

1.5.3　映像文件下载方法

重新启动开发板同时按下键盘中任意键,这时在超级终端将会看到如图 1.21 所示的提示，在 vivi>后输入 load flash ucos x，然后按回车键。

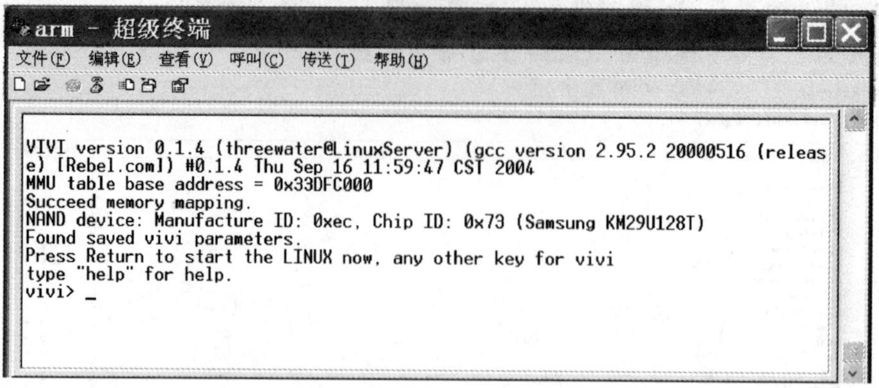

```
arm - 超级终端
文件(F) 编辑(E) 查看(V) 呼叫(C) 传送(T) 帮助(H)

VIVI version 0.1.4 (threewater@LinuxServer) (gcc version 2.95.2 20000516 (releas
e) [Rebel.com]) #0.1.4 Thu Sep 16 11:59:47 CST 2004
MMU table base address = 0x33DFC000
Succeed memory mapping.
NAND device: Manufacture ID: 0xec, Chip ID: 0x73 (Samsung KM29U128T)
Found saved vivi parameters.
Press Return to start the LINUX now, any other key for vivi
type "help" for help.
vivi> _
```

图 1.21 超级终端 I

之后进入图 1.22 所示的界面，然后打开超级终端菜单栏上的“传送”并选择发送文件，随后显示如图 1.23 所示的对话框，单击“浏览”按钮，查找并进入到编译生成的映像文件夹下，打开 system.bin。然后在发送文件对话框中的协议栏选择 Xmodem，最后选择“发送”。发送结束后，映像文件即下载到 FLASH 中，然后，如图 1.24 输入 bootucos 命令再按回车键即可运行 ucos 程序。

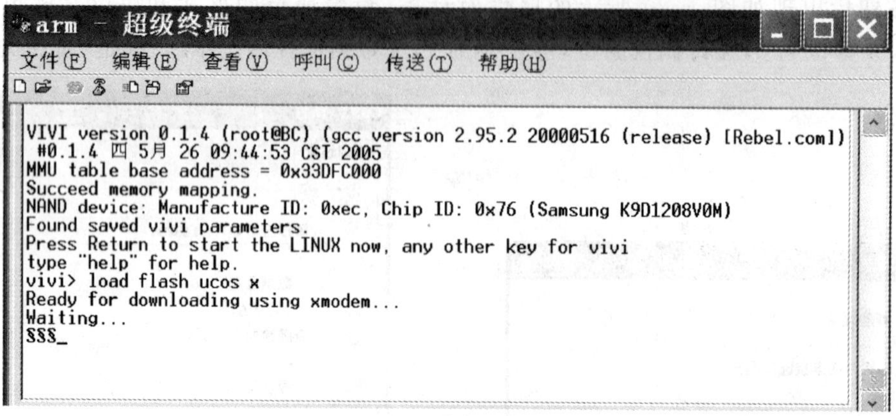

```
arm - 超级终端
文件(F) 编辑(E) 查看(V) 呼叫(C) 传送(T) 帮助(H)

VIVI version 0.1.4 (root@BC) (gcc version 2.95.2 20000516 (release) [Rebel.com])
 #0.1.4 四 5月 26 09:44:53 CST 2005
MMU table base address = 0x33DFC000
Succeed memory mapping.
NAND device: Manufacture ID: 0xec, Chip ID: 0x76 (Samsung K9D1208V0M)
Found saved vivi parameters.
Press Return to start the LINUX now, any other key for vivi
type "help" for help.
vivi> load flash ucos x
Ready for downloading using xmodem...
Waiting...
SSS_
```

图 1.22 超级终端 II

发送文件
文件夹: D:\7LCD的驱动控制\Exp5_Data\Release
文件名(F):
浏览(B)...
协议(P):
Xmodem
发送(S) 关闭(C) 取消

图 1.23 发送文件

提示：system.bin 文件是系统通过 BIOS 引导以后，装入内存中运行的默认文件。所以上文中对工程的设置都使用该文件名作为编译最终文件。ADS 环境中，该文件产生在工程路径下的 ProjectName_Data\Debug 和 Release 目录下。

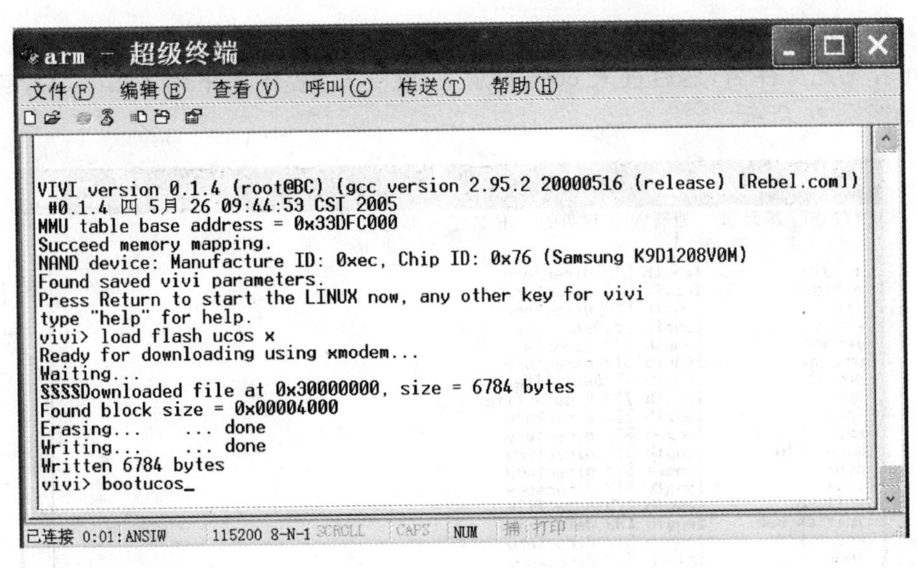

图 1.24 启动 ucos 系统

1.5.4 数据文件下载

ucos 系统中用到的文件(图片、文本文件等)都是通过启动一个 ucos 系统的应用程序来下载文件到指定目录的。以列表框的控件的使用实验为例,具体方法如下:

(1) 先打开超级终端,超级终端的设置如前所述。

(2) 运行列表框控件的使用实验,运行方法 a:将列表框控件的使用实验的映像文件下载到 FLASH 中。方法 b:用仿真器调试的方式运行列表框控件的使用实验。

(3) 当列表框控件的使用实验运行起来以后,在超级终端按回车键,此时如图 1.25 所示。

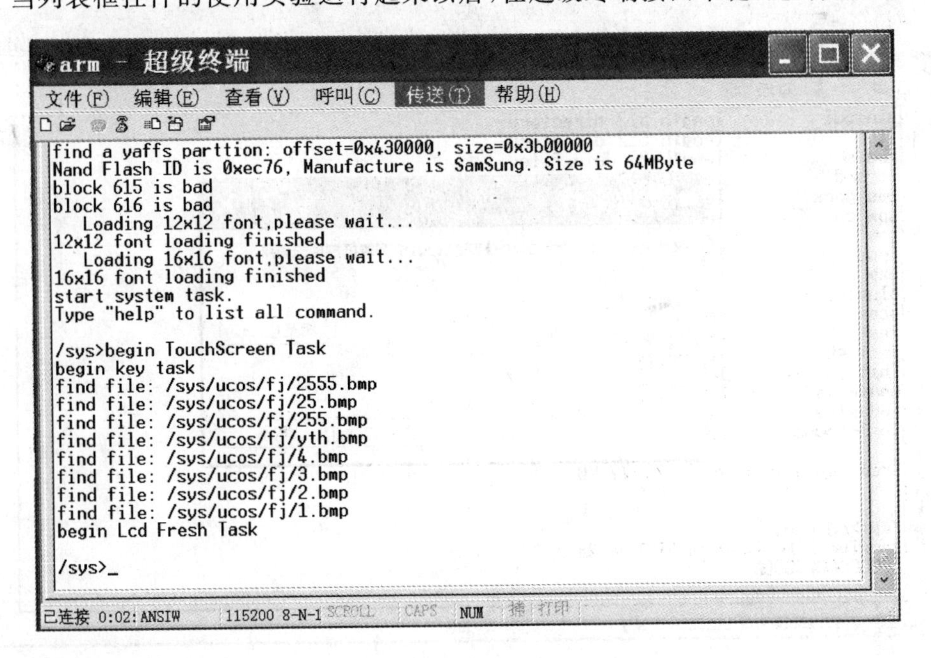

图 1.25 数据下载界面 1

(4) 新建 ucos 目录,命令是 mkdir ucos,回车,然后在 sys>提示符下输入 ls,若新建目录成功则可看见此文件名,然后进入 ucos 目录下,在 sys>提示符下输入 cd ucos,回车,进入 ucos 后如图 1.26 所示。

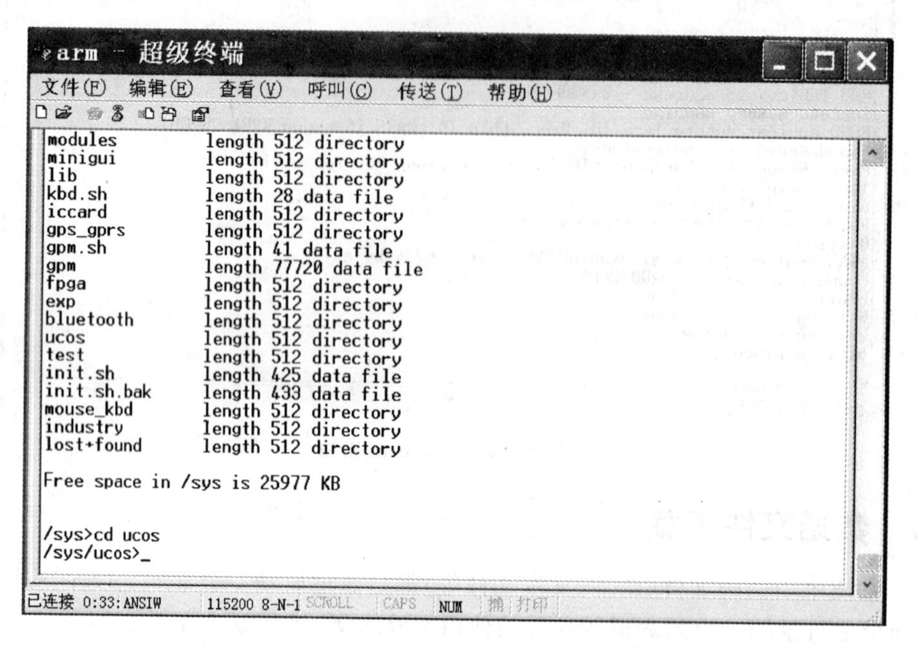

图 1.26 数据下载界面 2

(5) 将字库 u12×12 和 u16×16 下载到 ucos 目录下,下载命令 dl u12x12.fnt -d,回车,然后选择超级终端"传送"→"发送文件"菜单项,弹出如图 1.27 所示对话框。

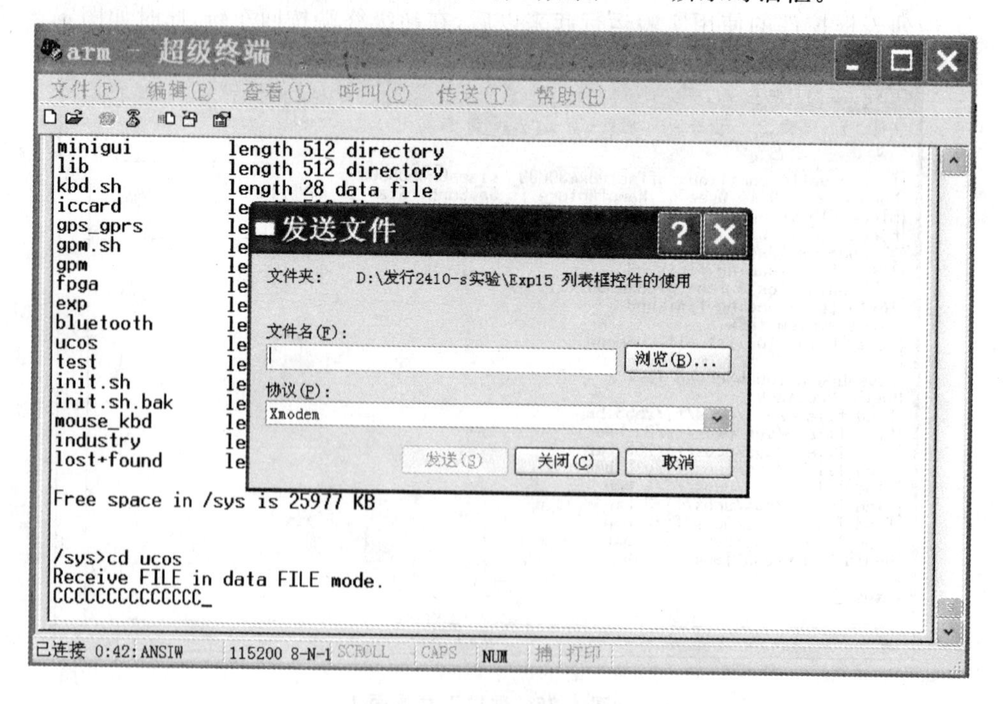

图 1.27 数据下载界面 3

在图 1.27 中单击“浏览”按钮，选择要下载的字库，协议选择 Xmodem 然后单击“发送”。重复同样的操作再将字库 u16×16 下载到 ucos 目录下。注意命令形式 dl u16x16.fnt -d，然后回车。

(6) 在 ucos 目录下输入命令 mkdir fj，新建 fj 目录，然后在此目录下下载图片、文本文件 test 和 sys.dat 文件。下载方法和下载字库相同，下载图片的命令形式如 dl *.bmp -d，下载文本文件的命令形式如 dl test.txt -t，下载 sys 文件的命令形式如 dl sys.dat -d。

注意：其他还有删除命令 rm 或 rmdir，改名命令“mv 旧文件名 新文件名”。下载文本文件用参数-t，下载其他数据文件用参数-d。

1.5.5 Source Insight 简介

Source Insight 是一款源码编辑和查看软件，其界面友好，变量和函数名都以特定的颜色表示出来，非常直观。而且与 ADS1.2 的配合非常默契，不会因为两个软件打开同一个文件而发生错误。在 Source Insight 中编辑好源码后，将其保存，就可以在 ADS1.2 中编译了。图 1.28 为在软件开发过程中使用 Source Insight 软件的截图。

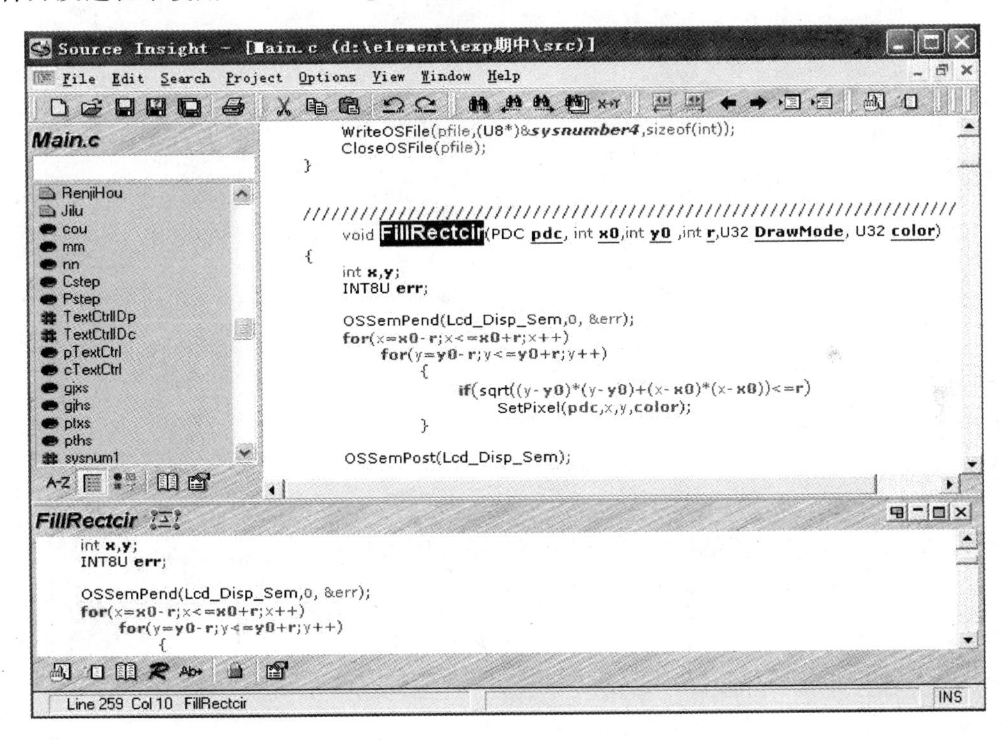

图 1.28 Source Insight 界面

1.6 练习题

1. 嵌入式系统的基本概念是什么？
2. 嵌入式系统有哪些特点？
3. 嵌入式系统的硬件结构有哪些？

4. 什么是掌上电脑？
5. 什么是 PDA？
6. 什么是笔记本电脑？
7. 掌上电脑与笔记本电脑的区别有哪些？
8. PDA 与掌上电脑的区别是什么？
9. 根据嵌入式产品的分类列举几种嵌入式产品。
10. 嵌入式操作系统的特点是什么？

第2章 基于嵌入式组件的应用程序设计

计算技术的发展经历了三次革命:存储程序计算机、高级编程语言和组件级编程。在通用计算机中,利用面向对象技术进行编程可以实现代码重用。现在的嵌入式技术中也需要这样的功能,如果开发一个组件,那么该组件可以很容易作为其他程序的组成部分使用。

2.1 基于组件开发

在任何大中型软件设计项目中,在代码编写之前完成某种形式规范是非常重要的。组件级设计也不例外。在每一组代码前,用一组描述组件接口的形式规范描述代码的属性和方法。在程序开发过程中,可以在任意时刻添加该组件。在组件级编程中,我们可以利用单个组件(例如按钮、列表框或文本框控件)组合成多个功能复杂的大型程序。

2.2 组件分类

1. 外 设

外设驱动程序可以对系统提供访问外围设备的接口,把操作系统(软件)和外围设备(硬件)分离开来。当外围设备改变的时候,只需要更换相应的驱动程序,不必修改操作系统的内核以及运行在操作系统中的软件。

外设驱动程序标准接口组件包括串行口、键盘、I/O 接口、A/D 接口、D/A 接口、液晶屏、触摸屏和 USB 接口。

2. 控 件

与 Windows 操作系统类似,控件是可视化开发的基础。对于开发应用程序的用户来说,控件是一个独立的组件,有着自己的显示方式、自己的动态内存管理模式,甚至有的控件还可以向系统发送自己的消息。用户不需要掌握控件的内部到底是如何工作的,只需通过控件提供的 API 函数改变控件相应的属性,即可改变控件的显示方式。

控件的引入可以大大方便用户的开发,加速用户应用程序界面的编写速度。同时,也为运行在操作系统上的应用程序的界面提供了统一的标准,方便了使用。

控件组件包括消息、文本框控件、列表框控件、按钮控件、窗口控件及系统时间功能。

3. 绘 图

基于 32 位嵌入式处理器的硬件平台,有着较高的运算速度和大容量的内存,无疑为人机交互建立图形用户接口(GUI)的首选方式。绘图是操作系统的图形界面的基础,在多任务操作系统中,通过绘图设备上下文(DC)来绘图,可以保证在不同的任务中绘图的参数是相互独立的，不会相互影响。文字的处理采用 Unicode 编码，该编码可提供 65 000 多个字符代码指针，可涵盖世界上几乎所有的语言。

绘图组件包括绘图、系统图形显示和 Unicode 字库的显示。

4. 组件级编程

前面介绍的几种组件都属于单个组件的开发设计，而组件级编程中涉及到的组件是综合组件，包含多个单个组件设计。该组件级编程可以完成嵌入式系统中(包括 PDA、电子字典、手机等设备)基本功能的实现和游戏功能的实现。

基本功能组件包括电话簿组件设计、记事本组件设计、日程表组件设计、系统时间组件设计、日历组件设计、智能拼音输入法组件设计和科学型计算器组件设计。

游戏功能组件包括高炮打飞机游戏设计、沙壶球游戏设计、24 点游戏设计、高尔夫球游戏设计、五子棋游戏设计和拼图游戏设计。

2.3 外设组件设计范例

2.3.1 串行口组件设计

ARM 通过监视串行口，把我们在程序中插入的想要反馈程序运行情况的串行口语句输出到显示器中的超级终端。这样，我们便可以实时监控程序的运行情况，方便调试程序。串行口组件设计是将接收到的字符再发送给串口(计算机与开发板是通过超级终端通信的)，即按 PC 键盘通过超级终端发送数据，开发板将接收到的数据再返送给 PC，在超级终端上显示。

要想设计好串行口驱动程序，需要做如下几步：

(1) 熟悉串口通信原理；

(2) 查阅 ARM 串口寄存器文档，包括 S3C2410X 控制、状态和数据寄存器；

(3) 查阅电平转换芯片资料(MAX3232)；

(4) 设计硬件电路图；

(5) 设计串口驱动(包括串口寄存器初始化，发送接收函数等)。

异步通信必须遵循的 3 项规定是：字符的格式、波特率和校验位。

初始化时需要设置波特率、停止位、奇偶校验位、数据位等参数。

下面分别介绍串行口寄存器和串行口驱动程序。

1. 串行口寄存器

异步串行方式是将传输数据的每个字符一位一位(例如先低位、后高位)地传送。数据的各个不同位可以分时使用同一传输通道，因此串行输入/输出可以减少信号连线。图 2.1 给出了异步串行通信中一个字符的传送格式。

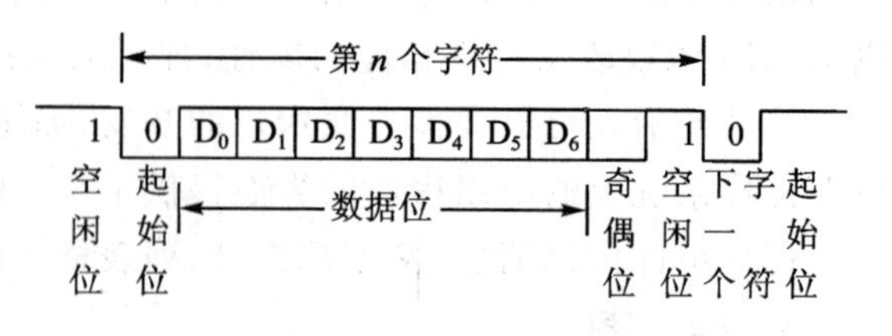

图 2.1 串行通信字符格式

开始前，线路处于空闲状态，送出连续“1”。传送开始时首先发送一个“0”作为起始位，然后出现在通信线上的是字符的二进制编码数据。每个字符的数据位长可以约定为 5 位、

6位、7位或8位，一般采用ASCII编码。随后是奇偶校验位，根据约定，用奇偶校验位将所传字符中为“1”的位数凑成奇数个或偶数个。也可以约定不要奇偶校验，这样就取消奇偶校验位。最后是表示停止位的“1”信号，这个停止位可以约定持续1位、1.5位或2位的时间宽度。至此一个字符传送完毕，线路又进入空闲，持续为“1”。经过一段随机的时间后，下一个字符开始传送才又发出起始位。每一个数据位的宽度等于传送波特率的倒数。微机异步串行通信中，常用的波特率为50,95,110,150,300,600,1 200,2 400,4 800,9 600等。在此波特率表示每秒传送的二进制位数。如数据传送速率为120字符/秒，一个字符为10位，则波特率为120字符/秒×10位/字符＝1 200位/秒。

接收方按约定的格式接收数据，并进行检查，可以查出以下三种错误：

① 奇偶错，是指在约定奇偶检查的情况下，接收到的字符奇偶状态与约定不符。

② 帧格式错，是指一个字符从起始位到停止位的总位数不对。

③ 溢出错，若先接收的字符尚未被微机读取，后面的字符又传送过来，则产生溢出错。

每一种错误都会给出相应的出错信息，提示用户处理。

EIA RS-232C是美国电子工业协会推荐的一种串行接口的物理层标准。它在一种25针接插件(DB-25)上定义了串行通信的有关信号。这个标准后来被世界各国所接受，并使用到计算机的I/O接口中。

ARM自带三个UART端口，每个UART通道都有16字节的FIFO(先入先出寄存器)用于接收和发送，如图2.2所示。使用系统时钟最大波特率可达230.4 kb/s，如果用外部时钟(UCLK)UART还可以以更高的波特率运行。RS-232只能代表通信的物理介质层和链路层，如果要实现数据的双向访问，就必须自己编写通信应用程序。S3C2410X UART包括可编

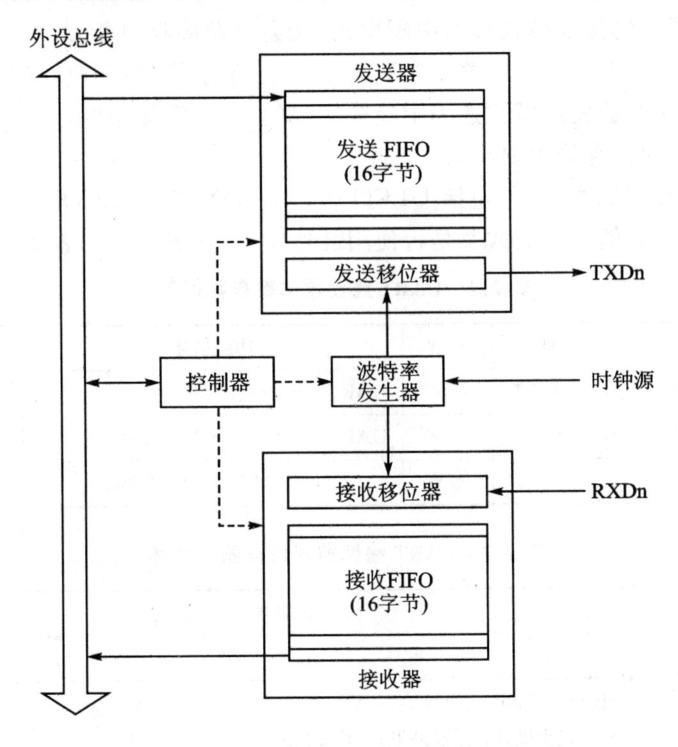

图2.2　ARM内部UART控制器的结构图

程波特率，红外发送/接收，插入一个或两个停止位，5字节、6字节、7字节或8字节数据宽度和奇偶校验。UART收发数据是通过从存储器或I/O端口位置进行读/写操作来实现的。通过监控UART状态寄存器中的比特位可以判断字节何时被接收。另一个比特位可用于判断字节何时通过接口传输。这种监控UART状态的方式称为查询方式。S3C2410X的每个UART都有7个状态信号：接收FIFO/缓冲区数据准备好、发送FIFO/缓冲区空、发送移位寄存器空、溢出错误、奇偶校验错误、帧错误和中止，所有这些状态都由对应的UART状态寄存器(UTRSTATn/UERSTATn)中的相应位来表现。

根据以上所述，我们来设计ARM自带的串行口寄存器。ARM串行口寄存器有：ULCONn(UART线性控制寄存器)、UCONn(UART控制寄存器)、UFCONn(FIFO控制寄存器)、UMCON(MODEM控制寄存器)、UTRSTATn(发送/接收状态寄存器)、UERSTATn(错误状态寄存器)、UFSTAT(FIFO状态寄存器)、UMSTAT(MODEM状态寄存器)、UTXH(数据发送寄存器)、URXH(数据接收寄存器)和UBRDIVn(波特率除数因子寄存器)。

因为S3C2410X自带三个UART端口，所以n取值为0,1,2。

UART的操作分为数据发送、数据接收、产生中断、产生波特率和红外模式。

数据发送：发送数据帧格式可以编程设置。包含起始位、5～8个数据位、可选的奇偶校验位以及1～2位停止位。这些通过UART线性控制寄存器ULCONn来设置。

数据接收：同发送一样。UART有7种状态来检测溢出出错、奇偶校验出错、帧出错等出错，并可设置相应的错误标志，通过错误状态寄存器UERSTATn来设置。“接收缓冲区准备好”、“发送缓冲区空”、“发送移位缓冲器空”等通过发送/接收状态寄存器UTRSTATn来设置。

当接收器要将接收移位寄存器的数据送到接收FIFO时，它会激活接收FIFO满状态信号，如果控制寄存器中的接收模式选为中断模式，就会引发接收中断。

当发送器从发送FIFO中取出数据送到发送移位寄存器时，FIFO空状态信号将会被激活。如果控制寄存器中的发送模式选为中断模式，就会引发发送中断。

与UART有关的寄存器主要有以下几个：

(1) UART线性控制寄存器，包括ULCON0，ULCON1和ULCON2，主要用来选择每帧数据位数、停止位数、奇偶校验模式及是否使用红外模式，如表2.1和表2.2所列。

表2.1 UART线性控制寄存器设置

寄存器	地　址	R/W	功能描述	初始值
ULCON0	0x50000000	R/W	UART0通道线性控制寄存器	0x00
ULCON1	0x50004000	R/W	UART1通道线性控制寄存器	0x00
ULCON2	0x50008000	R/W	UART2通道线性控制寄存器	0x00

表2.2 UART线性控制寄存器位描述

ULCONn	位	位描述	初始状态
保留	[7]		0
红外模式	[6]	该位是否使用红外模式。 0＝正常模式；1＝红外发送/接收模式	0

续表 2.2

ULCONn	位	位描述	初始状态
奇偶校验模式	[5:3]	当 UART 进行发送和接收操作时,指定奇偶校验类型进行校验。 0xx=无校验位;100=奇校验;101=偶校验 110=校验位强制/校验置 1;111=校验位强制/校验置 0	000
停止位的位数	[2]	确定用于帧结束的停止位的个数。 0=每帧一个停止位 1=每帧两个停止位	0
字长	[1:0]	确定发送或接收的每帧数据位个数。 00=5 位;01=6 位 10=7 位;11=8 位	00

ULCON0/ ULCON1/ ULCON2 参考设置:普通模式,无奇偶校验位,1 位停止位,8 位数据长度,该寄存器值设置为 0x3。

(2) UART 控制寄存器,包括 UCON0,UCON1 和 UCON2,主要用来选择时钟、接收和发送中断类型(是电平还是脉冲触发类型)、接收超时使能、接收错误状态中断使能、回送模式及发送接收模式等,如表 2.3 和表 2.4 所列。

表 2.3 UART 控制寄存器设置

寄存器	地 址	R/W	功能描述	初始值
UCON0	0x50000004	R/W	UART0 通道控制寄存器	0x00
UCON1	0x50004004	R/W	UART1 通道控制寄存器	0x00
UCON2	0x50008004	R/W	UART2 通道控制寄存器	0x00

表 2.4 UART 控制寄存器位描述

UCONn	位	位描述	初始状态
选择时钟	[10]	选择 PCLK 或 UCLK 用于 UART 波特率。 0=PCLK,UBRDIVn=(int)[PCLK/(波特率×16)] −1 1=UCLK(@GPH8),UBRDIVn=(int)[UCLK/(波特率×16)]−1	0
发送中断类型	[9]	中断请求类型。 0=脉冲(发送缓冲区一变为空时请求中断) 1=电平(发送缓冲区为空时请求中断)	0
接收中断类型	[8]	中断请求类型。 0=脉冲(接收缓冲区一接收到数据时请求中断) 1=电平(接收缓冲区正在接收数据时请求中断)	0
接收超时中断使能	[7]	当 UART 的 FIFO 使能时,使能/禁止接收超时中断。 0=禁止;1=使能	0
接收错误状态中断使能	[6]	使能 UART 在错误时产生中断响应。 0=不产生接收错误状态中断 1=产生接收错误状态中断	0

续表 2.4

UCONn	位	位描述	初始状态
回送模式	[5]	该位置 1 使 UART 进入回送模式。仅用于测试时使用。 0=正常操作；1=回送模式	0
发送中止信号	[4]	设置该位会引发 UART 在 1 帧时间内发送中止信号。发送完中止信号后该位自动清零。 0=正常发送；1=发送中止信号	0
发送模式	[3:2]	决定把发送数据写进 UART 发送缓冲寄存器的方法。 00=禁止；01=中断请求或轮流检测模式 10=DMA0 请求(仅 UART0 使用),DMA3 请求(仅 UART2 使用) 11=DMA1 请求(仅 UART1 使用)	00
接收模式	[1:0]	决定从 UART 接收缓冲寄存器读取接收数据的方法。 00=禁止；01=中断请求或轮流检测模式 10=DMA0 请求(仅 UART0 使用),DMA3 请求(仅 UART2 使用) 11=DMA1 请求(仅 UART1 使用)	00

UCON0/ UCON1/ UCON2 参考设置：Tx 电平触发，Rx 边沿触发，禁止接收超时中断，允许接收错误中断，发送和接收模式均为 01，该寄存器值设置为 0x245。

(3) 错误状态寄存器，包括 UERSTAT0，UERSTAT1 和 UERSTAT2，此状态寄存器的相关位表明是否有帧错误或溢出错误发生，如表 2.5 和表 2.6 所列。

表 2.5 错误状态寄存器设置

寄存器	地　址	R/W	功能描述	初始值
UERSTAT0	0x50000014	R	UART0 通道接收错误状态寄存器	0x0
UERSTAT1	0x50004014	R	UART1 通道接收错误状态寄存器	0x0
UERSTAT2	0x50008014	R	UART2 通道接收错误状态寄存器	0x0

表 2.6 错误状态寄存器位描述

UERSTATn	位	位描述	初始状态
保留	[3]		0
帧错误	[2]	在接收操作中发生帧错误时该位自动设置为 1。 0=接收时没有帧错误 1=帧错误(请求中断)	0
保留	[1]		0
溢出错误	[0]	在接收操作中发生溢出错误时该位自动设置为 1。 0=接收时没有溢出错误 1=溢出错误(请求中断)	0

注意： 在读取错误状态寄存器时，UERSATn[3:0]会自动清零。

(4) 在 UART 模块中有 3 个发送/接收状态寄存器，分别是 UTRSTAT0，UTRSTAT1 和 UTRSTAT2，如表 2.7 和表 2.8 所列。

表 2.7 发送/接收状态寄存器设置

寄存器	地 址	R/W	功能描述	初始值
UTRSTAT0	0x50000010	R	UART0 通道发送/接收状态寄存器	0x6
UTRSTAT1	0x50004010	R	UART1 通道发送/接收状态寄存器	0x6
UTRSTAT2	0x50008010	R	UART2 通道发送/接收状态寄存器	0x6

表 2.8 发送/接收状态寄存器位描述

UTRSTATn	位	位描述	初始状态
发送移位器空	[2]	当发送缓冲寄存器没有有效数据发送并且发送移位器为空时该位自动设置为 1。 0＝非空 1＝发送器(发送缓冲器和发送移位器）为空	1
发送缓冲寄存器空	[1]	当发送缓冲寄存器空时该位自动置 1。 0＝发送缓冲寄存器不为空 1＝空 如果 UART 使用 FIFO,那么用户要检查 UFSTAT 寄存器的发送 FIFO 计数位和发送 FIFO 满位,而不是检查该位	1
接收缓冲寄存器数据准备	[0]	当接收缓冲寄存器包含通过 RXDn 端口接收的有效数时,该位置 1。 0＝为空 1＝接收缓冲寄存器有接收数据 如果 UART 使用 FIFO,那么用户要检查 UFSTAT 寄存器的接收 FIFO 计数位和接收 FIFO 满位,而不是检查该位	0

UTRSTAT0/UTRSTAT1/UTRSTAT2 寄存器的内容显示芯片目前的读/写(接收/发送)状态。

(5) 在 UART 模块中有 3 个数据发送寄存器,分别是 UTXH0,UTXH1 和 UTXH2;UTXHn 有 8 位发送数据,如表 2.9 和表 2.10 所列。

表 2.9 数据发送寄存器设置

寄存器	地 址	R/W	功能描述	初始值
UTXH0	0x50000020(L) 0x50000023(B)	W (by byte)	UART0 通道发送缓冲寄存器	—
UTXH1	0x50004020(L) 0x50004023(B)	W (by byte)	UART1 通道发送缓冲寄存器	—
UTXH2	0x50008020(L) 0x50008023(B)	W (by byte)	UART2 通道发送缓冲寄存器	—

表 2.10 数据发送寄存器位描述

UTXHn	位	位描述	初始状态
TXDATAn	[7:0]	通过 UARTn 发送数据	—

注意：L 为小端模式，B 为大端模式。数据发送寄存器存放着发送的数据，一次发送 8 位数据。

(6) 在 UART 模块中有 3 个数据接收寄存器，包括 URXH0，URXH1 和 URXH2。URXHn 有 8 位接收数据，如表 2.11 和表 2.12 所列。

表 2.11 数据接收寄存器设置

寄存器	地 址	R/W	功能描述	初始值
URXH0	0x50000024(L) 0x50000027(B)	R (by byte)	UART0 通道接收缓冲寄存器	—
URXH1	0x50004024(L) 0x50004027(B)	R (by byte)	UART1 通道接收缓冲寄存器	—
URXH2	0x50008024(L) 0x50008027(B)	R (by byte)	UART2 通道接收缓冲寄存器	—

表 2.12 数据接收寄存器位描述

URXHn	位	位描述	初始状态
RXDATAn	[7:0]	通过 UARTn 接收数据	—

注意：当发生溢出错误时，必须读 URXHn；否则，即使 UERSTATn 的溢出位已经清零，下个已接收数据也会产生溢出错误。数据接收寄存器存放着接收的数据，一次接收 8 位数据。

(7) 在 UART 模块中有 3 个波特率除数因子寄存器，分别是 UBRDIV0，UBRDIV1 和 UBRDIV2，如表 2.13 和表 2.14 所列。

表 2.13 波特率除数因子寄存器设置

寄存器	地 址	R/W	功能描述	初始值
UBRDIV0	0x50000028	R/W	波特率除数因子寄存器 0	—
UBRDIV1	0x50004028	R/W	波特率除数因子寄存器 1	—
UBRDIV2	0x50008028	R/W	波特率除数因子寄存器 2	—

表 2.14 波特率除数因子寄存器位描述

UBRDIVn	位	位描述	初始状态
UBRDIV	[15:0]	波特率除数因子值	—
		UBRDIVn >0	

波特率发生器以 MCLK 作为时钟源，每个 UART 的波特率发生器为传输提供了串行移位时钟。波特率时钟由通过时钟源的 16 分频及一个由波特率除数因子寄存器(UBRDIVn)指定的 16 位除数决定。

UBRDIVn＝(取整)[MCLK/(波特率×16)]－1

存储在波特率除数因子寄存器(UBRDIVn)中的值决定串口发送和接收的时钟数率(波特

率),计算公式如下:

UBRDIVn=(int)[PCLK/(波特率×16)]-1

或

UBRDIVn=(int)[UCLK/(波特率×16)]-1

例如:如果波特率是 115 200,PCLK 或 UCLK 是 40 MHz,那么 UBRDIVn 计算如下:

UBRDIVn=(int)[40 000 000/(115 200×16)]-1=

(int)(21.7) -1=

21-1=20

串行口符合 RS-232 标准,通信的最高速度可以达到 115 200 b/s。

2. 串行口驱动程序

编写串口驱动程序包括 4 个部分:主函数、串口初始化、发送数据和接收数据。

主函数里包含串口初始化、发送函数和接收函数的调用,如图 2.3 所示。发送函数流程图如图 2.4 所示,接收函数流程图如图 2.5 所示。

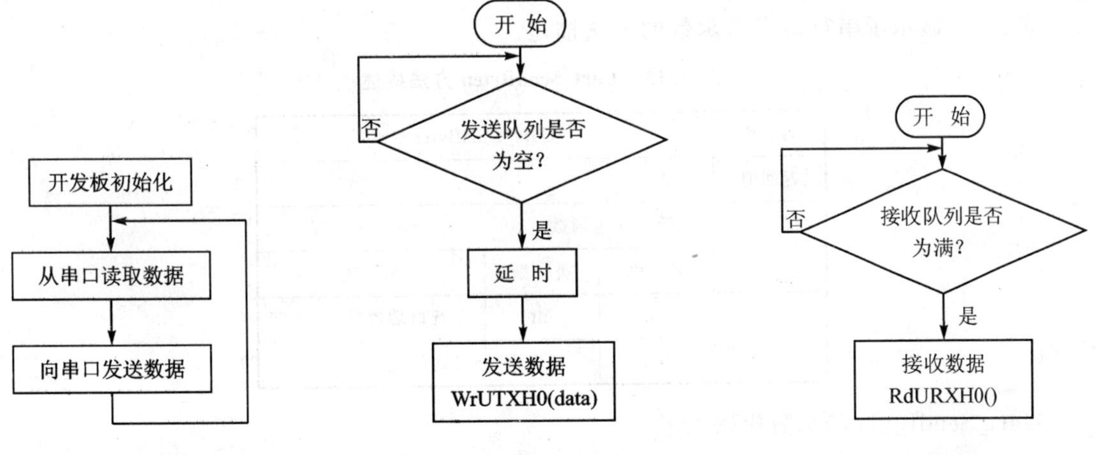

图 2.3 主函数流程图　　图 2.4 发送函数流程图　　图 2.5 接收函数流程图

与串行口有关的地址定义、串口初始化寄存器设置在头文件 Reg2410.h 中声明。串行口相关声明代码如下:

```
//串口地址定义
#define UART_CTL_BASE        0x50000000
#define UART0_CTL_BASE       UART_CTL_BASE
#define UART1_CTL_BASE       UART_CTL_BASE + 0x4000
#define UART2_CTL_BASE       UART_CTL_BASE + 0x8000
#define bUART(x, Nb)       __REG(UART_CTL_BASE + (x) * 0x4000 + (Nb))
/* Offset */
#define oULCON                 0x00      /* R/W, UART line control register */
#define oUCON                  0x04      /* R/W, UART control register */
#define oUFCON                 0x08      /* R/W, UART FIFO control register */
#define oUMCON                 0x0C      /* R/W, UART modem control register */
#define oUTRSTAT               0x10      /* R, UART Tx/Rx status register */
```

```
#define oUERSTAT          0x14      /* R, UART Rx error status register */
#define oUFSTAT           0x18      /* R, UART FIFO status register */
#define oUMSTAT           0x1C      /* R, UART Modem status register */
#define oUTXHL            0x20      /* W, UART transmit(little-end) buffer */
#define oUTXHB            0x23      /* W, UART transmit(big-end) buffer */
#define oURXHL            0x24      /* R, UART receive(little-end) buffer */
#define oURXHB            0x27      /* R, UART receive(big-end) buffer */
#define oUBRDIV           0x28      /* R/W, Baud rate divisor register */
```

与串行口有关的寄存器地址定义在 main.c 中声明。串行口地址定义如下：

```
#define rUTRSTAT0      (*(volatile unsigned *)0x50000010)
#define rUTRSTAT1      (*(volatile unsigned *)0x50004010)
#define WrUTXH0(ch)    (*(volatile unsigned char *)0x50000020) = (unsigned char)(ch)
#define WrUTXH1(ch)    (*(volatile unsigned char *)0x50004020) = (unsigned char)(ch)
#define RdURXH0()      (*(volatile unsigned char *)0x50000024)
#define RdURXH1()      (*(volatile unsigned char *)0x50004024)
```

表 2.15 显示了串行口发送函数的方法描述。

表 2.15 Uart_SendByten 方法描述

名　称	Uart_SendByten		
返回值	void		
描　述	串行口发送函数		
参　数	名　称	类　型	描　述
1	Uartnum	int	串行口端口号
2	data	U8	发送信息

Uart_SendByten()函数代码如下：

```
void Uart_SendByten(int Uartnum, U8 data)
{
    if(Uartnum == 0)
    {
        while(!(rUTRSTAT0 & 0x4));              //Wait until THR is empty
        hudelay(10);
        WrUTXH0(data);
    }
    else
    {
        while(!(rUTRSTAT1 & 0x4));              //Wait until THR is empty
        hudelay(10);
        WrUTXH1(data);
    }
}
```

表 2.16 显示了串行口接收函数的方法描述。

表 2.16 Uart_Getchn 方法描述

名　称	Uart_Getchn		
返回值	char		
描　述	串行口接收函数		
参　数	名　称	类　型	描　述
1	Revdata	char *	接收数据地址
2	Uartnum	int	串行口端口号
3	timeout	int	超时

Uart_Getchn()函数代码如下：

```
char Uart_Getchn(char * Revdata, int Uartnum, int timeout)
{

    if(Uartnum == 0){
        while(!(rUTRSTAT0 & 0x1));          //Receive data read
        * Revdata = RdURXH0();
        return TRUE;
    }
    else{
        while(!(rUTRSTAT1 & 0x1));          //Receive data read
        * Revdata = RdURXH1();
        return TRUE;
    }
}
```

2.3.2 键盘组件设计

键盘是标准的输入设备，这里使用的是 17 键的小键盘，该键盘上的数字与程序响应键盘的码值对应关系如图 2.6 所示。

1. 键盘概述

实现键盘有两种方案：一是采用现有的一些芯片实现键盘扫描；二是用软件实现键盘扫描。作为嵌入系统设计人员，总是会关心产品成本。目前有很多芯片可以用来实现键盘扫描，但是键盘扫描的软件实现方法有助于缩减一个系统的重复开发成本，且只需要很少的CPU开销。嵌入式控制器的功能很强，可以充分利用这一资源，这里就介绍一下软键盘的实现方案。

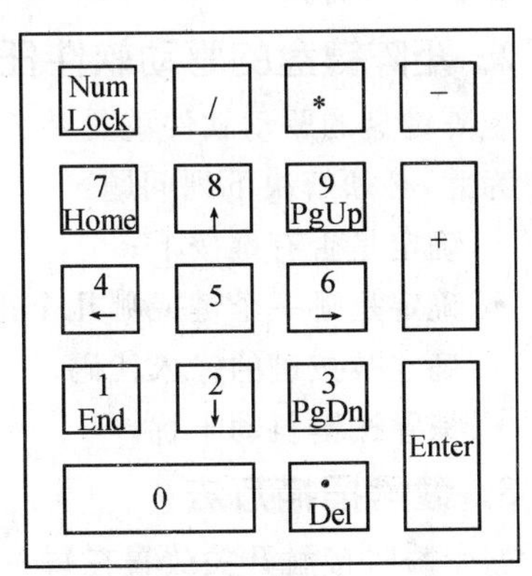

图 2.6 键盘数字位置

键盘是一些开关的集合，可通过检测开关的通断来判断按键是否按下，又称“开关键盘”。最简单的键盘直接采用机械开关。为消除机械开关抖动的影响，还可以使用电容开关键盘、光电式键盘、霍尔开关键盘。

根据按键，键盘可以分为 3 类：

- 独立键盘：按键数很少，按键开关接到 I/O；
- 矩阵键盘：按键数多，I/O 端口不够用，所以将按键按行和列排成矩阵形式；
- 智能键盘：按键数更多，结构更复杂。

独立键盘通常在一个键盘中使用一个瞬时接触开关，并且采用如图 2.7 所示的简单电路，微处理器可以容易地检测到闭合。当开关打开时，通过处理器的 I/O 口的一个上拉电阻提供逻辑 1；当开关闭合时，处理器的 I/O 口的输入将被拉低，得到逻辑 0。可遗憾的是，开关并不完善，因为当它们被按下或者被释放时，并不能够产生一个明确的 1 或者 0。尽管触点可能看起来稳定而且很快地闭合，但与微处理器快速的运行速度相比，这种动作是比较慢的。当触点闭合时，其弹起就像一个球。弹起效果将产生如图 2.8 所示的好几个脉冲。弹起的持续时间通常维持在 5～30 ms 之间。如果需要多个键，则可以将每个开关连接到微处理器上（它自己的输入端口）。然而，当开关的数目增加时，这种方法将很快使用完所有的输入端口。

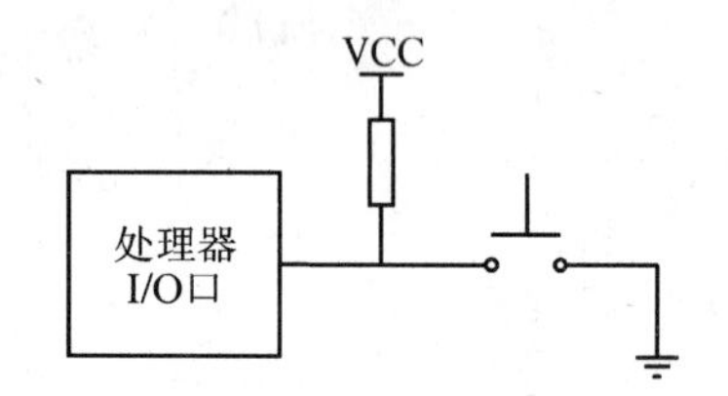

图 2.7　简单键盘电路

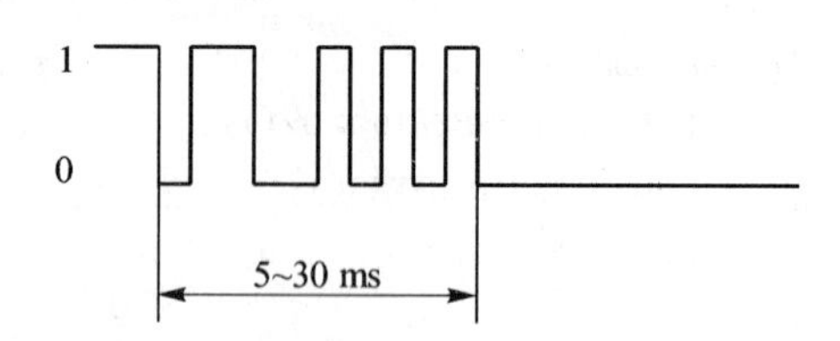

图 2.8　按键抖动

矩阵键盘上阵列这些开关最有效的方法，尤其当需要 5 个以上的开关时，可以用图 2.9 所示的二维矩阵进行陈列。当行和列的数目一样多时，也就是方形的矩阵，将产生一个最优化的布列方式（I/O 端被连接的时候）。一个瞬时接触开关（按钮）放置在每一行与每一列的交叉点。矩阵所需的键的数目显然因应用程序的不同而不同。每一行由一个输出端口的一位来驱动，而每一列由一个电阻器上拉且供给输入端口一位。

举例：参考图 2.9，如果第一步中列输入 B1 为 0，第二步中行 B2 为 0 时，列 B1 为 0，则扫描码为__________？

答案：101011

2. 矩阵键盘的驱动软件任务

矩阵键盘的驱动软件就是要扫描键盘，确定是哪个键按下，然后按照规定输入相应的信号。为此，必须解决下列问题：

- 确定是否有键按下；
- 确定是哪一个键或哪几个键被按下；
- 确定被按键的输入代码；
- 消除按键抖动干扰。

3. 键盘扫描方法

一个瞬时接触开关放置在每一行与每一列的交叉点上。矩阵所需的键的数目显然因应用程序的不同而不同。每一行由一个输出端口的一位驱动，而每一列由一个电阻器上拉且供给输入端口一位。键盘扫描过程就是让微处理器按有规律的时间间隔查看键盘矩阵，以确定是

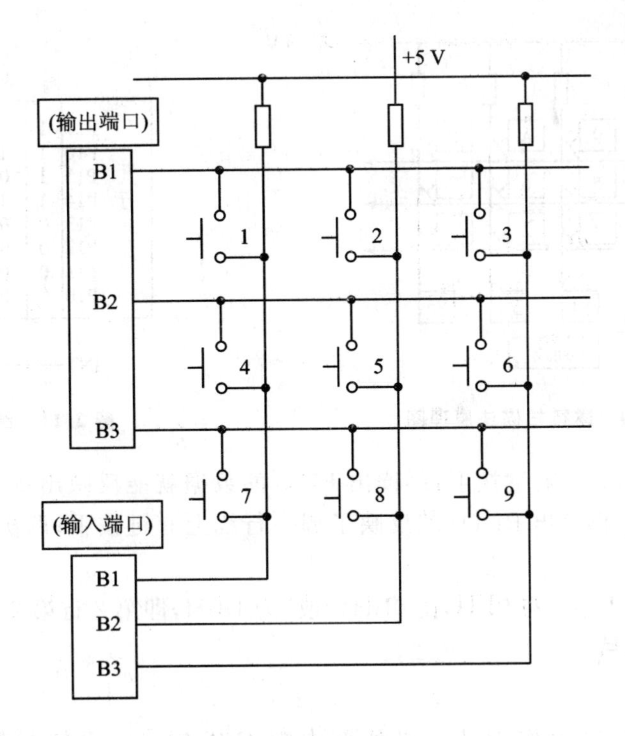

图 2.9 矩阵键盘

否有键被按下。一旦处理器判定有一个键按下,键盘扫描软件将过滤掉抖动并且判定哪个键被按下。每个键被分配一个称为扫描码的唯一标识符。应用程序利用该扫描码,根据按下的键来判定应该采取什么行动。

键盘扫描算法:

(1) 所有行初始化为低电平,没有键按下时列读到高电平,任意键闭合将会使其中一列变为低电平。

(2) 在某一行输出低电平,在输入端发现低电平表示该键闭合。

为了过滤回弹的问题,微处理器以规定的时间间隔对键盘进行采样,这个间隔通常为20～100 ms(被称为去除回弹周期),它主要取决于所使用开关的回弹特征。

除了回弹特点,开关的另外一个特点就是所谓的自动重复。自动重复允许一个键的扫描码可以重复地被插入缓冲区,只要按着这个键或者直到缓冲区满为止。自动重复功能非常有用,当你打算递增或者递减一个参数(也就是一个变量)值时,不必重复按下或者释放该键。如果该键被按住的时间超过自动重复的延迟时间,那么这个按键将被重复确认按下。

识别按键的方法有两种:逐行扫描法和线反转法。

(1) 逐行扫描法工作原理:逐根行线输出 0 电平,而其他行线保持高电平;同时检测列,列全 1 表示没有键按下,0 表示键按下,如图 2.10 所示。行线和列线状态组合在一起就可以确定是哪个键按下,例如,110 1110 表示是__键按下? 1010111 表示是__键按下? 答案:110 1110 是 0 键按下,1010111 是 7 键按下。

(2) 线反转法要一根一根列线扫描,在矩阵较大时步骤很多,所以在一些 4×4,8×8 矩阵键盘中采用简单的线反转法,如图 2.11 所示。

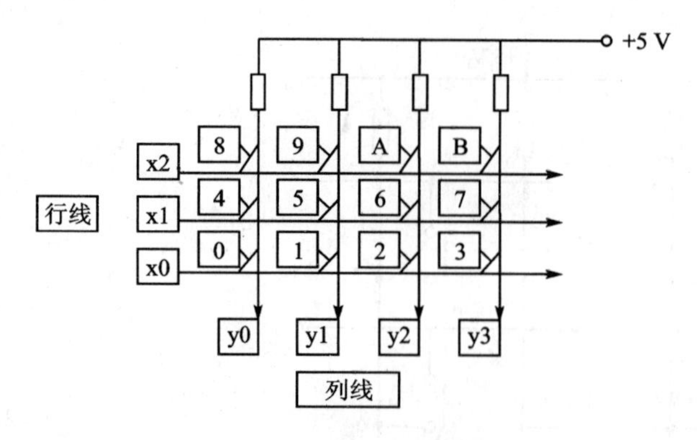

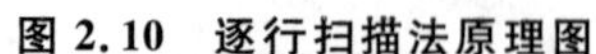
图 2.10 逐行扫描法原理图

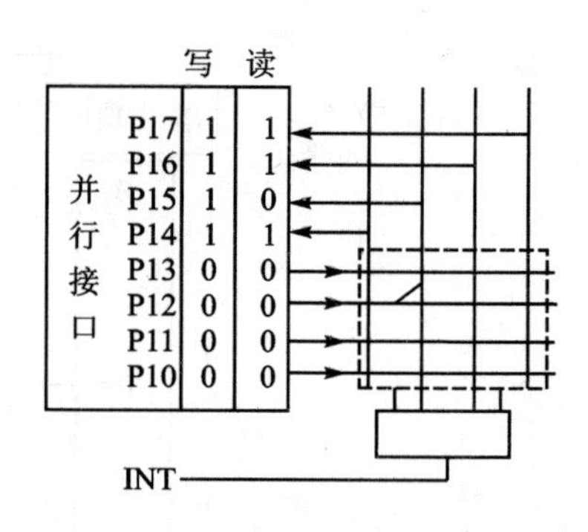

图 2.11 线反转法原理图

P1 口写入 0F0H，只要有键按下，再读出 P1 口的数据就能反映出哪一列线上有键按下；再将 0FH 写入 P1 口，再读出 P1 口，就反映了哪一行线上有键按下；两次读取数据相“或”就可确定哪个键按下。

例如：写 F0H，读 D0H；写 0FH，读 0BH，“或”为 DBH，即第 2 行第 2 列的键按下。

4. 键盘工作方式

1) 中断方式

将列作为输入，其输出作为计算机外部中断 INT 输入。系统初始化时，将 P1 口置 0F0H，当有键按下时，INT=0，向计算机申请外部中断，外部中断子程序中进行键盘扫描。这种键盘检测工作方式下 CPU 利用率高，但需要简单硬件资源的支持。

2) 定时查询方式

设置定时/计数器，每 0.1 s 产生一次定时中断，每次定时中断进行一次键盘扫描。这种定时查询键盘的工作方式应用于一些需要定时工作的嵌入式计算机效果较好。

5. 驱动程序

表 2.17 显示了键盘扫描函数的方法描述。

表 2.17 MyGetScanKey 方法描述

名 称	MyGetScanKey		
返回值	unsigned short		
描 述	实现返回键盘扫描码		
参 数	名 称	类 型	描 述
无			

MyGetScanKey()函数代码如下：

```
unsigned short MyGetScanKey()
{
    unsigned short key;
    unsigned inti,temp;
    for(i = 1;i<0x10;i <<= 1)
    {
```

```
        rPDATE|= 0xf0;                  //初始化端口
        rPDATE& = ~(i << 4);            //向列所在端口分别发送 1110,1101,1011,0111
        key << = 4;                     //左移 4 位
        Delay(10);                      //延时,等待响应
        temp = rPDATC;                  //读各行状态值
        key|= (temp&0xf);               //将 4 次所得结果保存起来
    }
    return key;
}
```

头文件 KeyBoard16.h 中对键盘相关函数进行了声明,代码如下:

```
U32 GetKey();
//返回值的低 16 位为键盘号码,高 16 位对应功能键扫描码(1 有效)
//此函数为死锁函数,调用以后,除非有按键按下,否则函数不会返回
void SetFunctionKey(U16 Fnkey);
//设定功能键扫描码,1 为有效,类似键盘上的 Ctrl Alt 键的功能,可以提供组合按键
U32 GetNoTaskKey();
//返回值的低 16 位为键盘号码,高 16 位对应功能键扫描码(1 为有效),此函数为死锁函数,
//调用以后,除非有键按下,否则函数不会返回。与 GetKey()函数的区别是,此函数不会释
//放此任务的控制权,除非有更高级的任务运行
```

下面要对键盘进行响应。首先,系统要判断按下的是哪一个按键,然后对该按键进行响应处理。表 2.18 显示了键盘响应函数的方法描述。

表 2.18 onKey 方法描述

名　称	OnKey		
返回值	void		
描　述	键盘响应函数		
参　数	名　称	类　型	描　述
1	nkey	int	键盘号码
2	fnkey	int	功能键扫描码

onKey()函数代码如下:

```
void onKey(int nkey, int fnkey)
{
    switch(nkey)
    {
        case '0':       //响应 0 按键
            //响应 1 按键动作
            break;
        case '1':       //响应 1 按键
            //…
            break;
```

```
            case ‘2’:        //响应 2 按键
                //…
                break;
            //…
            case '\r':       //响应“确定”按键
                //…
                break;
            case '-':        //响应“取消”按键
                //…
                break;
        }
    }
```

onKey()函数完成了 17 个按键的全部响应。根据需要可以选择按键来进行响应。

2.3.3 I/O 接口组件设计

1. I/O 系统

I/O 设备、相关的设备驱动程序和 I/O 子系统组成嵌入式 I/O 系统。I/O 系统的目标是对 RTOS 和应用程序员隐藏设备特定的信息，并且对系统的外围 I/O 设备提供一个统一的访问方法。

2. 从不同角度看 I/O 系统

(1) 从系统软件开发者角度看，I/O 操作意味着与设备的通信、对设备编程初始化、请示执行设备与系统之间的实际数据传输以及操作完成后通知请求者。系统软件工程师必须理解设备的物理特性，如寄存器的定义和设备的访问方法。

(2) 从 RTOS 的角度看，I/O 操作意味着对 I/O 请求定位正确的设备，对设备定位正确的设备驱动程序，并解决对设备驱动程序的请求。有时要求 RTOS 保证对设备的同步访问。RTOS 必须进行抽象，对应用程序员隐含设备的特性。

(3) 从应用程序员角度看，目标是找到一个简单、统一和精练的方法及系统中出现的所有类型的设备。

3. I/O 接口的编址方式

1) I/O 接口独立编址——端口映射方式

端口映射编址方式是将存储器地址空间和 I/O 接口地址空间分开设置，互不影响。设有专门的输入指令(IN)和输出指令(OUT)来完成 I/O 操作。

优点：内存地址空间与 I/O 接口地址空间分开，互不影响，译码电路较简单，并设有专门的 I/O 指令，所以编写程序易于区分，且执行时间短，快速性好。

缺点：只用 I/O 指令访问 I/O 端口，功能有限且要采用专用 I/O 周期和专用 I/O 控制线，使微处理器复杂化。

2) I/O 接口统一编址——内存映射方式

内存映射的编址方式不区分存储器地址空间和 I/O 接口地址空间，把所有的 I/O 接口的端口都当做是存储器的一个单元对待，每个接口芯片都安排一个或几个与存储器统一编号的地址号。也不设专门的输入/输出指令，所有传送和访问存储器的指令都可用来对 I/O 接口操作。

优点：访问内存的指令都可用于 I/O 操作，数据处理功能强；同时 I/O 接口可与存储器部分共用译码和控制电路。

缺点：一是 I/O 接口要占用存储器地址空间的一部分；二是如果不用专门的 I/O 指令，程序中较难区分 I/O 操作。

I/O 接口电路也简称接口电路。它是主机和外围设备之间交换信息的连接部件(电路)。它在主机和外围设备之间的信息交换中起着桥梁和纽带作用。

设置接口电路的必要性：

- 解决 CPU 和外围设备之间的时序配合及通信联络问题。
- 解决 CPU 和外围设备之间的数据格式转换及匹配问题。
- 解决 CPU 的负载能力和外围设备端口选择问题。

4. 发光二极管 LED 显示器

我们常常需要用显示器显示运行的中间结果、状态等信息，因此显示器也是不可缺少的外部设备之一。利用 I/O 编程的方法，在 ARM 开发板的数码管上显示键盘输入的键值。显示器的种类很多，从液晶显示、发光二极管显示到 CRT 显示器，都可以与微机配接。在单片机应用系统中，常用的显示器主要有发光二极管数码显示器，简称 LED 显示器。LED 显示器具有驱动电路简单、耗电少、成本低、配置简单灵活、安装方便、耐振动、寿命长等优点，但其显示内容有限，不能显示图形，因而其应用有局限性。

7 段 LED 由 7 个发光二极管按“日”字形排列，如图 2.12 所示。所有发光二极管的阳极连在一起称为共阳极接法(如图 2.13(a)所示)，所有二极管的阴极连在一起称为共阴极接法(如图 2.13(b)所示)。一般共阴极无需外接电阻，但共阳极接法中发光二极管必须外接电阻。

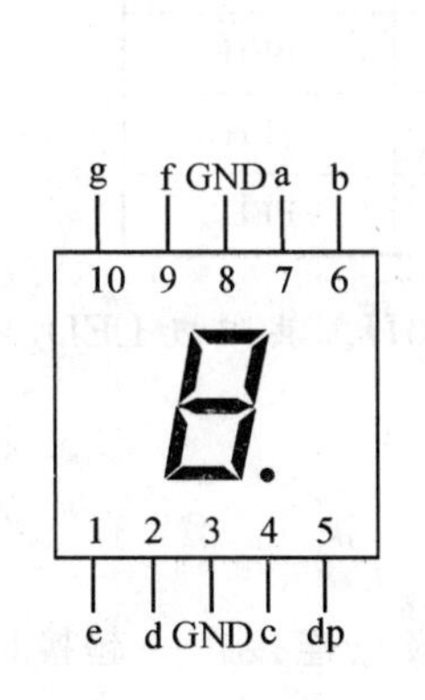

图 2.12 LED 引脚配置图

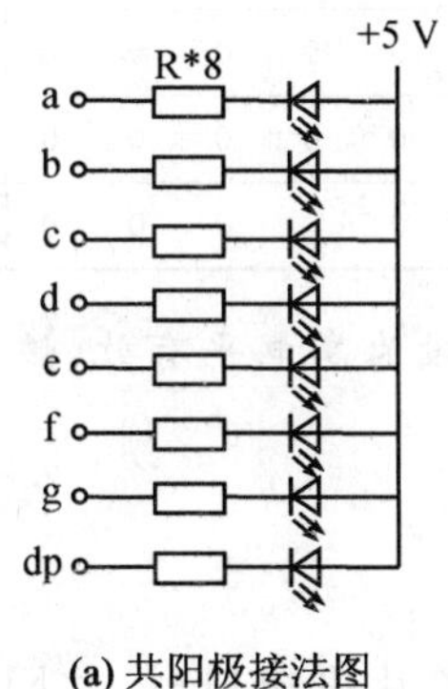

(a) 共阳极接法图

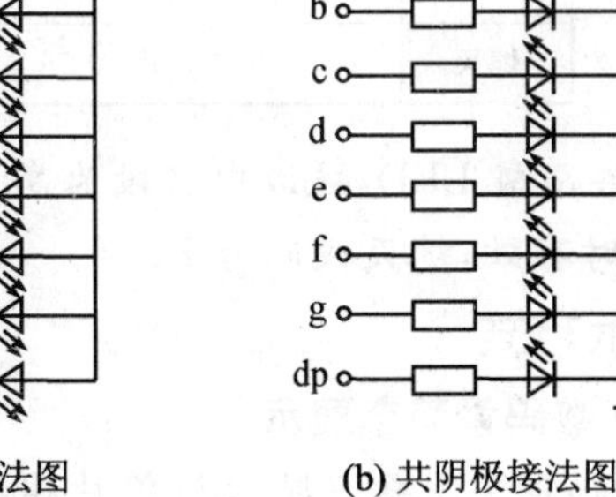

(b) 共阴极接法图

图 2.13 LED 接法图

5. LED 工作原理

当选用共阴极 LED 显示器时，所有发光二极管的阴极连在一起接地，当某个发光二极管的阳极加入高电平时，对应的二极管点亮。因此要显示某字形就应使此字形的相应段的二极管点亮，实际上就是送一个用不同电平组合代表的数据字来控制 LED 的显示，此数据称为字符的段码。字符数据字与 LED 段码关系如下：

数据字 D7 D6 D5 D4 D3 D2 D1 D0

LED段 DP g f e d c b a

dp为小数点段,字符0,1,2,3,…,F的段码见表2.19。

表2.19 LED段码表

字 符	dp	g	f	e	d	c	b	a	段码(共阴)	段码(共阳)
0	0	0	1	1	1	1	1	1	3FH	C0H
1	0	0	0	0	0	1	1	0	06H	F9H
2	0	1	0	1	1	0	1	1	5BH	A4H
3	0	1	0	0	1	1	1	1	4FH	B0H
4	0	1	1	0	0	1	1	0	66H	99H
5	0	1	1	0	1	1	0	1	6DH	92H
6	0	1	1	1	1	1	0	1	7DH	82H
7	0	0	0	0	0	1	1	1	07H	F8H
8	0	1	1	1	1	1	1	1	7FH	80H
9	0	1	1	0	1	1	1	1	6FH	90H
A	0	1	1	1	0	1	1	1	77H	88H
B	0	1	1	1	1	1	0	0	7CH	83H
C	0	0	1	1	1	0	0	1	39H	C5H
D	0	1	0	1	1	1	1	0	5EH	A1H
E	0	1	1	1	1	0	0	1	79H	86H
F	0	1	1	1	0	0	0	1	71H	8EH
—	0	1	0	0	0	0	0	0	40H	BFH
.	1	0	0	0	0	0	0	0	80H	7FH
熄灭	0	0	0	0	0	0	0	0	00H	FFH

说明: 共阴极LED,被选中时段为高电平有效,熄灭段码为00H。共阳极LED,被选中时段为低电平时有效,熄灭段码为FFH。

6. 显示方式

1) LED数码管静态显示

LED数码管采用静态显示与单片机接口时,共阴极或共阳极点连接在一起接地或高电平。每个显示位的段选线与一个8位并行口线对应相连,只要在显示位上的段选线上保持段码电平不变,该位就能保持相应的显示字符。这里的8位并行口可以直接采用并行I/O接口片,也可以采用串入/并出的移位寄存器或是其他具有三态功能的锁存器等。

2) LED数码管动态显示

在多位LED显示时,为了简化电路,降低成本,将所有位的段选线并联在一起,由一个8位I/O口控制。而共阴(或共阳)极公共端分别由相应的I/O线控制,实现各位的分时选通。由于各个数码管共用同一个段码输出口,分时轮流通电,所以大大简化了硬件线路,降低了成本。不过这种方式的数码管接口电路中数码管不宜太多,一般在 8 个以内;否则每个数码管所分配到的实际导通时间会太少,显得亮度不足。当 LED 位数较多时应采用增加驱动能力而提高显示亮度的措施。

7. 驱动方式

1) 串入/并出移位寄存器

图 2.14 为 LED 显示驱动接口电路。

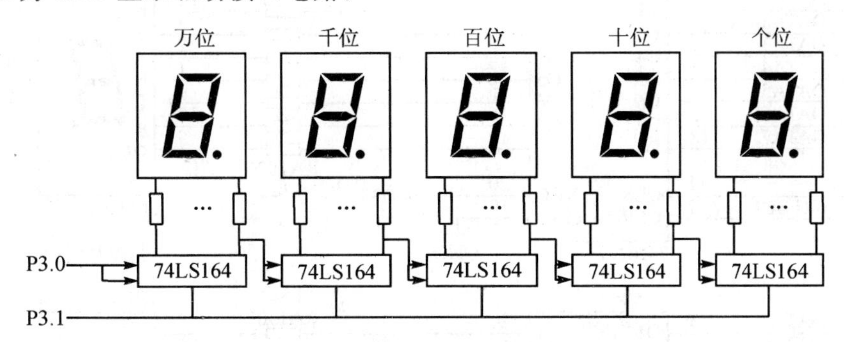

图 2.14 LED 显示驱动接口电路

2) 可编程并行输入/输出接口芯片 8255A

(1) 8255A 具有三个 8 位的数据口(即 A 口、B 口和 C 口),其中 C 口还可作为两个 4 位口来使用,如图 2.15 所示。三个数据口均可用软件来设置成输入口或输出口,与外设相连。

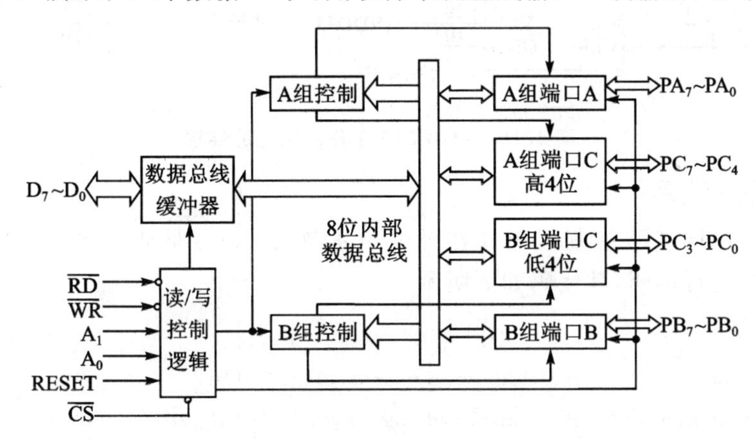

图 2.15 8255A 内部结构图

(2) 8255A 具有三种工作方式,分别是方式 0、方式 1 和方式 2,可适应 CPU 与外设间的多种数据传送方式,如无条件传送方式(0 方式,也叫同步传送)、异步查询方式和中断方式,以满足用户的各种应用要求。

(3) 8255A 具有两条功能强、内容丰富的控制命令,为用户根据外界条件使用 8255A 构成多种不同形式的接口电路和编程环境提供方便。8255A 执行命令过程中和执行命令完毕之后所产生的状态可保留在状态字中以便查询。

(4) 8255A 的 C 口是一个特殊的端口。当 8255A 工作在方式 1 和方式 2 时,利用对 C 口的按位控制可为 A、B 口提供专门的联络控制信息号;当 CPU 读取 8255A 状态时,C 口可作为方式 1 和方式 2 时的状态字。

3）由 74HC273 控制

74HC273 与 8 位数码管在开发板中的连接如图 2.16 所示。开发板设置了 2 个数码管，由 74HC273 控制。74HC273 是同步串行转并行的锁存器，通过 SPI 总线与 CPU 连接，锁存数据后驱动数码管发光。

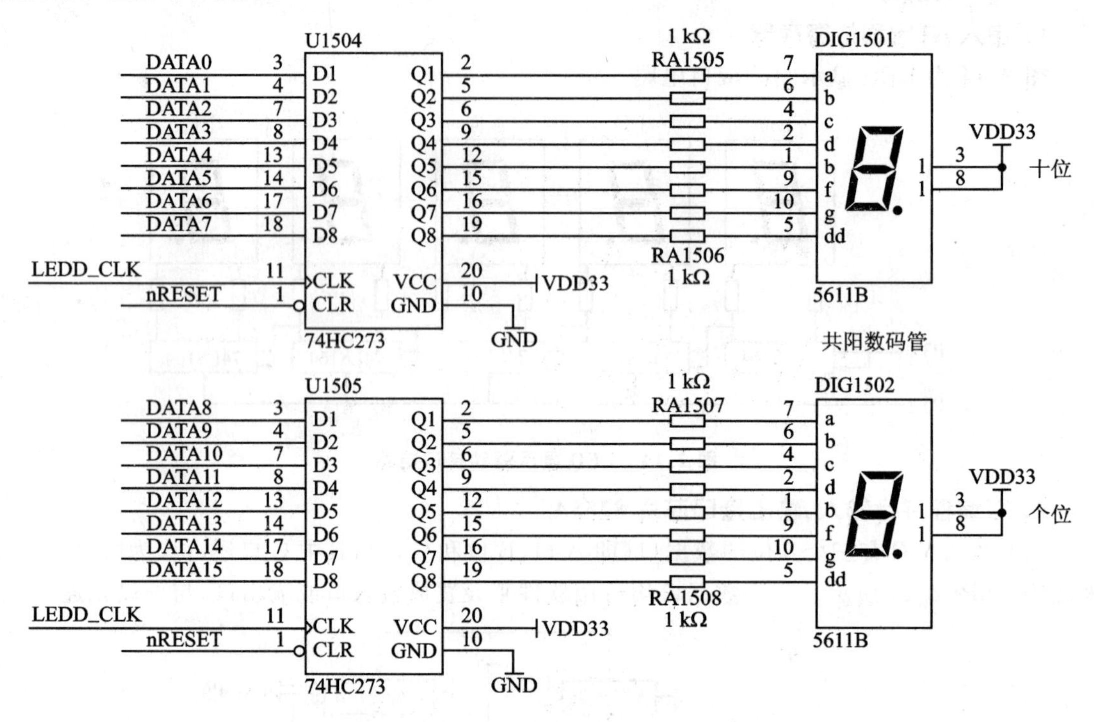

图 2.16　74HC273 在开发板上的连接

8. 驱动程序编写

本文采用由 74HC273 控制的方式在开发板上连接，编写驱动程序，头文件 Led.h 中对 LED 相关寄存器进行声明，其代码如下所示：

```
// led number
#define lednum1con *(volatile unsigned char *)0x08000110
#define lednum2con *(volatile unsigned char *)0x08000112
// led array
#define led1con *(volatile unsigned char *)0x08000100
#define led2con *(volatile unsigned char *)0x08000102
#define led3con *(volatile unsigned char *)0x08000104
#define led4con *(volatile unsigned char *)0x08000106
#define led5con *(volatile unsigned char *)0x08000108
#define led6con *(volatile unsigned char *)0x0800010a
#define led7con *(volatile unsigned char *)0x0800010c
#define led8con *(volatile unsigned char *)0x0800010e
```

表 2.20 显示了设置 LED 段码表函数的方法描述。

表 2.20 set_lednum 方法描述

名 称	set_lednum		
返回值	char		
描 述	设置 LED 段码表		
参 数	名 称	类 型	描 述
无			

set_lednum()函数代码如下：

```
void set_lednum(void)
{
    int i,j;
    //下面 num 数组列出 LED 共阳极段码表,分别表示
         //0    1    2    3    4    5    6    7    8    9    a    b
       //c    d    e    f    -    .    0ff
    int num[19] = {0xc0,0xf9,0xa4,0xb0,0x99,0x92,0x82,0xf8,0x80,0x90,0x88,0x83,
                   0xc6,0xa1,0x86,0x8e,0xbf,0x7f,0xff};
    lednum2con = num[0];
    lednum1con = num[0];
    for(j = 1;j<16;j ++ )
    {
        for(i = 0;i< = 15;i ++ )
            {
                lednum2con = num[i];
                hudelay(1000);
            }
        lednum1con = num[j];
    }
}
```

2.3.4 A/D 接口组件设计

1. 基本概念

能将模拟量转换为数字量的电路称为模/数转换器，简称 A/D 转换器或 ADC；能将数字量转换为模拟量的电路称为数/模转换器，简称 D/A 转换器或 DAC。ADC 和 DAC 是沟通模拟电路和数字电路的桥梁，也可称之为两者之间的接口。下面是计算机控制系统中的 A/D 转换及 D/A 转换结构图，如图 2.17 所示。

2. A/D 转换器的基本原理

A/D 转换器是模拟信号源和 CPU 之间联系的接口，它的任务是将连续变化的模拟信号转换为数字信号，以便计算机和数字系统进行处理、存储、控制和显示。一般 A/D 转换过程要经过采样、保持、量化和编码四个步骤。前两步在采样-保持电路中完成，后两步则在 A/D 转换器中完成，如图 2.18 所示。

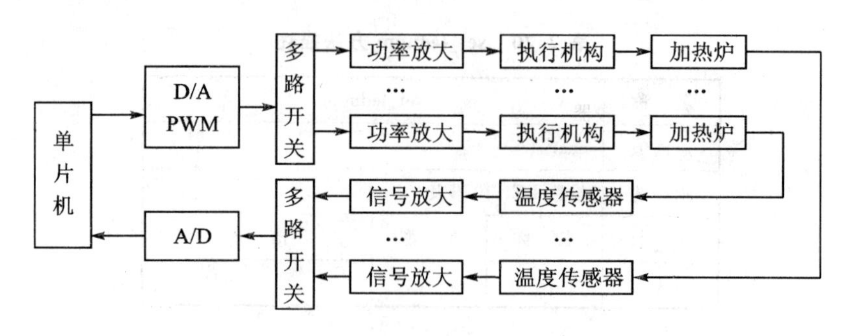

图 2.17 计算机控制系统结构图

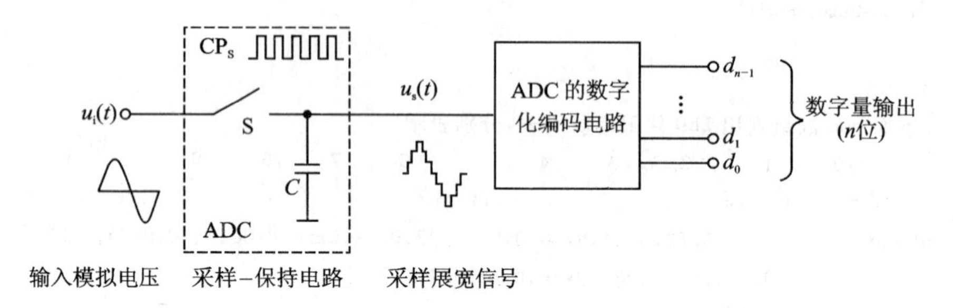

图 2.18 A/D 转换电路原理图

模拟电子开关 S 在采样脉冲 CP_S 的控制下重复接通、断开的过程。当 S 接通时，$u_i(t)$对 C 充电，为采样过程；当 S 断开时，C 上的电压保持不变，为保持过程。在保持过程中，采样的模拟电压经数字化编码电路转换成一组 n 位的二进制数输出。

t_0时刻 S 闭合，C_H被迅速充电，电路处于采样阶段。由于两个放大器的增益都为 1，因此这一阶段 u_o跟随 u_i变化，即 $u_o=u_i$。t_1时刻采样阶段结束，S 断开，电路处于保持阶段，如图 2.19 所示。若 A_2的输入阻抗为无穷大，S 为理想开关，则 C_H没有放电回路，两端保持充电时的最终电压值不变，从而保证电路输出端的电压 u_o维持不变。

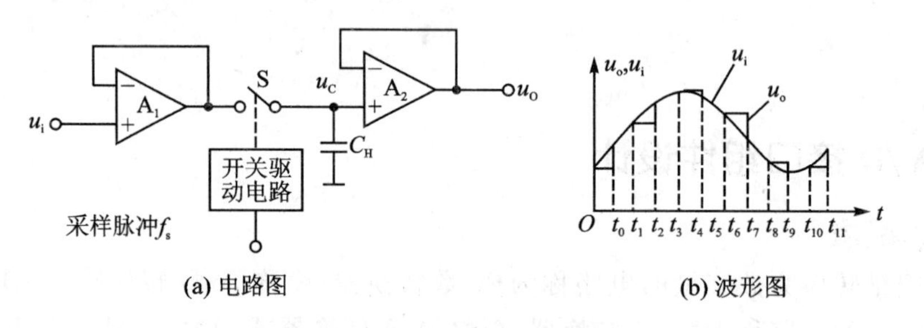

(a) 电路图　　　　(b) 波形图

图 2.19 采样-保持原理图

3. A/D 转换器的构成

A/D 转换器有逐位比较型、积分型、计数型、并行比较型及电压-频率型几种类型。主要应根据使用场合的具体要求，按照转换速度、精度、价格、功能以及接口条件等因素来决定选择何种类型。

1) 并行比较型 A/D 转换器

图 2.20 所示为并行比较型 A/D 转换器电路图。

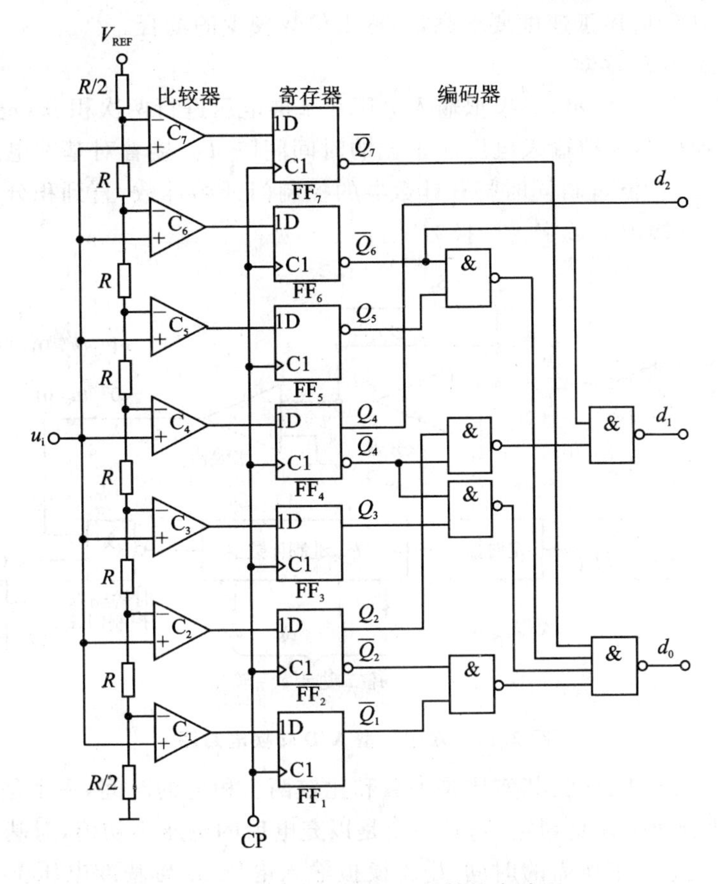

图 2.20 并行比较型 A/D 转换电路图

表 2.21 显示了模拟电压值和数字之间的转换关系。当 $0 \leqslant u_i < V_{REF}/14$ 时，$d_2d_1d_0=000$；当 $V_{REF}/14 \leqslant u_i < 3V_{REF}/14$ 时，$d_2d_1d_0=001$。

表 2.21 并行比较型 A/D 转换表

输入模拟电压 u_i	寄存器状态 Q_7	Q_6	Q_5	Q_4	Q_3	Q_2	Q_1	输出二进制数 d_2	d_1	d_0
$\left(0\sim\frac{1}{14}\right)V_{REF}$	0	0	0	0	0	0	0	0	0	0
$\left(\frac{1}{14}\sim\frac{3}{14}\right)V_{REF}$	0	0	0	0	0	0	1	0	0	1
$\left(\frac{3}{14}\sim\frac{5}{14}\right)V_{REF}$	0	0	0	0	0	1	1	0	1	0
$\left(\frac{5}{14}\sim\frac{7}{14}\right)V_{REF}$	0	0	0	0	1	1	1	0	1	1
$\left(\frac{7}{14}\sim\frac{9}{14}\right)V_{REF}$	0	0	0	1	1	1	1	1	0	0
$\left(\frac{9}{14}\sim\frac{11}{14}\right)V_{REF}$	0	0	1	1	1	1	1	1	0	1
$\left(\frac{11}{14}\sim\frac{13}{14}\right)V_{REF}$	0	1	1	1	1	1	1	1	1	0
$\left(\frac{13}{14}\sim 1\right)V_{REF}$	1	1	1	1	1	1	1	1	1	1

并行比较型 ADC 适用于速度要求高，而输出位数较少的场合。

2）双积分型 A/D 转换器

基本原理：如图 2.21 所示，对模拟输入电压和基准电压进行两次积分，先对模拟输入电压进行积分，将其变换成与模拟输入电压成正比的时间间隔 T_1，接着对基准电压进行同样的处理。在 T_1 开始时刻，控制逻辑同时打开计数器的控制门开始计数，直到积分器恢复到零电平时，计数停止，计数器输出的数字为转换数字。

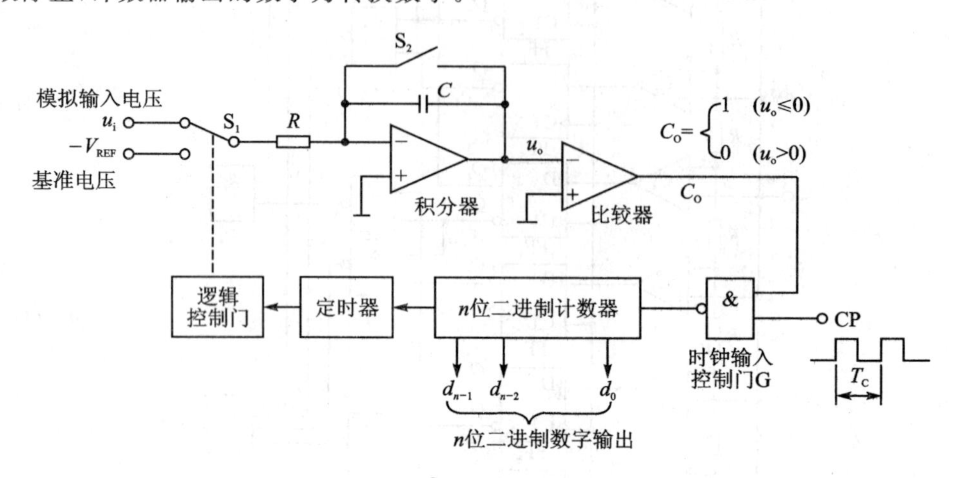

图 2.21 双积分型 A/D 转换电路图

双积分式也称二重积分式，其实质是测量和比较两个积分的时间，一个是对模拟输入电压积分的时间 T_0，此时间往往是固定的；另一个是以充电后的电压为初值，对基准电源 V_{REF}反向积分，积分电容被放电至零所需的时间 T_1。模拟输入电压 u_i 与基准电压 V_{REF}之比，等于 T_0 与 T_1 两个时间之比。由于 V_{REF}、T_0固定，而放电时间 T_1可以测出，因而可以计算出模拟输入电压的大小（V_{REF}与 u_i 符号相反）。

由于 T_0、V_{REF}为已知的固定常数，因此反向积分时间 T_1与模拟输入电压 u_i 在 T_0时间内的平均值成正比。输入电压 u_i越高，V_A越大，T_1就越大。在 T_1开始时刻，控制逻辑同时打开计数器的控制门开始计数，直到积分器恢复到零电平时，计数停止。这时计数器所计出的数字即正比于输入电压 u_i 在 T_0时间内的平均值，于是完成了一次 A/D 转换。

由于双积分型 A/D 转换是测量输入电压 u_i 在 T_0 时间内的平均值，所以对常态干扰（串模干扰）有很强的抑制作用，尤其对正负波形对称的干扰信号，抑制效果更好。双积分型 A/D 转换器电路简单，抗干扰能力强，精度高，这是它突出的优点；但其转换速度比较慢，常用的 A/D 转换芯片的转换时间为毫秒级。例如 12 位的积分型 A/D 芯片 ADCET12BC，其转换时间为 1 ms，因此适用于模拟信号变化缓慢，采样速率要求较低，而对精度要求较高，或现场干扰较严重的场合。在数字电压表中常被采用。

3）逐次逼近型 A/D 转换器

逐次逼近型 A/D 转换器主要由逐次逼近寄存器 SAR、D/A 转换器、比较器以及时序和控制逻辑等部分组成。其原理框图如图 2.22(a)所示。它的实质是逐次把设定的 SAR 寄存器中的数字量经 D/A 转换后得到的电压 V_c 与待转换模拟电压 V_O 进行比较。比较时，先从 SAR 的最高位开始，逐次确定各位的数码是“1”还是“0”。

其工作过程如下：转换前，先将 SAR 寄存器各位清零。转换开始时，控制逻辑电路先设定

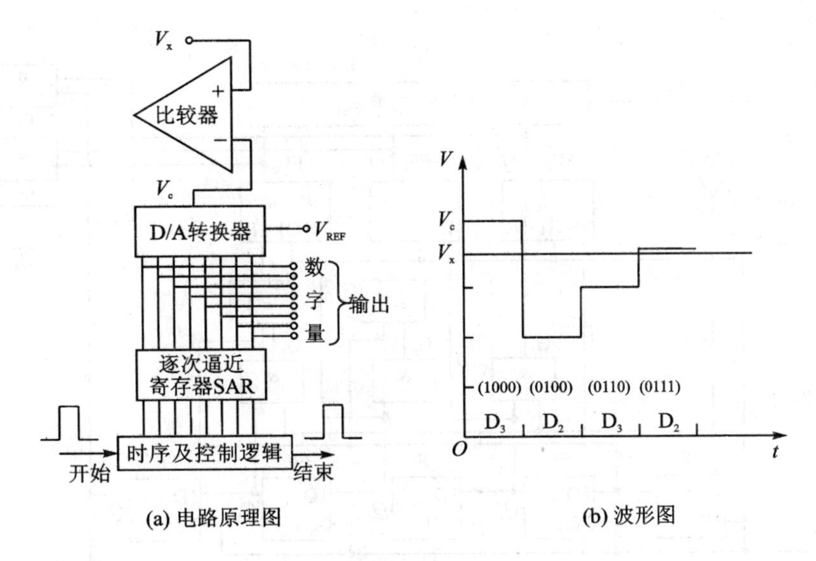

图 2.22　逐次逼近型 A/D 转换原理图

SAR 寄存器的最高位为 1,其余位为 0,此试探值经 D/A 转换成电压 V_c,然后将 V_c 与模拟输入电压 V_x 比较。如果 $V_x \geqslant V_c$,说明 SAR 最高位的"1"应予保留;如果 $V_x < V_c$,说明该位应予清零。然后再对 SAR 寄存器的次高位置 1,依上述方法进行 D/A 转换和比较。如此重复上述过程,直至确定 SAR 寄存器的最低位为止。过程结束后,状态线改变状态,表明已完成一次转换。最后,逐次逼近寄存器 SAR 中的内容就是与输入模拟量 V 相对应的二进制数字量。显然 A/D 转换器的位数 n 取决于 SAR 的位数和 D/A 的位数。图 2.22(b)表示 4 位 A/D 转换器的逐次逼近过程。转换结果能否准确逼近模拟信号,主要取决于 SAR 和 D/A 的位数。位数越多,越能准确逼近模拟量,但转换所需的时间也越长。

逐次逼近型 A/D 转换器的主要特点是:转换速度较快,在 1～100 μs 以内,分辨率可达 18 位,特别适用于工业控制系统;转换时间固定,不随输入信号的变化而变化;抗干扰能力比积分型 A/D 转换器差。例如,对模拟输入信号采样过程中,若在采样时刻有一个干扰脉冲叠加在模拟信号上,则采样时,包括干扰信号在内,都被采样并转换为数字量。这就会造成较大的误差,所以有必要采取适当的滤波措施。

下面介绍 3 位逐次逼近型 A/D 转换器,如图 2.23 所示。

集成 A/D 转换器如图 2.24 所示。

4. A/D 转换器的主要技术指标

1) 分辨率

分辨率(resolution)反映 A/D 转换器对输入微小变化响应的能力,通常用数字输出最低位(LSB)所对应的模拟输入的电平值表示。n 位 A/D 转换器能反映 $1/2^n$ 满量程的模拟输入电平。由于分辨率直接与转换器的位数有关,所以一般也可简单地用数字量的位数来表示分辨率,即 n 位二进制数,最低位所具有的权值,就是它的分辨率。A/D 转换器的分辨率用输出二进制数的位数表示,位数越多,误差越小,转换精度越高。例如,输入模拟电压的变化范围为 0～5 V,输出 8 位二进制数可以分辨的最小模拟电压为 $5\ \text{V} \times 2^{-8} \approx 20\ \text{mV}$;而输出 12 位二进制数可以分辨的最小模拟电压为 $5\ \text{V} \times 2^{-12} \approx 1.22\ \text{mV}$。

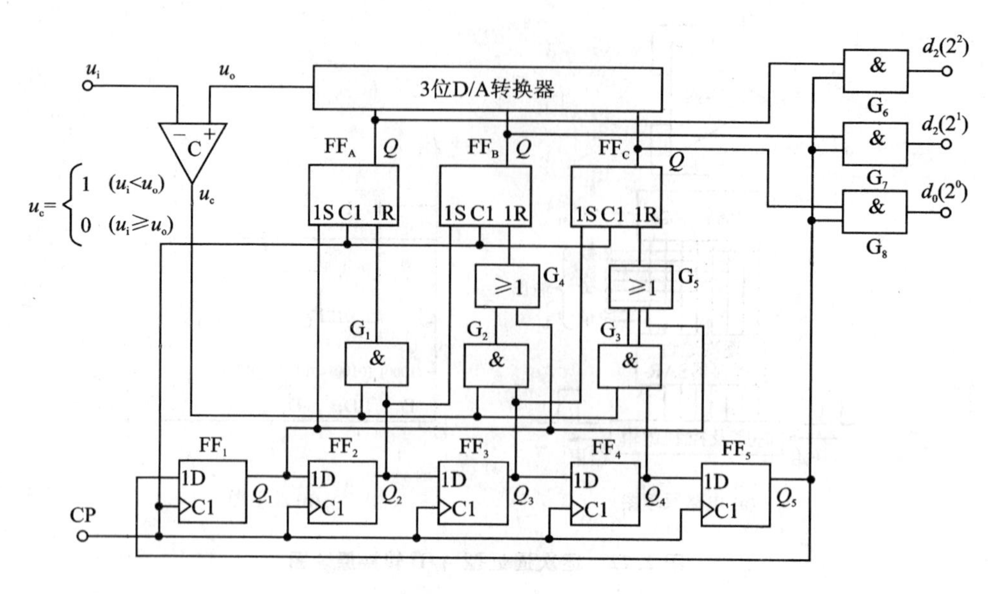

图 2.23　3 位逐次逼近型 A/D 转换器

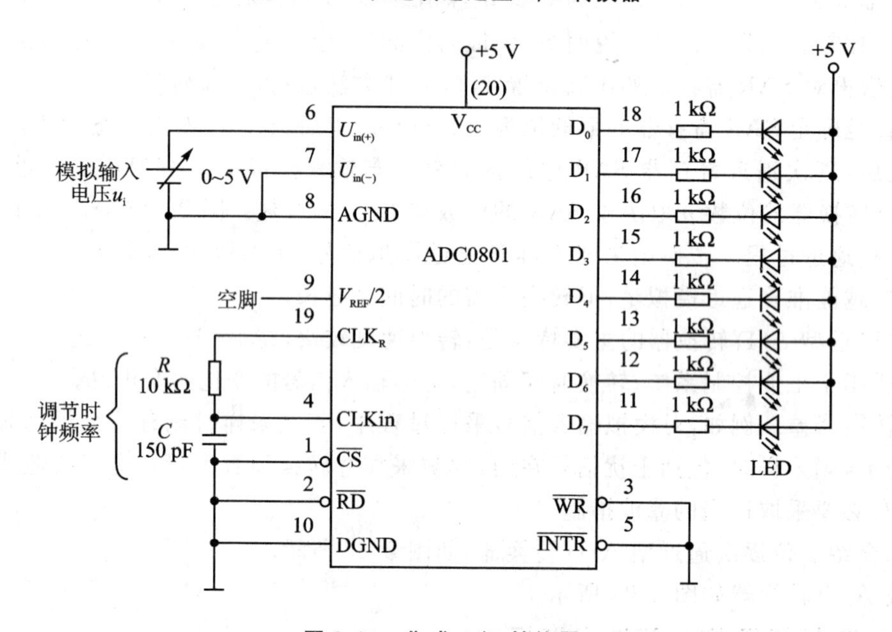

图 2.24　集成 A/D 转换器

值得注意的是，分辨率与精度是两个不同的概念，不要把两者相混淆。即使分辨率很高，也可能由于温度漂移、线性度等原因，而使其精度不够高。

2）精　度

精度(accuracy)有绝对精度(absolute accuracy)和相对精度(relative accuracy)两种表示方法。

(1) 绝对误差(绝对精度)

在一个转换器中，对应于一个数字量的实际模拟输入电压和理想的模拟输入电压之差并非是一个常数，我们把它们之间的差的最大值定义为“绝对误差”。通常以数字量的最小有效位(LSB)的分数值来表示绝对误差,例如:±1 LSB 等。绝对误差包括量化误差和其他所有误差。

(2) 相对误差(相对精度)

相对误差是指在整个转换范围内,任一数字量所对应的模拟输入量的实际值与理论值之差,用模拟电压满量程的百分比表示。

例如,满量程为 10 V,10 位 A/D 转换芯片,若其绝对精度为±1/2 LSB,则其最小有效位的量化单位为 9.77 mV,其绝对精度为±4.885 mV,其相对精度为 0.04885%。

3) 转换时间

转换时间(conversion time)是指完成一次 A/D 转换所需的时间,即由发出启动转换命令信号到转换结束信号开始有效的时间间隔。

转换时间的倒数称为转换频率。例如,AD570 的转换时间为 25 μs,其转换频率为 40 kHz。

4) 电源灵敏度

电源灵敏度(power supply sensitivity)是指 A/D 转换芯片的供电电源的电压发生变化时,产生的转换误差。一般用电源电压变化 1%时相当的模拟量变化的百分数来表示。

5) 量 程

量程是指所能转换的模拟输入电压范围,分单极性和双极性两种类型。

例如,单极性量程为 0～+5 V,0～+10 V,0～+20 V;双极性量程为-5～+5 V,-10～+10 V。

6) 输出逻辑电平

多数 A/D 转换器的输出逻辑电平与 TTL 电平兼容。在考虑数字量输出与微处理的数据总线接口时,应注意是否要三态逻辑输出,是否要对数据进行锁存等。

7) 工作温度范围

由于温度会对比较器、运算放大器、电阻网络等产生影响,故只在一定的温度范围内才能保证额定精度指标。一般 A/D 转换器的工作温度范围为 0～70 ℃,军用品的工作温度范围为-55～+125 ℃。

5. ARM 自带的 10 位 A/D 转换器

ARM S3C2410X 芯片自带一个 8 路 10 位 A/D 转换器,如图 2.25 所示。该转换器可以通过软件设置为 Sleep 模式,可以节电减少功率损失,最大转换频率为 500 kHz,非线性度为±1.5 位,其转换时间可以通过下式计算。如果 A/D 转换器使用的时钟频率为 50 MHz,预定标器的值为 49,那么:

A/D 转换频率=50 MHz×(49+1)=1 MHz

转换时间=1/(1 MHz/5 时钟周期)=1/200 kHz=5 μs

注意: 因为 A/D 转换器的最高时钟频率是 2.5 MHz,所以转换速率可达 500 kSPS。

编程注意事项:

(1) A/D 转换的数据可以通过中断或查询的方式来访问。如果是用中断方式,则全部的转换时间(从 A/D 转换的开始到数据读出)要更长,这是因为中断服务程序返回和数据访问的原因。如果是查询方式则要检测 ADCCON[15](转换结束标志位)来确定从 ADCDAT 寄存器读取的数据是否是最新的转换数据。

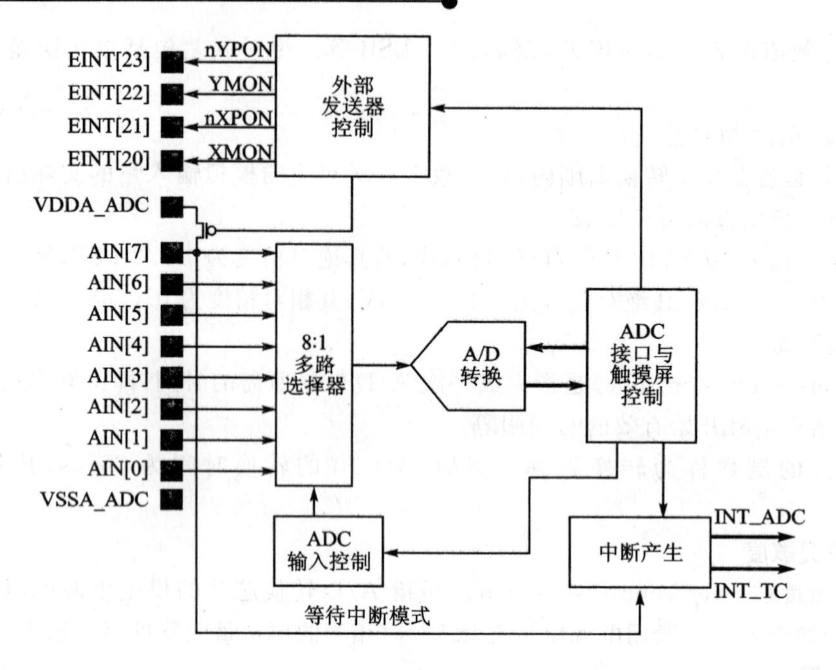

图 2.25 A/D 转换和触摸屏接口功能框图

(2) A/D 转换开始的另一种方式是将 ADCCON[1]置 1,这时只要有读转换数据的信号 A/D 转换就会同步开始。

6. A/D 相关寄存器

1) A/D 转换控制寄存器 ADCCON

其地址和意义参见表 2.22 和表 2.23。

表 2.22 A/D 转换控制寄存器

寄存器	地　址	R/W	功能描述	初始值
ADCCON	0x58000000	R/W	ADC 控制寄存器	0x3FC4

表 2.23 A/D 转换控制寄存器功能

ADCCON	位	位描述	初始状态
ECFLG	[15]	转换标志结束(只读)。 0=进行 A/D 转换 1=A/D 转换结束	0
PRSCEN	[14]	A/D 转换器预定标器使能 。 0=禁止 1=使能	0
PRSCVL	[13:6]	A/D 转换器预定标器值。数据值: 1 ～ 255 注意:当预定标器值为 N 时,除数因子为 $N+1$	0xFF
SEL_MUX	[5:3]	模拟输入通道选择。 000=AIN 0　　001=AIN 1 010=AIN 2　　011=AIN 3 100=AIN 4　　101=AIN 5 110=AIN 6　　111=AIN 7 (XP)	0

续表 2.23

ADCCON	位	位描述	初始状态
STDBM	[2]	省电模式选择。 0=正常模式;1=休眠模式	1
READ_START	[1]	通过读启动 A/D 转换。 0=禁止通过读启动 A/D 转换 1=启动通过读启动 A/D 转换	0
ENABLE_START	[0]	该位置 1 启动 A/D 转换。如果 READ_START 使能,该位无效。 0=无操作;1=A/D 转换开始并且启动后该位清零	0

ADCCON 寄存器的第 15 位是转换结束标志位,为 1 时表示转换结束;第 14 位是 A/D 转换预定标器使能位,为 1 表示该预定标器开启;第 13～6 位表示预定标器的数值,需要注意的是如果这里的值是 N,则除数因子是 $N+1$;第 5～3 位是模拟输入通道选择位;第 2 位是待用模式选择位;第 1 位是读使能 A/D 转换开始位;第 0 位置 1 则 A/D 转换开始(如果第 1 位置 1,则该位是无效的)。

例如,如果通道 4 开始转换,则该寄存器设置 A/D 转换开始的配置为 0x21。

2) A/D 转换数据寄存器 ADCDAT

ADCDAT 寄存器的前 10 位表示转换后的结果,全为 1 时表示满量程。A/D 转换数据寄存器及其功能如表 2.24 和表 2.25 所列。

表 2.24　A/D 转换数据寄存器

寄存器	地　址	R/W	功能描述	初始值
ADCDAT0	0x5800000C	R	A/D 转换数据寄存器	—
ADCDAT1	0x58000010	R	A/D 转换数据寄存器	—

表 2.25　A/D 转换数据寄存器功能

ADCDAT0/1	位	位描述	初始状态
UPDOWN	[15]	手写笔在等待中断模式抬起或落下状态。 0=手写笔落下状态 1=手写笔抬起状态	—
AUTO_PST	[14]	自动顺序转换 X 位置和 Y 位置。 0=正常 A/D 转换 1=顺序测量的 X 位置,Y 位置	—
XY_PST	[13:12]	手动测量 X 位置或 Y 位置。 00=无操作模式 01=X 位置测量 10=Y 位置测量 11=等待中断模式	—
保留	[11:10]	保留	
XPDATA	[9:0]	X 位置转换数据值(包括正常的 ADC 转换数据值)。 数据值:0～3FF	—

7. 驱动程序的编写

A/D 组件驱动程序包括 3 部分内容：开发板初始化函数、初始化 A/D 转换函数和获取转换结果函数。主函数流程图如图 2.26(a)所示，获取转换结果函数如图 2.26(b)所示。

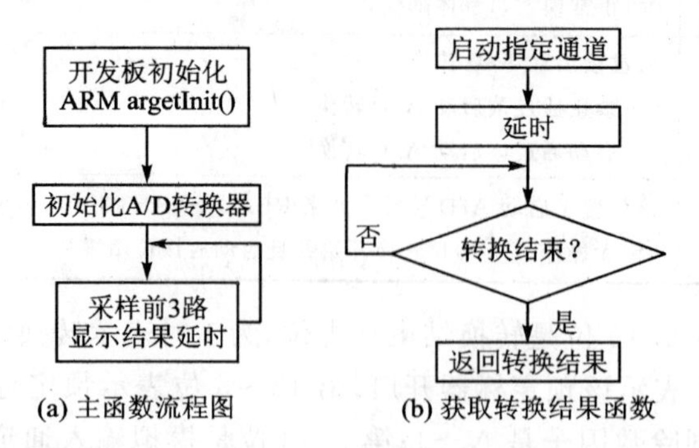

图 2.26　A/D 组件驱动程序流程图

1) A/D 组件相关寄存器

对 A/D 组件驱动程序设计中涉及的相关寄存器进行声明，其代码如下：

```
#define ADCCON_FLAG   (0x1 << 15)
#define ADCCON_ENABLE_START_BYREAD (0x1 << 1)
#define rADCCON ( * (volatile unsigned * )0x58000000)
#define rADCDAT0 ( * (volatile unsigned * )0x5800000C)
#define PRSCVL (49 << 6)
#define ADCCON_ENABLE_START (0x1)
#define STDBM (0x0 << 2)
#define PRSCEN (0x1 << 14)
```

2) 主函数 main

在主函数中首先初始化 A/D 寄存器，然后再开启转换，编程实现循环采集 8 路模拟量，并且在超级终端上显示结果。表 2.26 显示了主函数的方法描述。

表 2.26　main 方法描述

名　称	main		
返回值	int		
描　述	主函数用来测试 A/D 转换		
参　数	名　称	类　型	描　述
无			

main()函数代码如下：

```
int main(void)
{
    int i,j;
    float d;
    ARMTargetInit();            // do target (uHAL based ARM system) initialisation
    init_ADdevice();
    Uart_Printf(0,"\n");
```

```
    while(1)
    {
        for(i = 0; i<= 2; i++)
        {//采样 0～2 路 A/D 转换值
            for(j = 0;j<= 1;j++)
            {
                d = GetADresult(i) * 3.3/1023;              //数据采集,处理
            }
            Uart_Printf(0,"a%d= %f\t",i,d);
            hudelay(1000);
        }
        Uart_Printf(0,"\r");
    }
    return 0;
}
```

结果可以用万用表测量扩展板上电位器两端的输出电压,记录输出电压。启动采集,观察转换后的电压值是否与测量值相等。

3) init_ADdevice()函数

表 2.27 显示了初始化 A/D 转换函数的方法描述。

表 2.27 init_ADdevice 方法描述

名 称	init_ADdevice		
返回值	void		
描 述	初始化 A/D 转换函数		
参 数	名 称	类 型	描 述
无			

init_ADdevice()函数代码如下:

```
void init_ADdevice()
{//初始化
    rADCCON = (PRSCVL|ADCCON_ENABLE_START|STDBM|PRSCEN);
}
```

4) GetADresult()函数

表 2.28 显示了获取转换结果函数的方法描述。

表 2.28 GetADresult 方法描述

名 称	GetADresult		
返回值	int		
描 述	获取转换结果函数		
参 数	名 称	类 型	描 述
1	channel	int	采样 0～7 路 A/D 转换值

GetADresult()函数代码如下：

```
int GetADresult(int channel)
{
    rADCCON = ADCCON_ENABLE_START_BYREAD|(channel << 3)|PRSCEN|PRSCVL;
    hudelay(10);
    while(!(rADCCON&ADCCON_FLAG));          //转换结束
    return (0x3ff&rADCDAT0);                //返回采样值
}
```

2.3.5 D/A 接口组件设计

1. D/A 转换器的基本原理

将输入的每一位二进制代码按其权的大小转换成相应的模拟量，然后将代表各位的模拟量相加，所得的总模拟量与数字量成正比，这样便实现了从数字量到模拟量的转换。

$$u_o = K_u(d_{n-1} \cdot 2^{n-1} + d_{n-2} \cdot 2^{n-2} + \cdots + d_1 \cdot 2^1 + d_0 \cdot 2^0)$$

图 2.27 所示为 D/A 转换器原理图。

D/A 转换器的转换特性，是指其输出模拟量和输入数字量之间的转换关系。图 2.28 表示的是输入为 3 位二进制数时的 D/A 转换器的转换特性。理想的 D/A 转换器的转换特性，应是输出模拟量与输入数字量成正比。

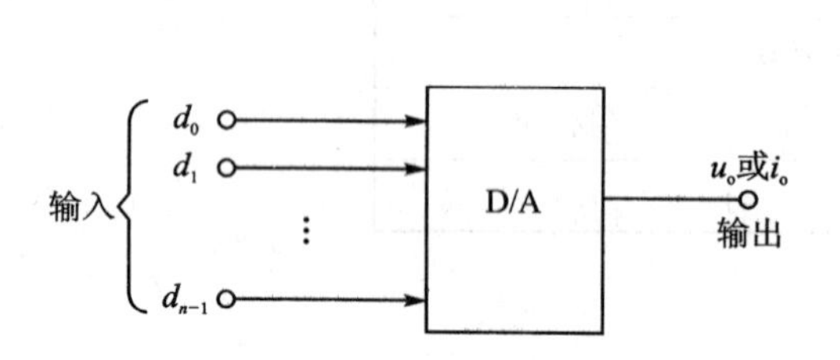

图 2.27　D/A 转换器原理图

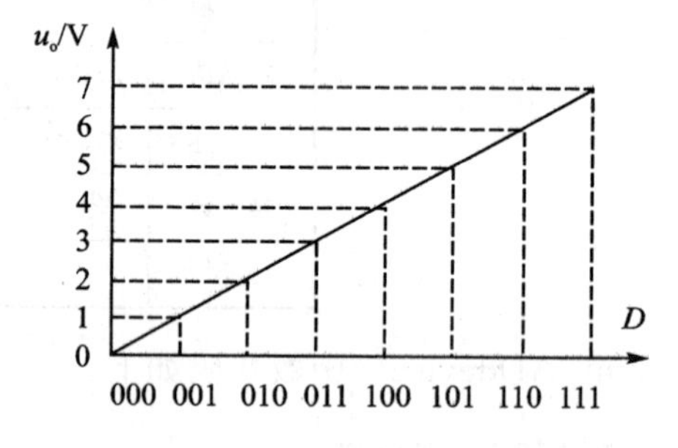

图 2.28　D/A 转换特性图

2. D/A 转换器的构成

D/A 转换器的内部电路构成无太大差异，一般按输出是电流还是电压、能否作乘法运算等进行分类。大多数 D/A 转换器都由电阻阵列和 n 个电流开关（或电压开关）构成。按数字输入值切换开关，产生比例于输入的电流（或电压）。

1）二进制权电阻网络 D/A 转换器

如图 2.29 所示，图中电流和电压的表达式如下：

$$I_0 = \frac{V_{REF}}{8R} \qquad I_1 = \frac{V_{REF}}{4R} \qquad I_2 = \frac{V_{REF}}{2R} \qquad I_3 = \frac{V_{REF}}{R}$$

$$u_o = -R_F \cdot i_F = -\frac{R}{2} \cdot i = \frac{V_{REF}}{2^4}(d_3 \cdot 2^3 + d_2 \cdot 2^2 + d_1 \cdot 2^1 + d_0 \cdot 2^0)$$

2）倒 T 形电阻网络 D/A 转换器

如图 2.30 所示，电压的表达式如下：

$$u_o = -R_F \cdot i_F = -R_F \cdot i = \frac{V_{REF}R_F}{2^4 R}(d_3 \cdot 2^3 + d_2 \cdot 2^2 + d_1 \cdot 2^1 + d_0 \cdot 2^0)$$

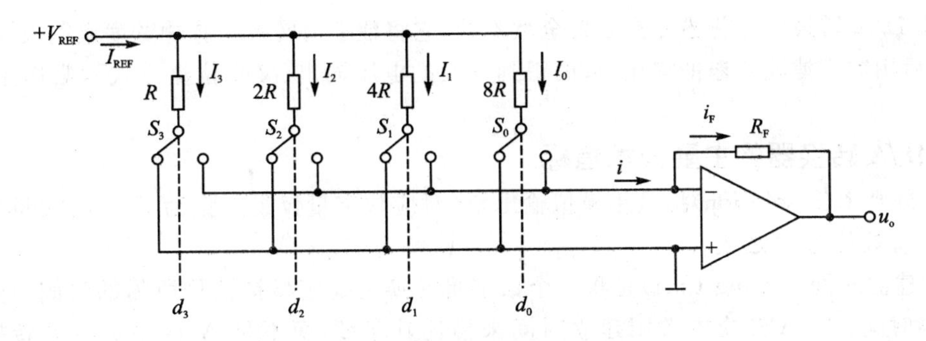

图 2.29 二进制权电阻网络 D/A 转换图

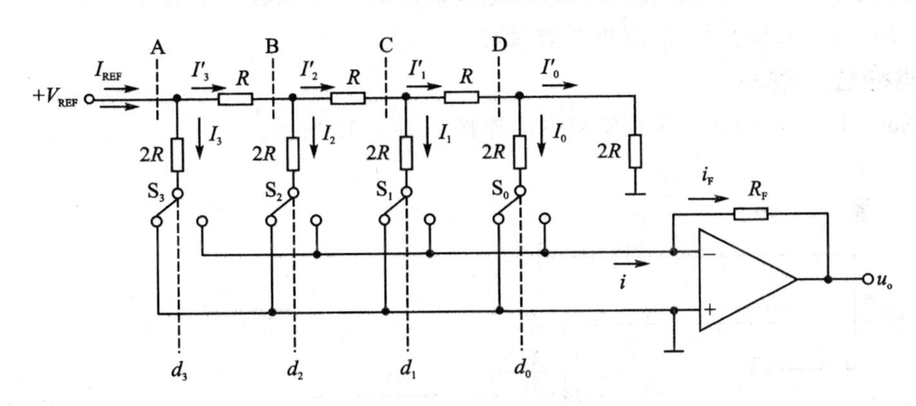

图 2.30 倒 T 形电阻网络 D/A 转换图

3) 电压输出型 D/A 转换器(如 TLC5620)

电压输出型 D/A 转换器虽有直接从电阻阵列输出电压的,但一般采用内置输出放大器以低阻抗输出。直接输出电压的器件仅用于高阻抗负载,由于无输出放大器部分的延迟,故常作为高速 D/A 转换器使用。

4) 电流输出型 D/A 转换器(如 THS5661A)

电流输出型 D/A 转换器很少直接利用电流输出,大多外接电流-电压转换电路以得到电压输出。通常转换有两种方法:一是只在输出引脚上接负载电阻而进行电流-电压转换,二是外接运算放大器。用负载电阻进行电流-电压转换的方法,虽然可以在电流输出引脚上出现电压,但必须在规定的输出电压范围内使用,而且由于输出阻抗高,所以一般外接运算放大器使用。此外,大部分 CMOS D/A 转换器,当输出电压不为零时不能正确动作,所以必须外接运算放大器。当外接运算放大器进行电流电压转换时,则电路构成基本上与内置放大器的电压输出型相同,这时由于在 D/A 转换器的电流建立时间上加入了运算放大器的延迟,使响应变慢。此外,这种电路中运算放大器因输出引脚的内部电容而容易起振,有时必须作相位补偿。

5) 乘算型 D/A 转换器(如 AD7533)

D/A 转换器中有使用恒定基准电压的,也有在基准电压输入上加交流信号的,后者由于能得到数字输入和基准电压输入相乘的结果而输出,因而称为乘算型 D/A 转换器。乘算型 D/A 转换器一般不仅可以进行乘法运算,而且可以作为使输入信号数字化衰减的衰减器及对输入信号进行调制的调制器使用。

6）一位 D/A 转换器

一位 D/A 转换器与前述转换方式全然不同，它将数字值转换为脉冲宽度调制或频率调制输出，然后用数字滤波器作平均化，从而得到一般的电压输出（又称位流方式），常用于音频等场合。

3. D/A 转换器的主要技术指标

（1）分辨率（resolution）指最小模拟输出量（对应数字量仅最低位为 1）与最大量（对应数字量所有有效位为 1）之比。

（2）建立时间（setting time）是将一个数字量转换为稳定模拟信号所需的时间，也可以认为是转换时间。D/A 转换中常用建立时间来描述其速度，而不是 A/D 中常用的转换速率。一般地，电流输出 D/A 转换建立时间较短，电压输出 D/A 转换建立时间则较长。其他指标还有线性度（linearity）、转换精度、温度系数/漂移。

4. 驱动程序编写

MAX504 D/A 转换芯片在开发板中的连接如图 2.31 所示。

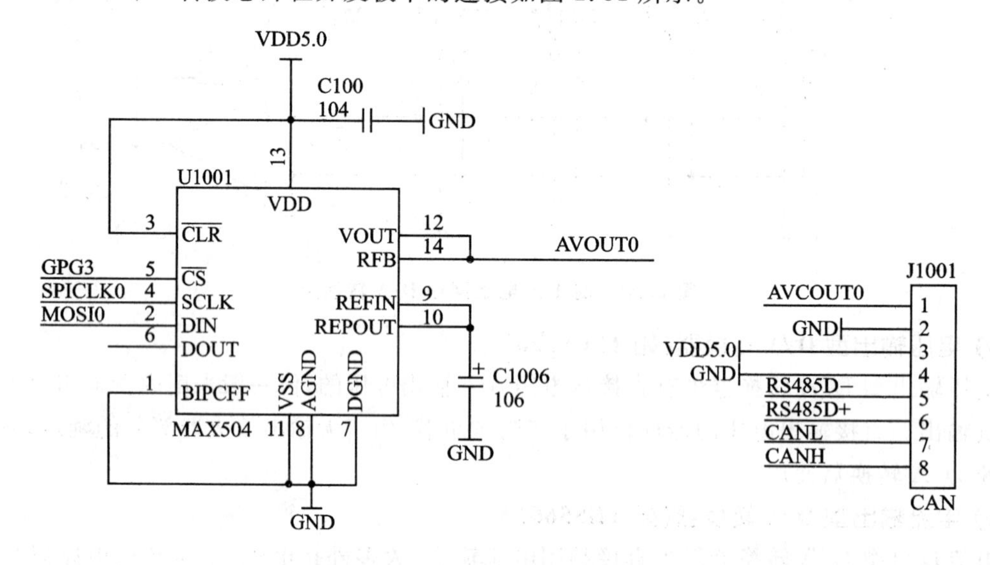

图 2.31 MAX504 D/A 转换芯片在开发板中的连接图

D/A 组件驱动程序中主函数流程图如图 2.32(a)所示，D/A 输出函数流程图如图 2.32(b)所示。

1）main 主函数

编写主函数，输出方波信号。表 2.29 显示了主函数的方法描述。

表 2.29 main 方法描述

名　称	main		
返回值	int		
描　述	主函数用来输出方波信号		
参　数	名　称	类　型	描　述
无			

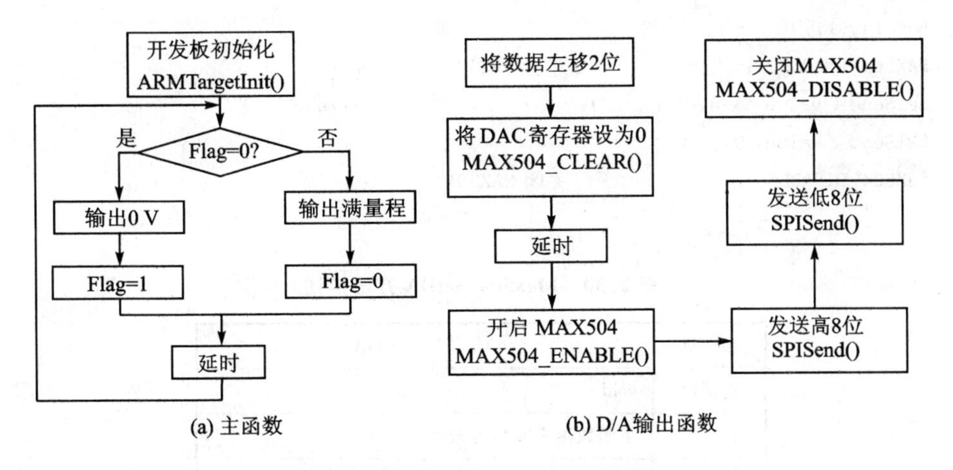

图 2.32　D/A 组件驱动程序流程图

main()函数代码如下：

```
int main(void)
{
    int flag = 0;
    ARMTargetInit();                  //开发板初始化
    setgpio();                        //by sprife
    Uart_Printf(0,"\nDA device is enabled. \n");
    while(1)
    {
        if(flag == 0)
        {
            Max504_SetDA(0);          //输出 0 V
            flag = 1;
        }
        else
        {
            Max504_SetDA(1023);       //输出满量程
            flag = 0;
        }
        hudelay(1000);
    }
    return 0;
}
```

2) D/A 输出函数

编写 D/A 输出函数，输出方波信号。表 2.30 显示了主函数的方法描述。

Max504_SetDA()函数代码如下：

```
void Max504_SetDA(int value)
{
    value << = 2;                 //左移两位
```

```
    hudelay(1);
    MAX504_ENABLE();                    //开启 MAX504
    SPISend ( value >> 8, 0);
    SPISend ( value, 0);
    MAX504_DISABLE();                   //关闭 MAX504
}
```

表 2.30 Max504_SetDA 方法描述

名 称	Max504_SetDA		
返回值	void		
描 述	主函数用来输出方波信号		
参 数	名 称	类 型	描 述
1	value	int	转换电压值

2.3.6 液晶屏组件设计

1. 液晶屏原理

液晶得名于其物理特性,它的分子晶体以液态存在而非固态。这些晶体分子的液体特性使得它具有两种非常有用的特点:

(1) 如果让电流通过液晶层,这些分子将会以电流的流向方向进行排列,如果没有电流,它们将会彼此平行排列。

(2) 如果提供了带有细小沟槽的外层,则将液晶倒入后,液晶分子会顺着槽排列,并且内层与外层以同样的方式进行排列。

液晶的第三个特性是很神奇的,那就是液晶层能使光线发生扭转。液晶层的表现有些类似偏光器,这就意味着它能够滤除那些从特殊方向射入之外的所有光线。此外,如果液晶层发生了扭转,光线将会随之扭转,以不同的方向从另外一个面中射出。

液晶的这些特点使得它可以被用来当做一种开关,既可以阻碍光线,也可以允许光线通过。液晶单元的底层是由细小的脊构成的,这些脊的作用是让分子呈平行排列。上表面也是如此,在这两侧之间的分子平行排列,不过当上下两个表面之间成一定的角度时,液晶随着两个不同方向的表面进行排列,就会发生扭曲。结果便是这个扭曲的螺旋层使通过的光线也发生扭曲。如果电流通过液晶,那么所有的分子将会按照电流的方向进行排列,这样就会消除光线的扭转。如果将一个偏振滤光器放置在液晶层的上表面,那么发生扭转的光线通过(见图 2.33(a)),没有发生扭转的光线(见图 2.33(b))将被阻挡。因此,可以通过电流的通断来改变 LCD 中的液晶排列,使光线在加电时射出,不加电时被阻断。也有某些设计为了省电,当有电流时,光线不能通过;当没有电流时,光线通过。

LCD 显示器的基本原理就是通过给不同的液晶单元供电,控制其光线的通过与否,从而达到显示的目的。因此,LCD 的驱动控制归于对每个液晶单元的通断电的控制,每个液晶单元都对应着一个电极,对其通电,便可使光线通过(也有刚好相反的,即不通电时光线通过,通电时光线不通过)。

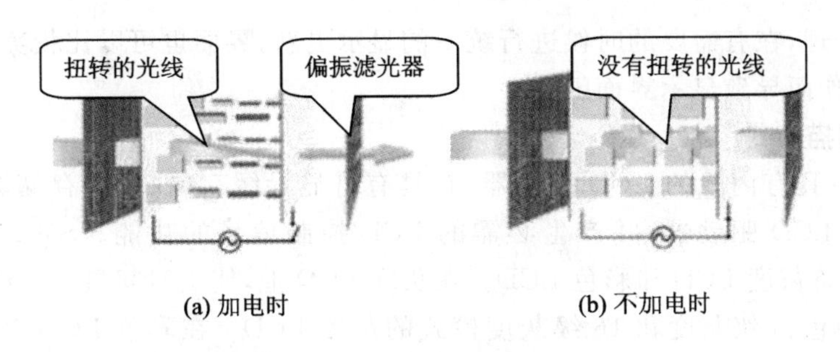

(a) 加电时　　(b) 不加电时

图 2.33　光线穿过与阻断示意图

2. LCD 的显示方式

液晶显示是一种被动的显示，它不能发光，只能使用周围环境的光。它显示图案或字符只需很小能量。LCD 根据显示方式可以分为反射型、透射型和透反射型。

反射型 LCD：底偏光片后面加了一块反射板，它一般在户外和光线良好的办公室使用。而一般微控制器上使用的 LCD 为反射式，需要外界提供光源，靠反射光来工作。

透射型 LCD：底偏光片是透射偏光片，它需要连续使用背光源，一般在光线较差的环境中使用。如笔记本电脑的 LCD 显示屏，屏后面有一个光源，因此外界环境可以不需要光源。

透反射型 LCD：处于反射型和透射型两者之间，底偏光片能部分反光，一般也带背光源，光线好的时候，可关掉背光源；光线差时，可点亮背光源使用 LCD。

LCD 显示方式还分为正性和负性。

- 正性：白底黑字，在反射型和透反射型中显示最佳。
- 负性：黑底白字，用于透射型，加上背光源，字体清晰，易于阅读。

3. LCD 的驱动方式

LCD 通常有两种驱动方式。一种是带有驱动芯片的 LCD 模块，方便与低档单片机接口，如 8051，由总线方式来驱动；用总线接口与单片机总线进行接口，带显缓。另一种是 LCD 显示屏，没有驱动电路，需要与驱动电路配合使用。一些新型的嵌入式处理器也可以直接使用芯片上的内置 LCD 控制器来构造显示模块，比如：S3C2410 可以支持 STN 的彩色/灰度/单色三种模式，灰度模式下可支持 4 级灰度和 16 级灰度，彩色模式下最多支持 256 色，LCD 的实际尺寸可支持到 640×480。

1) 总线驱动方式

一般带有驱动模块的 LCD 显示屏使用这种驱动方式，模块给出的是总线接口，便于与单片机的总线进行接口，而且自带显示缓存，只需要将要显示的内容送到显示缓存中就可以实现内容的显示。由于只有 8 条数据线，因此常常通过引脚信号来实现地址与数据线复用，以达到把相应数据送到相应显示缓存的目的。

从系统结构上来讲，由于显示器模块中已经有显示存储器。显存中的每一个单元对应 LCD 上的一个点，只要显存中的内容改变，显示结果便进行刷新。于是便存在两种刷新：

(1) 直接根据系统要求对显存进行修改。一种是只需修改相应的局部就可以；另一种就是覆盖方法，计算起来比较复杂，而且每做一点小的屏幕改变就要进行刷新，将会增加系统负担。

(2) 专门开辟显示内存，在需要刷新时由程序进行显示更新。这样，不但可以减轻总线负荷,而且也比较合理,在有需要的时候进行统一的显示更新,界面也可以比较美观,不致由于无法预料的刷新动作而导致显示界面闪烁。

2）控制器扫描方式

S3C2410X 中具有内置的 LCD 控制器,它具有将显示缓存(在系统存储器中)中的 LCD 图像数据传输到 LCD 驱动器,并产生必需的 LCD 控制信号的功能。S3C2410X 中内置的 LCD 控制器可支持灰度 LCD 和彩色 LCD。在灰度 LCD 上,使用时间抖动算法和帧速率控制方法,可以支持单色、4 级灰度和 16 级灰度模式的灰度 LCD。在彩色 LCD 上,可以支持 256 级彩色。对于不同尺寸的 LCD,具有不同数量的垂直和水平像素、数据接口的数据宽度、接口时间及刷新率,而 LCD 控制器可以进行编程控制相应的寄存器值,以适应不同的 LCD 显示板。

REGBANK 具有 17 个可编程寄存器和 256×16 颜料存储器,用于配置 LCD 控制器。LCD 控制器包含 REGBANK,LCDCDMA,VIDPRCS,TIMEGEN 和 LPC3600。LCDCDMA 为专用 DMA,它可以自动地将显示数据从帧内存中传送到 LCD 驱动器中。通过专用 DMA,可以实现在不需要 CPU 介入的情况下显示数据。VIDPRCS 从 LCDCDMA 接收数据,变换为合适的数据格式(比如 4/8 位单一扫描和 4 位双扫描显示模式)后通过 VD[23:0]发送到 LCD 驱动器。TIMEGEN 包含可编程的逻辑,以支持常见的 LCD 驱动器所需要的不同接口时间和速率的要求。TIMEGEN 产生 VFRAME,VLINE,VCLK 和 VM 等信号。

内置的 LCD 控制器提供了下列外部接口信号:

VFRAME——LCD 控制器和 LCD 驱动器之间的帧同步信号。它通知 LCD 新的一帧的显示。

VLINE——LCD 驱动器通过它来将水平行移位寄存器中的内容显示到 LCD 屏上。LCD 控制器在一整行数据全部传输到 LCD 驱动器后发出 VLINE 信号。

VCLK——像素时钟信号,LCD 控制器送出的数据在 VCLK 的上升沿送出,在 VCLK 的下降沿被 LCD 驱动器采样。

VM——LCD 驱动器用于改变行和列的电压极性,从而控制像素点的显示或熄灭。

4. LCD 的驱动程序

液晶屏分辨率是 640×480,液晶模块有两种工作模式:图形方式和文本方式。在图形方式下,模块上的缓冲区映射的是液晶屏上显示的图形点阵;在文本方式下,模块上的缓冲区对应的是液晶屏上显示的文本字符,包括英文字符和英文标点符号。因为汉字字库没有包含在液晶模块之中,所以液晶屏在文本方式下只能显示英文,不能显示汉字。液晶屏的操作主要包括:初始化、设置液晶屏的工作模式(文本或者图形)、更新显示、开启(或者关闭)背光等,这些功能都在头文件 LCD320.h 中定义,液晶屏显示相关函数代码如下:

```
#define LCDWIDTH        640
#define LCDHEIGHT       480
void LCD_Refresh(void);
void LCD_Init(void);
```

表 2.31 显示了主函数在液晶屏实现信息的方法描述。

表 2.31　main 方法描述

名　称	main		
返回值	int		
描　述	主函数在液晶屏实现信息		
参　数	名　称	类　型	描　述
无			

main()函数代码如下：

```
int main(void)
{
    int i,j,k;
    U32 jcolor;
    ARMTargetInit();                          //开发板初始化
    LCD_Init();                               //LCD 初始化
     for (i = 0;i<9;i ++ )
     {  switch (i)
        {  case 0: jcolor = 0x00000000;  //RGB 均为 0    黑色
                   break;
           case 1: jcolor = 0x000000f8;  //R    红色
                   break;
           case 2: jcolor = 0x0000f0f8;  //R  and G    橙色
                   break;
           case 3: jcolor = 0x0000fcf8;   //R  and G    黄
                   break;
           case 4: jcolor = 0x0000fc00;  //G    绿色
                   break;
           case 5: jcolor = 0x00f8fc00;  //G  B    青色
                   break;
           case 6: jcolor = 0x00f80000;  //B    蓝色
                   break;
           case 7: jcolor = 0x00f800f8;  //R  and B    紫色
                   break;
           case 8: jcolor = 0x00f8fcf8;  //RGB    白色
                   break;
        }
      for (k = 0;k<480;k ++ )
        for (j = i * 64;j<i * 64 + 64;j ++ )
          LCDBufferII2[k][j] = jcolor;
      }
   jcolor = 0x000000ff;
```

```
    for (i = 0;i<480;i ++ )
        {if (i == 160||i == 320)
            jcolor <<= 8;
        for (j = 576;j<640;j ++ )
            LCDBufferII2[i][j] = jcolor;
        }
    LCD_Refresh() ;
    while(1);
    return 0;
}
```

表 2.32 显示了 LCD 初始化函数的方法描述。

表 2.32　LCD_Init 方法描述

名　称	LCD_Init		
返回值	int		
描　述	进行 LCD 初始化		
参　数	名　称	类　型	描　述
无			

LCD_Init()函数代码如下：

```
void LCD_Init()
{
    U32 i;
    U32 LCDBASEU,LCDBASEL,LCDBANK;
    rGPCUP = 0xffffffff;                    // Disable Pull - up register
    rGPCCON = 0xaaaaaaaa;
    rGPDUP = 0xffffffff;                    // Disable Pull - up register
    rGPDCON = 0xaaaaaaaa;                   //Initialize VD[23:8]
    rLCDCON1 = 0|LCDCON1_BPPMODE|LCDCON1_PNRMODE|LCDCON1_MMODE|LCDCON1_CLKVAL;
        // disable
    rLCDCON2 = (LCDCON2_VBPD << 24)|(LCDCON2_LINEVAL << 14)|(LCDCON2_VFPD << 6)|LCDCON2_VSPW;
        //320 × 240 LCD   LINEBLANK = 15 (without any calculation)
    rLCDCON3 = (LCDCON3_HBPD << 19)|(LCDCON3_HOZVAL << 8)|LCDCON3_HFPD;
    rLCDCON4 = LCDCON4_HSPW|(MVAL << 8);
    rLCDCON5 = (BPP24BL << 12)|(LCDCON5_FRM565 << 11)|(LCDCON5_INVVCLK << 10)
               |(LCDCON5_INVVLINE << 9)|(LCDCON5_INVVFRAME << 8)
               |(LCDCON5_INVVD << 7)|(LCDCON5_INVVDEN << 6)|(LCDCON5_INVPWREN << 5)
               |(LCDCON5_INVLEND << 4)|(LCDCON5_PWREN << 3)|(LCDCON5_ENLEND << 2)
               |(LCDCON5_BSWP << 1)|LCDCON5_HWSWP;
    LCDBANK = 0x32000000 >> 22;
    LCDBASEU = 0x0;
    LCDBASEL = LCDBASEU + (480) * 640;
    rLCDADDR1 = (LCDBANK << 21)|LCDBASEU;
```

```
    rLCDADDR2 = LCDBASEL;
    rLCDADDR3 = (640)|(0 << 11);
    rLCDINTMSK = (INT_FrSyn << 1)|INT_FiCnt;
    rLCDLPCSEL = 0;
    rTPAL = (0 << 24);
    for(i = 0;i<640 * 480;i ++ )
        * (pLCDBuffer16I1 + i) = 0x0;
    rLCDCON1 + = LCDCON1_ENVID;
}
```

表 2.33 显示了图形刷新显示函数的方法描述。

表 2.33　LCD_Refresh 方法描述

名　称	LCD_Refresh		
返回值	int		
描　述	图形刷新显示		
参　数	名　称	类　型	描　述
无			

LCD_Refresh()函数代码如下：

```
void LCD_Refresh()
{
    int i,j;
    U32 lcddata;
    U16 pixcolor;                    //一个像素点的颜色
    U8 *  pbuf = (U8 * )LCDBufferII2[0];
    U32 LCDBASEU,LCDBASEL,LCDBANK;
    for(i = 0;i<LCDWIDTH * LCDHEIGHT;i ++ ){
        pixcolor = ((pbuf[0]&0xf8) << 11)|((pbuf[1]&0xfc) << 6)|(pbuf[2]&0xf8);  //变换 RGB
        pbuf += 4;
        * (pLCDBuffer16I2 + i) = pixcolor;
    }
    LCDBANK = 0x32096000 >> 22;
    LCDBASEU = (0x32096000 << 9) >> 10;
    LCDBASEL = LCDBASEU + (480) * 640;
    rLCDADDR1 =  (LCDBANK << 21)|LCDBASEU;
    rLCDADDR2 = LCDBASEL;
    rLCDADDR3 =  (640)|(0 << 11);
}
```

2.3.7　触摸屏组件设计

为了使嵌入式系统具有友好的人机接口，显示设备和输入装置是必不可少的。触摸屏输入设备、键盘输入设备、LCD 液晶屏显示设备是最常见的显示和输入设备。

触摸屏专门处理是否有笔或手指等物体按下触摸屏，并在按下时分别给两组电极通电，然后将其对应位置的模拟电压信号经过 A/D 转换送回处理器。经过坐标转换后，得到触摸点的 x，y 坐标。

1. 触摸屏工作原理

触摸屏按其工作原理的不同分为表面声波屏、电容屏、红外屏和电阻屏。

当手指或笔触摸屏幕时（如图 2.34(c)所示），平常相互绝缘的两层导电层就在触摸点位置有了一个接触，因其中一面导电层（顶层）接通 x 轴方向的 5 V 均匀电压场（见图 2.34(a)），使得检测层（底层）的电压由零变为非零，控制器监测到这个接通后，进行 A/D 转换，并将得到的电压值与 5 V 相比，即可得触摸点的 x 轴坐标（原点在靠近接地点的那端）：

$$x_i = L_x \times V_i / V \quad \text{（即分压原理）}$$

同理，可以得出 y 轴的坐标，这就是所有电阻触摸屏共同的最基本的原理。

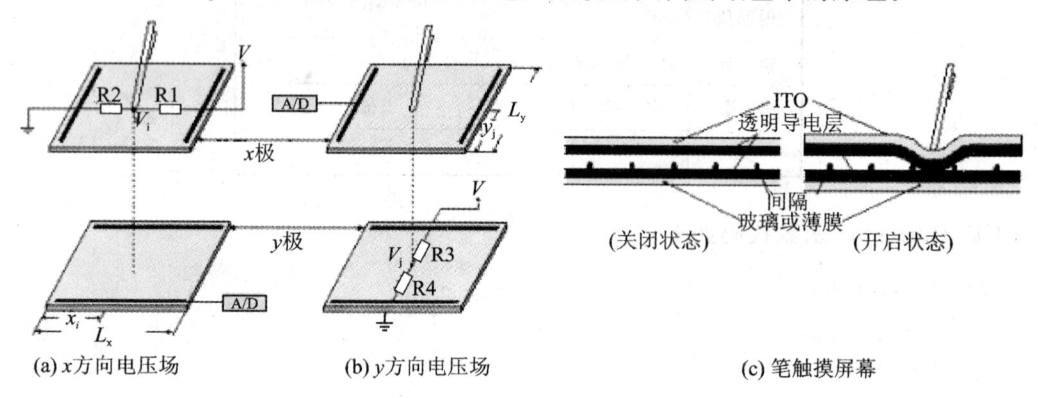

图 2.34 触摸屏坐标识别原理

2. 触摸屏的控制

本系统触摸屏的控制使用的是 S3C2410 处理器自带的触摸屏控制器。通过端口 F 模拟同步串行 SIO 接口与 ADS7843 进行数据传输，来完成对触摸屏触摸位置坐标的读取。触摸屏接口专用芯片 ADS7843 是 Burr-Brown 公司生产的，用于完成电极电压的切换，采集接触点处的电压值，并进行 A/D 转换。

需要注意的是，在完成一次 x/y 坐标采样的过程中需要一次模式转换，即在点击触摸屏之前是等待中断模式，当有触摸动作产生触摸屏中断以后，在 x/y 的坐标采集驱动中设置成自动的 x/y 位置转换模式，在完成采集以后再转换回等待中断模式，准备下一次的触摸采样。下面介绍要用到的控制器。

(1) A/D 转换控制寄存器（见表 2.22 和表 2.23）

(2) A/D 转换数据寄存器 ADCDAT（见表 2.24 和表 2.25）

(3) ADC 触摸屏控制寄存器（见表 2.34 和表 2.35）

表 2.34 ADC 触摸屏控制寄存器

寄存器	地 址	R/W	功能描述	初始值
ADCTSC	0x58000004	R/W	ADC 触摸屏控制寄存器	0x058

表 2.35 ADC 触摸屏控制寄存器功能

ADCTSC	位	位描述	初始状态
保留	[8]	该位为 0	0
YM_SEN	[7]	选择的 YMON 输出值。 0=YMON 输出 0(YM=HI- Z) 1=YMON 输出 1(YM=GND)	0
YP_SEN	[6]	选择的 nYPON 输出值。 0=nYPON 输出为 0(YP=外部电压) 1=nYPON 输出为 1(YP 连接的是 AIN[5])	1
XM_SEN	[5]	选择 XMON 输出值。 0=XMON 输出是 0(XM=HI- Z) 1=XMON 输出是 1(XM=GND)	0
XP_SEN	[4]	选择 nXPON 输出值。 0=nXPON 输出为 0(XP=外部电压) 1=nXPON 输出为 1(XP 连接的是 AIN[7])	1
PULL_UP	[3]	上拉开关启用。 0=XP 上拉使能 1=XP 上拉禁用	1
AUTO_PST	[2]	自动顺序转换 X 位置和 Y 位置。 0=正常 ADC 转换 1=自动(顺序)X / Y 位置转换模式	0
XY_PST	[1:0]	手动测量 X 位置或 Y 位置。 00=无操作模式;01=X 位置测量 10=Y 位置测量;11=等待中断模式	0

注意:在自动模式,ADC 触摸屏控制寄存器要在开始读之前重新配置。

(4) ADC 开始延迟寄存器(见表 2.36 和表 2.37)

表 2.36 ADC 开始延迟寄存器

寄存器	地 址	R/W	功能描述	初始值
ADCDLY	0x58000008	R/W	启动或间隔延迟寄存器	0x00ff

表 2.37 ADC 开始延迟寄存器功能

ADCDLY	位	位描述	初始状态
DELAY	[15:0]	(1) 正常转换模式,分别 X / Y 位置转换模式,并自动(连续)X / Y 位置转换模式。 →X / Y 位置转换延迟值。 (2) 等待中断模式	00ff
		当手写笔在等待中断模式落下时,该寄存器在几毫秒的时间间隔产生中断信号(INT_TC)自动 X / Y 位置转换。 注意:不要使用零值(0x0000)	

3. 触摸屏驱动程序

头文件 tchScr.h 中对触摸屏消息进行声明：

```
#define TCHSCR_ACTION_NULL      0    //触摸屏空消息
#define TCHSCR_ACTION_CLICK     1    //触摸屏单击
#define TCHSCR_ACTION_DBCLICK   2    //触摸屏双击
#define TCHSCR_ACTION_DOWN      3    //触摸屏按下
#define TCHSCR_ACTION_UP        4    //触摸屏抬起
#define TCHSCR_ACTION_MOVE      5    //触摸屏移动
```

Touch_Screen_Task 流程图如图 2.35 所示。

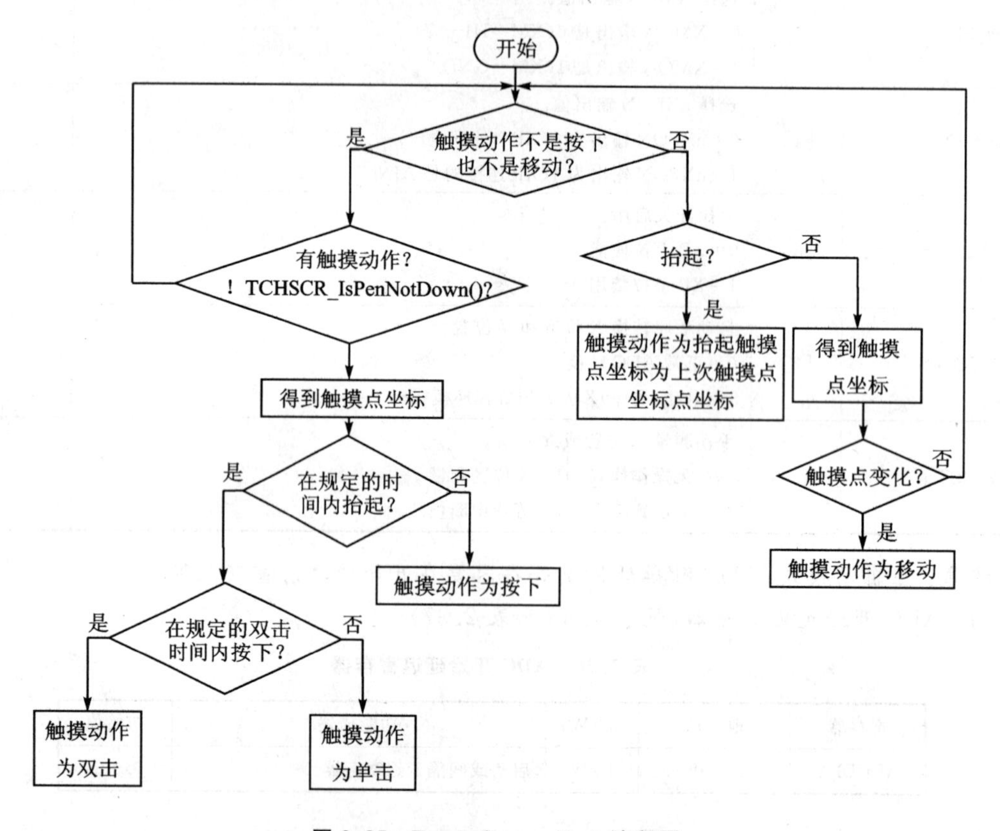

图 2.35　Touch_Screen_Task 流程图

头文件 tchScr.h 中定义宏和常量及对触摸屏相关函数进行声明，触摸屏相关函数代码如下：

```
#define SUBSRCPND (*(volatile unsigned *)0x4A000018)
#define rADCDLY (*(volatile unsigned *)0x58000008)
#define rADCTSC (*(volatile unsigned *)0x58000004)
#define rADCCON (*(volatile unsigned *)0x58000000)
#define rADCDAT0 (*(volatile unsigned *)0x5800000c)
#define rADCDAT1 (*(volatile unsigned *)0x58000010)
typedef struct {
    int x;
```

```
    int y;
    int action;
}tsdata, *Ptsdata;
void TchScr_init();
    //初始化设置触摸屏,系统启动初始化硬件的时候调用,包括触摸屏的读/写芯片和接口
void TchScr_GetScrXY(int *x, int *y);
    //获得触摸屏的坐标
```

1) TchScr_init()函数

对触摸屏进行操作时,首先初始化处理器端口,TchScr_init 函数对触摸屏控制芯片进行必要的设置并启动,然后触摸屏响应函数等待有笔或手指压下触摸屏,并输出坐标。表 2.38 显示了初始化触摸屏函数 TchScr_init 的方法描述。

表 2.38　TchScr_init 方法描述

名　称	TchScr_init		
返回值	void		
描　述	对触摸屏控制芯片进行必要的设置并启动		
参　数	名　称	类　型	描　述
无			

TchScr_init()函数代码如下:

```
void TchScr_init()
{
    /*复用引脚功能定义*/
    rGPGCON &= ~((0x03 << 30)|(0x03 << 28)|(0x03 << 26)|(0x03 << 24));
    rGPGCON|= (nYPON << 30)|(YMON << 28)|(nXPON << 26)|(XMON << 24);
    /*set ACDCON*/
    rADCCON = (PRSCEN_Enable << 14)|(PRSCVL << 6)|(SEL_MUX << 3);
    /*ADC start or interval delay register*/
    rADCDLY = 0xff;
    /*set ADC touch screen control register*/
    rADCTSC = (0 << 8)|(1 << 7)|(1 << 6)|(0 << 5)|(1 << 4)|(0 << 3)|(0 << 2)|(3);
    }
```

2) TchScr_GetScrXY()函数

表 2.39 显示了获得液晶屏的 x、y 方向的电压范围函数 TchScr_GetScrXY 的方法描述。

表 2.39　TchScr_GetScrXY 方法描述

名　称	TchScr_GetScrXY		
返回值	void		
描　述	获得液晶屏的 x、y 方向的电压范围		
参　数	名　称	类　型	描　述
无			

TchScr_GetScrXY()函数代码如下：

```
void TchScr_GetScrXY(int *x, int *y)
{
    int oldx,oldy;
    rADCTSC|= (1 << 3)|(1 << 2)|(0);
    rADCCON|= 1;
    while(!(SUBSRCPND&(1 << 10)));
    oldx = rADCDAT0&0x3ff;
    oldy = rADCDAT1&0x3ff;
    if(oldx! = 0)
    {
        *x = oldx;
        *y = oldy;
    }
    rADCTSC = (0 << 8)|(1 << 7)|(1 << 6)|(0 << 5)|(1 << 4)|(0 << 3)|(0 << 2)|(3);
    SUBSRCPND|= (1 << 9);
    SUBSRCPND|= (1 << 10);
    /* unsigned int temp;
    *x = ( *x - TchScr_Xmin) * LCDWIDTH/(TchScr_Xmax - TchScr_Xmin);
    *y = ( *y - TchScr_Ymin) * LCDHEIGHT/(TchScr_Ymax - TchScr_Ymin);
}
```

3) LCD_TOUCH()函数

表 2.40 显示了触摸屏响应函数 LCD_TOUCH 的方法描述。

表 2.40 LCD_TOUCH 方法描述

名　称	LCD_TOUCH		
返回值	void		
描　述	触摸屏响应函数		
参　数	名　称	类　型	描　述
无			

LCD_TOUCH()函数代码如下：

```
void LCD_TOUCH()
{
    int x,y,i;
    U32 TchScrAction = TCHSCR_ACTION_UP;
    LCD_ChangeMode(DspTxtMode);
    LCD_printf("begin TouchScreen Task\n");
        for(;;){
            if(TchScrAction == TCHSCR_ACTION_UP) //笔未压下状态位
            {
                if(!((rPDATC&ADS7843_PIN_PEN) >> 11)) //得到笔压下中断信号
                {
```

```
                Delay(50);
                if(!((rPDATC&ADS7843_PIN_PEN) >> 11))//两次检测防干扰
                {
                    TchScr_GetScrXY(&x, &y,1); //第三个参数为1时表示已经转换
                    TchScrAction = TCHSCR_ACTION_DOWN;//设置压下状态
                    LCD_printf("X = %d,Y = %d",x,y);//输出当前结果
                }
            }
        }
        if(TchScrAction == TCHSCR_ACTION_DOWN)//笔已压下状态位
        {
            if((rPDATC&ADS7843_PIN_PEN) >> 11)//笔中断信号已经消失
            {
                Delay(50);
                if((rPDATC&ADS7843_PIN_PEN) >> 11) //两次检测防干扰
                {
                    TchScrAction = TCHSCR_ACTION_UP;//设置笔未压状态位
                }
            }
        }
        Delay(100);
    }
}
```

LCD_TOUCH()函数功能是触摸屏上某点，输出点的坐标。

2.3.8 USB 接口组件设计

使用 USB 进行联机通信，既可以从 PC 通过 USB 端口下载程序，也可以上传文件至 PC，也可以断开 USB 停止上传和下载。与 USB 联机通信有关的函数在头文件 OSusb.h 中声明，USB 相关函数代码如下：

```
void EnterUsbConnect();
//进入 USB 的连接状态，暂停其他所有的任务
void ExitUsbConnect();
//断开 USB 的连接，恢复执行其他所有的任务
```

表 2.41 显示了 USB 联机通信函数的方法描述。

表 2.41 OnUsb_Download 方法描述

名　称	OnUsb_Download		
返回值	void		
描　述	USB 联机通信函数		
参　数	名　称	类　型	描　述
无			

OnUsb_Download()函数,代码如下:

```
void OnUsb_Download()
{
    U32 key;
    char bmpfile[] = "/sys/ucos/usB-B.bmp";
    PDC pdc;
    pdc = CreateDC();
    ClearScreen();
    ShowBmp(pdc,bmpfile, 100, 20);
    OSTimeDly(500);
    EnterUsbConnect();                          //进入 USB 连接状态
    for(;;){
        key = GetNoTaskKey();
        if(((key+1)&0xffff) == 16){            //按键 15 取消按键
            ExitUsbConnect();
            ClearScreen();
            TextOut(pdc, 70,50, showText, TRUE, FONTSIZE_MIDDLE);
            DestoryDC(pdc);
            return;
        }
    }
}
```

OnUsb_Download()函数的功能是当按下按键时,进入 USB 连接状态,这时暂停所有的任务,自己编写键盘扫描程序,等待按取消键退出 USB 连接状态。进入 USB 连接的时候,要显示一个真彩色的位图图片作为提示信息。退出连接的时候,取消显示图片,恢复显示提示按键连接 USB 的文字。调用 EnterUsbConnect()函数进入 USB 的连接状态,这时函数将自动暂停任务调度。所以,在调用 EnterUsbConnect()函数之前要先刷新液晶屏的显示,更改屏幕的提示信息。绘图完成以后要使用 OSTimeDly,以便更新显示。使用 ShowBmp()函数可以显示指定文件名的真彩色的位图图片。因为调用 EnterUsbConnect()函数以后系统已经进入非多任务状态,与多任务相关的函数(比如 OSTimeDly()函数)就不能使用,否则将导致系统死锁。等待键盘扫描也应该调用它的非多任务版本 GetNoTaskKey()。如果有按键按下,此函数立即返回;否则,系统无限等待。最后使用 ExitUsbConnect()函数退出 USB 连接状态,系统的多任务将自动恢复。

2.4 控件组件设计范例

2.4.1 系统的消息循环

消息处理机制是 μC/OS-II 系统的一个重要特性,也是主程序完成程序操作的主要手段。掌握通过系统的消息循环来响应事件(键盘、触摸屏等)的方法,以构架程序的主体框架。

头文件 OSMessage.h 中的系统的消息结构定义如下:

```
typedef struct {
POS_Ctrl pOSCtrl;                     //消息所发到的窗口(控件)
U32 Message;                          //发送的消息类型
U32 WParam;                           //随消息发送的附加参数
U32 LParam;                           //随消息发送的附加参数
}OSMSG, * POSMSG;
```

头文件 OSMessage.h 中与系统的消息有关的函数如下：

```
POSMSG OSCreateMessage(POS_Ctrl pOSCtrl, U32 Message, U32 wparam, U32 lparam);
    //向指定的控件创建消息,返回指向消息的指针
U8 SendMessage(POSMSG pmsg);
    //发送消息,添加消息到消息队列中,如果队列已满则返回 FALSE,否则返回 TRUE
POSMSG WaitMessage(INT16U timeout);
    //在超时的时间内等待消息,收到消息时返回指向消息结构的指针
void DeleteMessage(POSMSG pMsg);
    //删除指定的消息结构,释放相应的内存
void initOSMessage();
    //操作系统初始化消息,为消息队列分配内存空间
```

系统中涉及的消息种类如下所示：

```
#define OSM_KEY                       1          //键盘消息
#define OSM_TOUCH_SCREEN              2          //触摸屏消息
#define OSM_SERIAL                    100        //串口收到数据的消息
#define OSM_LISTCTRL_SELCHANGE        1001       //列表框的选择被改变的消息
#define OSM_LISTCTRL_SELDBCLICK       1002       //列表框的选择双击消息
#define OSM_BUTTON_CLICK              1003       //单击按钮消息
```

下面举例说明系统在接收到键盘消息和触摸屏消息时的响应，系统的消息循环使用代码如下：

```
void Main_Task(void * Id)
{
    POSMSG pMsg = 0;
    structPOINT Touch_Position, * pTouch_Position;
    pTouch_Position = &Touch_Position;
    //消息循环
    for(;;){
        pMsg = WaitMessage(0);                 //等待消息
        switch(pMsg->Message){
        case OSM_KEY:                          //键盘消息
            onKey(pMsg->WParam,pMsg->LParam);
                break;
        case OSM_TOUCH_SCREEN:                 //触摸屏消息
            Touch_Position.x = pMsg->WParam&0xffff;
            Touch_Position.y = pMsg->WParam >> 16;
            Touch_Choose(pTouch_Position);
```

```
            break;
        }
        DeleteMessage(pMsg);                    //删除消息,释放资源
        OSTimeDly(1000);
    }
}
```

代码中系统的消息循环是一个无限循环。使用 WaitMessage()函数接收消息,WaitMessage(0)表示等待时间设置为无限长。收到消息以后(即 WaitMessage()函数返回),通过消息结构中 Message 的成员来判断消息类型。如果是键盘消息,则 Message 的值为 OSM_KEY;WParam 参数存储的是按键的号码;LParam 参数存储的是同时系统按下的功能键(如果没有,则为 0)。如果是触摸屏消息,则 Message 的值为 OSM_TOUCH_SCREEN;Wparam 参数中低 16 位存放了触摸点的 x 坐标值,高 16 位存放了触摸点的 y 坐标值;LParam 参数中存放了相应的触摸动作。开始等待下一条消息之前必须使用 DeleteMessage()函数删除消息,释放系统的内存空间。

2.4.2 文本框控件的使用

文本框控件可以显示文件和数据内容,能够通过对文本框的编辑修改内容,并可保存到文件,系统调用以后,文件内容不丢失。

文本框控件的结构体在头文件 Control.h 中声明,代码如下:

```
typedef struct{
    U32 CtrlType;                       //控件的类型
    U32 CtrlID;                         //控件的 ID
    structRECT TextCtrlRect;            //文本框的位置和大小
    structRECT ClientRect;              //客户区域
    U32 FontSize;                       //文本框的字符大小
    U32 style;                          //文本框的风格
    U8 bVisible;                        //是否可见
    PWnd parentWnd;                     //控件的父窗口指针
    U8 ( * CtrlMsgCallBk)(void * );
    U8 bIsEdit;                         //文本框是否处于编辑状态
    char * KeyTable;                    //文本框的字符映射表
    U16 text[40];                       //文本框中的字符块
}TextCtrl, * PTextCtrl;
```

用 CreateTextCtrl()函数创建文本框,SetTextCtrlText()函数设置文本框中的内容。使用 SetTextCtrlEdit()函数设置文本框判断是否处于编辑状态;使用 TextCtrlDeleteChar()和 AppendChar2TextCtrl()函数在文本框中删除和追加字符。文本框是否可以显示文件中的内容,是否可以修改,要实现这些功能还需要如下函数,这些函数在头文件 Control.h 中声明,其代码如下:

```
PTextCtrl CreateTextCtrl(U32 CtrlID, structRECT * prect, U32 FontSize,U32 style,
                         char * KeyTable, PWnd parentWnd);
//创建文本框控件,返回指向文本控件的指针
void DestoryTextCtrl(PTextCtrl pTextCtrl);
```

```
//删除文本框控件
void SetTextCtrlText(PTextCtrl pTextCtrl, U16 *pch, U8 IsRedraw);
//设置文本框的文本
U16 * GetTextCtrlText(PTextCtrl pTextCtrl);
//返回指向文本框文字的指针
void DrawTextCtrl(PTextCtrl pTextCtrl);
//绘制指定的文本框
void AppendChar2TextCtrl(PTextCtrl pTextCtrl, U16 ch, U8 IsReDraw);
//在指定文本框中追加一个字符
void TextCtrlDeleteChar(PTextCtrl pTextCtrl,U8 IsReDraw);
//在指定文本框中删除最后一个字符
void SetTextCtrlEdit(PTextCtrl pTextCtrl, U8 bIsEdit);
//设置文本框是否为编辑状态
void TextCtrlOnTchScr(PTextCtrl pListCtrl, int x, int y, U32 tchaction);
//文本框的触摸屏响应函数,当有触摸屏消息的时候,系统自动调用
```

表 2.42 显示了创建文本框函数的方法描述。

表 2.42 CreateText 方法描述

名 称	CreateText		
返回值	void		
描 述	创建文本框函数		
参 数	名 称	类 型	描 述
无			

CreateText()函数代码如下:

```
PTextCtrl pTextCtrl;
#define ID_MainTextCtrl 101
void CreateText()
{
    structRECT rect;
    U16 str[20];
    int sysnumber = 10;
    SetRect(&rect, 100,30,160,50);      //设置文本框大小
    pTextCtrl = CreateTextCtrl(ID_MainTextCtrl, &rect, FONTSIZE_MIDDLE,
                               CTRL_STYLE_FRAME, NULL, NULL);  //创建一个文本框
    Int2Unicode(sysnumber,str);                //int 类型转换为 U16 类型
    SetWndCtrlFocus(NULL, ID_MainTextCtrl); //设置系统空间的焦点为文本框
    SetTextCtrlText(pTextCtrl, str,TRUE);  //设置文本框的文本
}
```

代码中 CreateText()函数的功能是创建一个文本框,并显示内容为 10。

2.4.3 列表框控件的使用

列表框控件可以列出系统中的存储在存储器中的指定扩展名的文件,也可以将要显示的数据列出来,还可以控制列表框中的列表内容上下显示,并添加新的列表内容。

列表框控件的结构体在头文件 Control.h 中声明,其代码如下:

```
typedef struct{
    U32 CtrlType;                       //控件的类型
    U32 CtrlID;
    structRECT ListCtrlRect;            //列表框的位置和大小
    structRECT ClientRect;              //列表框列表区域
    U32 FontSize;
    U32 style;                          //列表框的风格
    U8 bVisible;                        //是否可见
    PWnd parentWnd;                     //控件的父窗口指针
    U8 ( * CtrlMsgCallBk)(void * );
    U16 * * pListText;                  //列表框所容纳的文本指针
    int ListMaxNum;                     //列表框所容纳的最大文本的行数
    int ListNum;                        //列表框所容纳的文本的行数
    int ListShowNum;                    //列表框所能显示的文本行数
    int CurrentHead;                    //列表的表头号
    int CurrentSel;                     //当前选中的列表项号
    structRECT ListCtrlRollRect;        //列表框滚动条方框
    structRECT RollBlockRect;           //列表框滚动条滑块方框
}ListCtrl, * PListCtrl;
```

代码中所示的列表框控件可以显示文件名字,也可以显示数据,操作时可用 CreateListCtrl()函数创建列表框,使用 ListNextFileName()函数列出当前的目录位置以后的第一个符合扩展名的文件名,同时,当前目录的位置指针自动下移。如果成功则返回 TRUE,如果没有适合的文件则返回 FALSE。因为 ListNextFileName()函数得到的文件名不是 Unicode 字符串,所以要通过 strChar2Unicode()函数转换成 Unicode 字符串,才可以添加到列表框中显示出来。同时,为了以后方便得到文件名字符串的非 Unicode 格式,建议在一个数组中记录 ListNext-FileName 返回的 char 型字符串,以便以后打开相应的文件。通过 ListCtrlSelMove()函数改变列表框的高亮度条的位置。要实现这些功能还需要以下函数,这些函数在头文件 Control.h 中声明:

```
PListCtrl CreateListCtrl(U32 CtrlID, structRECT * prect, int MaxNum, U32 FontSize,
                         U32 style, PWnd parentWnd);
    //创建列表框控件,返回指向列表框的指针
U8 AddStringListCtrl(PListCtrl pListCtrl, U16 string[]);
    //向指定的列表框中添加字符串,字符串的最大长度为 64 字符
void ListCtrlReMoveAll(PListCtrl pListCtrl);
    //删除列表框中所有的文本
void ReLoadListCtrl(PListCtrl pListCtrl,U16 * string[],int nstr);
    //重新装载列表框中的字符串
void DrawListCtrl(PListCtrl pListCtrl);
    //绘制指定的列表框
void ListCtrlSelMove(PListCtrl pListCtrl, int moveNum, U8 Redraw);
//列表框高亮度条移动,正数下移,负数上移
```

```
void ListCtrlOnTchScr(PListCtrl pListCtrl, int x, int y, U32 tchaction);
//列表框的触摸屏响应函数,当有触摸屏消息的时候,系统自动调用
```

表 2.43 显示了创建列表框函数的方法描述。

表 2.43 CreateFileList 方法描述

名　称	CreateFileList		
返回值	void		
描　述	创建列表框函数		
参　数	名　称	类　型	描　述
无			

CreateFileList()函数代码如下:

```
PListCtrl pMainListCtrl;
#define ID_MainListBox 101
char FileExName[] = {'B','M','P',0};
char BmpFile[100][12];
void CreateFileList()
{
  structRECT rect;
  char filename[9];
  U32 filepos = 0;
  U16 Ufilename[9];
  int i = 0;
  SetRect(&rect,0,18,80,107);
pMainListCtrl = CreateListCtrl(ID_MainListBox,&rect,100,FONTSIZE_MIDDLE,
                              CTRL_STYLE_DBFRAME,NULL);
  SetWndCtrlFocus(NULL,ID_MainListBox);
  while (ListNextFileName(&filepos,FileExName,filename))
  {
     strChar2Unicode(Ufilename,filename);
     AddStringListCtrl(pMainListCtrl,Ufilename);
     strcpy(BmpFile[i],filename);
     strncat(BmpFile[i++],FileExName,3);
  }
  ReDrawOSCtrl();
}
```

代码中 CreateFileList()函数的功能是通过操作系统的文件相关的 API 函数,列出扩展名为 Bmp 的文件,并添加到上面创建的列表框中。

2.4.4 按钮控件的使用

按钮控件是一个非常重要的组件。大多数功能设计或游戏设计都需要按钮控件。当通过触摸屏对按钮控件进行单击、双击、按下、抬起、移动时,都会触发按钮控件,按钮控件会根据不同的动作进行响应。

头文件 Control.h 中对按钮结构进行声明,ButtonCtrl 结构代码如下:

```
typedef struct {
    U32 CtrlType;                          //控件的类型
    U32 CtrlID;
    structRECT ButtonCtrlRect;             //控件的位置和大小
    structRECT ClientRect;                 //客户区域
    U32 FontSize;                          //控件的字符大小
    U32 style;                             //控件的边框风格
    U8 bVisible;                           //是否可见
    PWnd parentWnd;                        //控件的父窗口指针
    U8 ( * CtrlMsgCallBk)(void * );
    U16 Caption[10];                       //按钮标题
}ButtonCtrl, * PButtonCtrl;
```

头文件 Control.h 中对按钮相关函数进行声明,其代码如下:

```
PButtonCtrl CreateButton(U32 CtrlID, structRECT * prect, U32 FontSize, U32 style,
                         U16 Caption[], PWnd parentWnd);
    //创建按钮控件,返回指向按钮控件的指针
void DestoryButton(PButtonCtrl pButton);
    //删除按钮控件
void DrawButton(PButtonCtrl pButton);
    //绘制按钮控件
void ButtonOnTchScr(PButtonCtrl pButtonCtrl, int x, int y, U32 tchaction);
//按钮的触摸屏响应函数,当有触摸屏消息的时候,系统自动调用
```

下面建立一个开始游戏的按钮控件。当点击该按钮控件时,即可开始新的游戏。表 2.44 显示了建立按钮控件函数的方法描述。

表 2.44　Draw_Button 方法描述

名　称	Draw_Button		
返回值	void		
描　述	建立按钮控件函数		
参　数	名　称	类　型	描　述
无			

Draw_Button()函数代码如下:

```
void Draw_Button ()
{
    POSMSG pMsg;
    structPOINT Touch_Position, * pTouch_Position;
    ButtonCtrl NewGame_Button;
    PButtonCtrl pNewGame_Button;
    char NewGame_Button_Caption_8[] = "Start";
    U16 NewGame_Button_Caption_16[10];
    pTouch_Position = &Touch_Position;
```

```
    pNewGame_Button = &NewGame_Button;
    pNewGame_Button_RECT = &NewGame_Button_RECT;
    strChar2Unicode(NewGame_Button_Caption_16, NewGame_Button_Caption_8);
    NewGame_Button_RECT.bottom = 40;
    NewGame_Button_RECT.left = 180;
    NewGame_Button_RECT.right = 230;
    NewGame_Button_RECT.top = 10;
    pNewGame_Button = CreateButton(NewGame_Button_ID, pNewGame_Button_RECT,
                                   FONTSIZE_SMALL,CTRL_STYLE_3DDOWNFRAME,
                                   NewGame_Button_Caption_16, NULL);
    DrawButton(pNewGame_Button);
    for(;;)
    {
        pMsg = WaitMessage(0);
          switch(pMsg ->Message)
        {
           case OSM_TOUCH_SCREEN:          //OSM_TOUCH_SCREEN:
               Touch_Position.x = pMsg ->WParam&0xffff;
               Touch_Position.y = pMsg ->WParam >> 16;
               if (IsInRect2(pNewGame_Button_RECT, pTouch_Position))
               {
                    newGame();             //响应新开始游戏,省略
               }
               break;
             }
        DeleteMessage(pMsg);
           OSTimeDly(100);
    }
}
```

代码中 Draw_Button()函数的功能是建立一个按钮控件,该控件位置为左上角坐标(180,10),右下角坐标(230,40)。按钮控件上显示"Start"字符,当通过触摸的方式触摸 Start 按钮时,即可响应 newGame()函数,开始新的游戏。

2.4.5 窗口控件的使用

窗口控件的作用是输出信息,显示图形。像游戏活动区域、手写输入区域、显示内容区域等,这些区域都需要窗口控件来完成。游戏只能在窗口中进行,不能离开该窗口。窗口以外的区域为游戏说明区域或控制游戏按钮区域。手写输入只能在窗口内输入,在窗口以外的区域不识别。下面是创建窗口控件。

头文件 Control.h 中对窗口结构进行声明,Wnd 结构代码如下:

```
typedef struct typeWnd{
    U32 CtrlType;                         //控件的类型
    U32 CtrlID;
    structRECT WndRect;                   //窗口的位置和大小
```

```
    structRECT ClientRect;                  //客户区域
    U32 FontSize;                           //窗口的字符大小
    U32 style;                              //窗口的边框风格
    U8 bVisible;                            //是否可见
    struct typeWnd * parentWnd;             //控件的父窗口指针
    U8 ( * CtrlMsgCallBk)(void * );
    PDC pdc;                                //窗口的绘图设备上下文
    U16 Caption[20];                        //窗口标题
    List ChildWndList;
    U32 FocusCtrlID;                        //子窗口焦点 ID
    U32 preParentFocusCtrlID;               //显示窗口之前的父窗口焦点 ID
    OS_EVENT * WndDC_Ctrl_mem;              //窗口 DC 控制权
}Wnd, * PWnd;
```

头文件 Control.h 中对与窗口有关函数进行声明,其代码如下:

```
void initOSCtrl();
    //初始化系统的控件,为动态创建控件分配空间
U32 SetWndCtrlFocus(PWnd pWnd, U32 CtrlID);
    //设置窗口中控件的焦点,返回原来窗口控件焦点的 ID
U32 GetWndCtrlFocus(PWnd pWnd);
    //得到窗口中焦点控件的 ID
PWnd CreateWindow(U32 CtrlID, structRECT * prect, U32 FontSize, U32 style,
                  U16 Caption[], PWnd parentWnd);
    //创建窗口,返回指向窗口的指针
void ShowWindow(PWnd pwnd, BOOLEAN isShow);
    //显示窗口
void DrawWindow(PWnd pwnd);
    //绘制窗口
void WndOnTchScr(PWnd pCtrl, int x,int y, U32 tchaction);
    //窗口的触摸屏响应函数,当有触摸屏消息的时候,系统自动调用
```

设计一窗口控件组件,表 2.45 显示了建立窗口控件函数的方法描述。

表 2.45 Draw_Wnd 方法描述

名 称	Draw_Wnd		
返回值	void		
描 述	建立窗口控件函数		
参 数	名 称	类 型	描 述
无			

Draw_Wnd()函数代码如下:

```
const U32 MainDraw_Wnd_ID = 110;
structRECT MainDraw_Wnd_RECT, * pMainDraw_Wnd_RECT;
Wnd MainDraw_Wnd;
```

```
PWnd pMainDraw_Wnd;
char MainDraw_Wnd_Caption_8[] = "Main Draw";
U16 MainDraw_Wnd_Caption_16[20];
void Draw_Wnd( )
{
    pMainDraw_Wnd = &MainDraw_Wnd;
    pMainDraw_Wnd_RECT = &MainDraw_Wnd_RECT;
    strChar2Unicode(MainDraw_Wnd_Caption_16, MainDraw_Wnd_Caption_8);
    MainDraw_Wnd_RECT.bottom = 219;
    MainDraw_Wnd_RECT.left = 10;
    MainDraw_Wnd_RECT.right = 129;
    MainDraw_Wnd_RECT.top = 10;
    pMainDraw_Wnd = CreateWindow(MainDraw_Wnd_ID,pMainDraw_Wnd_RECT,
      FONTSIZE_SMALL,WND_STYLE_MODE, MainDraw_Wnd_Caption_16, NULL);
    DrawWindow(pMainDraw_Wnd);
}
```

代码中 Draw_Wnd()函数实现的功能是在屏幕中建立一个窗口控件，窗口控件大小为左上角坐标为(10,10)，右下角坐标为(129,219)。

2.4.6 系统时间功能

系统时间是实时变化的，所以需要在用户的 Main_Task 任务中创建一个新任务 Rtc_Disp_Task，来实现系统时钟的显示和更新。同时，通过在 Main_Task 任务中响应键盘消息，可以对系统的时钟进行更改。使用 μC/OS－II 多任务系统中的信号量可保证多个任务同时对系统的一个资源访问而不产生冲突。启动消息循环，使用户通过键盘可以编辑系统时间。系统指定的时间单位在头文件 Rtc.h(头文件 Rtc.h 中声明的结构体包括时间结构 structTime、日期结构 structDate 和时钟结构 structClock)中声明，其代码如下：

```
#define RTC_SECOND_CHANGE        1        //"秒"改变
#define RTC_MINUTE_CHANGE        2        //"分"改变
#define RTC_HOUR_CHANGE          3        //"时"改变
#define RTC_DAY_CHANGE           4        //"日"改变
#define RTC_MONTH_CHANGE         5        //"月"改变
#define RTC_YEAR_CHANGE          6        //"年"改变
```

structTime 结构代码如下：

```
typedef struct{
    U32 year;
    U32 month;
    U32 day;
    U32 date;
    U32 hour;
    U32 minute;
    U32 second;
}structTime, *PstructTime;
```

structDate 结构代码如下：

```
typedef struct{
    U32 year;
    U32 month;
    U32 day;
}structDate, * PstructDate;
```

structClock 结构代码如下：

```
typedef struct{
    U32 hour;
    U32 minute;
    U32 second;
}structClock, * PstructClock;
```

与系统时间有关的函数在头文件 Rtc.h 中声明，其代码如下：

```
void InitRtc();
//在系统的初始化的时候调用,为系统时间的访问创建控制权限
void Get_Rtc(PstructTime);
//取得系统当前的时间和日期
U8 Rtc_IsTimeChange(U32 whichChange);
//判断所指定的某一个时间单位是否改变
void Set_Rtc(PstructTime);
//设定系统当前的时间和日期
void Rtc_Format(char *  fmtchar, U16 *  outstr);
//格式化得到系统的时间
void Set_Rtc_Clock(PstructClock time);
//设定系统当前的时间
void Set_Rtc_Date(PstructDate time);
//设定系统当前的日期
```

表 2.46 显示了设置系统时间函数的方法描述。

表 2.46　SetSysTime 方法描述

名　称	SetSysTime		
返回值	void		
描　述	设置系统时间函数		
参　数	名　称	类　型	描　述
无			

SetSysTime()函数代码如下：

```
void SetSysTime()
{
    U16 *  ptext = pTextCtrl ->text;
    U32 tmp[3],i;
```

```
    structClock clock;
    for(i = 0;i<3;i ++ ){
        tmp[i] = 0;
        while( * ptext && * ptext != ':')
        {
            tmp[i] <<= 4;
            tmp[i]|= ( * ptext) - '0';
            ptext ++ ;
        }
        ptext ++ ;
    }
    clock.hour = tmp[0];
    clock.minute = tmp[1];
    clock.second = tmp[2];
    Set_Rtc_Clock(&clock);
}
```

代码中 SetSysTime()函数的功能是对当前系统时间进行修改，通过 clock 修改为文本框中输入的小时、分钟、秒。将更新后的时间通过 Set_Rtc_Clock()函数设置为当前系统时间。

表 2.47 显示了时钟显示更新任务函数的方法描述。

表 2.47 Rtc_Disp_Task 方法描述

名　称	Rtc_Disp_Task		
返回值	void		
描　述	时钟显示更新任务函数		
参　数	名　称	类　型	描　述
无			

Rtc_Disp_Task()函数代码如下：

```
void Rtc_Disp_Task (void * Id)                    //时钟显示更新任务
{
    U16 strtime[10];
    INT8U err;
    for(;;)
    {
        if(Rtc_IsTimeChange(RTC_SECOND_CHANGE))    //不需要更新显示
        {
            OSSemPend(Rtc_Updata_Sem, 0,&err);
            Rtc_Format(" %H: %I: %S",strtime);
            SetTextCtrlText(pTextCtrl, strtime,TRUE);
            OSSemPost(Rtc_Updata_Sem);
        }
        OSTimeDly(250);
    }
```

```
}
```

代码中 Rtc_Disp_Task()函数的功能是用 Rtc_IsTimeChange()函数判断系统时钟对应的某一位是否改变。用 Rtc_Format 格式化系统的时钟格式得到 Unicode 字符串,可以方便地显示到文本框控件里。

2.5 绘图组件设计范例

2.5.1 绘图功能

绘图设备上下文(DC)保存了每一个绘图对象的相关参数(如绘图画笔的宽度、绘图的原点坐标等)。在多任务操作系统中,通过绘图设备上下文来绘画,可以保证在不同的任务中绘图的参数相互独立、互不影响。

绘图设备上下文(DC)的结构在 Display. h 头文件中定义,其代码如下:

```
typedef struct{
int DrawPointx;
int DrawPointy;                        //绘图所使用的坐标点
int PenWidth;                          //画笔宽度
U32 PenMode;                           //画笔模式
COLORREF PenColor;                     //画笔的颜色
int DrawOrgx;                          //绘图的坐标原点位置
int DrawOrgy;
int WndOrgx;                           //绘图的窗口坐标位置
int WndOrgy;
int DrawRangex;                        //绘图的区域范围
int DrawRangey;
structRECT DrawRect;                   //绘图的有效范围
U8 bUpdataBuffer;                      //是否更新后台缓冲区及显示
U32 Fontcolor;                         //字符颜色
}DC, * PDC
```

绘图设备上下文(DC)结构中保存了每一个绘图对象的相关参数。在系统启动的时候,通过调用 initOSDC()函数初始化绘图设备上下文,为以后创建绘图设备上下文分配存储空间。使用 CreateDC()函数创建一个绘图设备上下文,并给此绘图设备上下文赋予默认的初始值。创建绘图设备上下文并设定了参数后就可以使用绘图鼠标上下文指针在屏幕上绘图了。要实现这些功能还需要有与绘图相关的函数,这些函数在头文件 Display. h 中声明,其代码如下:

```
void initOSDC();
    //初始化系统的绘图设备上下文(DC),为 DC 的动态分配开辟内存空间
PDC CreateDC();
    //创建一个绘图设备上下文(DC),返回指向 DC 的指针
void DestoryDC(PDC pdc);
    //删除绘图设备上下文(DC),释放相应的资源
void SetPixel(PDC pdc, int x, int y, COLORREF color);
```

```
    //设置指定点的像素颜色到LCD的后台缓冲区,LCD范围以外的点将被忽略
void SetPixelOR(PDC pdc,int x, int y, COLORREF color);
    //设置指定点的像素颜色和LCD的后台缓冲区的对应点"或"运算,LCD范围以外的点被忽略
void SetPixelAND(PDC pdc,int x, int y, COLORREF color);
    //设置指定点的像素颜色和LCD的后台缓冲区的对应点"与"运算,LCD范围以外的点被忽略
void SetPixelXOR(PDC pdc, int x, int y, COLORREF color);
    //设置指定点的像素颜色和LCD的后台缓冲区的对应点"异或"运算,LCD范围以外点被忽略
int GetFontHeight(U8 fnt);
    //返回指定字体的高度
void TextOut(PDC pdc,int x, int y, U16 *ch, U8 bunicode, U8 fnt);
    //在LCD屏幕上显示文字
void TextOutRect(PDC pdc, structRECT* prect, U16* ch, U8 bunicode, U8 fnt, U32 outMode);
    //在指定矩形的范围内显示文字,超出的部分将被裁剪
void MoveTo(PDC pdc, int x, int y);
    //把绘图点移动到指定的坐标
void LineTo(PDC pdc, int x, int y);
    //在屏幕上画线。从当前画笔的位置画直线到指定的坐标位置,并使画笔停留在当前位置
void DrawRectFrame(PDC pdc, int left,int top ,int right, int bottom);
    //在屏幕上绘制指定大小的矩形方框
void DrawRectFrame2(PDC pdc, structRECT *rect);
    //在屏幕上绘制指定大小的矩形方框
void FillRect(PDC pdc, int left,int top ,int right, int bottom,U32 DrawMode, U32 color);
    //在屏幕上填充指定大小的矩形
void FillRect2(PDC pdc, structRECT *rect,U32 DrawMode, U32 color);
    //在屏幕上填充指定大小的矩形
void ClearScreen();
    //清除整个屏幕的绘图缓冲区
U8 SetPenWidth(PDC pdc, U8 width);
    //设置画笔的宽度,并返回以前的画笔宽度
U32 SetPenMode(PDC pdc, U32 mode);
    //设置画笔画图的模式
void Circle(PDC pdc, int x0, int y0, int r);
    //绘制指定圆心和半径的圆
void ArcTo(PDC pdc, int x1, int y1, U8 arctype, int R);
    //绘制圆弧,从画笔的当前位置绘制指定圆心的圆弧到给定的位置
U8 SetLCDUpdata(PDC pdc, U8 isUpdata);
    //设定绘图的时候是否及时更新LCD的显示,返回以前的更新模式
void Draw3DRect(PDC pdc, int left,int top, int right, int botton, COLORREF color1,
            COLORREF color2);
    //绘制指定大小和风格的3D边框的矩形
void Draw3DRect2(PDC pdc, structRECT *rect, COLORREF color1, COLORREF color2);
    //绘制指定大小和风格的3D边框的矩形
U8 GetPenWidth(PDC pdc);
    //返回当前绘图设备上下文(DC)画笔的宽度
U32 GetPenMode(PDC pdc);
```

```
    //返回当前绘图设备上下文(DC)画笔的模式
U32 SetPenColor(PDC pdc, U32 color);
    //设定画笔的颜色,返回当前绘图设备上下文(DC)画笔的颜色
U32 GetPenColor(PDC pdc);
    //返回当前绘图设备上下文(DC)画笔的颜色
void GetBmpSize(char filename[], int * Width, int * Height);
    //取得指定位图文件位图的大小
void ShowBmp(PDC pdc, char filename[], int x, int y);
    //显示指定的位图(Bitmap)文件,到指定的坐标
void SetDrawOrg(PDC pdc, int x,int y, int * oldx, int * oldy);
    //设置绘图设备上下文(DC)的原点
void SetDrawRange(PDC pdc, int x,int y, int * oldx, int * oldy);
    //设置绘图设备上下文(DC)的绘图范围
void LineToDelay(PDC pdc, int x, int y, int ticks);
    //在屏幕上画线。从当前画笔的位置画直线到指定的坐标位置,并使画笔停留在当前位置
void ArcToDelay(PDC pdc, int x1, int y1, U8 arctype, int R, int ticks);
    //按照指定的延时时间绘制圆弧,从画笔的当前位置绘制指定圆心的圆弧到给定的位置
```

表 2.48 显示了主任务函数实现绘图功能的方法描述。

表 2.48　Main_Task 方法描述

名　称	Main_Task		
返回值	void		
描　述	主任务函数实现绘图功能		
参　数	名　称	类　型	描　述
无			

主任务函数实现绘图功能代码如下：

```
void Main_Task(void * Id)                //Main_Test_Task
{
    int oldx,oldy;
    PDC pdc;
    int x,y;
    double offset;
    ClearScreen();
    pdc = CreateDC();
    SetDrawOrg(pdc, LCDWIDTH/2,LCDHEIGHT/2, &oldx, & oldy);
//设置绘图原点为屏幕中心
    Circle(pdc,0, 0, 50);
    MoveTo(pdc, -50, -50);
    LineTo(pdc, 50, -50);
    ArcTo(pdc, 80, -20, TRUE, 30);
    LineTo(pdc, 80, 20);
    ArcTo(pdc, 50, 50, TRUE, 30);
    LineTo(pdc, -50, 50);
```

```
    ArcTo(pdc, -80, 20, TRUE, 30);
    LineTo(pdc, -80, -20);
    ArcTo(pdc, -50, -50, TRUE, 30);
    OSTimeDly(3000);
    ClearScreen();
    SetDrawOrg(pdc, 0, LCDHEIGHT/2, &oldx,&oldy);     //设置绘图原点为屏幕左边中部
    for(;;)
    {
        MoveTo(pdc, 0, 0);
        for(x = 0;x<LCDWIDTH;x ++ )
        {
            y = (int)(50 * sin(((double)x)/20.0 + offset));
            LineTo(pdc, x, y);
        }
        offset + = 1;
        if(offset> = 2 * 3.14)
            offset = 0;
        OSTimeDly(200);
        ClearScreen();
    }
    DestoryDC(pdc);
}
```

代码中绘图函数实现的功能是使用嵌入式系统的绘图 API 函数，在屏幕上绘制一个圆角矩形和一个整圆。然后，再在屏幕上无闪烁地绘制一个移动的正弦波。绘图必须通过使用绘图设备上下文(DC)来实现。绘图设备上下文(DC)中包括了与绘图相关的信息，比如，画笔的宽度、绘图的原点等。这样，在多任务系统中，不同的任务通过不同的绘图设备上下文(DC)绘图才不会互相影响。绘制整圆可以用 Circle()函数，绘制直线用 Line()函数，绘制圆弧用 ArcTo()函数。调试的过程中可以在每条的绘图函数之后调用 OSTimeDly()函数，使系统更新显示，输出到液晶屏上。为方便绘图，可使用 SetDrawOrg()函数设置绘图的原点。

2.5.2 系统图形功能

在 Figure.h 头文件中定义了与系统图形功能有关的结构，缩放矩形点结构 structSIZE、点结构 structPOINT 和矩形结构 structRECT。

structSIZE 结构代码如下：

```
typedef struct {
    int cx;
    int cy;
}structSIZE;
```

structPOINT 结构代码如下：

```
typedef struct {
    int x;
    int y;
```

```
}structPOINT;
```

structRECT 结构代码如下：

```
typedef struct {
    int left;
    int top;
    int right;
    int bottom;
}structRECT;
```

与系统图形功能有关的函数如下：

```
void CopyRect(structRECT * prect1, structRECT * prect2);
//复制一个矩形
void SetRect(structRECT * prect, int left, int top, int right, int bottom);
//设置一个矩形的大小
void InflateRect(structRECT * prect, int cx,int cy);
//以矩形的中心为基准,缩放矩形
void RectOffSet(structRECT * prect, int x,int y);
//移动矩形
int GetRectWidth(structRECT * prect);
//返回矩形的宽度
int GetRectHeight(structRECT * prect);
//返回矩形的高度
U8 IsInRect(structRECT * prect, int x, int y);
//判断指定的点是否在矩形区域之内,如果是则返回 TRUE,否则返回 FALSE
U8 IsInRect2(structRECT * prect, structPOINT * ppt);
//判断指定的点是否在矩形区域之内,如果是则返回 TRUE,否则返回 FALSE
```

表 2.49 显示了主任务函数实现系统图形功能的方法描述。

表 2.49 Main_Task 方法描述

名　称	Main_Task		
返回值	void		
描　述	主任务函数实现系统图形功能		
参　数	名　称	类　型	描　述
无			

主任务函数实现系统图形功能代码如下：

```
void Main_Task ()
{
    PButtonCtrl pComputer_Button;
    structRECT rect;
    SetRect(&rect, 100, 100,200,200);                    //设置矩形大小
    pComputer_Button = CreateButton(Computer_Button_ID,&rect, FONTSIZE_MIDDLE,
```

```
    CTRL_STYLE_NOFRAME, Computer_Button_Caption_16, NULL);
    //创建按钮
    DrawButton(pComputer_Button);                        //显示按钮
    for(;;)
    {
        POSMSG pMsg;
        structPOINT Touch_Position, * pTouch_Position;
        pTouch_Position = &Touch_Position;
        pMsg = WaitMessage(0);
        switch(pMsg ->Message)
        {
            case OSM_TOUCH_SCREEN:
                Touch_Position.x = pMsg ->WParam&0xffff;     //获取触摸点位置
                Touch_Position.y = pMsg ->WParam >> 16;
                if(IsInRect2(&rect, pTouch_Position))        //判断是否在矩形范围内
                {
                    ClearScreen();
                }
                break;
            case OSM_KEY:  //OnKey
              onKey(pMsg ->WParam,pMsg ->LParam);
              break;
        }
        DeleteMessage(pMsg);
        OSTimeDly(1000);
    }
}
```

代码中 Main_Task()函数的功能是建立一个按钮，该按钮大小为矩形范围(100,100,200,200)，通过触摸屏可以对按钮进行响应。触摸屏响应的方法是通过触摸点的位置判断，如果触摸点在该按钮矩形范围之内，表明现在应响应此按钮功能。

2.5.3 Unicode 字库的显示

液晶屏显示有两种工作模式：图形方式和文本方式。在图形方式下，模块上的缓冲区映射的是液晶屏上显示的图形点阵；在文本方式下，模块上的缓冲区对应的是液晶屏上显示的文本字符，包括英文字符和英文标点符号，因为汉字字库没有包含在液晶模块之中，所以液晶屏在文本方式下，只能显示英文，不能显示汉字。

在图形操作系统中，字符(包括中文、英文)通常有两种存储方式。一种方式存储的是字符的图形点阵。这种方式存储的是字符的图片。例如，用16×16大小的图片表示一个全角字符；用8×16大小的图片表示一个半角字符；在数据中，用0或者1来区分汉字的笔画。这种方式显示容易，但字库不能任意放大。另一种方式是存储汉字的矢量图形。例如，用样条的方式，拟合一个字符的所有的笔画轮廓，存储样条的关键点，来实现字符的存储。矢量字库不存在放大后失真的问题，但计算量大，不便于快速显示。

在嵌入式处理中,因为处理器的性能与嵌入式系统资源都不如PC,因此使用的是图形点阵字库。在操作系统中,保存有12×12、16×16和24×24三种分辨率的点阵字库。

在μC/OS-Ⅱ系统中,字符是以双字节版本的Unicode编码形式显示的,而不是PC中通常的ASCII编码或GB编码。Unicode格式收集了ASCII字符(0x0000~0x00ff,256个)、特殊图形符号(0x2600~0x27bf,320个)和中文字符(0x4e00~0x9fff)。在系统中,仅支持Unicode编码的字符显示,所以当显示字符时首先需要进行字符的编码转换。

与字符串有关的函数在头文件Ustring.h中声明,其代码如下:

```
void Int2Unicode(int number, U16 str[]);
//int 到 Unicode 字符串的转换
int Unicode2Int(U16 str[]);
//Unicode 字符串到 int 的转换,遇到字符串结束符 '\0' 或者非数字字符的时返回,
//返回值是转换的结果——int 型整数
void strChar2Unicode(U16 ch2[], const char ch1[]);
//char 类型包括 GB 编码到 Unicode 编码的转换。如果有 GB 编码,则自动进行 GB 到
//Unicode 的转换
void UstrCpy(U16 ch1[],U16 ch2[]);
//字符串复制
```

表2.50显示了字符串显示函数的方法描述。

表2.50 Sting_Show方法描述

名　称	Sting_Show		
返回值	void		
描　述	字符串显示函数		
参　数	名　称	类　型	描　述
无			

Sting_Show()函数代码如下:

```
void Sting_Show ()
{
    ButtonCtrl NewGame_Button;
    PButtonCtrl pNewGame_Button;
    char NewGame_Button_Caption_8[] = "Start";
    U16 NewGame_Button_Caption_16[10];
    pTouch_Position = &Touch_Position;
    pNewGame_Button = &NewGame_Button;
    pNewGame_Button_RECT = &NewGame_Button_RECT;
    strChar2Unicode(NewGame_Button_Caption_16, NewGame_Button_Caption_8);
    NewGame_Button_RECT.bottom = 40;
    NewGame_Button_RECT.left = 180;
    NewGame_Button_RECT.right = 230;
    NewGame_Button_RECT.top = 10;
    pNewGame_Button  = CreateButton(NewGame_Button_ID, pNewGame_Button_RECT,
```

```
            FONTSIZE_SMALL,CTRL_STYLE_3DDOWNFRAME,
            NewGame_Button_Caption_16, NULL);
    DrawButton(pNewGame_Button);
}
```

代码中显示的 Sting_Show()函数是在按钮控件上显示一个字符串"Start"。字符串类型为字符数组,需要通过 strChar2Unicode 函数将字符数组转换为 Unicode 编码方式,才能在液晶屏中显示出来。

2.6 组件级设计范例

2.6.1 电话簿组件

电话簿组件是在嵌入式系统上开发的,设计包括三个模块:电话簿模块、记事本模块和日程表模块。

电话簿模块设计目标:该电话簿具有查询、编辑、增加和删除各项功能。电话簿可以存储 500 个电话号码,查询时间不超过 1 s。

记事本模块设计目标:主要为用户提供一个方便记事的环境,可以按照事件的主题进行查询,可以增加和删除事件。

日程表模块设计目标:可安排一年中每一天的日程,通过月份和日期查询日程安排,可随意修改日程记录。

该组件设计中的关键性实验为文件的读/写。通过使用系统提供的 API 函数,创建一个新文件并且打开它,把文件的内容读出来后显示在文本框和列表框中,对列表框和文本框中的内容进行修改后将新的内容写入文件,最后关闭文件。

关于这个组件的详细设计,请参见第 3 章"电话簿组件设计"。

2.6.2 系统时间组件

系统时间组件是在嵌入式系统上开发的,设计了一个供用户对时间进行操作的平台。用户可以对当前时间进行查询,设置、更改当前时间,还可以对世界各主要城市时间进行查询。系统时间组件主要包括对当前时间和未来时间的查询,以及基于时区的转换和查询。

关于这个组件的详细设计,请参见第 4 章"系统时间组件设计"。

2.6.3 日历组件

日历组件是在嵌入式系统上开发的,设计了一个供用户对日期进行操作的平台。用户可以对当前日期进行查询,设置更改当前日期,还可以进行阴阳历的对比及查询。日历组件主要包括对当前日期和未来日期的查询,以及阴阳历的转换和查询。

关于这个组件的详细设计,请参见第 5 章"日历组件设计"。

2.6.4 智能拼音输入法组件

智能拼音输入法组件的程序设计是在嵌入式系统上开发的,分为三个主要模块,分别是字库设计模块、拼音输入法的界面设计及事件响应模块、智能拼音输入法算法实现模块。解决PDA系统上输入中文的问题,使用户从繁杂的中文输入工作中解放出来,提高工作效率。

关于这个组件的详细设计,请参见第6章“智能拼音输入法组件设计”。

2.6.5 科学型计算器组件

科学型计算器组件是在嵌入式系统上开发一个计算器,它具有整数加、减、乘、除等简单运算,还能够进行浮点的加、减、乘、除运算,及开方、成方、取对数、指数等数学运算,还具有数据存储功能,使系统的计算功能在使用上更加方便。

关于这个组件的详细设计,请参见第7章“科学型计算器组件设计”。

2.6.6 高炮打飞机游戏

高炮打飞机游戏是在嵌入式系统上开发的,内容是设计一个人机对战游戏,人控制炮台,计算机控制飞机。飞机可以根据炮台的位置进行投弹,玩家可以控制炮台左右移动,并发射炮弹。

关于这个组件的详细设计,请参见第8章“高炮打飞机游戏设计”。

2.6.7 沙壶球游戏

沙壶球游戏是在嵌入式系统上开发的,设计一个双人对战游戏,设计沙壶球球桌,一个是远景,一个是近景,用来显示小球运动中的视角切换效果。设置发球位置、发球方向、发球力量,出球后先显示第一屏动画,并且计算第二屏初始位置,显示游戏画面第二屏界面及显示第二屏动画。其中包含碰撞和边缘检测及分数的统计。

关于这个组件的详细设计,请参见第9章“沙壶球游戏设计”。

2.6.8 24点游戏

24点游戏是在嵌入式系统上开发的,规则是给定4个一定范围内的整数,任意使用+、-、×、/、()等符号,构造出一个表达式,使表达式最终结果为24,其中每个数字只能使用一次。这个游戏可以计算机出题,玩家计算,也可以玩家出题、计算机计算。

关于这个组件的详细设计,请参见第10章“24点游戏设计”。

2.6.9 高尔夫球游戏

高尔夫球游戏是在嵌入式系统上开发的,游戏者的目标是将小球击入洞内,左侧操作区内将显示游戏者的杆数和标准杆数,左下角则在提示信息区显示提示信息,左中部有方向圈和力度槽,方向圈控制小球运动的方向,力度槽控制小球运动的距离,单击两次“确定”按钮选择方向和力度后小球开始运动。运动的实际方向和长度将受到地形和阻力的影响,最终小球将进洞或者由于阻力停下。如果进洞,则游戏者将返回上层菜单或开始下一局;如果没有进洞,则游戏者将继续击球直至进洞。小球进洞后可以重新开始游戏。

关于这个组件的详细设计,请参见第11章“高尔夫球游戏设计”。

2.6.10 五子棋游戏

五子棋游戏是在嵌入式系统上开发的，对局开始时，先由执黑棋一方将一枚棋子落在天元点上，然后由执白棋一方在黑棋周围的交叉点上落子。此后黑白双方轮流落子，直到某一方首先在棋盘的横线、纵线或斜线上形成连续五子或五子以上，则该方就算获胜。

关于这个组件的详细设计，请参见第12章“五子棋游戏设计”。

2.6.11 拼图游戏

拼图游戏是在嵌入式系统上开发的，游戏规则是将一幅混乱的图片拼成完整的图形，利用移动将打乱的图形恢复正常。要让电脑知道该拼图游戏如何对一个完整的图片进行随意分割，判断出图形是否已经组装完毕，判断是否成功地拼完整个图形，游戏还要有步数的记录和倒计时的功能。

关于这个组件的详细设计，请参见第13章“拼图游戏设计”。

2.7 练习题

1. 在一种嵌入式平台上，实现下列驱动程序：串行口、键盘、I/O接口、A/D接口、D/A接口、液晶屏、触摸屏、USB接口。

2. 利用绘图组件在嵌入式平台上绘制一个圆和与圆相切的矩形，然后在屏幕上无闪烁地绘制一个移动的正弦曲线。

3. 利用控件组件在嵌入式平台上将FLASH中具有的扩展名为.bmp的文件名在列表框控件中列出来，同时可以控制显示图片。

4. 利用绘图组件在嵌入式平台上绘制一个运动的小球，并可以通过按钮控件控制小球运动方向。

第3章 电话簿组件设计

本章是针对嵌入式技术的电子产品(如PDA、电子词典和智能手机等)进行的程序开发。电话簿、记事本和日程表作为个人移动的数据处理管理工具,是个人领域嵌入式产品中必不可少的3大功能。学会如何设计及实现电话簿组件、记事本组件和日程表组件对于开发嵌入式产品是极其重要的。

3.1 引　言

电话簿组件是嵌入式设备(如PDA、手机和电子词典等)应用中最基础,也是最重要的组件。设计中要使电话簿具有查询、编辑、添加和删除电话号码的各项功能。图3.1显示了电话簿组件的主界面设计,图3.2显示电话信息的界面。电话簿可以存储500个电话号码,查询时间不超过1 s。

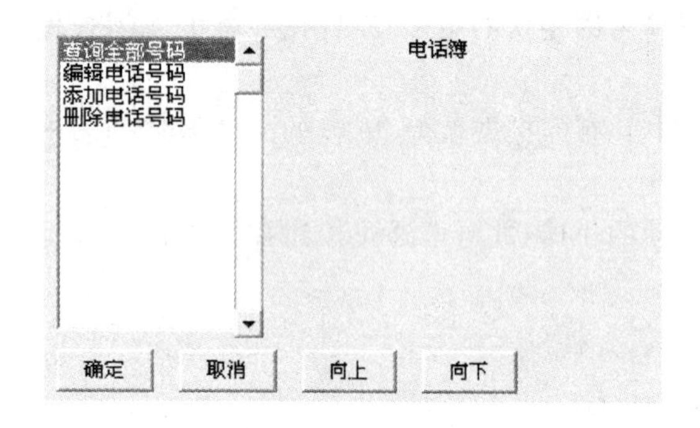

图3.1　电话簿界面设计

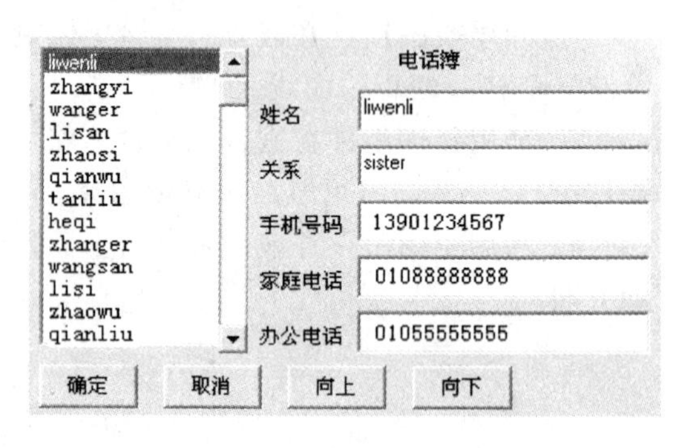

图3.2　电话详细信息界面

图3.1中的四个按钮是功能键,用户可以直接用手触摸选择列表框中的三个选项,也可以按向上、向下键来选择。当用户选定后,光标则会移动到当前的选项上,此时若用户单击"确定"按钮则会进入下一个界面。

图3.2文本框中的人员具体信息有两种状态:

(1) 若用户选择图3.1列表框中"查询全部号码"选项时,则图3.2文本框中的人员具体信息仅供查询,不能进行修改。

(2) 若用户选择的是图3.1列表框中的其他三个选项("编辑电话号码"、"添加电话号码"和"删除电话号码")中的任一选项,图3.2文本框中的具体信息才可以被修改。当用户向选定的文本框中填入新的信息后,若想保存则单击"确定"按钮即可,否则单击"取消"按钮。

电话簿组件设计中功能说明:

查询功能:一般来说电话簿中所设计的查询功能应该包括模糊查询和条件查询两部分。

模糊查询就是将电话簿中的全部电话信息显示出来，而条件查询则是根据电话信息中所涉及的特殊条件如人员关系(家人、朋友、同事、同学、亲戚)、最近访问时间、访问次数排名等进行的查询。本电话簿中所设计的查询方式仅仅为模糊查询。

编辑功能：本电话簿中的编辑功能只包括对电话信息具体内容的重写保存，不包括剪切、复制、粘贴和定位等功能。

添加功能：若文件存储空间的大小没有固定，那么当增加一条记录时，保存该记录的文件的大小就会增加。而此模块中存放电话簿信息的文件一开始就被设定为存放500条记录的大小，增加记录只是对记录为空的选项添加新的内容。

删除功能：删除即是清空用户不满意的项的内容，文件的大小并没有改变。

3.2 电话簿组件编程思想

3.2.1 总体设计

技术路径:通过对文件的读/写操作来实现电话簿的各项功能。

文件的读/写通过使用系统提供的API函数，创建一个新文件并且打开它，把文件的内容读出来后显示在文本框和列表框中，在对列表框和文本框中的内容进行修改后将新的内容写入文件，最后关闭文件。

文件是带有结构的记录的集合，这类记录是由一个或多个数据项组成的集合，它也是文件中可存取的数据的基本单位。数据项是最基本的不可分的数据单位，也是文件中可使用的数据的最小单位。我们可以将电话簿看做一个独立的文件，而其中要存取的信息则是最基本的数据项。

对文件的操作有两类:检索和修改。文件的检索有三种方式:一是顺序存取;二是直接存取;三是按关键字存取。文件检索的三种方式正是解决电话簿中信息的查询以及多种查询方式的关键路径。文件的修改包括插入一个记录、删除一个记录和更新一个记录。对于记录的插入、删除和更新，可以具体使用数据结构中的链表来实现。

3.2.2 详细设计

1. 电话簿组件中的数据结构

people 结构定义如下：

```
struct people{
        char name[20];
        char relation[20];
        char mobil[20];
        char home[20];
        char office[20];
};
```

电话簿组件的设计是从 people 结构开始的，该结构描述了电话簿中成员的信息。该结构包含了5个数据项：name，relation，mobil，home，office。name 数据项是字符数组类型，表示电话记录中人员姓名;relation 数据项是字符数组类型,表示电话记录中人员与用户的关系;mobil 数据项是字符数组类型,表示电话记录中人员的手机号码;home 数据项是字符数组类型,表示电话记录中人员的家庭电话号码;office 数据项是字符数组类型,表示电话记录中人员的办公电话号码。电话簿可以存储 500 个电话号码,因此可以用下面的代码声明 500 个 people 结构类型的变量 p[0]～p[499]。

```
struct people p[500];          //记录电话簿具体信息的结构体
```

当电话簿组件中结构及变量定义好后,就要对结构中的电话记录人员信息进行存储、查询及修改。这些操作都要通过一个重要的介质来进行存取——文件。下面语句定义了存放电话簿中信息的文件名称。

```
char TextFilename[]="/sys/ucos/people.dat";        //用来存取电话簿信息的文件
```

2. 电话簿中重要的功能函数

1) 主任务 Main_Task()函数

在多任务操作系统中,任务之间的通信是通过发送消息来实现的。系统启动的时候在 main 函数里创建了 Main_Task 任务,Main_Task 为系统的主任务,用户的应用程序就是从 Main_Task 任务开始的。通常多任务操作系统中的任务是一个无限循环,同样,Main_Task 也要陷入一个无限循环,在该任务中定义了一个消息队列。表 3.1 显示了系统的主任务的方法描述。

表 3.1　Main_Task 方法描述

名　称	Main_Task		
返回值	void		
描　述	系统的主任务		
参　数	名　称	类　型	描　述
1	Id	无	

Main_Task()函数代码如下:

```
void Main_Task(void * Id)                          //主任务,负责键盘的扫描
{
    POSMSG pMsg = 0;
    structRECT rect;
    FILE * pfile;
    PDC pdc;
    ClearScreen();
    pfile = fopen(TextFilename,"r");               //打开文件
    if(pfile == NULL){
        LCD_printf("Can't Open file! \n");
        for(;;)
            OSTimeDly(1000);
    }
    for(i = 0;i<500;i ++){
```

```
        fread((U8 * )&p[i], 1, sizeof(p), pfile);
    }
    fclose(pfile);                          //关闭文件
    ClearScreen();
    pdc = CreateDC();
    mainstatus = MAIN_MENU;
    TextOut(pdc,150,100,biaoti,TRUE,FONTSIZE_BIG);
    SetRect(&rect, 0,18,120,209);           //创建控制菜单
    pMainListCtrl = CreateListCtrl(ID_MainListBox,&rect,500,FONTSIZE_MIDDLE,
                                   CTRL_STYLE_DBFRAME,NULL);
    ReLoadListCtrl(pMainListCtrl,&MainFn[0],MAIN_FUNCTION_NUM);
    SetWndCtrlFocus(NULL, ID_MainListBox);
    SetRect(&rect,0,215,40,235);            //创建确定按钮
    pButtonCtrl1 = CreateButton(ID_Button1,&rect,FONTSIZE_MIDDLE,CTRL_STYLE_DBFRAME,caption,
                               NULL);
    SetRect(&rect,60,215,100,235);          //创建取消按钮
    pButtonCtrl2 = CreateButton(ID_Button2,&rect,FONTSIZE_MIDDLE,CTRL_STYLE_DBFRAME,
                               caption1,NULL);
    SetRect(&rect,120,215,160,235);         //创建向上按钮
    pButtonCtrl3 = CreateButton(ID_Button3,&rect,FONTSIZE_MIDDLE,CTRL_STYLE_DBFRAME,
                               caption2,NULL);
    SetRect(&rect,180,215,220,235);         //创建向下按钮
    pButtonCtrl4 = CreateButton(ID_Button4,&rect,FONTSIZE_MIDDLE,CTRL_STYLE_DBFRAME,
                               caption3,NULL);
    ReDrawOSCtrl();
    DestoryDC(pdc);
    //消息循环
     for(;;){
        POS_Ctrl pCtrl;
        pMsg = WaitMessage(0);
        if(pMsg ->pOSCtrl){
            if(pMsg ->pOSCtrl ->CtrlMsgCallBk)
                ( * pMsg ->pOSCtrl ->CtrlMsgCallBk)(pMsg);
        }
        else{
            switch(pMsg ->Message){
            case OSM_BUTTON_CLICK:              //触摸屏单击按钮消息
            switch(pMsg ->WParam)
            {
                case ID_Button1:
                    OnOk();break;               //"确定"按钮
                case ID_Button2:
                    OnCancel();break;           //"取消"按钮
                case ID_Button3:
                    OnKeyUp();break;            //"向上"按钮
```

```
                case ID_Button4:
                    OnKeyDown();break;         //"向下"按钮
            }
            break;
            case OSM_LISTCTRL_SELCHANGE:       //列表框的选择被改变的消息
                onListselChange(pMsg->WParam,pMsg->LParam); break;
            case OSM_KEY:                      //键盘消息
                if(onKey(pMsg->WParam,pMsg->LParam) )  //按键响应函数
                    break;
            default:                           //其他消息
                OSOnSysMessage(pMsg);
                break;
            }
        }
        DeleteMessage(pMsg);
    }
}
```

在 Main_Task 任务中加入代码，实现消息循环，即等待消息、处理（响应）消息、删除消息。收到消息后，通过消息结构中 Message 的成员来判断消息类型。如果是触摸屏消息，则 Message 的值为 OSM_BUTTON_CLICK；WParam 参数存储的是触摸点位置坐标，低 16 位存放了触摸点的 x 坐标值，高 16 位存放了触摸点的 y 坐标值；LParam 参数存储的是触摸动作。如果列表框选择的是被改变的消息，则 Message 的值为 OSM_LISTCTRL_SELCHANGE，WParam 参数存储的是 CtrlID（即控件 ID），LParam 参数存储的是 CurrentSel，即列表框当前选中选项位置值。如果是键盘消息，则 Message 的值为 OSM_KEY，WParam 参数存储的是按键的号码，LParam 参数存储的是同时按下的功能键（如果没有同时按下功能键，则该值为 0）。需要注意的是，开始等待下一条消息之前必须使用 DeleteMessage() 函数删除消息，释放系统的内存空间。

2）按键响应函数 onKey()

当键盘键按下时，响应 onKey() 函数。电话簿组件设计中主要通过按键来选择要进入的各个不同界面，实现不同功能及不同操作，完成想要查找及修改的人员电话信息。表 3.2 显示了按键响应函数的方法描述。

表 3.2　onKey 方法描述

名　称	onKey		
返回值	U8		
描　述	按键响应函数		
参　数	名　称	类　型	描　述
1	nkey	int	键盘号码，参数值为 0～15
2	fnkey	int	功能键扫描码，1 有效

onKey() 函数代码如下：

```
U8 onKey(int nkey, int fnkey)
```

```
{
    switch(nkey){
    case '2':      //按下向上箭头按键"↑"
        return OnKeyUp();
    case '8':      //按下向下箭头按键"↓"
        return OnKeyDown();
    case '\r':     //按下"确定"键
        return OnOk();
    case '-':      //按下"取消"键
        return OnCancel();
    }
    return FALSE;
}
```

代码中对应的按键及功能是：当按下向上箭头按键"↑"时，光标在列表框或文本框中向上一条信息移动；当按下向下箭头按键"↓"时，光标在列表框或文本框中向下一条信息移动；当按下"确定"键时，则保存当前修改信息或进入下一界面；当按下"取消"键时，则取消当前修改信息或进入上一界面。

3）向上移动函数 OnKeyUp()

当按下向上箭头按键"↑"或触摸"向上"按钮时，光标在列表框或文本框中向上一条信息移动，表 3.3 显示了向上移动函数的方法描述。

表 3.3　OnKeyUp 方法描述

名　称	OnKeyUp		
返回值	U8		
描　述	列表框选项中向上移动一项		
参　数	名　称	类　型	描　述
无			

OnKeyUp()函数代码如下：

```
U8 OnKeyUp()
{
    switch(mainstatus){
    case SHOW_DETAIL1:
        SetTelephoneUp();          //在电话簿中列表框选项中向上移动一项
        return TRUE;
    case SHOW_DETAIL2:
        SetjishiUp();              //在记事本中列表框选项中向上移动一项
        return TRUE;
    }
    return FALSE;
}
```

4）向下移动函数 OnKeyDown()

当按下向下箭头按键"↓"或触摸"向下"按钮时，光标在列表框或文本框中向下一条信息移动，表 3.4 显示了向下移动函数的方法描述。

表 3.4　OnKeyDown 方法描述

名　称	OnKeyDown		
返回值	U8		
描　述	列表框选项中向下移动一项		
参　数	名　称	类　型	描　述
无			

OnKeyDown()函数代码如下：

```
U8 OnKeyDown()
{
    switch(mainstatus){
    case SHOW_DETAIL1:
        SetTelephoneDown();          //在电话簿中列表框选项中向下移动一项
        return TRUE;
    case SHOW_DETAIL2:
        SetjishiDown();              //在记事本中列表框选项中向下移动一项
        return TRUE;
    }
    return FALSE;
}
```

5）OnOk()函数

当按下"确定"键或触摸"确定"按钮时，保存当前修改信息或进入下一界面，表 3.5 显示了 OnOk()函数的方法描述。

表 3.5　OnOk 方法描述

名　称	OnOk		
返回值	U8		
描　述	保存当前修改信息或进入下一界面		
参　数	名　称	类　型	描　述
无			

OnOk()函数代码如下：

```
U8 OnOk()
{ switch(mainstatus){                        //当前主菜单状态
    case MAIN_TELE:
        if(pMainListCtrl->CurrentSel>= 0 && pMainListCtrl->CurrentSel<5)
            ((void (*)(void)) (SetFunction[pMainListCtrl->CurrentSel]))();
```

```
return TRUE;
    case SET_SERALL:
        if(pMainListCtrl->CurrentSel> = 0 && pMainListCtrl->CurrentSel<15)
            ( (void ( * )(void)) (SetFunction1[pMainListCtrl->CurrentSel]) )();
                return TRUE;
    case SHOW_DETAIL1:
        SetTelephoneOK();    //对电话记录中人员的详细信息进行编辑
        break;
    }
    return FALSE;
}
```

代码中的 SetTelephoneOK()函数可以对电话记录中人员的详细信息进行编辑，该函数可以对各个信息的文本框进行修改，可以通过键盘输入数字或文本信息，输入完成后通过调用 Unicode2stringChar()函数将输入的 Unicode 编码类型字符向字符数组类型转换，转换成字符数组后调用 Savefile()函数，将修改好的内容保存在文件中，此时修改完成。

6) OnCancel()函数

当按下“-”键或触摸“取消”按钮时，则取消当前修改信息或进入上一界面，表 3.6 显示了 OnCancel()函数的方法描述。

表 3.6　OnCancel 方法描述

名　称	OnCancel		
返回值	U8		
描　述	取消当前修改信息或进入上一界面		
参　数	名　称	类　型	描　述
无			

OnCancel()函数代码如下：

```
U8 OnCancel()
{
    structRECT rect;
    PDC pdc;
    pdc = CreateDC();
    switch(mainstatus){
    case MAIN_TELE:
        ClearScreen();
            ReLoadListCtrl(pMainListCtrl,&MainFn[0],MAIN_FUNCTION_NUM);
            mainstatus = MAIN_MENU;
        ReDrawOSCtrl();
        break;
    case MAIN_JISHI:
        ClearScreen();
        ReLoadListCtrl(pMainListCtrl,&MainFn[0],MAIN_FUNCTION_NUM);
```

```
            mainstatus = MAIN_MENU;
        ReDrawOSCtrl();
        break;
    case MAIN_RICHENG:
        ClearScreen();
        ReLoadListCtrl(pMainListCtrl,&MainFn[0],MAIN_FUNCTION_NUM);
        mainstatus = MAIN_MENU;
        ReDrawOSCtrl();
        break;
    case SET_DELETE:
        ClearScreen();
        ReLoadListCtrl(pMainListCtrl,&MainSer[0],SET_FUNCTION_NUM);
        mainstatus = MAIN_TELE;
        ReDrawOSCtrl();
        break;
    case SET_SERALL:
        ClearScreen();
        ReLoadListCtrl(pMainListCtrl,&MainSer[0],SET_FUNCTION_NUM);
        mainstatus = MAIN_TELE;
        ReDrawOSCtrl();
        break;
    case SET_SERJI:
        ClearScreen();
        ReLoadListCtrl(pMainListCtrl,&JiShi[0],SET_FUNCTION_NUM2 );
        mainstatus = MAIN_JISHI;
        ReDrawOSCtrl();
        break;
    case SHOW_DETAIL:
        DestoryTextCtrl(pTextCtrl6);
        DestoryTextCtrl(pTextCtrl7);
        DestoryTextCtrl(pTextCtrl8);
        DestoryTextCtrl(pTextCtrl9);
        DestoryTextCtrl(pTextCtrl0);
        FillRect(pdc, 134, 40, 319,200, GRAPH_MODE_NORMAL, COLOR_WHITE);
        mainstatus = SET_SERALL;
        break;
    case SHOW_DETAIL1:
        SetTelephoneCancel();
        break;
    case SHOW_DETAIL2:
        SetjishiCancel();
        break;
    case SER_RI:
        ClearScreen();
        ListCtrlReMoveAll(pMainListCtrl);
```

```
        ReLoadListCtrl(pMainListCtrl,&Ri[0],SET_FUNCTION_NUM2);
        mainstatus = MAIN_RICHENG;
        ReDrawOSCtrl();
        break;
    case SHOW_MONTH:
        SetrichengCancel();
        break;
    }
    DestoryDC(pdc);
    return TRUE;
}
```

代码中的 SetTelephoneCancel()函数可以取消对电话记录中人员详细信息的当前修改，当用户撤消对电话记录中人员详细信息本次操作中所做的修改时用这个函数。这样用户所做的修改将不被保存到文件中，电话记录中人员详细信息恢复到本次修改前的状态。

7）电话簿中信息的读取和重写

在设计的系统功能中主要涉及信息的取和存的问题，对信息的取和存在本嵌入式系统中没有用到数据库，因此只有用文件的读/写来实现对信息的存取。对文件的读/写，本操作系统提供了具体的 API 函数，因此处理起来比较简单。例如电话簿中信息的读取和存写可以使用表 3.7 和表 3.8 显示的方法描述。

表 3.7　Loadfile 方法描述

名　称	Loadfile		
返回值	无		
描　述	读取文件中的内容		
参　数	名　称	类　型	描　述
无			

表 3.8　Savefile 方法描述

名　称	Savefile		
返回值	无		
描　述	保存文件中的内容		
参　数	名　称	类　型	描　述
无			

Loadfile()函数代码如下：

```
void Loadfile()
{   int i;
    FILE * pfile;
    pfile = fopen(TextFilename,"r");                    //以读的方式打开文件
    if(pfile == NULL){
    LCD_printf("Can't Open file! \n");
```

```
     for(;;)
        OSTimeDly(1000);
    }
    fread((U8 *)&p[i], 1, sizeof(p), pfile);      //读文件
    fclose(pfile);                                //关闭文件
}
```

Savefile()函数代码如下：

```
void Savefile()
{       int i;
        FILE *pfile;
        pfile = fopen(TextFilename,"w");          //以写的方式打开文件
       if(pfile == NULL){
        LCD_printf("Can't Open file! \n");
        for(;;)
            OSTimeDly(1000);
       }
        fwrite((U8 *)&p[i], 1, 500 * sizeof(p), pfile);
        fclose(pfile);                            //关闭文件
}
```

8）在列表框中显示所有人员姓名

将人员姓名加入列表框中，需要注意的是，这些定义的人员信息都是字符数组型，而现在大部分嵌入式系统中都是采用 Unicode 编码方式。Unicode 编码的出现改变了原有编码（如 ASCII，GB，BIG5 等）不统一的冲突，不论是什么平台、什么程序或者什么语言，Unicode 编码给每个字符都提供了一个唯一的数字，所以我们要通过 strChar2Unicode()函数将字符数组类型的变量转换成 Unicode 字符数组。表 3.9 显示了 ShowAll()函数的方法描述。

表 3.9　ShowAll 方法描述

名　称	ShowAll		
返回值	void		
描　述	在列表框中显示所有人员姓名		
参　数	名　称	类　型	描　述
无			

ShowAll()函数代码如下：

```
void ShowAll()
{    int i;
     char name[20];
     U16 Name[20];                               //Unicode 字符数组
     ClearScreen();                              //清屏
        ListCtrlReMoveAll(pMainListCtrl);        //删除列表框中所有的文本
     mainstatus = SET_SERALL;
     for( i = 0;i<15;i++){
```

```
        strcpy(name,p[i].name);
        strChar2Unicode(Name,name);
            AddStringListCtrl(pMainListCtrl,Name);//向指定的列表框中添加字符串
    }
    ReDrawOSCtrl(); //绘制所有的操作系统可见的控件
}
```

9）显示人员具体信息

列表框中存放着 500 条电话人的姓名，如果要在文本框中对应地显示这 500 条电话的具体信息，则需要写 500 个函数，这样太麻烦。现在可以用一个函数来实现这一功能，表 3.10 显示了 ShowDetail 的方法描述。

表 3.10　ShowDetail 方法描述

名　称	ShowDetail		
返回值	void		
描　述	显示人员具体信息		
参　数	名　称	类　型	描　述
无			

ShowDetail()函数代码如下：

```
void ShowDetail()
{   int i;
    char name[20];
    char relation[20];
    char mobil[20];
    char home[20];
    char office[20];
    U16 Name[14][20];
    U16 Relation[14][20];
    U16 Mobil[14][20];
    U16 Home[14][20];
    U16 Office[14][20];
    structRECT rect;
    PDC pdc;
    ClearScreen();
    pdc = CreateDC();
    TextOut(pdc,135,50,ch6,TRUE,FONTSIZE_SMALL);            //姓名
    TextOut(pdc, 135, 75, ch7, TRUE, FONTSIZE_SMALL);       //关系
    TextOut(pdc, 135, 100, ch8, TRUE, FONTSIZE_SMALL);      //移动电话
    TextOut(pdc, 135, 125, ch9, TRUE, FONTSIZE_SMALL);      //家庭电话
    TextOut(pdc, 135, 150, ch0, TRUE, FONTSIZE_SMALL);      //办公电话
    SetRect(&rect,185,45,318,65);                           //创建姓名文本框
    pTextCtrl6 = CreateTextCtrl(ID_SetName_TextCtrl1, &rect, FONTSIZE_MIDDLE,
                            CTRL_STYLE_3DDOWNFRAME,NULL,NULL);
```

```
    SetRect(&rect,185,70,318,90);                          //创建关系文本框
    pTextCtrl7 = CreateTextCtrl(ID_SetRela_TextCtrl1, &rect, FONTSIZE_MIDDLE,
                              CTRL_STYLE_3DDOWNFRAME,NULL,NULL);
    SetRect(&rect,185,95,318,115);                         //创建手机文本框
    pTextCtrl8 = CreateTextCtrl(ID_SetMobil_TextCtrl1,&rect,FONTSIZE_MIDDLE,
                              CTRL_STYLE_3DDOWNFRAME,NULL,NULL);
    SetRect(&rect,185,120,318,140);                        //创建家庭电话文本框
    pTextCtrl9 = CreateTextCtrl(ID_SetHome_TextCtrl1,&rect,FONTSIZE_MIDDLE,
                              CTRL_STYLE_3DDOWNFRAME,NULL,NULL);
    SetRect(&rect,185,145,318,165);                        //创建办公电话文本框
    pTextCtrl0 = CreateTextCtrl(ID_SetOffice_TextCtrl1,&rect,FONTSIZE_MIDDLE,
                              CTRL_STYLE_3DDOWNFRAME,NULL,NULL);
    for(i = 0;i<15;i++){
        strcpy(name,p[i].name);
        strChar2Unicode(Name[i],name);
        strcpy(relation,p[i].relation);
        strChar2Unicode(Relation[i],relation);
        strcpy(mobil,p[i].mobil);
        strChar2Unicode(Mobil[i],mobil);
        strcpy(home,p[i].home);
        strChar2Unicode(Home[i],home);
        strcpy(office,p[i].office);
        strChar2Unicode(Office[i],office);
    } //在文本框中显示电话簿的具体信息
    SetTextCtrlText(pTextCtrl6, Relation[pMainListCtrl ->CurrentSel],TRUE);
    SetTextCtrlText(pTextCtrl7, Relation[pMainListCtrl ->CurrentSel],TRUE);
    SetTextCtrlText(pTextCtrl8, Mobil[pMainListCtrl ->CurrentSel],TRUE);
    SetTextCtrlText(pTextCtrl9, Home[pMainListCtrl ->CurrentSel],TRUE);
    SetTextCtrlText(pTextCtrl0, Office[pMainListCtrl ->CurrentSel],TRUE);
    ReDrawOSCtrl();
    DestoryDC(pdc);
}
```

代码中 CurrentSel 为当前选中的列表项号，它作为全局变量，对应数组的下标。当用户用手指选中列表框的第 5 项时，CurrentSel 的值就为 5，它对应了数组中第 5 个记录的值，同样最后在文本框中显示的记录就为数组中第 5 条记录。

3.3 记事本组件设计

3.3.1 功能说明

记事本主要为用户提供一个方便记事的环境，可以按照事件的主题进行查询，可以增加或删除事件。

查询功能：通常记事本的查询方式都是按照时间和事件的主题进行查询的，而这里的记

事本只含有主题查询方式，也就是模糊查询。

增加功能：也就是将记事本信息中记录为空的选项填上内容后保存到指定的文件中。

删除功能：将记事本信息中需要删除的信息所在选项的内容清除，而文件的大小并未改变。

3.3.2 编程思想

技术路径：通过对文件的读/写操作来实现记事本的各项功能。

图 3.3 是记事本的界面设计，记事本的操作方法与电话簿的操作方法一样。例如：用户在选择"添加记事本信息"的选项后进入图 3.4 所示的记事本详细信息界面，随后可以选择进入提示为"ddd"(其中的内容为空)的选项中进行信息添加和保存。

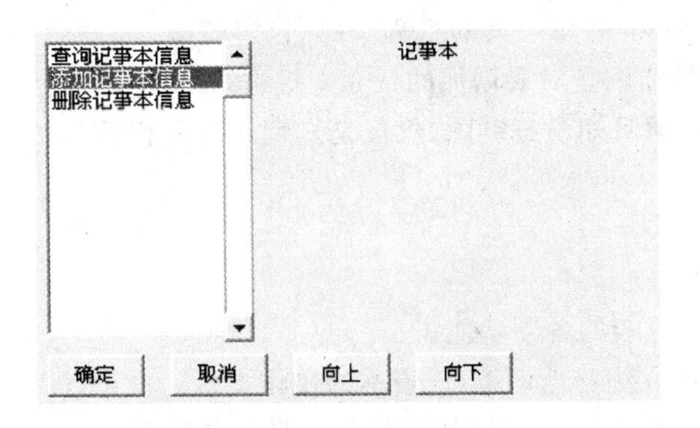

图 3.3 记事本界面设计

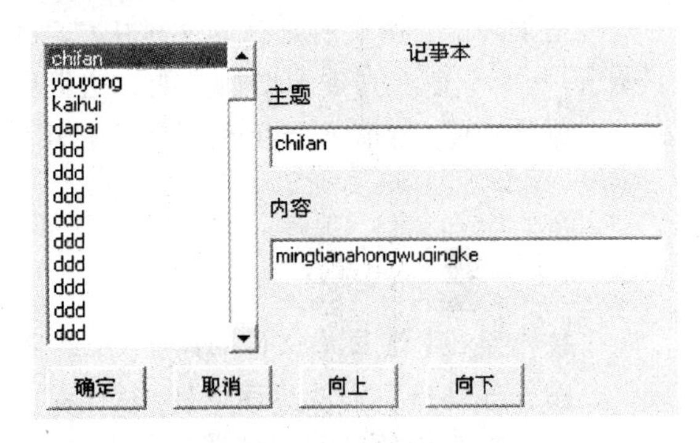

图 3.4 记事本详细信息界面

1. 记事本模块中的数据结构

jishi 结构的定义如下：

```
struct jishi{
    char zhu[20];
    char nei[2000];
};
```

记事本组件的设计是以 jishi 结构开始的。该结构描述了记事本中成员的信息。该结构包含了两个数据项，分别是 zhu 和 nei。zhu 数据项是字符数组类型，表示记事本中主题内容。nei 数据项是字符数组型，表示记事本的记录内容。记事本可以存储 100 个主题内容，因此可以用下面的代码声明 100 个 jishi 结构类型的变量 j[0]～j[99]。

```
struct jishi j[100];                    //记录记事本信息的结构体
```

记事本组件中结构和变量定义好后，我们就要通过文件对结构中的记录信息进行存储、查询及修改。下面语句定义了存放记录事件的文件名称。

```
char TextFile1name[]="/sys/ucos/jishi.dat";      //存取记事本信息的文件
```

2. 记事本组件中重要的功能函数

记事本组件中有部分函数功能与电话簿组件设计中是一样的，因此可以共用这些函数或做简单修改，如取文件中的内容 Loadfile()函数、保存文件中的内容 Savefile()函数、在列表框

中显示所有信息 ShowAll()函数、显示具体信息 ShowDetail()函数及通过键盘进行操作功能函数。

3.4 日程表组件设计

3.4.1 功能说明

日程表可以安排一年中每一天的日程，通过月份和日期查询日程安排，可随意修改日程记录。

查询功能：根据列表框中所显示的具体日期来查询日程安排。

增加功能：由于所设计的文件中已经存入了一年中每一天的日程安排，已经符合了目标要求，所以不存在真正的增加功能。这里所谓的增加就是对要增加的日程安排进行的修改。

删除功能：清除要删除的日程安排中的内容，但日期没有删除，仅仅是日期对应的内容消失了。

3.4.2 编程思想

技术路径：通过对文件的读/写操作来实现日程表的各项功能。

图 3.5 是日程表的界面设计，对日程表的操作方法与电话簿、记事本的操作类似。由于日程表已经将全年的日程安排都列了出来，所以对日程表信息的添加和删除仅靠对具体日程信息的修改即可完成，图 3.6 所示的是日程表详细信息界面。

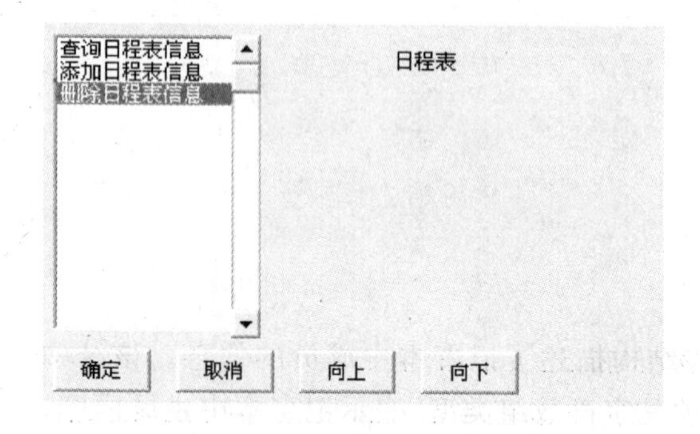

图 3.5 日程表界面设计

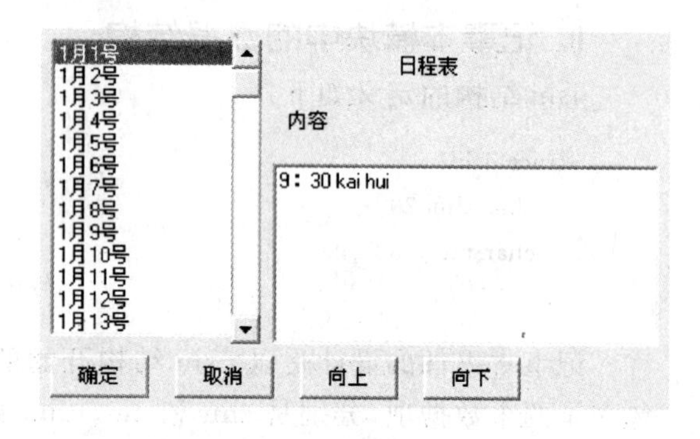

图 3.6 日程表详细信息界面

1. 日程表模块中的数据结构

richeng 结构的定义如下：

```
struct richeng{
        char doc[100];
};
```

日程表组件的设计是以 richeng 结构开始的。该结构描述了日程表中日程安排的信息。该结构包含一个数据项，即 doc。doc 数据项是字符数组类型，表示日程表中日程安排记录的内容。记事本可以存储 100 个主题内容，因此可以用下面的代码声明 366 个 richeng 结构类型的变量 r[0]～r[365]。

```
struct richeng r[366];                          //记录记事本信息的结构体
```

当日程表组件中结构及变量定义好后，就要通过文件对结构中的日程安排信息进行存储、查询及修改。下面语句定义了存放记录日程记录的文件名称。

```
char TextFile2name[]="/sys/ucos/richeng.dat";   //存取日程表信息的文件
```

2. 日程表中重要的函数

日程表组件中有部分函数功能与电话簿组件设计中是一样的，因此可以共用这些函数或做简单修改，如取文件中的内容 Loadfile()函数、保存文件中的内容 Savefile()函数、在列表框中显示所有信息 ShowAll()函数、显示具体信息 ShowDetail()函数及通过键盘进行操作功能函数。

3.5 练习题

1. 为 PDA 环境设计一个记事本组件，提供一个方便记事的环境，可以按照事件的主题进行查询，可以增加和删除事件，并可以在嵌入式环境下使用。

2. 为 PDA 环境设计一个日程表组件，可以安排一年中每一天的日程，通过月份和日期查询日程安排，可随意修改日程记录，并可以在嵌入式环境下使用。

第4章　系统时间组件设计

本章主要实现的功能是应用于PDA、MP3、手机等便携式电子产品的时间显示，主要包括对当前时间和未来时间的查询，以及基于时区的转换和查询。

4.1　引　言

本章设计了一个供用户对时间进行操作的平台。用户可以对当前时间进行查询，设置、更改现在时间，以及对世界各主要城市进行时间的查询。图4.1显示了系统时间组件的主界面设计，点击左下角列表框中的“修改系统时间”选项并单击“确定”按钮即可进入图4.2所示的修改系统时间界面。点击图4.1中列表框中的“世界城市时间查询”选项并单击“确定”按钮即可进入图4.3所示的世界城市时间查询界面。

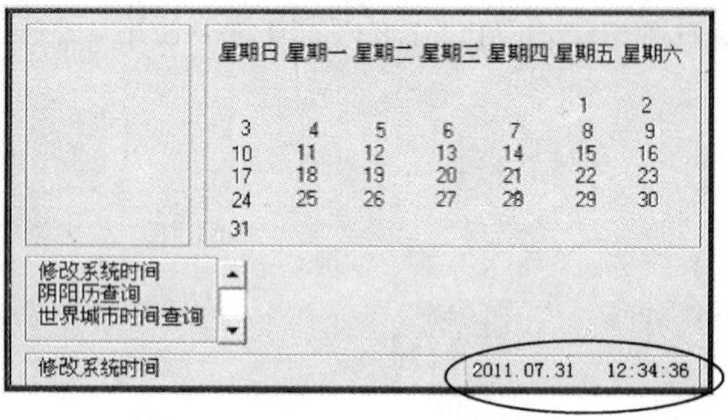

图4.1　系统时间界面设计

图4.2　修改系统时间界面

图4.2中系统设计为将日期显示框作为进入界面后的默认首选框，此时可对日期进行修改，关于此部分日历组件设计的内容将在第5章讲解。此时如需进行时间的修改则需先按向下按键“↓”。如果此时需要重新对日期进行修改则又必须按向上按键“↑”方可回到日期框的

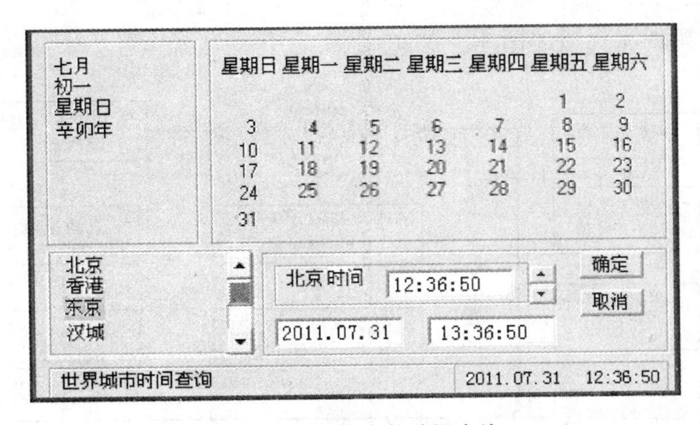

图 4.3 世界城市时间查询

修改。完成时间日期修改则单击“确定”按钮,如果中途要停止修改可以单击“取消”按钮。界面右下角显示 12:35:24,为当前系统时间。点击“世界城市时间查询”选项后进入图 4.3 所示界面后,左下部的列表框此时的内容变为世界城市的名称,比如点击“东京”后,右下部的文本框显示所查城市的时间日期的文本框,即为东京时间:2011 年 7 月 31 日 13 点 36 分 50 秒,单击“取消”按钮将会退出到主界面。如当前北京时间为 12:36:50,右下部对应的东京时间为 13:36:50。

系统时间组件设计中功能说明:

时间查询:得到系统时间,用户可通过时间显示框看到系统当前时间。

设置系统时间:用户可以通过点击修改系统时间来设置当前时间,系统在用户更改设置之后自动保存为系统当前时间。

世界城市时间查询:用户在列表框中找到所要查询的世界城市,点击之后即可查询到。系统将所要查询的城市所在时区与当地时区进行比较,从而得到世界城市的时间。

4.2 系统时间设计编程思想

4.2.1 总体设计

时钟更新任务流程图如图 4.4 所示。

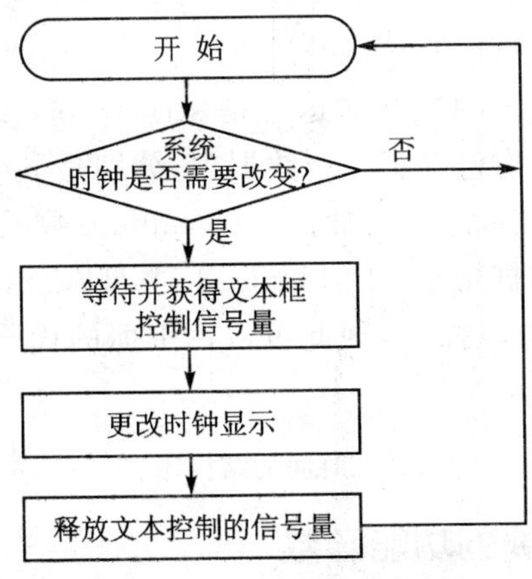

图 4.4 时钟更新任务流程图

系统时间设置实现流程图如图 4.5 所示。

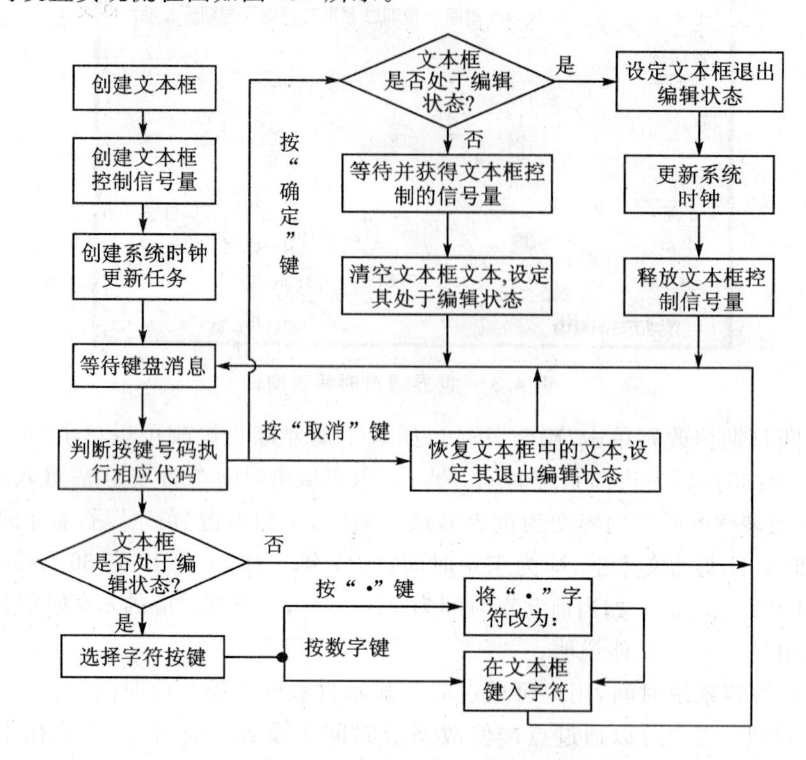

图 4.5　系统时间设置实现流程图

4.2.2 详细设计

1. 系统时间设计中的数据结构

structClock 的结构如下：

```
typedef struct{
        U32 hour;
        U32 minute;
        U32 second;
}structClock;
```

系统时间组件设计中最关键的数据的运用是 structClock 结构。该结构以小时、分钟、秒的形式描述了系统时间。该结构包含了 3 个数据项,分别是 hour,minute,second。hour 数据项是 32 位 Unicode 类型,表示系统时间中的小时。minute 数据项是 32 位 Unicode 类型,表示系统时间中的分钟。second 数据项是 32 位 Unicode 类型,表示系统时间中的秒。在系统时间组件设计中,主要就是对时间进行操作,因此可以用下面的代码声明 structClock 结构类型的变量 clock。

```
structClock clock;              //记录系统时间的结构体
```

2. 系统时间设计中重要的功能函数

在系统时间组件设计中,用到的主要函数就是对时间进行的一系列操作的函数。

1) 时钟更新任务函数 Rtc_Disp_Task()

系统时间的设计与前面介绍过的几种组件设计不同，如电话簿组件设计中每一个内容的显示及修改等变化都要通过键盘、触摸屏或相关调用实现，否则电话簿中的内容是静态的，不会主动发生变化。而系统时间是一直在变化的，随着时间的推移，其秒、分钟、小时这3个变量都会发生变化，而且这个变化是不可抗拒的，不能因为其他任务或组件的运行而停止。因此关于时间显示的功能的实现我们不能放在主任务中与控件、键盘等操作一块编写，而是需要增加一个新的独立运行的任务。在主任务中再创建一个新的任务——时钟更新任务 Rtc_Disp_Task，此任务负责更新系统的时间。时钟更新任务是在对系统时钟进行修改之后将新的时间更新至系统。可以使用表4.1显示的时钟更新任务的方法描述。

表 4.1 Rtc_Disp_Task 方法描述

名　称	Rtc_Disp_Task		
返回值	void		
描　述	更新系统的时间		
参　数	名　称	类　型	描　述
1	Id	无	

Rtc_Disp_Task 任务代码如下：

```
OS_STK Rtc_Disp_Stack[STACKSIZE] = {0, };          //Rtc_Disp_Task 堆栈
void Rtc_Disp_Task(void * Id);                     //Rtc_Disp_Task
#define Rtc_Disp_Task_Prio          14              //优先级为 14
OS_EVENT  * Rtc_Updata_Sem;                        //时钟更新控制权
void Main_Task(void * Id )
{    …
     Rtc_Updata_Sem = OSSemCreate(1);
     OSTaskCreate(Rtc_Disp_Task,(void * )0,(OS_STK * )&Rtc_Disp_Stack[STACKSIZE - 1],
                  Rtc_Disp_Task_Prio);              //创建 Rtc_Disp_Task 任务
}
 void Rtc_Disp_Task(void * Id)                     //时钟显示更新任务
{
     U16 strdate[10];
     U16 strtime[10];
     INT8U err;
     for(;;){
          if(Rtc_IsTimeChange(RTC_SECOND_CHANGE)){//不需要更新显示
               OSSemPend(Rtc_Updata_Sem, 0, &err);
               Rtc_Format(" %H: %I: %S",strtime);
               SetTextCtrlText(ptimeTextCtrl, strtime,TRUE);
               OSSemPost(Rtc_Updata_Sem);
          }
          OSTimeDly(250);
```

```
    }
}
```

现在的操作系统几乎都是多任务操作系统，为了加快处理大而复杂的问题，经常把一个大任务分解成多个相对简单且容易解决的小任务。然后使用计算机通过运行小任务来解决复杂的问题。从任务的存储结构看，任务分为三个组成部分：任务程序代码(Rtc_Disp_Task)、任务堆栈(Rtc_Disp_Stack)和任务控制块。任务控制块是操作系统用来记录任务的堆栈指针、任务的当前状态、任务的优先级别等与任务管理有关的属性的表。在操作系统中，每个任务都必须具有一个唯一的优先级别，因此定义优先级别 Rtc_Disp_Task_Prio 为 14，数字越大表示任务的优先级别越低。创建任务的准备工作做好后，就可以用 OSTaskCreate()函数来创建任务了。这里需要注意的是，用户任务从程序代码上看似乎就是一个 C 语言程序，但是这个函数不是一般的 C 语言函数，它是一个任务(线程)，因此，它不是被主函数或其他函数调用，主函数只负责创建和启动它，而任务是由操作系统负责调度运行。在上面代码中为了防止多个任务同时对系统的一个资源访问而产生冲突，在系统中定义了一个信号量 Rtc_Updata_Sem，以此来协调多任务，保证系统多个任务访问更新系统时钟文本框的时候不产生冲突。使用 OSSemCreate()函数创建一个系统的信号量，参数 1 表示此信号量有效。在系统的任务中，使用 OSSemPend()函数等待一个信号量有效，通过 OSSemPost()函数来释放一个信号量。

2）修改系统时钟函数 SetFormatTime()

嵌入式平台初次使用时，时间可能不是很准确，这就需要通过手动的方法调整时间，能对系统时间进行设置。方法是用户点击修改系统时间来设置当前时间，系统在用户更改设置之后通过调用 Rtc_Disp_Task()函数自动保存为系统现在时间。下面介绍 SetFormatTime()函数，此函数功能是设置更改当前时间，将新的时间更新至系统。

表 4.2 显示了 SetFormatTime()函数的方法描述。

表 4.2　SetFormatTime 方法描述

名　称	SetFormatTime		
返回值	void		
描　述	修改系统时钟		
参　数	名　称	类　型	描　述
无			

SetFormatTime()函数代码如下：

```
void SetFormatTime()                          //设定格式化以后的时间
{
    U16 * ptext = pTextCtrl ->text;           //ptext 为指向文本框指针
    U32 tmp[3],i;
    structClock clock;
    for(i = 0;i<3;i ++ ){
        tmp[i] = 0;
        while( * ptext && * ptext ! = ':'){// * ptext 取文本框中内容
```

```
            tmp[i] << = 4;
            tmp[i]|= ( * ptext) - '0';
            ptext ++ ;
        }
        ptext ++ ;
    }                                       //将文本框中的":"过滤
    clock.hour = tmp[0];
    clock.minute = tmp[1];
    clock.second = tmp[2];                  //赋值给系统时钟结构体
  Set_Rtc_Clock(&clock);                    //指示系统时间已修改
}
```

代码中 SetFormatTime()函数实现的是对时间进行修改的函数，将文本框中所添加的日期字符串调出并赋值给系统时钟所对应的结构体。此处所描述的文本框即是用户输入新的修改的时间的接收控件，输入的时间格式为"小时:分钟:秒"。ptext 表示指向该文本框的指针，通过该指针可将输入的时间及相应符号进行识别，判断出对应的小时、分钟、秒及":"，并赋值系统时钟结构体变量 clock 中对应的小时、分钟和秒。更改完成后要通过 Set_Rtc_Clock()函数将此时间更新至系统，即设置系统当前的时间为修改后的时间，此时时钟修改完成。

3) 设置时间界面函数 CreateSetTimeArea()和取消时间界面函数 DestorySetTimeArea()

前面提到过对时间进行时间修改是通过文本框添加日期字符串来完成，下面就介绍一下如何建立设置时间界面和取消界面。表 4.3 显示的是设置时间界面 CreateSetTimeArea()函数的方法描述，表 4.4 显示的是取消时间界面 DestorySetTimeArea()函数的方法描述。

表 4.3 CreateSetTimeArea 方法描述

名　称	CreateSetTimeArea		
返回值	void		
描　述	设置时间界面		
参　数	名　称	类　型	描　述
1	IsShow	U8	将设置时间更新到文本框是为 TRUE

表 4.4 DestorySetTimeArea 方法描述

名　称	DestorySetTimeArea		
返回值	void		
描　述	取消时间界面		
参　数	名　称	类　型	描　述
无			

CreateSetTimeArea)()函数代码如下：

```
void CreateSetTimeArea(U8 IsShow)
{
    static char TimeKeyTable[] = {'1','2','3',0,'4','5','6',0,'7','8','9',0,':',
                                  '0','\b',0};
    U16 strtime[11] = {0,};
    structRECT rect;
    SetRect(&rect, 185,180,275,200);                          //创建时间文本框矩形框
    pTimeTextCtrl = CreateTextCtrl(ID_SetTime_TextCtrl,&rect,FONTSIZE_MIDDLE,
                    CTRL_STYLE_FRAME,TimeKeyTable,NULL); //创建时间文本框
    Rtc_Format(" %H: %I: %S",strtime);
    SetTextCtrlText(pTimeTextCtrl, strtime,IsShow);
    SetRect(&rect, 280,180,315,200);                          //创建"确定"按钮矩形框
    pButtonCtrl5 = CreateButton(ID_MainButtonCtrl,&rect,FONTSIZE_MIDDLE,
                    CTRL_STYLE_3DUPFRAME,B,NULL);             //创建"确定"按钮
    DrawButton(pButtonCtrl5);
    SetRect(&rect, 280,200,315,219);                          //创建"取消"按钮矩形框
    pButtonCtrl6 = CreateButton(ID_MainButtonCtrl,&rect,FONTSIZE_MIDDLE,
                    CTRL_STYLE_3DUPFRAME,C,NULL);             //创建"取消"按钮
    DrawButton(pButtonCtrl6);
}
```

DestorySetTimeArea()函数代码如下：

```
void DestorySetTimeArea()
{
    PDC pdc;
    pdc = CreateDC();
    DestoryTextCtrl(pTimeTextCtrl);
    DestoryButton(pButtonCtrl5);
    DestoryButton(pButtonCtrl6);  //将所有文本框及按钮消除
    FillRect(pdc, 90, 180, 319, 220, GRAPH_MODE_NORMAL, COLOR_WHITE);
    // 在原有控件的位置设置矩形框,通过覆盖达到消除的目的
    ReDrawOSCtrl(); //重画所有控件
    DestoryDC(pdc);
}
```

CreateSetTimeArea()函数是对时间进行设置时的界面设计，该界面中创建了时间显示文本框、确认时间修改完成的"确定"按钮及中途要停止修改的"取消"按钮。DestorySetTimeArea()函数是当用户不再对时间进行修改而进入其他界面时，要对刚才建立的界面取消，这个函数中把文本框及按钮进行功能消除后，还要通过 FillRect()函数在原有控件的位置覆盖上一层白色矩形图案以达到消除所画的矩形框的目的。这里需要注意，以前清除界面都采用ClearScreen()函数，这次为什么不使用了呢？因为 ClearScreen()函数是将整个屏幕界面都清除掉，而这里只是需要将部分界面清除掉。如果用 ClearScreen()函数，则还要将需要保留的界面重新显示一遍，这样需要的时间要长一些，会造成屏幕的闪烁。当采用 FillRect()函数

后，只是将需要消除的部分覆盖掉，这样同样能够达到取消设置时间界面的目的，而且时间要短很多，不会造成屏幕闪烁。因此后面用到的清除局部区域的函数大多是 FillRect()函数。

4）按键响应函数 onKey()

系统时间组件设计与电话簿组件设计一样，都是通过主任务 Main_Task 开始用户的应用程序，在 Main_Task 中同样定义了一个消息队列，在消息队列中通过键盘消息对输入时间、确定时间输入和取消时间输入的操作进行响应。下面主要介绍在“系统时间界面”中选中“修改系统时间”时，当按下“确定”按钮和“取消”按钮时各自的动作。表 4.5 显示的是响应键盘消息的 onKey()函数的方法描述。

表 4.5　onKey 方法描述

名　称	onKey		
返回值	U8		
描　述	按键响应函数		
参　数	名　称	类　型	描　述
1	nkey	int	键盘号码，参数值为 0～15
2	fnkey	int	功能键扫描码，1 有效

onKey()函数代码如下：

```
U8 onKey(int nkey, int fnkey)
{
    switch(nkey){
    case '8':     //F1 = move up
        return OnKeyUp();
    case '2':     //F2 = move down
        return OnKeyDown();
    case '\r':     //F3 = OK
        return OnOk();
    case '0':     //F4 = cancel
        return OnCancel();
    }
    return FALSE;
}
```

该功能的用法与电话簿中 onKey()函数的用法一样。

4.3　世界时间设计

4.3.1　功能说明

世界城市时间查询实现流程图如图 4.6 所示。

用户在列表框中找到所要查询的世界城市，点击之后即可查询到。系统将所要查询的城市所在时区与当地时区进行比较，从而得到世界城市的时间。

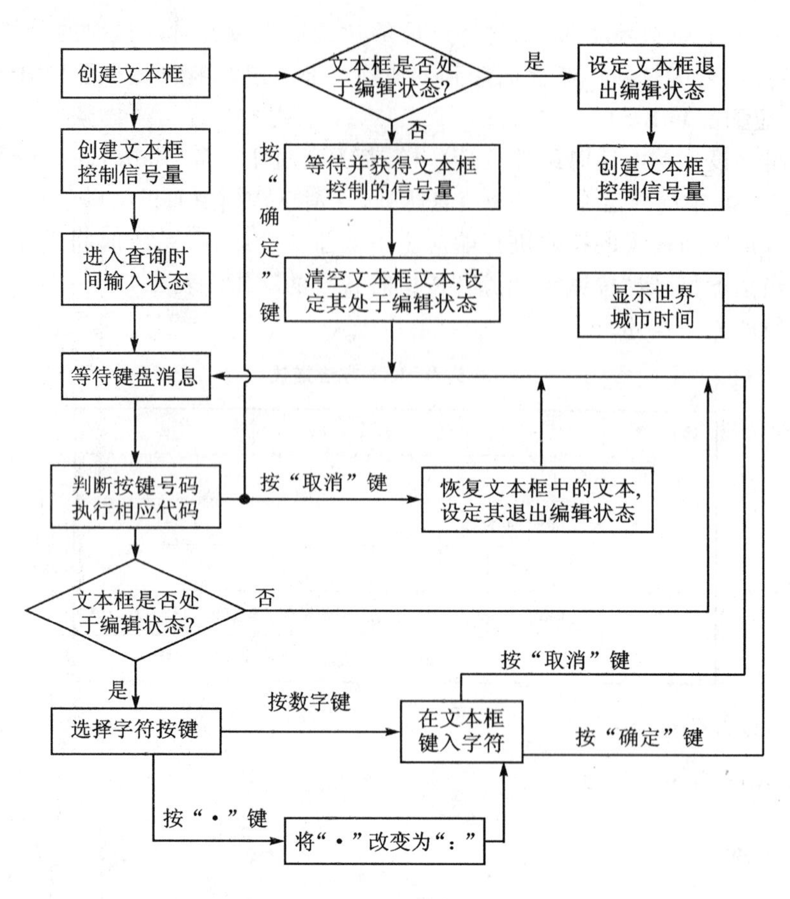

图 4.6　世界城市时间查询流程图

4.3.2　编程思想

1. 世界时间设计的数据结构

```
U32 TimeZoneStatus;   //世界城市时间查询状态
```

在世界城市时间查询中要将列表框中的内容更新为世界城市名称,分别为北京、香港、中途岛、夏威夷、阿拉斯加、洛杉矶、旧金山、芝加哥、纽约、华盛顿、圣地亚哥、巴西利亚、格陵兰、佛得角、都柏林、爱丁堡、伦敦、里斯本、波哥大、巴黎、罗马、柏林、马德里、华沙、雅典、开罗、耶路撒冷、莫斯科、圣彼得堡、巴格达、科威特、阿布扎比、伊斯兰堡、塔什干、阿拉木图、达卡、曼谷、河内、雅加达、台北、吉隆坡、新加坡、东京、首尔、关岛、堪培拉、墨尔本、悉尼、斐济、惠灵顿。按照下面的形式调用:

```
void * TimeZoneFunction[] = {(void *)OnBeijing,(void *)OnHongkong,(void *)OnZhongtudao,
(void *)OnXiaweiyi,(void *)OnAlasijia,(void *)OnLuoshanji,(void *)OnJiujinshan,(void *)OnZhi-
jiage,(void *)OnNiuyue,(void *)OnHuashengdun,(void *)OnShengdiyage,(void *)OnBaxiliya,(void
*)OnGelinglan,(void *)OnFodejiao,(void *)OnDubolin,(void *)OnAidingbao,(void *)OnLundun,
(void *)OnLisiben,(void *)OnBogoda,(void *)OnBali,(void *)OnLuoma,(void *)OnBolin,(void *)
OnMadeli,(void *)OnHuasha,(void *)OnYadian,(void *)OnKailuo,(void *)OnYelusaleng,(void *)
```

OnMosike,(void *)OnShengbidebao,(void *)OnBageda,(void *)OnKeweite,(void *)OnAbuzhabi,(void *)OnYisilanbao,(void *)OnTashigan,(void *)OnAlamutu,(void *)OnDaka,(void *)OnMangu,(void *)OnHenei,(void *)OnYajiada,(void *)OnTaibei,(void *)OnJilongpo,(void *)OnXinjiapo,(void *)OnDongjing,(void *)Onshouer,(void *)OnGuandao,(void *)OnKanpeila,(void *)OnMoerben,(void *)OnXini,(void *)OnFeiji,(void *)OnHuilingdun};

2. 世界时间设计中重要的功能函数

1) 显示中途岛时间函数 Zhongtudao()

现以中途岛时间为例说明世界时间组件设计方法。表 4.6 显示的是 Zhongtudao()函数的方法描述。

表 4.6　Zhongtudao 方法描述

名　称	Zhongtudao		
返回值	void		
描　述	显示中途岛时间函数		
参　数	名　称	类　型	描　述
1	IsShow	U8	将设置时间更新到文本框,是为 TRUE

Zhongtudao()函数代码如下:

```
void Zhongtudao(U8 IsShow)
{
    U16 strdate[11] = {0,};
    U16 strtime[11] = {0,};
    structRECT rect;
    U16 ptext = pTimeZoneTextCtrl2 ->text[0];
    U16 tmp[1];
    int ptext1;
    SetTextCtrlText(pTimeZoneTextCtrl1, strdate,FALSE);
    SetTextCtrlText(pTimeZoneTextCtrl2, strtime,FALSE);
    ptext1 = Unicode2Int(ptext);
    ptext1 = ptext1 + 1;
    Int2Unicode(ptext1,tmp);
    SetRect(&rect, 185,200,214,220);          //创建时区时间显示文本框
    pTimeZoneTextCtrl102 = CreateTextCtrl(ID_TimeZone_TextCtrl3,&rect,FONTSIZE_SMALL, CTRL_
    STYLE_FRAME,NULL,NULL);
    SetTextCtrlText(pTimeZoneTextCtrl102, tmp ,FALSE);
    SetRect(&rect, 90,200,185,220);           //创建时区日期显示文本框
    pTimeZoneTextCtrl103 = CreateTextCtrl(ID_TimeZone_TextCtrl3,&rect,FONTSIZE_SMALL, CTRL_
    STYLE_FRAME,NULL,NULL);
    SetRect(&rect, 215,200,275,220);          //创建时区时间显示文本框
    pTimeZoneTextCtrl104 = CreateTextCtrl(ID_TimeZone_TextCtrl3,&rect,FONTSIZE_SMALL, CTRL_
    STYLE_FRAME,NULL,NULL);
    Rtc_Format(" %Y. %M. %D",strdate);
```

```
    Rtc_Format(" %I: %S",strtime);
    SetTextCtrlText(pTimeZoneTextCtrl103, strdate,TRUE);
    SetTextCtrlText(pTimeZoneTextCtrl104, strtime,TRUE);
}
```

代码中 Zhongtudao()函数和前面提及的修改系统时间的操作是一样的,不同的是,在输入小时数据后将会进行“+1”操作,以满足时区不同所造成的时差。在此仍有一个问题需要解决,当时间跨度为1天,即类似北京时间的23:00以后的时间或1:00以前的时间时,日期也要同时改变,所以需要说明的是,显示的时间仍然正确,只是日期的改变没有显示而已。

2) 城市名称列表框的显示函数 OnTimeZone()

表4.7显示的是 OnTimeZone()函数的方法描述。

表4.7 OnTimeZone 方法描述

名　称	OnTimeZone		
返回值	void		
描　述	城市名称列表框的显示		
参　数	名　称	类　型	描　述
无			

OnTimeZone()函数代码如下:

```
void OnTimeZone()
{
    SetTextCtrlText(pStatusTextCtrl, MainTip[3],FALSE);
    CreateTimeZoneArea(TRUE);
    ListCtrlReMoveAll(pMainListCtrl);              //将列表框中原有内容清除
    ReLoadListCtrl(pMainListCtrl,&MainCity[0],TIMEZONE_FUNCTION_NUM);
    //将之前的列表框内容 &MainFn[0]更新为 &MainCity[0]
    mainstatus = MAIN_TIMEZONE;                    //主状态为世界城市时间查询
    ReDrawOSCtrl();
}
```

4.4 练习题

1. 为 PDA 环境设计一个世界时钟组件,可以显示世界各区的时间查询,并能在嵌入式环境下使用。

2. 为 PDA 环境设计一个计时器组件,可以设计倒计时时间,并能在嵌入式环境下使用。

第5章 日历组件设计

本章主要实现的功能是应用于PDA、MP3、手机等便携式电子产品的日历显示，主要包括对当前日期和未来日期的查询，以及阴阳历的转换和查询。

5.1 引 言

日历组件设计是嵌入式系统开发设计的一部分，该组件提供了一个供用户对日期进行操作的平台。用户可以对当前日期进行查询，设置更改当前日期，还可以进行阴历与阳历的对比及查询。图5.1显示了系统日期组件的主界面设计，点击列表框中的“修改系统时间”选项并单击“确定”按钮即可进入图5.2所示的修改系统日期界面。点击图5.1中列表框中的“阴阳历查询”选项并单击“确定”按钮即可进入图5.3所示的阴阳历查询界面。

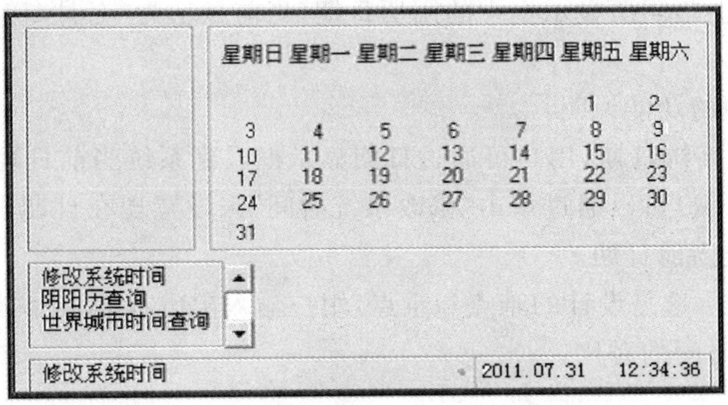

图5.1 系统日期组件的主界面设计

图5.2 修改系统日期界面

图 5.3 阴阳历查询界面

图 5.2 显示了两个文本框,左边显示的是阳历日期,右边显示的是时间。当前显示的日期为 2011.07.31,即 2011 年 7 月 31 日,时间为 12:35:24,即 12 点 35 分 24 秒。其中时间显示在第 4 章已经介绍了,本章主要介绍日历显示方法。在图 5.2 的右上部显示了日历表,该日历表显示了星期与阳历日期的对应关系。

图 5.3 所示文本框的日历为阳历日期,当前显示为 2011 年 7 月 31 日,年份修改框是默认首选框,即如果要修改月份和日期就要单击"<"或">"按钮。在修改完阳历日期后单击"确定"按钮就将出现左上角阴历显示框中的阴历日期,当前显示为"七月/初一/星期日/辛卯年",单击"取消"按钮退出。

日历组件设计中的功能说明:

日历查询:得到系统日期,用户可通过日期显示框看到系统当前日期。

设置系统日期:用户可以通过单击"修改系统时间"来设置现在日期,系统在用户更改设置之后自动保存为系统当前日期。

阴阳历查询对比:这是设计的难点和重点,用户输入阳历日期,在阴历显示框中将得到阴历时间,便于阴阳历时间的对比。

5.2 编程思想

5.2.1 总体设计

日历组件设计主要是阳历日期的显示和修改。该设计中要显示阳历日期同时还要设计日历表的显示。日历表遵行一定的规律但又不能使用信息调用来调用固定的日期,所以需要编写一个函数来实现变化的日期的显示。

日期设置流程图如图 5.4 所示。

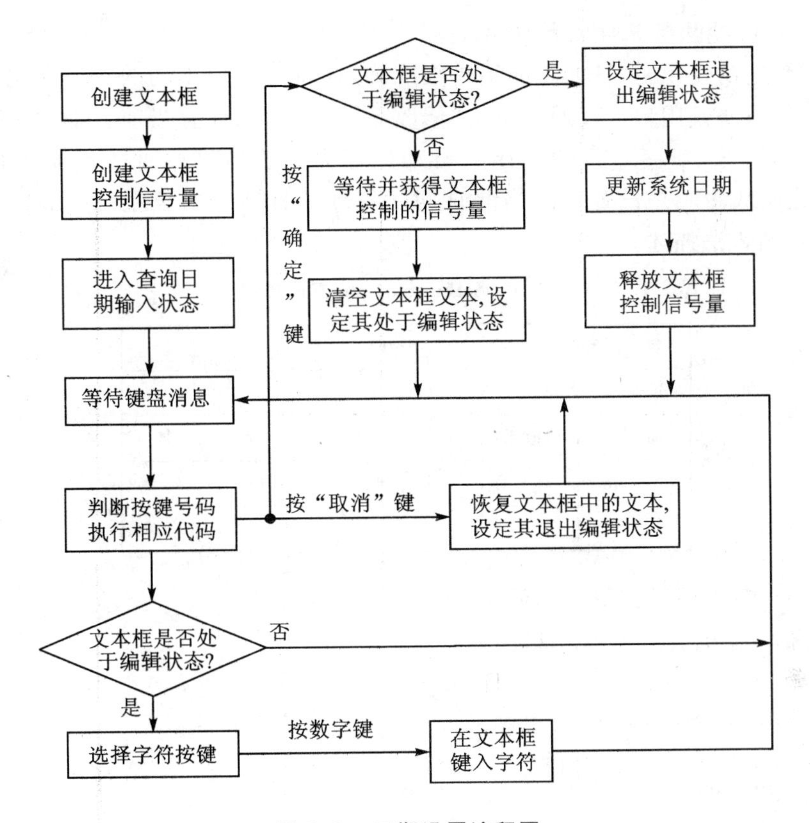

图 5.4　日期设置流程图

5.2.2 详细设计

1. 日期设计中的数据结构

structDate 的结构如下：

```
typedef struct{
    U32 year;
    U32 month;
    U32 day;
}structDate;
```

日历组件设计中最关键的数据的运用是 structDate 结构。该结构以年、月、日的形式描述了系统时间。该结构包含了 3 个数据项，分别是 year、month 和 day。year 数据项是 32 位 Unicode 类型，表示系统日期中的小时。month 数据项是 32 位 Unicode 类型，表示系统日期中的月。day 数据项是 32 位 Unicode 类型，表示系统日期中的日。在系统日期组件设计中，主要就是对日期进行操作，因此可以用下面的代码声明 structDate 结构类型的变量 date。

```
structDate date;                //记录系统日期的结构体
```

2. 日期设计中重要的功能函数

日历组件中有部分函数功能与系统时间组件设计中是一样的，因此可以共用这些函数或做简单修改，如更新系统的时间 Rtc_Disp_Task()函数。

1）修改系统日期函数 SetFormatDate()

嵌入式平台初次使用时，日期可能不是很准确，这就需要用手动的方法调整日期，对系统日期进行设置。方法是用户可以通过单击“修改系统时间”来设置当前日期，系统在用户更改设置之后通过调用 Rtc_Disp_Task()函数自动保存为系统当前日期。下面介绍 SetFormatDate()函数，此函数功能是设置更改当前日期并将新的日期更新至系统。表 5.1 是 SetFormatDate()函数的方法描述。

表 5.1 SetFormatDate 方法描述

名 称	SetFormatDate		
返回值	void		
描 述	修改系统日期		
参 数	名 称	类 型	描 述
无			

SetFormatDate()函数代码如下：

```
void SetFormatDate()      //设定格式化以后的日期
{
    U16 * ptext = pDateTextCtrl ->text;
    U32 tmp[3],i;
    structDate date;
    for(i = 0;i<3;i ++ ){
        tmp[i] = 0;
        while( * ptext && * ptext ! = '.'){
            tmp[i] << = 4;
            tmp[i]|= ( * ptext) - '0';
            ptext ++ ;
        }
        ptext ++ ;
    }
    date.year = tmp[0]&0xff;
    date.month = tmp[1];
    date.day = tmp[2];
    Set_Rtc_Date(&date);
}
```

SetFormatDate()函数是实现对日期进行修改，将文本框中所添加的日期字符串调出并赋值给系统日期所对应的结构体。此处所描述的文本框即是用户输入新的修改的日期的接收控件，输入的日期格式为“年.月.日”。ptext 表示指向该文本框的指针，通过该指针可将输入的日期及相应符号进行识别，判断出对应的年、月、日及“.”，并赋值系统日期结构体变量 date 中对应的小时、分钟和秒。更改完成后要通过 Set_Rtc_Date()函数将此日期更新至系统，即设置系统当前的日期为修改后的日期，此时日期修改完成。

2）闰年判断函数 getleap()

一年有 365 天或 366 天，日历设计中要能判断某一年是否是闰年，这一年中二月为 28 天还是29天。如果是闰年，二月为29天，一年有366天；如果不是闰年，即平年，二月为28天，一年有365天。下面介绍getleap()函数，此函数功能是判断某一年是否是闰年。表5.2是getleap()函数的方法描述。

表5.2 getleap方法描述

名 称	getleap		
返回值	int		
描 述	判断是否是闰年函数，返回值1为闰年，0为平年		
参 数	名 称	类 型	描 述
1	year	int	要判断的年值

getleap()函数代码如下：

```
int getleap( int year )
{
    if ( year % 400 == 0 )
        return 1;
    else if ( year % 100 == 0 )
        return 0;
    else if ( year % 4 == 0 )
        return 1;
    else
        return 0;
}
```

代码中判断闰年的条件符合下面二者之一即为闰年：

(1) 能被4整除，但不能被100整除。

(2) 能被4整除，又能被400整除。

year为某一年，如果上述函数返回值为真(即1)，则year为闰年，二月为29天，一年有366天；否则year为非闰年，二月为28天，一年有365天。

3) 日历表显示函数TimeZoneShow()

日历表显示的是日期与星期的对应关系。该日历表日期与星期的对应位置会随着每个月的变化而发生改变。因此用MainWe数组来记录1～31天，根据不同的月来调整MainWe数组中对应天的显示位置。下面介绍TimeZoneShow()函数，此函数功能是判断某一年是否是闰年。表5.3是TimeZoneShow()函数的方法描述。

表5.3 TimeZoneShow方法描述

名 称	TimeZoneShow		
返回值	void		
描 述	日历表显示函数		
参 数	名 称	类 型	描 述
无			

TimeZoneShow()函数代码如下：

```
U16 MainDate_rili1[] = {0x0020,0x0031,0};              //1 的 Unicode 编码
U16 MainDate_rili2[] = {0x0020,0x0032,0};              //2 的 Unicode 编码
…
U16 MainDate_rili31[] = {0x0020,0x0033,0x0031,0};   //31 的 Unicode 编码
U16 * MainWe[] = {MainDate_rili1,MainDate_rili2,MainDate_rili3,MainDate_rili4,
                  …
                  MainDate_rili29,MainDate_rili30, MainDate_rili31};
void TimeZoneShow()
{
    structRECT rect;
    SetRect(&rect, 134,23,171,46);                       //创建日期文本框
    pTimeZoneTextCtrl12 = CreateTextCtrl(ID_TimeZone_TextCtrl1, &rect,
                        FONTSIZE_SMALL, CTRL_STYLE_3DUPFRAME,NULL,NULL);
    SetTextCtrlText(pTimeZoneTextCtrl12, MainWe[0],FALSE);
    SetRect(&rect, 171,23,208,46);
    pTimeZoneTextCtrl13 = CreateTextCtrl(ID_TimeZone_TextCtrl1, &rect,
                        FONTSIZE_SMALL, CTRL_STYLE_3DUPFRAME,NULL,NULL);
    SetTextCtrlText(pTimeZoneTextCtrl13, MainWe[1],FALSE);
    …
    SetRect(&rect, 171,115,208,138);
    pTimeZoneTextCtrl41 = CreateTextCtrl(ID_TimeZone_TextCtrl1, &rect,
                        FONTSIZE_SMALL, CTRL_STYLE_3DUPFRAME,NULL,NULL);
    SetTextCtrlText(pTimeZoneTextCtrl41, MainWe[30],FALSE);
}
```

代码中可以通过调整 MainWe 数组位置而改变日期与星期对应位置关系，实现动态显示变化的日期位置。

5.3 阴阳历转换设计

5.3.1 功能说明

阴阳历转换实现流程图如图 5.5 所示。

在本组件设计中最大的难点是阴历与阳历的转换。由于中国的阴历与阳历历法规律相当复杂，并且其间还有许多是不成规律的，所以要用特定的函数或算法实现几乎是不可能的，即使是一些著名的计时器的阴历与阳历也都只在大概 150 年内准确。所以必须将要进行阴阳历转换的年份的闰年、闰月、大小月、特殊日程规律进行枚举。而要实现对多个组信息的调用和查询，结构体无疑是最好的选择。

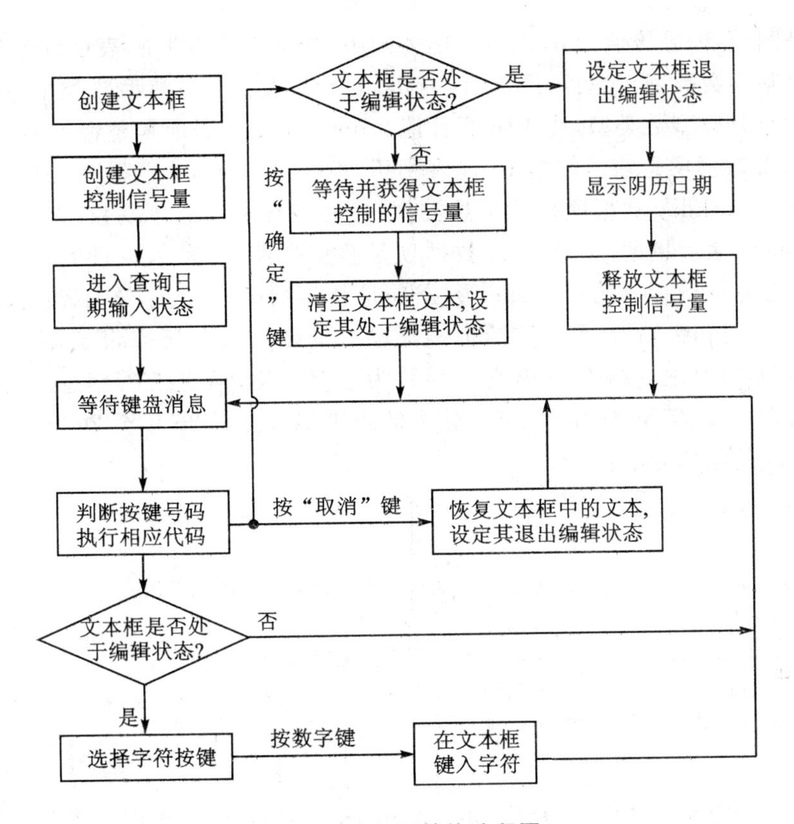

图 5.5 阴阳历转换流程图

5.3.2 编程思想

1. 阴阳历转换设计中的数据结构

convdate 的结构如下：

```
struct convdate
{
    int source;          //==0 则输入日期为阳历,!=0 则输入为阴历
    int solaryear;       //输出或输入之阳历年份
    int solarmonth;      //阳历月
    int solardate;       //阳历日
    int lunaryear;       //输出或输入之阴历年份
    int lunarmonth;      //阴历月
    int lunardate;       //阴历日
    int weekday;         //该日为星期几
    int kan;             //该日天干
    int chih;            //该日地支
};
```

代码中显示的是阴阳历转换设计中的 convdate 结构，该结构记录了阴阳历的日期及其属性。该结构包含了 10 个数据项，分别是 source，solaryear，solarmonth，solardate，lunaryear，lunarmonth，lunardate，weekday，kan 和 chih。source 数据项是整型数类型，用来判断当前日

期为阴历还是阳历:如果该值为0,表示日期为阳历;如果该值为非0,表示日期为阴历。solaryear 数据项是整型数类型,代表阳历年值。solarmonth 数据项是整型数类型,代表阳历月份。solardate 数据项是整型数类型,代表阳历日值。lunaryear 数据项是整型数类型,代表阴历年值。lunarmonth 数据项是整型数类型,代表阴历月份。lunardate 数据项是整型数类型,代表表示阴历日值。weekday 数据项是整型数类型,代表该日对应的星期数,weekday=0 表示星期日,weekday=1 表示星期一……kan 数据项是整型数类型,表示该日的天干值,kan=0 为甲,kan=1 为乙……kan=9 为癸。chih 数据项是整型数类型,表示该日地支,chih=0 为子,chih=1 为丑……chih=11 为亥。该结构根据输入为阳历或阴历来设定阳历或阴历的年月日,转换后的年月日会填入结构中,还包括该日为星期几及天干地支等信息。需要注意的是输入的阳历年需在 1937 年至 2031 年之间,输入的阴历年需在 1936 年至 2030 年之间。

taglunarcal 的结构如下:

```
struct taglunarcal
{
    int basedays;           //阳历 1 月 1 日到阴历正月初一的累积天数
    int intercalation;      //闰月月份
    int baseweekday;        //当年阳历 1 月 1 日为星期几
    int basekanchih;        //当年阳历 1 月 1 日之干支序号
    int monthdays[13];      //阴历年每月之大小
};
```

代码中显示的是阴阳历转换设计中的 taglunarcal 结构,该结构记录了阴历与阳历的转换关系。该结构包含了 5 个数据项,分别是 basedays,intercalation,baseweekday,basekanchih 和 monthdays[13]。basedays 数据项是整型数类型,用来记录阳历 1 月 1 日到阴历正月初一的累积日数,如阴历 2007 年正月初一为阳历 2007 年 2 月 18 日,那么这一年阴历与阳历 2007 年 1 月 1 日累积天数为 48 天,即 basedays=48。intercalation 数据项是整型数类型,代表闰月月份,intercalation=0 表示这一年没有闰月,intercalation=1 表示这一年有闰月。baseweekday 数据项是整型数类型,代表阳历 1 月 1 日为星期几减 1,如阳历 2007 年 1 月 1 日为星期一,则 baseweekday=0。basekanchih 数据项是整型数类型,代表这一年阳历 1 月 1 日之干支序号减 1,如阳历 2007 年 1 月 1 日为丙戌年,则 baseweekday=30。干支序号从 1 开始到 60 结束,分别是甲子年、乙丑年……癸亥年。这里需要注意的是,干支序号要按照阳历这一年 1 月 1 日的时间算,不能只看年份,因为一年会有两个干支序号,在阴历正月初一前是一个干支序号,阴历正月初一后是一个干支序号。如阴历 2007 年正月初一为丁亥年。monthdays[13] 数据项是整型数组类型,代表此阴历年每月之大小,monthdays[13]共可表示 13 个月,包括一个闰月。0 为小月,一个月 29 天;1 为大月,一个月 30 天。下面要为每一年进行枚举,可以用下面给出的代码声明 taglunarcal 结构类型的变量 lunarcal[]数组。

lunarcal[]数组代码如下:

```
struct taglunarcal lunarcal[] = {
    { 23, 3, 2, 17, 1, 0, 0, 1, 0, 0, 1, 1, 0, 1, 1, 1, 0 }, // 1936
    { 41, 0, 4, 23, 1, 0, 0, 1, 0, 0, 1, 0, 1, 1, 1, 0, 1 },
    { 30, 7, 5, 28, 1, 1, 0, 0, 1, 0, 0, 1, 0, 1, 1, 0, 1 },
    { 49, 0, 6, 33, 1, 1, 0, 0, 1, 0, 0, 1, 0, 1, 0, 1, 1 },
```

```
{ 38, 0, 0, 38, 1, 1, 0, 1, 0, 1, 0, 0, 1, 0, 1, 0, 1 }, // 1940
{ 26, 6, 2, 44, 1, 1, 0, 1, 1, 0, 1, 0, 0, 1, 0, 1, 0 },
{ 45, 0, 3, 49, 1, 0, 1, 1, 0, 1, 0, 1, 0, 1, 0, 1, 0 },
{ 35, 0, 4, 54, 0, 1, 0, 1, 0, 1, 1, 0, 1, 0, 1, 0, 1 },
{ 24, 4, 5, 59, 1, 0, 1, 0, 1, 0, 1, 0, 1, 1, 0, 1, 1 }, // 1944
{ 43, 0, 0, 5, 0, 0, 1, 0, 0, 1, 0, 1, 1, 1, 0, 1, 1 },
{ 32, 0, 1, 10, 1, 0, 0, 1, 0, 0, 1, 0, 1, 1, 0, 1, 1 },
{ 21, 2, 2, 15, 1, 1, 0, 0, 1, 0, 0, 1, 0, 1, 0, 1, 1 },
{ 40, 0, 3, 20, 1, 0, 1, 0, 1, 0, 0, 1, 0, 1, 0, 1, 1 }, // 1948
{ 28, 7, 5, 26, 1, 0, 1, 1, 0, 1, 0, 0, 1, 0, 1, 0, 1 },
{ 47, 0, 6, 31, 0, 1, 1, 0, 1, 1, 0, 0, 1, 0, 1, 0, 1 },
{ 36, 0, 0, 36, 1, 0, 1, 1, 0, 1, 0, 1, 0, 1, 0, 1, 0 },
{ 26, 5, 1, 41, 0, 1, 0, 1, 0, 1, 0, 1, 1, 0, 1, 0, 1 }, // 1952
{ 44, 0, 3, 47, 0, 1, 0, 0, 1, 1, 0, 1, 1, 0, 1, 0, 1 },
{ 33, 0, 4, 52, 1, 0, 1, 0, 0, 1, 0, 1, 1, 0, 1, 1, 0 },
{ 23, 3, 5, 57, 0, 1, 0, 1, 0, 0, 1, 0, 1, 0, 1, 1, 1 },
{ 42, 0, 6, 2,  0, 1, 0, 1, 0, 0, 1, 0, 1, 0, 1, 1, 1 }, // 1956
{ 30, 8, 1, 8,  1, 0, 1, 0, 1, 0, 0, 1, 0, 1, 0, 1, 0 },
{ 48, 0, 2, 13, 1, 1, 1, 0, 1, 0, 0, 1, 0, 1, 0, 1, 0 },
{ 38, 0, 3, 18, 0, 1, 1, 0, 1, 0, 1, 0, 1, 0, 1, 0, 1 },
{ 27, 6, 4, 23, 1, 0, 1, 0, 1, 1, 0, 1, 0, 1, 0, 1, 0 }, // 1960
{ 45, 0, 6, 29, 1, 0, 1, 0, 1, 0, 1, 1, 0, 1, 0, 1, 0 },
{ 35, 0, 0, 34, 0, 1, 0, 0, 1, 0, 1, 1, 0, 1, 1, 0, 1 },
{ 24, 4, 1, 39, 1, 0, 1, 0, 0, 1, 0, 1, 0, 1, 1, 1, 0 },
{ 43, 0, 2, 44, 1, 0, 1, 0, 0, 1, 0, 1, 0, 1, 1, 1, 0 }, // 1964
{ 32, 0, 4, 50, 0, 1, 0, 1, 0, 0, 1, 0, 0, 1, 1, 0, 1 },
{ 20, 3, 5, 55, 1, 1, 1, 0, 1, 0, 0, 1, 0, 0, 1, 1, 0 },
{ 39, 0, 6, 0,  1, 1, 0, 1, 1, 0, 0, 1, 0, 1, 0, 1, 0 },
{ 29, 7, 0, 5,  0, 1, 0, 1, 1, 0, 1, 0, 1, 0, 1, 0, 1 }, // 1968
{ 47, 0, 2, 11, 0, 1, 0, 1, 0, 1, 1, 0, 1, 0, 1, 0, 1 },
{ 36, 0, 3, 16, 1, 0, 0, 1, 0, 1, 1, 0, 1, 1, 0, 1, 0 },
{ 26, 5, 4, 21, 0, 1, 0, 0, 1, 0, 1, 0, 1, 1, 1, 0, 1 },
{ 45, 0, 5, 26, 0, 1, 0, 0, 1, 0, 1, 0, 1, 1, 0, 1, 1 }, // 1972
{ 33, 0, 0, 32, 1, 0, 1, 0, 0, 1, 0, 0, 1, 1, 0, 1, 1 },
{ 22, 4, 1, 37, 1, 1, 0, 1, 0, 0, 1, 0, 0, 1, 1, 0, 1 },
{ 41, 0, 2, 42, 1, 1, 0, 1, 0, 0, 1, 0, 0, 1, 0, 1, 1 },
{ 30, 8, 3, 47, 1, 1, 0, 1, 0, 1, 0, 1, 0, 0, 1, 0, 1 }, // 1976
{ 48, 0, 5, 53, 1, 0, 1, 1, 0, 1, 0, 1, 0, 1, 0, 0, 1 },
{ 37, 0, 6, 58, 1, 0, 1, 1, 0, 1, 1, 0, 1, 0, 1, 0, 1 },
{ 27, 6, 0, 3,  1, 0, 0, 1, 0, 1, 1, 0, 1, 1, 0, 1, 0 },
{ 46, 0, 1, 8,  1, 0, 0, 1, 0, 1, 0, 1, 1, 0, 1, 1, 0 }, // 1980
{ 35, 0, 3, 14, 0, 1, 0, 0, 1, 0, 0, 1, 1, 0, 1, 1, 1 },
{ 24, 4, 4, 19, 1, 0, 1, 0, 0, 1, 0, 0, 1, 0, 1, 1, 1 },
{ 43, 0, 5, 24, 1, 0, 1, 0, 0, 1, 0, 0, 1, 0, 1, 1, 1 },
{ 32, 10,6, 29, 1, 0, 1, 1, 0, 0, 1, 0, 0, 1, 0, 1, 1 }, // 1984
```

```
{ 50, 0, 1, 35, 0, 1, 1, 0, 1, 0, 1, 0, 0, 1, 0, 1, 0 },
{ 39, 0, 2, 40, 0, 1, 1, 0, 1, 1, 0, 1, 0, 1, 0, 0, 1 },
{ 28, 6, 3, 45, 1, 0, 1, 0, 1, 1, 0, 1, 1, 0, 1, 0, 0 },
{ 47, 0, 4, 50, 1, 0, 1, 0, 1, 0, 1, 1, 0, 1, 1, 0, 1 }, // 1988
{ 36, 0, 6, 56, 1, 0, 0, 1, 0, 0, 1, 1, 0, 1, 1, 1, 0 },
{ 26, 5, 0,  1, 0, 1, 0, 0, 1, 0, 0, 1, 0, 1, 1, 1, 1 },
{ 45, 0, 1,  6, 0, 1, 0, 0, 1, 0, 0, 1, 0, 1, 1, 1, 0 },
{ 34, 0, 2, 11, 0, 1, 1, 0, 0, 1, 0, 0, 1, 0, 1, 1, 0 }, // 1992
{ 22, 3, 4, 17, 0, 1, 1, 0, 1, 0, 1, 0, 0, 1, 0, 1, 0 },
{ 40, 0, 5, 22, 1, 1, 1, 0, 1, 0, 1, 0, 0, 1, 0, 1, 0 },
{ 30, 8, 6, 27, 0, 1, 1, 0, 1, 0, 1, 1, 0, 0, 1, 0, 1 },
{ 49, 0, 0, 32, 0, 1, 0, 1, 1, 0, 1, 0, 1, 1, 0, 0, 1 }, // 1996
{ 37, 0, 2, 38, 1, 0, 1, 0, 1, 0, 1, 1, 0, 1, 1, 0, 1 },
{ 27, 5, 3, 43, 1, 0, 0, 1, 0, 0, 1, 1, 0, 1, 1, 0, 1 },
{ 46, 0, 4, 48, 1, 0, 0, 1, 0, 0, 1, 0, 1, 1, 1, 0, 1 },
{ 35, 0, 5, 53, 1, 1, 0, 0, 1, 0, 0, 1, 0, 1, 1, 0, 1 }, // 2000
{ 23, 4, 0, 59, 1, 1, 0, 1, 0, 1, 0, 0, 1, 0, 1, 0, 1 },
{ 42, 0, 1,  4, 1, 1, 0, 1, 0, 1, 0, 0, 1, 0, 1, 0, 1 },
{ 31, 0, 2,  9, 1, 1, 0, 1, 1, 0, 1, 0, 0, 1, 0, 1, 0 },
{ 21, 2, 3, 14, 0, 1, 0, 1, 1, 0, 1, 0, 1, 0, 1, 0, 1 }, // 2004
{ 39, 0, 5, 20, 0, 1, 0, 1, 0, 1, 1, 0, 1, 0, 1, 0, 1 },
{ 28, 7, 6, 25, 1, 0, 1, 0, 1, 0, 1, 0, 1, 1, 0, 1, 1 },
{ 48, 0, 0, 30, 0, 0, 1, 0, 0, 1, 0, 1, 1, 1, 0, 1, 1 },
{ 37, 0, 1, 35, 1, 0, 0, 1, 0, 0, 1, 0, 1, 1, 0, 1, 1 }, // 2008
{ 25, 5, 3, 41, 1, 1, 0, 0, 1, 0, 0, 1, 0, 1, 0, 1, 1 },
{ 44, 0, 4, 46, 1, 0, 1, 0, 1, 0, 0, 1, 0, 1, 0, 1, 1 },
{ 33, 0, 5, 51, 1, 0, 1, 1, 0, 1, 0, 0, 1, 0, 1, 0, 1 },
{ 22, 4, 6, 56, 1, 0, 1, 1, 0, 1, 0, 1, 0, 1, 0, 1, 0 }, // 2012
{ 40, 0, 1,  2, 1, 0, 1, 1, 0, 1, 0, 1, 0, 1, 0, 1, 0 },
{ 30, 9, 2,  7, 0, 1, 0, 1, 0, 1, 0, 1, 1, 0, 1, 0, 1 },
{ 49, 0, 3, 12, 0, 1, 0, 0, 1, 0, 1, 1, 1, 0, 1, 0, 1 },
{ 38, 0, 4, 17, 1, 0, 1, 0, 0, 1, 0, 1, 1, 0, 1, 1, 0 }, // 2016
{ 27, 6, 6, 23, 0, 1, 0, 1, 0, 0, 1, 0, 1, 0, 1, 1, 1 },
{ 46, 0, 0, 28, 0, 1, 0, 1, 0, 0, 1, 0, 1, 0, 1, 1, 0 },
{ 35, 0, 1, 33, 0, 1, 1, 0, 1, 0, 0, 1, 0, 0, 1, 1, 0 },
{ 24, 4, 2, 38, 0, 1, 1, 1, 0, 1, 0, 0, 1, 0, 1, 0, 1 }, // 2020
{ 42, 0, 4, 44, 0, 1, 1, 0, 1, 0, 1, 0, 1, 0, 1, 0, 1 },
{ 31, 0, 5, 49, 1, 0, 1, 0, 1, 1, 0, 1, 0, 1, 0, 1, 0 },
{ 21, 2, 6, 54, 0, 1, 0, 1, 0, 1, 0, 1, 1, 0, 1, 0, 1 },
{ 40, 0, 0, 59, 0, 1, 0, 0, 1, 0, 1, 1, 0, 1, 1, 0, 1 }, // 2024
{ 28, 6, 2,  5, 1, 0, 1, 0, 0, 1, 0, 1, 0, 1, 1, 1, 0 },
{ 47, 0, 3, 10, 1, 0, 1, 0, 0, 1, 0, 0, 1, 1, 1, 0, 1 },
{ 36, 0, 4, 15, 1, 1, 0, 1, 0, 0, 1, 0, 0, 1, 1, 0, 1 },
{ 25, 5, 5, 20, 1, 1, 1, 0, 1, 0, 0, 1, 0, 0, 1, 1, 0 }, // 2028
{ 43, 0, 0, 26, 1, 1, 0, 1, 0, 1, 0, 1, 0, 0, 1, 0, 1 },
```

```
    { 32, 0, 1, 31, 1, 1, 0, 1, 1, 0, 1, 0, 1, 0, 1, 0, 0 },
    { 22, 3, 2, 36, 0, 1, 1, 0, 1, 0, 1, 1, 0, 1, 0, 1, 0 }
};
```

以上代码是阴阳历转换设计中最重要结构体数据，其间包含了各种不规律的阴历日期信息，分别为 struct taglunarcal[]，所说明的各项数值和用 1 和 0 来表示的月份的大小。

有关阴历信息数据如下：

```
#define firstyear 1936                     // lunarcal[]数组中的起始年限
#define lastyear (firstyear + sizeof(lunarcal)/sizeof(struct taglunarcal) - 1)
                                           //结束年限
int solarcal[12] = { 31, 28, 31, 30, 31, 30, 31, 31, 30, 31, 30, 31 };
                                           //平年时阳历 1 月到 12 月每月的天数
int solardays[2][14] = {
    { 0, 31, 59, 90, 120, 151, 181, 212, 243, 273, 304, 334, 365, 396 },
    { 0, 31, 60, 91, 121, 152, 182, 213, 244, 274, 305, 335, 366, 397 } };
                                           //阳历年每月之累积日数，平年与闰年
```

2. 阴阳历转换设计中重要的功能函数

exchange()函数是阴阳历转换设计中最重要的函数，该函数完成了闰年判断、阳历转换成阴历日期、阴阳历查询、星期几、天干地支查询等功能。表 5.4 是 exchange()函数的方法描述。

表 5.4 exchange 方法描述

名　称	exchange		
返回值	void		
描　述	阴阳历转换函数		
参　数	名　称	类　型	描　述
无			

exchange()函数代码如下：

```
void exchange()
{
    int leap, d, sm, y, im, l1, l2, acc, i, lm, kc;
    int solaryear,solarmonth,solardate;                 //定义阳历日期
    int lunaryear,lunarmonth,lunardate,weekday,kan,chih;   //定义阴历日期信息数据
    solaryear = 2004;
    solarmonth = 6;
    solardate = 1; //初始化数据，该数据在整个程序中将用文本框中所给出的数据代替
    sm = solarmonth - 1;
    leap = getleap( solaryear );
    if(sm == 1 )
    d = leap + 28;
    else
    d = solarcal[sm];
    y = solaryear - firstyear;
    acc = solardays[leap][sm] + solardate;
```

```
        weekday = ( acc + lunarcal[y].baseweekday ) % 7;
        kc = acc + lunarcal[y].basekanchih;
        kan = kc % 10;
        chih = kc % 12;
        if ( acc <= lunarcal[y].basedays )
        {
            y--;
            lunaryear = solaryear - 1;
            leap = getleap( lunaryear );
            sm += 12;
            acc = solardays[leap][sm] + solardate;
        }
        else
        lunaryear = solaryear;
        l1 = lunarcal[y].basedays;
        for ( i = 0; i<13; i++ )
        {
            l2 = l1 + lunarcal[y].monthdays[i] + 29;
            if (acc <= l2)
            break;
            l1 = l2;
        }
        lunarmonth = i + 1;
        lunardate = acc - l1;
        im = lunarcal[y].intercalation;
        if(im != 0 && lunarmonth>im)
        {
            lunarmonth--;
            if (lunarmonth == im)
            lunarmonth = - im;
        }
        if (lunarmonth > 12)
        lunarmonth -= 12;
    }
```

阴阳历的转换为日历组件设计中的难点。另外，所要完成的操作还有对日历表的设计也是难点之一。日历表遵循一定的规律但又不能使用信息调用来调用固定的日期，所以需要编写一个函数来实现变化的日期的显示。这也是一个难点。

5.4 练习题

1. 为 PDA 环境设计一个日程组件，可以根据日期设计记事提醒功能，并能在嵌入式环境下使用。

2. 为 PDA 环境设计一个课程表，可以按照周一到周日分时段记事功能，并能在嵌入式环境下使用。

第6章 智能拼音输入法组件设计

智能拼音输入法组件设计是解决PDA系统上输入中文的问题而编制的一款智能型的汉语拼音输入法。本组件设计是一种在输入效率和易用性上能够与PC中文输入法相媲美的嵌入式系统下智能拼音输入法，使用户从繁杂的中文输入工作中解放出来，提高工作效率。对于这款拼音输入法，智能性是第一位的，要求输入法具有词语联想功能和智能学习功能，其中智能学习功能包括：高频汉字和词组的顺序调整及用户自定义词组的产生。

6.1 引 言

智能拼音输入法的程序设计分为三个主要模块：字库设计模块、拼音输入法的界面设计及事件响应模块、智能拼音输入法算法实现模块。

1. 字库设计模块

由于智能拼音输入法要求能够进行高频文字顺序调整和自定义词组，所以字库文件是应该能够动态更新的，字库更新方面也就包含了汉字顺序的调整和字库内容的调整。定义一种恰当的文件数据结构，会使字库的更新既具方便性，又有效率，这是此项目第一要解决的问题。

2. 拼音输入法的界面设计及事件响应模块

由于这款输入法是PDA的输入法，所以拼音字母的输入是以点击触摸屏的软键盘进行输入的。界面设计首先要考虑的是怎样以最好的方式实现触摸屏软键盘的问题；其次是与输入拼音相对应的汉字的显示方式，以及英文输入的显示方式；最后是其他一些附属功能的界面安排，如特殊字符的输入方式等。

3. 智能拼音输入法算法实现模块

算法可以说是输入法的根本，输入法一切功能的实现都依靠良好高效正确的算法，所以输入法算法的实现是此组件设计中最主要的部分。算法主要是用来实现软件的功能，我们要实现的是嵌入式系统下智能拼音输入法，所以可以借鉴微软拼音输入法、全拼输入法、智能ABC输入法等优秀的而且平时常用的输入法软件的功能。借助于这些软件，我们也可以做出功能完善、智能化的输入法软件。智能拼音输入法要实现的主要功能有：词语联想功能、智能学习功能、高频汉字和词组的顺序调整及用户自定义词组的产生。由于本输入法要求能够进行高频文字顺序调整和自定义词组，所以字库文件是能够动态更新的，字库更新的方面也就包含了汉字顺序的调整和内容的调整，配合字库的数据结构，算法要实现其功能。

模块化的总体结构如图6.1所示。

图6.1显示的界面设计及事件响应模块中，具体分为两大部分：一部分是界面的绘制，在这一部分中进行软键盘、拼音提示栏和汉字提示栏的绘制；另一部分是对界面的事件响应，在

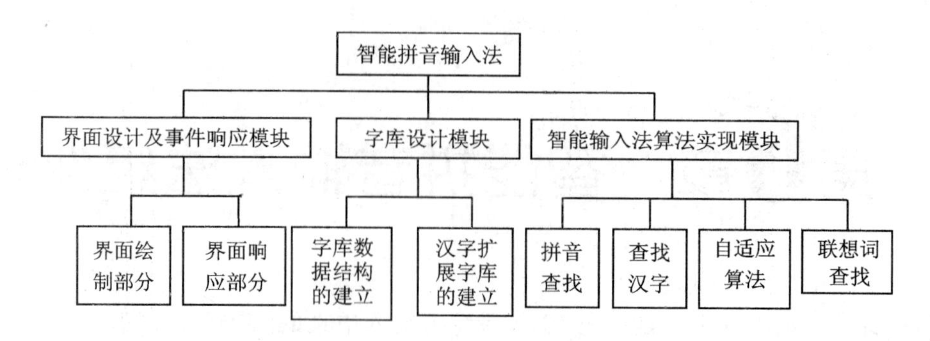

图 6.1　模块的总体结构

这一部分中对绘制的软键盘的按钮进行单击事件响应,并将按钮事件与拼音、汉字提示栏相联系,同时此部分也是将界面设计及事件响应模块和智能拼音的算法实现模块相联系的关键。

字库设计模块包括字库数据结构的建立和汉字扩展字库的建立两大部分。其中,字库数据结构的建立是字库具体内容部分及智能拼音算法模块的基础,以后对字库的操作和拼音输入法程序均在此基础上进行编制,所以字库数据结构的建立是输入法实现的重要部分。

智能输入法算法中将字库中的每个汉字相关的数据结构格式包括编码项、汉字位置编号、汉字声母编号、汉字韵母编号、此汉字在同音汉字中的编号、汉字使用次数、联想词个数和联想词的位置编号数组。以这种方法设计字库的数据结构是为了方便查找程序的编制,使程序可以通过结构中不同的编号查找到相应的汉字;并且可以根据汉字使用次数的记录来调整汉字在字库中的排列次序,以达到高频使用汉字的次序排在前边的目的;还可以通过联想词个数和位置编号方便地找到联想汉字。

界面大体情况如图 6.2 所示,图 6.3 显示了软键盘区 57 个按钮构成图。

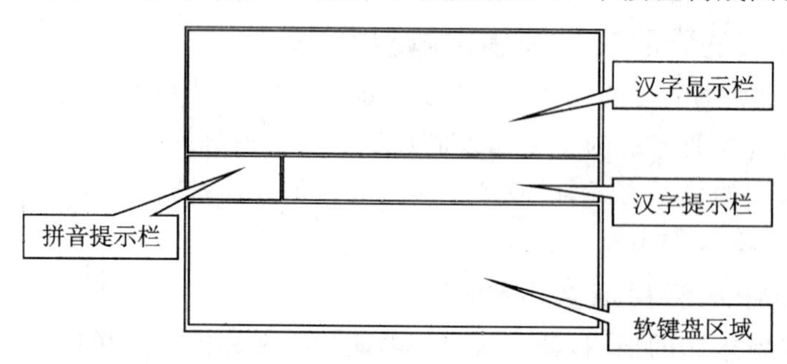

图 6.2　界面总览

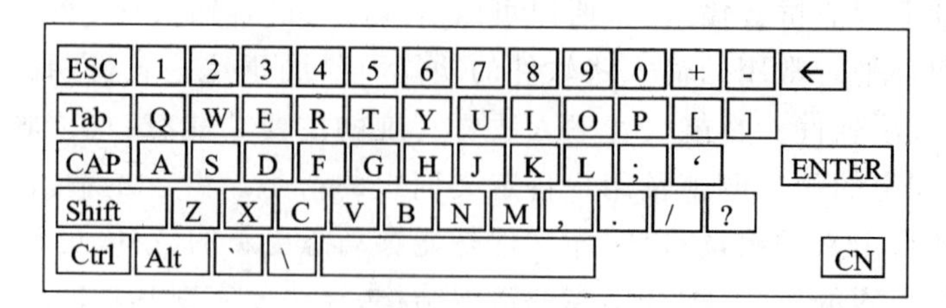

图 6.3　软键盘

绘制界面有三种方案:可以使用位图导入将键盘示意图导入到系统中;也可进行实时写屏绘画;还可以直接使用相关控件。第一种方案是将一张绘制好的键盘示意图导入到系统中,根据示意图的不同区域进行触摸判断，来确定按下的具体是哪一个按钮。第二种方案是在汉字拼音输入法初始化的时候，利用系统提供的绘制函数来绘制软键盘，然后利用与第一种方案相同的方法进行区域触摸判断，来确定按下的具体按钮信息。前两种方案，在判断按键区域的时候，都利用了系统的 OSM_TOUCH_SCREEN 消息进行响应，但具体的区域需要进行额外的判断，所以方法有些复杂，不十分简便。第三种方案是利用系统的控件进行软键盘的绘制，然后利用系统的 OSM_BUTTON_CLICK 消息进行响应，虽然与前两种方法相比，此方法在软键盘的绘制上稍有繁琐，但在按键的响应方面由于不用进行区域的判断，仅对各按钮进行判断即可，所以要简洁得多。比较三种方案，直接调用控件的方法在效率和实现方法上更占优势，所以定为使用直接调用控件的方法，即第三种方法。

6.2 字库设计编程思想

6.2.1 总体设计

字库设计部分包括字库设计模块和界面设计及事件响应模块。

字库设计模块负责字库的生成。由于字库存储的信息量非常庞大，所以单凭手工输入字库信息是非常繁琐并且容易出错的事情，字库具体内容的建立部分主要实现字库数据结构中的汉字信息自动化生成。在这一部分中，我们利用 VC++ 编写了一个能够自动生成字库扩展文件的程序，专门进行汉字扩展字库的生成工作。此程序自动进行汉字 GB 编码向 Unicode 编码的转换，并将汉字扩展信息按照其读音有序存放，最后生成按照 HZExtend 结构排列的汉字扩展信息字库。

这种智能拼音输入法的字库包括两种字库类型，如图 6.4 所示。一种是汉字的点阵字模文件，该文件记录了所有汉字的点阵信息，且已经被固化在操作系统中，不必亲自进行制作；另外一种是汉字的扩展信息文件，该文件用于存放在拼音输入法中所要使用的汉字的基本信息。由于与具体的输入法有关，所以这个文件需要个人进行编制，而文件的编制过程即为此部分的重点。下面所说的的字库特指汉字扩展信息字库。

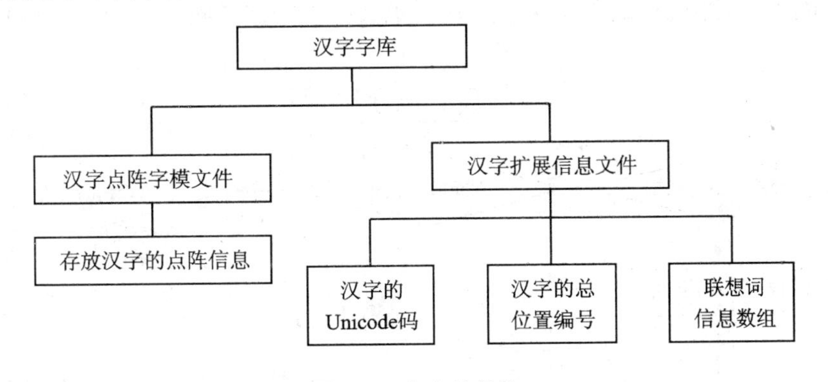

图 6.4 字库总结构

字库设计模块中有两部分内容。一部分提供了必要的字库数据结构转换函数，另外一部分为自动建立字库扩展文件的程序。汉字扩展信息字库的结构如图 6.5 所示。

界面设计及事件响应模块包括界面的绘制和界面事件的响应两大部分，这两部分分别负

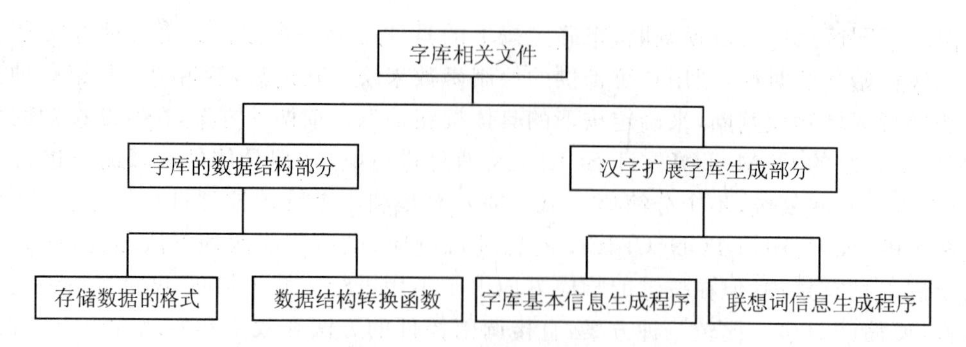

图 6.5　汉字扩展信息字库结构

责提示文本框和软键盘的绘制以及软键盘按钮的响应工作。界面设计及事件响应模块结构如图 6.6 所示。

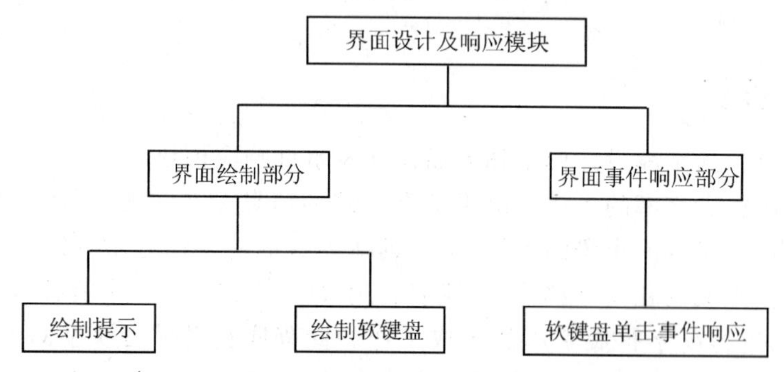

图 6.6　界面设计及事件响应模块结构

在界面的绘制方面,考虑到界面的友好性和简洁性,将界面分成四个部分:

(1) 在触摸屏上仿照 PC 键盘绘制的软键盘,用来进行信息的输入设备;

(2) 拼音提示栏,用于显示和接受输入的拼音;

(3) 汉字提示栏,用于显示查找到的汉字;

(4) 汉字的显示区,用于显示选择的汉字和其他字符信息。

下面介绍图 6.6 中软键盘单击事件响应对英文字母的选择响应。英文字母响应流程图如图 6.7 所示。

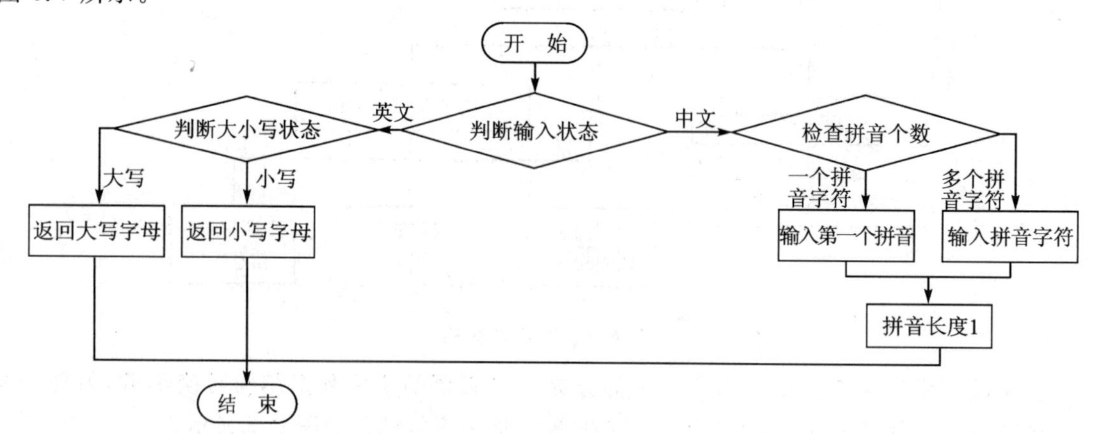

图 6.7　英文字母的响应流程图

在按下英文字母按键时，有两种可能情况：一种是在中文输入状态下进行英文字母的输入，此时输入的英文字母作为拼音组合的一部分，显示在拼音提示栏里；另一种是在英文输入状态下进行英文字母的输入，此时输入的英文字母通过提供给外部的接口进行输出。另外，在英文输入状态下，又分为大写输入状态和小写输入状态。

6.2.2 详细设计

1. 智能输入法字库的数据结构

本输入法要求能够对高频文字顺序进行调整和自定义词组，所以字库文件是应该能够动态更新的，字库更新的方面也就包含了汉字顺序的调整和字库内容的调整。基于这些功能的考虑，对字库的数据结构做初步制定。首先使用两个数据文件来存放字库信息，一个文件是汉字内容的字模文件，它包含了输入法支持的所有汉字的信息；另一个是汉字字库的扩展文件，它包含了与拼音相对应的不同汉字的扩展信息，如汉字在字模字库中的编号、位置相对地址、联想词组的信息、汉字调用频率信息等。输入法每次先按照输入的拼音查找字库扩展文件，再根据扩展文件的相关信息在字模文件里找到汉字，输出给显示部分显示，然后根据刚才查找的扩展文件信息将联想的词语信息提交显示部分显示，如此反复。

下面代码中描述的 HZExtend 结构是存放汉字扩展信息的数据结构。

```
typedef struct HZExtend{
    U16     HZUnicode;            //汉字的 Unicode 编码
    U16     HZPos;                //本汉字在汉字扩展文件中的总位置编号
    U8      HZFirstGroup;         //本汉字的声母编号
    U8      HZSecondGroup;        //本汉字的韵母编号
    U8      HZThirdGroup;         //本汉字在同音韵母中的位置编号
    U8      HZUseNum;             //汉字的使用频率
    U16     HZWordLegendNum;//汉字的联想词次数
    U16     HZWordLegend[15];//联想汉字的 Unicode 码
}HZExtend;
```

无论是在程序中，还是在汉字扩展字库中，汉字的存放方法都是以 HZExtend 结构进行存放的。之所以使用此种定义方法进行汉字扩展信息的存放是因为 HZExtend 结构中存放了在进行汉字操作时所需要的所有数据信息。此结构记录了汉字的 Unicode 编码、汉字在汉字扩展字库中的总位置排号、汉字声母编号、汉字韵母编号、汉字在同音韵母中的位置、汉字的使用次数、汉字的联想词个数以及汉字的联想词数组。

2. 相关的转换函数

这一部分主要提供了一些将字库数据结构中某种数据类型与其他类型之间进行转换的函数，这些类型间转换函数的作用是确保以字库数据结构类型 HZExtend 存储的汉字扩展信息正确地送给系统提供的函数使用。表 6.1～表 6.3 及其代码显示了各种编码之间转换函数的方法描述及函数内容。

表 6.1 Unicode2CharEn 方法描述

名　称	Unicode2CharEn		
返回值	char		
描　述	英文 Unicode 码转 ASCII 码函数		
参　数	名　称	类　型	描　述
1	UnicodeStr	U16	要转换的 Unicode 编码的字符

Unicode2CharEn()函数代码如下：

```
char Unicode2CharEn(U16 UnicodeStr)
{
    return (char)UnicodeStr;
}
```

Unicode2CharEn()函数功能是将英文字母 Unicode 码转换成 ASCII 码，返回值为转换后的 ASCII 码。Unicode 码为双字节编码，ASCII 码为单字节编码，英文字母的 Unicode 码与其 ASCII 码的低 8 位相同，且 Unicode 码的高 8 位为 0，所以仅将 Unicode 码的高 8 位截断，保留的低 8 位即为此英文字母的 ASCII 码。

表 6.2 U8Str2HZExtend 方法描述

名　称	U8Str2HZExtend		
返回值	HZExtend		
描　述	U8 类型字符串转 HZExtend 类型数据的函数		
参　数	名　称	类　型	描　述
1	U8String	U8	要转换的 U8 字符串

U8Str2HZExtend()函数代码如下：

```
HZExtend U8Str2HZExtend(U8 * U8String)
{
    int      HZIndex;
    int      HZLegendIndex;
    HZExtUnion      HZTemp;
    HZExtend   HZExtendString;
    //将 U8 类型数据先存放到 HZTemp 变量的 HZU8 元素中
    for(HZIndex = 0;HZIndex<40;HZIndex ++ )
        HZTemp.HZU8[HZIndex] = U8String[HZIndex];
    //将 HZExtUnion 类型数据逐个移到 HZExtend 类型数据的相应元素中
    HZExtendString.HZUnicode = HZTemp.HZU16[0];
    HZExtendString.HZPos = HZTemp.HZU16[1];
    HZExtendString.HZFirstGroup = HZTemp.HZU8[4];
    HZExtendString.HZSecondGroup = HZTemp.HZU8[5];
    HZExtendString.HZThirdGroup = HZTemp.HZU8[6];
    HZExtendString.HZUseNum = HZTemp.HZU8[7];
```

```
    HZExtendString.HZWordLegendNum = HZTemp.HZU16[4];
    for(HZIndex = 5,HZLegendIndex = 0;HZIndex<20;HZIndex++,HZLegendIndex++)
        HZExtendString.HZWordLegend[HZLegendIndex] = HZTemp.HZU16[HZIndex];
    return HZExtendString;    //返回转换后的 HZExtend 类型值
}
```

代码中 U8Str2HZExtend()函数功能是将 U8 类型字符串转换为 HZExtend 类型数据，返回值为转换后的 HZExtend 的值。

汉字扩展信息类型 HZExtend 中存放的元素信息仅有 U16 和 U8 两种类型。U16 为 16 位，U8 为 8 位，要想将一组 U8 类型的数据转换为 HZExtend 类型的数据，必须将这一组 U8 类型的数据按照 HZExtend 类型变量中各元素的大小，逐个存放在 HZExtend 类型变量的相应元素中。但这里有一个问题，就是如何将 U8 类型的数据存放在 U16 类型的元素中，为了解决这个问题，定义了一个共用体类型 HZExtUnion，如下所示：

```
typedef union HZExtUnion{
    U16 HZU16[20];
    U8  HZU8[40];
}HZExtUnion;
```

因为 HZExtend 类型所占用的空间为 40 字节(即 40 个 U8 类型大小)，所以将共用体定义为包含 20 个 U16 类型的元素或者是 40 个 U8 类型的元素。有了 HZExtUnion 这个共用体类型，就可以很方便地将 U8 类型的数据存放在 U16 类型的元素中了。基本算法为首先将要进行转换的 U8 类型数据存放在 HZExtUnion 共用体类型的 HZU8 元素中，然后再利用 HZExtUnion 类型分别将 U8 或 U16 类型的数据存放在 HZExtend 的相应元素中。

表 6.3 HZExtend2U8Str 方法描述

名　称	HZExtend2U8Str		
返回值	U8		
描　述	HZExtend 类型转 U8 类型函数		
参　数	名　称	类　型	描　述
1	HZString	HZExtend *	要转换的 HZExtend 类型值
2	U8String	U8 *	接收转换后的 U8 字符串

HZExtend2U8Str()函数代码如下：

```
U8 HZExtend2U8Str(HZExtend *HZString,U8 *U8String)
{
    int    HZIndex;
    int    HZLegendIndex;
    HZExtUnion HZTemp;
/*将 HZExtend 类型数据存放在 HZExtUnion 共用体变量的相应元素中*/
    HZTemp.HZU16[0] = HZString->HZUnicode;
    HZTemp.HZU16[1] = HZString->HZPos;
    HZTemp.HZU8[4] = HZString->HZFirstGroup;
```

```
    HZTemp.HZU8[5] = HZString ->HZSecondGroup;
    HZTemp.HZU8[6] = HZString ->HZThirdGroup;
    HZTemp.HZU8[7] = HZString ->HZUseNum;
    HZTemp.HZU16[4] = HZString ->HZWordLegendNum;
    for(HZIndex = 5,HZLegendIndex = 0;HZIndex<20;HZIndex ++ ,
      HZLegendIndex ++ )
    HZTemp.HZU16[HZIndex] = HZString ->HZWordLegend[HZLegendIndex];
/* 将 HZExtUnion 共用体变量中的 HZU8 元素值复制到 U8 类型的字符串中 */
    for(HZIndex = 0;HZIndex<40;HZIndex ++ )
        U8String[HZIndex] = HZTemp.HZU8[HZIndex];
    return 0x08;
}
```

代码中 HZExtend2U8Str()函数功能是将 HZString 结构数据转换为 U8 类型的字符串，返回值为 0x08。实现的方法与 U8 类型转 HZExtend 类型函数类似，也是利用 HZExtUnion 共用体变量，不同处为此过程是 U8 类型转 HZExtend 类型的逆过程。

3. 汉字扩展字库生成程序

汉字扩展字库中拥有汉字近 4 000 个，单凭手工输入相关信息是一件非常不现实的事情，所以就务必有一个能够自动生成汉字扩展信息的程序，这样可以大大节省劳动量，提高软件整体编制的效率。为此，使用 VC 编写了一个自动生成汉字扩展信息的程序。

此汉字扩展信息生成程序包含两个重要部分：汉字基本信息生成和联想词信息生成。此外还包括了在生成汉字扩展信息中所必须的一些关键函数。以下将对此进行详细说明。

1）程序的基本结构

汉字扩展信息字库生成程序基本结构，如图 6.8 所示。

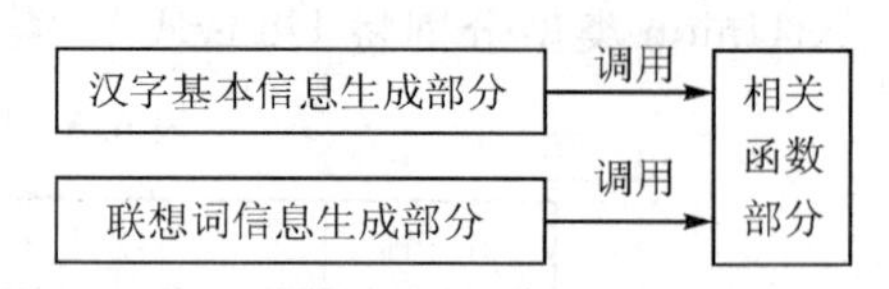

图 6.8　汉字扩展信息字库生成程序基本结构

2）与汉字扩展字库有关的必要函数

表 6.4～表 6.6 及代码显示了与汉字扩展字库有关的函数的方法描述及函数内容。

表 6.4　InitHZInfoArray 方法描述

名　称	InitHZInfoArray		
返回值	char		
描　述	初始化汉字扩展信息数组函数		
参　数	名　称	类　型	描　述
1	HZExtendString	HZExtend *	接收汉字信息的数组
2	HZCount	int	汉字扩展字库中的汉字总数

InitHZInfoArray()函数代码如下：

```
char InitHZInfoArray(HZExtend * HZExtendString,int HZCount)
{
    FILE * fp;      //File Point
```

```
    int      Index;
    char ReadStringTemp[40];
    if((fp = fopen("HZWORD.REC","rb")) == 0) return 0x02;
    for(Index = 0;Index<HZCount;Index++)
    {
        //从汉字扩展字库中读取汉字信息
        fread(ReadStringTemp, 40,1,fp);
        //转换读取的信息为可用的 HZExtend 格式
        HZExtendString[Index] = CharStr2HZExtend(ReadStringTemp);
    }
    fclose(fp);
    return 0x06;
}
```

InitHZInfoArray()函数功能是从汉字扩展字库中读取汉字扩展信息,并将所有汉字的信息储存在数组中。返回值:成功返回 0x06。在进行自动生成汉字的联想词之前,首先将汉字扩展字库中已经生成的汉字信息读出并存放在汉字扩展信息数组中,这样既方便进行汉字的一系列操作,也可以大大提高汉字操作的速度与效率。

表 6.5　SearchWordFromUnicode 方法描述

名　称	SearchWordFromUnicode		
返回值	int		
描　述	按 Unicode 码查找汉字函数		
参　数	名　称	类　型	描　述
1	HZUnicode	TCHAR	汉字的 Unicode 编码
2	HZExtendArray	HZExtend *	汉字扩展信息数组
3	HZCount	int	输入的拼音长度

SearchWordFromUnicode()函数代码如下:

```
int SearchWordFromUnicode(TCHAR HZUnicode,HZExtend * HZExtendArray,int HZCount)
{
    int Index;
    for(Index = 0;Index<HZCount;Index++)
        if(HZExtendArray[Index].HZUnicode == HZUnicode)
            return HZExtendArray[Index].HZPos;
    return 0xffff;
}
```

SearchWordFromUnicode()函数功能是按照汉字在汉字扩展字库中的 Unicode 码查找汉字的。返回值:成功则返回汉字的位置,不成功则返回 0xffff。

表 6.6　AddNewLWord 方法描述

名　称	AddNewLWord		
返回值	int		
描　述	向字库中添加联想词的函数		
参　数	名　称	类　型	描　述
1	HZOld	TCHAR *	联想词的第一个汉字
2	HZLWord	TCHAR *	联想词的第二个汉字
3	LWordIndex	int	联想词的第二个汉字下标
4	HZExtendArray	HZExtend *	汉字扩展信息数组
5	HZCount	int	字库中汉字的个数

AddNewLWord()函数代码如下：

```
int AddNewLWord(TCHAR * HZOld,TCHAR * HZLWord,int LWordIndex,
                HZExtend * HZExtendArray,int HZCount)
{
    int  HZOldPos,HZLWordPos;
    HZOldPos = SearchWordFromUnicode(HZOld[0],HZExtendArray,HZCount);
    HZLWordPos = SearchWordFromUnicode(HZLWord[LWordIndex],HZExtendArray,
                                       HZCount);
    if(HZOldPos == 0xffff||HZLWordPos == 0xffff)
        return 0x00;
    else if(HZExtendArray[HZOldPos].HZWordLegendNum< = 15)
    {   HZExtendArray[HZOldPos].HZWordLegend[HZExtendArray[HZOldPos].
                    HZWordLegendNum] = HZExtendArray[HZLWordPos].HZPos;
        HZExtendArray[HZOldPos].HZWordLegendNum ++ ;
        return 0x01;
    }
    else
        return 0x02;
}
```

AddNewLWord()函数功能是查找汉字 HZOld 在字库中的位置及其他的联想词 HZLWord 在字库中的位置，并将 HZLWord 的位置添加到 HZOld 的联想词数组中。返回值：不成功（没找到相应的汉字）则返回 0x00，成功则返回 0x01；不成功（联想词数目已满）返回 0x02。

3）汉字基本信息生成程序

利用汉字基本信息生成程序可以自动地生成汉字扩展字库中的所有汉字，程序会自动识别并转换汉字的 GB 码为 Unicode 码，按照声母顺序排列汉字并将汉字信息存放在汉字扩展字库中。存放在汉字扩展字库中的信息包括：汉字的 Unicode 编码、汉字在汉字扩展字库中的总位置编号、汉字声母编号、汉字韵母编号、汉字在同音韵母中的位置、汉字的使用次数、汉字的联想词个数以及汉字的联想词数组。在汉字扩展字库中，共有 3 764 个汉字，这些汉字基本可以满足 PDA 上的汉字输入要求。汉字的排列顺序如表 6.7 所列。

图 6.9 是汉字在内存(或汉字扩展信息字库)中的具体排列存放情况。

表 6.7 汉字排列顺序表

拼音	声母	韵母	汉字
A	A		阿啊
AI	A	I	哎哀唉埃挨皑癌矮蔼艾爱隘碍
AO	A	O	安氨鞍俺岸按案胺暗
AN	A	N	肮昂盎
ANG	A	NG	凹敖熬翱袄傲奥澳懊
BA	B	A	八巴叭扒吧芭疤捌笆拔跋把靶坝爸罢霸
BAI	B	AI	白百佰柏摆败拜稗
…	…	…	…
ZUI	Z	UI	嘴最罪醉
ZUN	Z	UN	尊遵
ZUO	Z	UO	昨左佐作坐座做

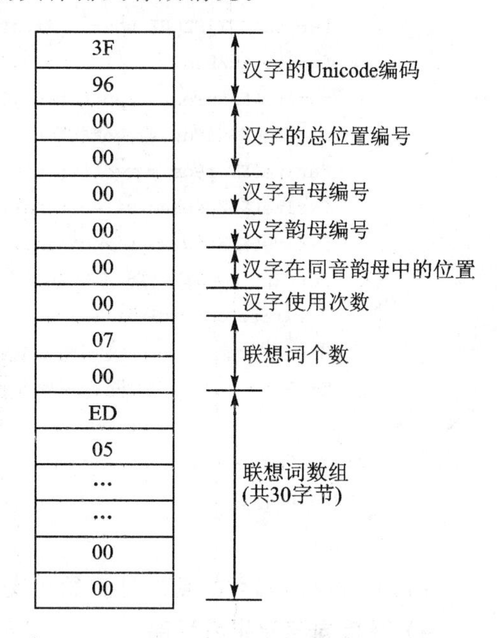

图 6.9 汉字扩展信息在内存中的存放情况

表 6.8 显示了与汉字扩展字库有关的函数的方法描述。

表 6.8 InitTYHZ 方法描述

名称	InitTYHZ		
返回值	int		
描述	初始化汉字函数		
参数	名称	类型	描述
1	PY_HZ	TCHAR *	汉字数组
2	FirPos	char	声母编号
3	SecPo	char	韵母编号
4	TirPos	char	此韵母下同音汉字的编号初始值

InitTYHZ()函数代码如下：

```
int InitTYHZ(TCHAR * PY_HZ,char FirPos,char SecPos,char TirPos)
{
    FILE * fp;
    int     HZIndex;
    fp = fopen("HZWORD.REC","ab");             //打开汉字扩展字库
    if(!fp) printf("Cannot open this file!\n");
    TirPos = 0;    //将同音汉字编号置 0
    //写入此读音的所有汉字信息
    for(HZIndex = 0;HZIndex< int(wcslen(PY_HZ));HZIndex ++ )
```

```
    {
        fwrite(&PY_HZ[HZIndex],sizeof(TCHAR),1,fp);
        fwrite(&HZPos,sizeof(int)/2,1,fp);
        fwrite(&FirPos,sizeof(char),1,fp);
        fwrite(&SecPos,sizeof(char),1,fp);
        fwrite(&TirPos,sizeof(char),1,fp);
        fwrite(&HZUseNum,sizeof(char),1,fp);
        fwrite(&LWordNum,sizeof(int)/2,1,fp);
        for(int i = 0;i<15;i ++ )
          fwrite(&LWordInit,sizeof(int)/2,1,fp);
        HZPos ++ ;        //汉字总位置编号加1
        TirPos ++ ;       //同音汉字编号加1
    }
    fclose(fp);
    return(0);
}
```

InitTYHZ()函数的功能是初始化汉字信息，并将汉字信息写入到汉字扩展字库中。

4）联想词信息生成程序

利用联想词信息生成程序，可以自动添加汉字的联想词到汉字扩展信息字库中。现阶段，在汉字扩展信息字库中存放的联想词仅限于两个汉字组成的双字词组，即在每个汉字的联想词数组中仅顺序保存一个汉字的相关信息。与生成汉字的基本信息类似，程序会自动转换汉字的GB码到Unicode码，然后根据转换后的Unicode码，查找到此汉字在汉字扩展字库中的总位置代码，写入到汉字的联想词数组中。所以这一过程应在汉字基本信息生成程序段执行完毕后再进行这一部分代码的执行，表6.9显示了InitNewLWord()函数的方法描述。

表 6.9 InitNewLWord 方法描述

名　称	InitNewLWord		
返回值	int		
描　述	初始化联想词函数		
参　数	名　称	类　型	描　述
1	HZExtendArray	HZExtend *	汉字扩展信息数组
2	HZCount	int	汉字扩展字库中汉字的个数

InitNewLWord()函数代码如下：

```
int InitNewLWord(HZExtend * HZExtendArray,int HZCount)
{
    int LWordIndex = 0;
    TCHAR * HZOld = L"阿";
    TCHAR * HZLWord = L"拉姨曼飞瑟婆爸";
    //a
    //阿
```

```
for(LWordIndex = 0;LWordIndex< int(wcslen(HZLWord));LWordIndex ++ )
AddNewLWord(HZOld,HZLWord,LWordIndex,HZExtendArray,HZCount);     //啊
HZOld = L"啊";
HZLWord = L"哈";
for(LWordIndex = 0;LWordIndex< int(wcslen(HZLWord));LWordIndex ++ )
AddNewLWord(HZOld,HZLWord,LWordIndex,HZExtendArray,HZCount);
//ai
//哎
HZOld = L"哎";
HZLWord = L"呀哟";
for(LWordIndex = 0;LWordIndex< int(wcslen(HZLWord));LWordIndex ++ )
AddNewLWord(HZOld,HZLWord,LWordIndex,HZExtendArray,HZCount);
...
//懊
HZOld = L"懊";
HZLWord = L"恼悔";
for(LWordIndex = 0;LWordIndex< int(wcslen(HZLWord));LWordIndex ++ )
AddNewLWord(HZOld,HZLWord,LWordIndex,HZExtendArray,HZCount);
//ba
//八
HZOld = L"八";
HZLWord = L"十月百年九个戒方路千万一褂仙";
for(LWordIndex = 0;LWordIndex< int(wcslen(HZLWord));LWordIndex ++ )
AddNewLWord(HZOld,HZLWord,LWordIndex,HZExtendArray,HZCount);
...
return (0);
}
```

InitNewLWord()函数的功能是初始化汉字的联想词信息，并将汉字的联想词信息写入到汉字扩展字库中。此部分会调用字库扩展信息必要函数中的 AddNewLWord()函数，为每个需要添加联想词的汉字添加联想词。

4. 界面设计中的主要函数

界面设计中主要设计的界面有绘制提示栏文本框和绘制软键盘按钮。

提示栏文本框有三个，分别为拼音提示栏、汉字提示栏和汉字显示栏。因为输入的汉语拼音长度最多为 6 个英文字母(如 chuang)，所以拼音提示栏的长度设定为 64 个像素长，即可满足 6 个英文字母长度要求。汉字提示栏的设计定为每次显示 5 个汉字，但考虑到界面的美观性，将汉字提示栏的长度定为 254 个像素长，并且绘制在拼音提示栏的右端，与其相连。

绘制软键盘按钮是指在屏幕特定位置绘制 57 个按钮构成软键盘。包括 0～9 共 10 个数字，a～z 共 26 个英文字母，标点符号共 12 个(包括－ ＋ [ ] ; ' , . / ? ` \)，Tab 键、CapsLock 键、Shift 键、Ctrl 键、Alt 键、Backspace 键、Enter 键、Space 键和一个专门用于中英文切换的 EN/CN 键。

绘制的按钮共有 5 行，其中每行所包括的按钮如下：

第一行　ESC　1　2　3　4　5　6　7　8　9　0　＋　－　←

第二行　Tab Q W E R T Y U I O P [ ]
第三行　CAP A S D F G H J K L ; ' ENTER
第四行　Shift Z X C V B N M , . / ?
第五行　Ctrl Alt ` \ Space EN/CN

表 6.10 显示了绘制提示栏文本框函数 CreateText 的方法描述。

表 6.11 显示了绘制软键盘按钮函数 CreateButtonCtrl 的方法描述。

表 6.10　CreateText 方法描述

名　称	CreateText		
返回值	void		
描　述	绘制提示栏文本框函数		
参　数	名　称	类　型	描　述
1	pTextCtrl	PTextCtrl *	要绘制的文本框数组指针
2	ID_MainTextCtrl	int	要绘制的文本框 ID 初值

CreateText()函数代码如下：

```
void CreateText(PTextCtrl *pTextCtrl,int ID_MainTextCtrl)
{
    structRECT rect;          //设置 structRECT 类型变量 rect 用于创建绘制图形的区域
    //绘制拼音提示栏
    SetRect(&rect, 0,143,63,159);
    pTextCtrl[0] = CreateTextCtrl(ID_MainTextCtrl ++ , &rect,
                              FONTSIZE_SMALL, CTRL_STYLE_FRAME, NULL, NULL);
    DrawTextCtrl(pTextCtrl[0]);
    …
}
```

CreateText()函数的功能是在屏幕特定位置绘制三个文本框，分别作为拼音提示栏、汉字提示栏和汉字显示栏。其中后两个文本框设置省略了，方法与拼音提示栏一样。

表 6.11　CreateButtonCtrl 方法描述

名　称	CreateButtonCtrl		
返回值	void		
描　述	绘制软键盘按钮函数		
参　数	名　称	类　型	描　述
1	pButtonCtrl	PButtonCtrl *	要绘制的软键盘按钮数组指针
2	ID_MainButtonCtrl	int	要绘制的软键盘按钮 ID 初值

CreateButtonCtrl()函数代码如下：

```
void CreateButtonCtrl(PButtonCtrl *pButtonCtrl,int ID_MainButtonCtrl)
{
    int XposStart,XposEnd,YposStart,YposEnd;
```

```
    int ButtonIndex = 0;
    structRECT rect;
    //The Unicode&ASCII of button caption have one word
    U16 StrSingleUnicode[1];
    char StrSingleTemp[1];
    //Draw the number button, include 1 2 3 4 5 6 7 8 9 0
    //ID_MainButtonCtrl = 201～210
    StrSingleTemp[0] = '1';
    strChar2Unicode(StrSingleUnicode, StrSingleTemp);
    YposStart = 159;
    YposEnd = 175;
    for(XposStart = 30,XposEnd = 52;XposStart<250;XposStart + = 22,XposEnd + = 22)
      {
        SetRect(&rect, XposStart, YposStart, XposEnd, YposEnd);
        pButtonCtrl[ButtonIndex] = CreateButton(ID_MainButtonCtrl ++ , &rect,
          FONTSIZE_SMALL, CTRL_STYLE_FRAME,StrSingleUnicode, NULL);
        DrawButton(pButtonCtrl[ButtonIndex]);
        ButtonIndex ++ ;
      }
  …
}
```

CreateButtonCtrl()函数的功能是在特定位置绘制57个按钮构成软键盘。由于每个按钮的大小相同,仅位置不同,所以可以采用以行为整体的绘制方式,将每行中具有相同长度的按钮使用循环的方法进行绘制。代码中只绘制10个数字键的代码,其他按键的代码相同。

6.3 智能拼音输入法算法设计编程思想

汉字的输入是最基本的功能,除此之外还设有中文汉字与英文字母的转换功能,能够输入英文,也可以输入阿拉伯数字。此输入法的特点是,除了这些基本的功能外,还有两点智能化的功能,就是词语联想功能和自适应功能。词语联想功能表现为当用户输入一个汉字之后,可以自动地将与此汉字可能组成词语的其他汉字显示出来,并且把每个汉字以数字标识,用户可以根据数字标识选择要输入的词语。例如:当用户输入汉字"中"时,屏幕上会自动显示出"1国 2 文 3 午……",用户只需点选要输入词语相应的数字就可以了。高频使用汉字的顺序调整功能表现在如果某个汉字被多次地使用,算法将记录这个汉字并且将此汉字在同音的所有汉字当中的位置向前移动三位。例如:汉字"中"被使用前,若用户输入汉语拼音"zhong",则在屏幕上显示"重 种 钟 肿 中 众 终 盅 忠 衷","中"字在第五位。当汉字"中"被多次使用后,若用户再次输入汉语拼音"zhong"时,则在屏幕上显示为"重 中 种 钟 肿 众 终 盅 忠 衷","中"字提前到第二位。

6.3.1 总体设计

根据字库的数据结构,涉及到的算法如下:

1. 汉字的查找部分

在汉字的查找方面，将汉语拼音中所有的声母建立成一个数组，所有的韵母建立成一个数组，并且每个声母或韵母都有自己相应的编号。由于每个汉字的拼音都是由一个声母、一个韵母和具体的音调（阴平、阳平、上声、去声）组成的，所以就可以根据用户所输汉字的拼音把每个汉字转换成为一个声母编号、一个韵母编号和一个汉字位置编号的形式。其中，汉字位置编号是指此汉字在同音汉字中的位置。根据上述三个编号就可以在事先建立好的字库中找出相对应的汉字，并显示在 LCD 的文本框中。

2. 汉字的顺序调整

在汉字顺序的调整方面，先检查汉字数据结构中的汉字使用次数，然后将汉字使用次数满足条件的汉字向前移动三个位置，以保证在相同读音的汉字中使用频率高的汉字被排列在队列前面。

3. 联想汉字的处理

在联想汉字的处理方面，当每个汉字被选定后，通过查找此汉字的联想词组数组找到各联想词在字库中的位置下标，然后查找相应位置的汉字，显示在汉字提示栏中。同时，在每次选择了一个联想词后，会将被选择的汉字的位置下标写入到上一个选择汉字的联想词组数组中，成为上一个选择汉字的联想词。

图 6.10 是查找汉字部分的流程图。

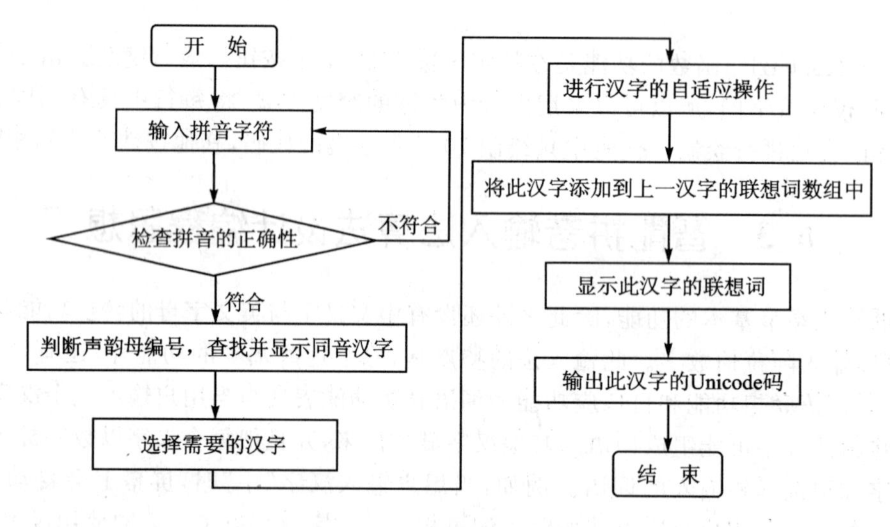

图 6.10 查找汉字流程图

6.3.2 详细设计

1）初始化汉字库数组 InitHZInfoArray()函数

智能拼音输入法算法设计中要实现从用户使用键盘输入汉语拼音到相应的汉字显示，并在其中加入词语联想功能、自适应功能，以方便输入功能，需要下面的函数来实现。表 6.12 及代码显示了初始化汉字库数组函数的方法描述及函数内容。

表 6.12　InitHZInfoArray 方法描述

名　称	InitHZInfoArray		
返回值	U8		
描　述	初始化汉字库数组函数		
参　数	名　称	类　型	描　述
1	HZExtendString	HZExtend *	接收汉字信息的数组
2	HZCount	int	汉字扩展字库中的汉字总数

InitHZInfoArray()函数代码如下：

```
U8 InitHZInfoArray(HZExtend * HZExtendString,int HZCount)
{
    FILE * fp;                              //File Point
    int Index;
    U8 ReadStringTemp[40];                  //存放从文件中读取的信息
    if((fp = OpenOSFile(HZFilename,FILEMODE_READ)) == 0) return 0x02;  //打开文件
    for(Index = 0;Index<HZCount;Index ++ )  //循环从文件中读取汉字扩展信息
    {
        //从汉字扩展字库中读取汉字信息
        ReadOSFile(fp,ReadStringTemp, 40);
        //转换读取的信息为可用的 HZExtend 格式
        HZExtendString[Index] = U8Str2HZExtend(ReadStringTemp);
    }
    CloseOSFile(fp);                        //关闭文件
    return 0x06;
}
```

InitHZInfoArray()函数的功能是从汉字扩展字库中读取汉字扩展信息，并将所有汉字的信息储存在数组中。要想实现拼音输入法，不可或缺的，也是最基本的，就是汉字库。在汉字库中查找要输入的汉字，要将已经做好的汉字库初始化。也就是将汉字库中的每一个汉字的信息加以定义，并存放在一个数组当中，以便在后面的程序当中使用这些信息来实现汉字的查找工作。自从初始化汉字字库数组以后，使用数组对汉字进行操作，可以通过数组下标非常方便地找到相应的汉字，并且由于是对内存进行操作，这样就避免了对文件的频繁操作，所以保证了运行的速度和效率。

2）声母和韵母信息数组

汉字字库数组被初始化之后，每一个汉字的信息被定义并且被记录下来，这些汉字信息主要包括每一个汉字的声母号、韵母号和用户要输入的汉字在所有发此音的汉字当中的位置号以及此汉字在字库中的总位置号。同时，在程序中设置了一个声母信息数组 FirstGroup_WordNumber，此数组存放着每个声母下的汉字个数，如下所示：

```
int FirstGroup_WordNumber[23 ] =
        { 0x0024,0x00b9,0x00ed,0x00b5,0x0016,0x007c,0x009b,0x00b6,0x0126,
          0x0064,0x00f9,0x0098,0x0051,0x0008,0x007e,0x009d,0x003b,0x011f,
```

```
0x009e,0x0078,0x00dd,0x0132,0x0144};
```

还有若干个韵母信息数组，这些数组均为二位数组，并且以 PY_index_开头，后面跟着它们各自的声母标号，用以表示各声母下的韵母信息。这些信息包括韵母和此韵母下的汉字个数，如 PY_index_a 数组存放着 a 开头的所有韵母信息，PY_index_b 数组存放着声母 b 下的所有韵母信息，一直到 PY_index_z 数组存放着声母 z 下的所有韵母信息，代码如下：

```
char PY_index_a[][7] = { {' ',' ',' ',' ',' ',' ',0x02},
                         {'I',' ',' ',' ',' ',' ',0x0d},
                         {'N',' ',' ',' ',' ',' ',0x09},
                         {'N','G',' ',' ',' ',' ',0x03},
                         {'O',' ',' ',' ',' ',' ',0x09} };
char PY_index_b[][7] = { {'A',' ',' ',' ',' ',' ',0x11},
                         {'A','I',' ',' ',' ',' ',0x08},
                         {'A','N',' ',' ',' ',' ',0x0f},
                         {'A','N','G',' ',' ',' ',0x0c},
                         {'A','O',' ',' ',' ',' ',0x11},
                         {'E','I',' ',' ',' ',' ',0x0f},
                         {'E','N',' ',' ',' ',' ',0x05},
                         {'E','N','G',' ',' ',' ',0x06},
                         {'I',' ',' ',' ',' ',' ',0x17},
                         {'I','A','N',' ',' ',' ',0x0c},
                         {'I','A','O',' ',' ',' ',0x04},
                         {'I','E',' ',' ',' ',' ',0x04},
                         {'I','N',' ',' ',' ',' ',0x07},
                         {'I','N','G',' ',' ',' ',0x09},
                         {'O',' ',' ',' ',' ',' ',0x15},
                         {'U',' ',' ',' ',' ',' ',0x0a} };

char PY_index_z[][7] = { {'A',' ',' ',' ',' ',' ',0x04},
                         {'A','I',' ',' ',' ',' ',0x08},
                         {'A','N',' ',' ',' ',' ',0x04},
                         {'A','N','G',' ',' ',' ',0x03},
                         {'A','O',' ',' ',' ',' ',0x0e},
                         {'E',' ',' ',' ',' ',' ',0x04},
                         {'E','I',' ',' ',' ',' ',0x01},
                         {'E','N',' ',' ',' ',' ',0x01},
                         {'E','N','G',' ',' ',' ',0x03},
                         {'H','A',' ',' ',' ',' ',0x0d},
                         {'H','A','I',' ',' ',' ',0x07},
                         {'H','A','N',' ',' ',' ',0x11},
                         {'H','A','N','G',' ',' ',0x10},
                         {'H','A','O',' ',' ',' ',0x0b},
                         {'H','E',' ',' ',' ',' ',0x0b},
                         {'H','E','N',' ',' ',' ',0x11},
                         {'H','E','N','G',' ',' ',0x0e},
```

```
{'H','I',' ',' ',' ',' ',0x2b},
{'H','O','N','G',' ',' ',0x0b},
{'H','O','U',' ',' ',' ',0x0e},
{'H','U',' ',' ',' ',' ',0x1a},
{'H','U','A',' ',' ',' ',0x01},
{'H','U','A','I',' ',' ',0x01},
{'H','U','A','N',' ',' ',0x06},
{'H','U','A','N','G',' ',0x08},
{'H','U','I',' ',' ',' ',0x06},
{'H','U','N',' ',' ',' ',0x02},
{'H','U','O',' ',' ',' ',0x0a},
{'I',' ',' ',' ',' ',' ',0x0e},
{'O','N','G',' ',' ',' ',0x07},
{'O','U',' ',' ',' ',' ',0x04},
{'U',' ',' ',' ',' ',' ',0x08},
{'U','A','N',' ',' ',' ',0x02},
{'U','I',' ',' ',' ',' ',0x04},
{'U','N',' ',' ',' ',' ',0x02},
{'U','O',' ',' ',' ',' ',0x07}};
```

代码中，在 PY_index_b 数组中的{'A',' ',' ',' ',' ',' ',0x11}表示 b 声母下的韵母 a 所包含的汉字个数有 0x11 个，即在字库中读音为 ba 的汉字有 17 个（十六进制的 0x11），其余类似。其基本算法是：首先根据输入拼音的声母获得相应的声母编号；其次根据输入拼音的韵母获得相应的韵母编号；然后根据分析出来的声母和韵母编号，以及在同音汉字中的位置编号，利用 ReadWordFromLib()函数从汉字扩展信息数组中读取相应汉字的信息。

3）按拼音查找匹配汉字 SearchWordFromPY()函数

按照汉语拼音查找发此音的所有汉字用 SearchWordFromPY()函数实现，流程图如图 6.11 所示。

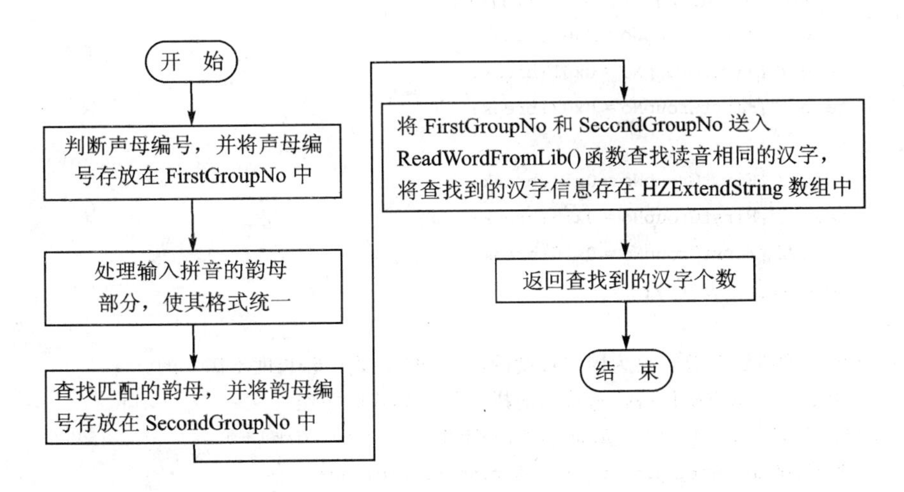

图 6.11 按拼音查找汉字流程图

表 6.13 是 SearchWordFromPY()函数的方法描述。

表 6.13 SearchWordFromPY 方法描述

名　称	SearchWordFromPY		
返回值	U8		
描　述	按拼音查找匹配汉字函数		
参　数	名　称	类　型	描　述
1	String	char *	输入的拼音字符
2	HZExtendArray	HZExtend *	汉字扩展信息数组
3	HZExtendString	HZExtend *	存放汉字扩展信息的数组
4	TypeStrLen	int	输入的拼音长度

SearchWordFromPY()函数代码如下：

```
U8 SearchWordFromPY(char * String, HZExtend * HZExtendArray, HZExtend * HZExtendString,
                    int TypeStrLen)
{
    int CharIndex, StringIndex, WordCount;
    char StringTemp[6];            //将输入的拼音字符转换为固定长度的临时字符串
    char StringPY[6];              //用于接收韵母索引中字符的临时串
    U8 SecondGroupFlage;
    U8 FirstGroupNo;               //声母组号
    U8 SecondGroupNo;              //韵母组号
    U8 WordNo;                     //汉字编号
    SecondGroupFlage = FALSE;
    SecondGroupNo = 0;
    //判断匹配第一个拼音字母(声母)
    switch(String[0])
    {   //判断声母,记录下符合的声母的代码
        case 'A':FirstGroupNo = 0x00;break;
        case 'B':FirstGroupNo = 0x01;break;
        case 'C':FirstGroupNo = 0x02;break;
        ...
        case 'X':FirstGroupNo = 0x14;break;
        case 'Y':FirstGroupNo = 0x15;break;
        case 'Z':FirstGroupNo = 0x16;break;
        default:return(0);
    }
    //将输入的拼音字符转换为固定长度的串,串的长度为 6,长度不满 6 的,
    //缺少的字符用空格代替。将输入的拼音复制到临时数组
    for(StringIndex = 1;StringIndex<TypeStrLen;StringIndex++)
        StringTemp[StringIndex - 1] = String[StringIndex];
    for(StringIndex = TypeStrLen - 1;StringIndex<6;StringIndex++)
        StringTemp[StringIndex] = ' ';          //将临时数组中未满 6 位的元素填上空格
    //判断并匹配韵母(输入的拼音中第二个字母以后的部分)
```

```
switch(FirstGroupNo)    //先判断声母编号
{
    case 0x00:          //声母 a
        //逐个比较韵母是否匹配?
        //其中的语句 SecondGroupNo<5 中的 5 为此声母下的韵母个数
        for(SecondGroupNo = 0;SecondGroupNo<5;SecondGroupNo ++ )
            if(MCStrcmp(StringTemp, PY_index_a[SecondGroupNo], 6) == 0)
            {//记录下此韵母下的汉字个数
                WordCount = PY_index_a[SecondGroupNo][6];
              //将查找到匹配的韵母标志置为 TRUE
                SecondGroupFlage = TRUE;
                break;
            }
            if(SecondGroupFlage == FALSE)    return 0x01;
            break;
    case 0x01:      //声母 b
                for(SecondGroupNo = 0;SecondGroupNo<16;SecondGroupNo ++ )
                if(MCStrcmp(StringTemp, PY_index_b[SecondGroupNo], 6) == 0)
                    {
                        WordCount = PY_index_b[SecondGroupNo][6];
                        SecondGroupFlage = TRUE;
                        break;
                    }
                if(SecondGroupFlage == FALSE)    return 0x01;
                break;
    ...             //c~x 省略
    case 0x15:
                for(SecondGroupNo = 0;SecondGroupNo<15;SecondGroupNo ++ )
                if(MCStrcmp(StringTemp, PY_index_y[SecondGroupNo], 6) == 0)
                    {
                        WordCount = PY_index_y[SecondGroupNo][6];
                        SecondGroupFlage = TRUE;
                        break;
                    }
                if(SecondGroupFlage == FALSE)   return 0x01;
                break;
    case 0x16:
                for(SecondGroupNo = 0;SecondGroupNo<36;SecondGroupNo ++ )
                if(MCStrcmp(StringTemp, PY_index_z[SecondGroupNo], 6) == 0)
                    {
                        WordCount = PY_index_z[SecondGroupNo][6];
                        SecondGroupFlage = TRUE;
                        break;
                    }
                if(SecondGroupFlage == FALSE)   return 0x01;
```

```
                break;
        }
        //查找本韵母组下的所有汉字的扩展信息
        for(WordNo = 0;WordNo<WordCount;WordNo++)
        {
            HZExtendString[WordNo] = ReadWordFromLib(FirstGroupNo,SecondGroupNo,
                                WordNo,HZExtendArray);
        }
        return WordCount;
    }
```

代码中SearchWordFromPY()函数的功能是按照拼音从汉字扩展信息数组中查找相应汉字。返回值:当声母编号没有找到时返回0x00,当韵母编号没有找到时返回0x01,操作成功返回查找到的汉字个数。

4)按位置查找汉字SearchWordFromPos()函数

按照拼音查找汉字函数已经查找出了与用户要输入的汉字发相同音的所有汉字,并且在每个汉字前面都加注了号码,此时用户可以通过数字键选择要输入的汉字,再根据用户选择的号码在发此音的所有汉字当中查找出用户要输入的唯一汉字。表6.14显示了按位置查找汉字函数的方法描述。

表6.14　SearchWordFromPos方法描述

名　称	SearchWordFromPos		
返回值	U8		
描　述	按位置查找汉字的函数		
参　数	名　称	类　型	描　述
1	Pos	U16	要查找的汉字在汉字扩展信息数组中的位置
2	WordIndex	U8	存放查找到的汉字扩展信息的数组的具体位置下标
3	HZExtendArray	HZExtend *	存放汉字扩展信息的数组
4	HZStructString	HZExtend *	接收查找到的汉字扩展信息的数组

SearchWordFromPos()函数代码如下:

```
U8 SearchWordFromPos(U16 Pos,U8 WordIndex,HZExtend * HZExtendArray,
                     HZExtend * HZExtendString)
{//将位置为Pos的汉字信息从汉字扩展信息数组中复制到相应的汉字数组中
    HZExtendString[WordIndex] = HZExtendArray[Pos];
    return 0x06;
}
```

代码中SearchWordFromPos()函数的功能是按汉字在汉字扩展信息字库中的位置查找匹配的汉字信息。返回值为0x06。

5)读取汉字信息ReadWordFromLib()函数

根据查找到的声母和韵母编号从汉字扩展信息数组中读出相应的汉字信息。基本算法为首先根据输入的声母编号在声母信息数组中找到相应的声母，并将此声母以前的所有声母的汉字数目相加存放在变量 offset 中，然后根据输入的韵母编号，在韵母信息数组中找到相应的韵母，并将此韵母以前的韵母所包含的汉字数目相加后再与 offset 变量相加，再将输入的汉字在此韵母下的编号与 offset 变量相加，就得到了此汉字在汉字扩展信息数组中的位置。

图 6.12 是读取汉字扩展信息流程图。

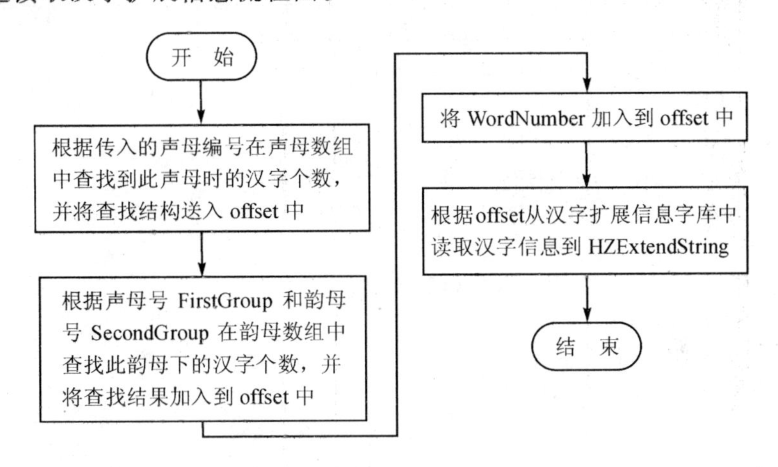

图 6.12　读取汉字扩展信息流程图

表 6.15 显示了读取汉字信息函数的方法描述。

表 6.15　ReadWordFromLib 方法描述

名　称	ReadWordFromLib		
返回值	HZExtend		
描　述	读取汉字信息函数		
参　数	名　称	类　型	描　述
1	FirstGroup	U8	汉字的声母组号
2	SecongGroup	U8	汉字的韵母组号
3	WordNumber	U8	汉字在韵母组中的汉字序号
4	HZExtendArray	HZExtend *	存放汉字扩展信息的汉字扩展信息数

ReadWordFromLib()函数代码如下：

```
HZExtend ReadWordFromLib(U8 FirstGroup,U8 SecondGroup,U8 WordNumber,
                         HZExtend * HZExtendArray)
{
    FILE * fp;          //File Point
    int i;
    int offset = 0;     //The word offset in WordExtendFile
    int Index;
    //判断声母的组号,并将此声母所在位置之前的汉字个数记录在 offset 中
    for(i = 0;i<FirstGroup;i ++ )
        offset + = FirstGroup_WordNumber[i];
```

```
    //判断韵母(第二个组号)的组号
    //并记录此韵母位置之前的韵母所包含的汉字个数加入到 offset 中
    for(i = 0;i<SecondGroup;i++)
        switch(FirstGroup)
        {
            case 0x00:offset += PY_index_a[i][6];break;
            case 0x01:offset += PY_index_b[i][6];break;
            case 0x02:offset += PY_index_c[i][6];break;
            ...
            case 0x14:offset += PY_index_x[i][6];break;
            case 0x15:offset += PY_index_y[i][6];break;
            case 0x16:offset += PY_index_z[i][6];break;
        }
    //判断此汉字的组号,并将其加入到 offset 中
    offset += WordNumber;
    //返回查找到的汉字汉字信息
    return HZExtendArray[offset];
}
```

代码中 ReadWordFromLib()函数的功能是从汉字扩展信息数组中查找汉字。返回值为查找到的汉字扩展信息。

6）汉字排列顺序调整 ChangeHZPosInLib()函数

首先判断汉字的使用次数,将满足条件(这里定义的是使用次数为 3)的汉字位置向前移动 3 位。在位置进行移动以后,此汉字的位置已经改变了,所以还需要将在联想词数组中涉及此汉字位置的汉字联想数组中的此汉字位置进行调整,最后将调整后的汉字扩展信息写回到汉字扩展文件中。图 6.13 显示了汉字自适应流程图。

表 6.16 显示了汉字排列顺序调整函数的方法描述,后面代码显示了汉字排列顺序调整函数的内容。

表 6.16　ChangeHZPosInLib 方法描述

名　称	ChangeHZPosInLib		
返回值	U8		
描　述	汉字排列顺序调整函数		
参　数	名　称	类　型	描　述
1	HZExtendArray	HZExtend *	汉字的声母组号
2	HZExtendString	HZExtend *	汉字的韵母组号
3	HZCount	int	汉字在韵母组中的汉字序号

ChangeHZPosInLib()函数代码如下：

```
U8 ChangeHZPosInLib(HZExtend * HZExtendArray,HZExtend * HZExtendString,int HZCount)
{
    int  ChangeHZIndex,LegendWordIndex,Index,ChangeHZIndex2 = 0;
    int  PosRecord;
```

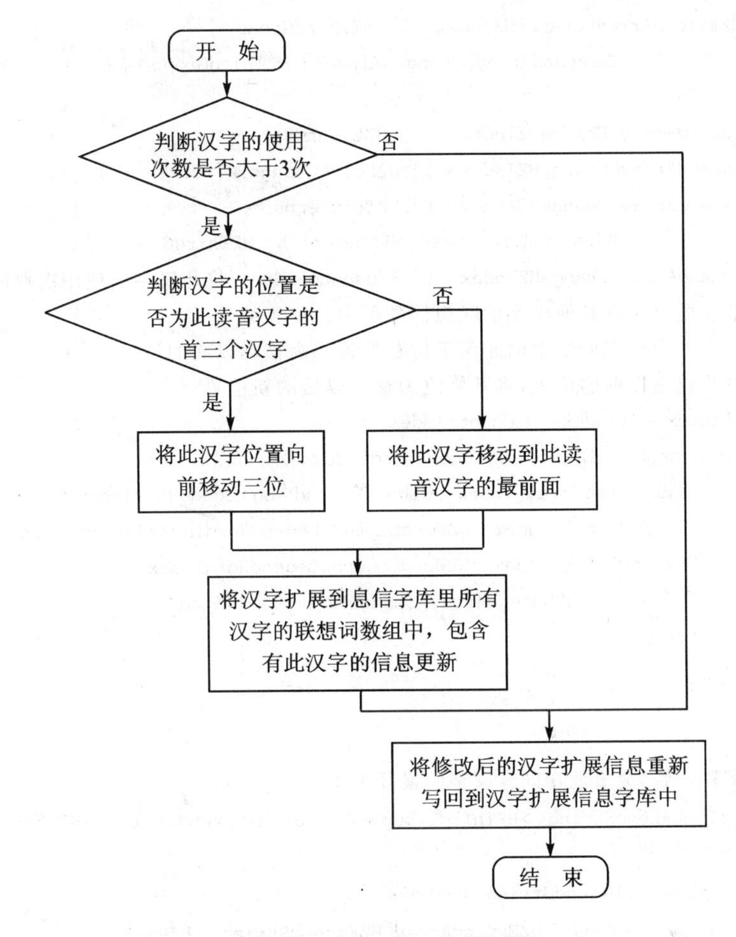

图 6.13 汉字自适应流程图

```
FILE *  fp;
HZExtend  HZExtendStringTemp;
U8      U8HZStringTemp[40];
//如果此汉字被使用 3 次以上,则调整其在汉字扩展字库中的位置
//汉字使用频率从 0 开始计数,到 2 时恰为三次
if(HZExtendString ->HZUseNum> = 2)
{
//汉字移动完毕后,不会出现在同音汉字的最开始,即此汉字位置减 2 后不会为负值
   if(HZExtendString ->HZThirdGroup - 2>0)
   {//移动汉字位置
     PosRecord = HZExtendString ->HZPos;      //保留被移动汉字的位置
     HZExtendStringTemp = HZExtendArray[HZExtendString ->HZPos]; //保留被移动汉字的信息
     //移动汉字
     for(ChangeHZIndex = HZExtendString ->HZPos - 1;
             ChangeHZIndex> = HZExtendString ->HZPos - 2;ChangeHZIndex -- )
     {
       HZExtendArray[ChangeHZIndex + 1] = HZExtendArray[ChangeHZIndex];
       HZExtendArray[ChangeHZIndex + 1].HZPos = ChangeHZIndex + 1;
```

```
            HZExtendArray[ChangeHZIndex + 1].HZThirdGroup =
                    HZExtendArray[ChangeHZIndex].HZThirdGroup + 1;
        }
        HZExtendArray[ChangeHZIndex + 1] = HZExtendStringTemp;
        HZExtendArray[ChangeHZIndex + 1].HZPos = ChangeHZIndex;
        HZExtendArray[ChangeHZIndex + 1].HZThirdGroup =
                HZExtendArray[ChangeHZIndex - 1].HZThirdGroup + 1;
        HZExtendArray[ChangeHZIndex + 1].HZUseNum = 0; //将此汉字的使用次数清零
        //调整此汉字在其他汉字的联想词数组中的位置编号
        //查找各个联想词组中的此汉字位置是否仍为移动以前的位置
        //如果仍是以前的位置,将其修改为移动以后的新位置
        for(Index = 0;Index<HZCount;Index++)
        { for(LegendWordIndex = 0;LegendWordIndex<
                HZExtendArray[Index].HZWordLegendNum;LegendWordIndex++)
          if(HZExtendArray[Index].HZWordLegend[LegendWordIndex] == PosRecord)
          {  HZExtendArray[Index].HZWordLegend[LegendWordIndex] =
                        HZExtendArray[ChangeHZIndex].HZPos;
             break;
          }
        }
    }
    //汉字移动后,会出现在同音汉字的最开头
    else if(HZExtendString->HZThirdGroup - 2 == 0||HZExtendString->HZThirdGroup - 2 == -1)
    {
        PosRecord = HZExtendString->HZPos;
        HZExtendStringTemp = HZExtendArray[HZExtendString->HZPos];
        …   //该部分内容与 if(HZExtendString->HZThirdGroup - 2>0)时一样,省略
    }
    //将修改后的结果重新写回到汉字扩展字库
    if((fp = OpenOSFile(HZFilename,FILEMODE_WRITE)) == 0) return 0x02;
    for(Index = 0;Index<HZCount;Index++)
    {
        HZExtend2U8Str(&HZExtendArray[Index], U8HZStringTemp);
        WriteOSFile(fp, U8HZStringTemp,40);
    }
    CloseOSFile(fp);
  }
  return 0x07;
}
```

代码中 ChangeHZPosInLib()函数的功能是调整汉字在汉字扩展字库中的位置,对被调用的汉字进行判断,排列其在汉字扩展字库中的位置。返回值:成功返回为 0x07。

7) 添加新的联想词组 AddNewLegendWordToLib()函数

添加新的联想词组基本思想:首先检查上一个汉字的联想词数组中是否有要添加的汉字位置编号,如已经有了此汉字的位置编号,就不添加此汉字到上一汉字的联想词数组中;如果没有此汉字，则将此汉字的位置编号添加到上一个汉字的联想词数组中，并将上一个汉字的联想词数目项加1，然后将修改后的汉字扩展数组写回到汉字扩展文件中。添加联想词流程图如图6.14所示。

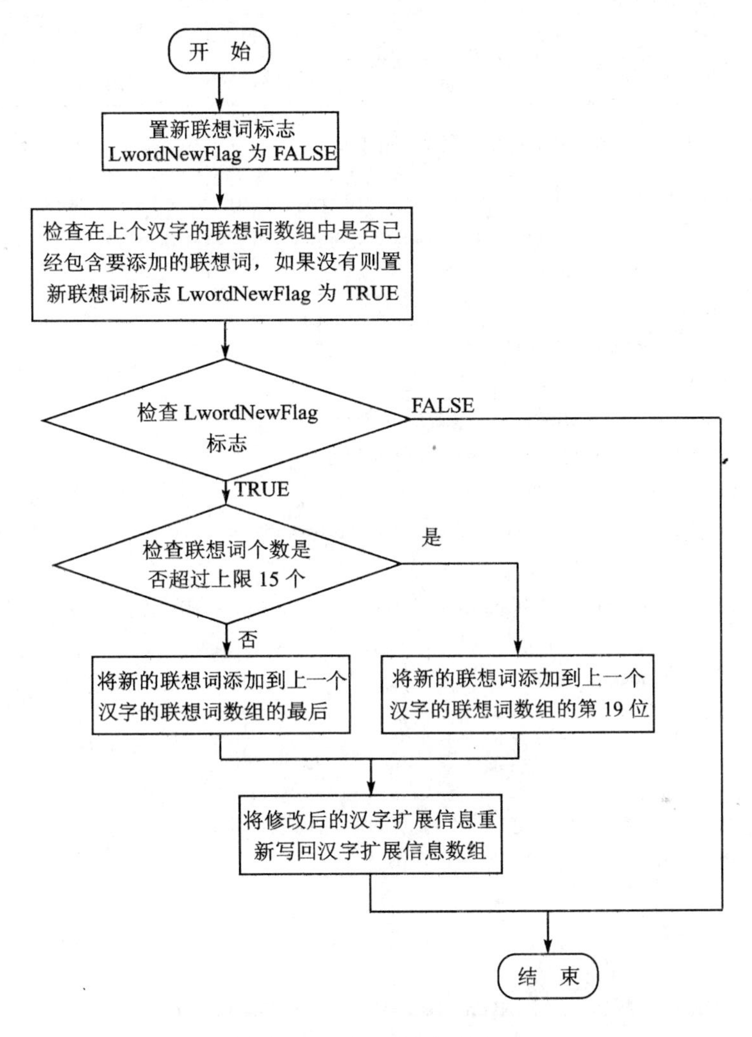

图6.14 添加联想词流程图

表6.17显示了添加新的联想词组函数的方法描述。

表6.17 AddNewLegendWordToLib 方法描述

名 称	AddNewLegendWordToLib		
返回值	U8		
描 述	添加新的联想词组函数		
参 数	名 称	类 型	描 述
1	HZExtendArray	HZExtend *	存放汉字扩展信息的数组
2	LastExtendWord	HZExtend *	上一次被选择的汉字

续表 6.17

参 数	名 称	类 型	描 述
3	NewExtendWord	HZExtend *	刚被选择的汉字
4	Pos	int	将联想词填加到的位置
5	HZCount	int	汉字扩展字库中汉字的个数

AddNewLegendWordToLib()函数代码如下：

```
U8  AddNewLegendWordToLib(HZExtend * HZExtendArray,HZExtend * LastExtendWord,
                          HZExtend * NewExtendWord,int Pos,int HZCount)
{
    FILE *   fp;
    U8      U8HZStringTemp[40];
    int      Index;
    int      LWordNewFlag = TRUE;     //新的联想词语标志
    //查找上一个汉字的联想词数组中是否有此汉字
    //如果有此汉字则将 LWordNewFlag 标志置 FALSE
    for(Index = 0;Index<LastExtendWord ->HZWordLegendNum;Index ++ )
    {
        if(LastExtendWord ->HZWordLegend[Index] == NewExtendWord ->HZPos)
        {
            LWordNewFlag = FALSE;
            break;
        }
    }
    //将此汉字的位置编号添加到上一个汉字的联想词数组中
    if(LWordNewFlag == TRUE)
    {
        if(Pos<15)
        {
            HZExtendArray[LastExtendWord ->HZPos].HZWordLegend[Pos] =
                                       NewExtendWord ->HZPos;
            HZExtendArray[LastExtendWord ->HZPos].HZWordLegendNum ++ ;
        }
        else
        {
            HZExtendArray[LastExtendWord ->HZPos].HZWordLegend[10] =
                                       NewExtendWord ->HZPos;
            HZExtendArray[LastExtendWord ->HZPos].HZWordLegendNum = 11;
        }
    }
    //将修改后的结果重新写回到汉字扩展字库
    if((fp = OpenOSFile(HZFilename,FILEMODE_WRITE)) == 0) return 0x02;
    for(Index = 0;Index<HZCount;Index ++ )
```

```
    {
        HZExtend2U8Str(&HZExtendArray[Index], U8HZStringTemp);
        WriteOSFile(fp, U8HZStringTemp,40);
    }
    CloseOSFile(fp);
    return 0x09;
}
```

代码中 AddNewLegendWordToLib()函数的功能是向上一个汉字的联想词数组添加新的联想词，向汉字扩展字库中添加新的联想汉字。返回值：成功返回为 0x09。

8）查找联想词及显示 SearchLegendWord()函数

查找联想词及显示函数编程思路：当选择了一个汉字以后，利用此汉字的联想词数组里存储的汉字位置编号，通过 SearchWordFromPos()函数，从汉字扩展数组中寻找到相应的联想汉字，并显示在汉字提示栏中。表 6.18 显示了查找联想词及显示函数的方法描述。

表 6.18 SearchLegendWord 方法描述

名 称	SearchLegendWord		
返回值	void		
描 述	查找联想词及显示函数		
参 数	名 称	类 型	描 述
1	HZExtendArray	HZExtend *	存放汉字扩展信息的数组
2	HZExtendString	HZExtend *	被调用的汉字信息存储变量
3	HZExtendStringOld	HZExtend *	上一次被选择的汉字
4	pTextCtrl	PtextCtrl *	汉字提示栏文本框
5	LWordNo	int	此联想汉字在本联想汉字数组中的页数(每 5 个汉字 1 页)

SearchLegendWord()函数代码如下：

```
void SearchLegendWord(HZExtend * HZExtendArray,HZExtend * HZExtendString,HZExtend * HZExtend-
StringOld,PTextCtrl * pTextCtrl,int LWordNo)
{
    int   WordIndex;
    U16   HZNo = 0;
    SetTextCtrlEdit(pTextCtrl[1],TRUE);
    //每页仅显示 5 个汉字,所以首先判断联想词的个数
    //联想词个数大于 5 的每页显示 5 个汉字,联想词个数小于 5 的可以将联想词一并显示
    LWordNo = 0;          //设置页数初始值为 0
    if(LWordNo + 5<HZExtendStringOld ->HZWordLegendNum)
    {//联想词个数大于 5 的情况
    //此部分为具体的查找联想词及显示部分
    //查找联想词,每次查找 5 个显示为一页
    //第一次查找的联想词为被查找汉字的联想词数组中联想词的头 5 个
```

```
            for(WordIndex = 0;WordIndex<5;WordIndex++)
            {
                SearchWordFromPos(HZExtendStringOld->HZWordLegend[WordIndex + LWordNo],
                                  WordIndex + LWordNo, HZExtendArray,HZExtendString);
                Int2Unicode(WordIndex + 1, &HZNo);
                AppendChar2TextCtrl(pTextCtrl[1], HZNo, TRUE);
                AppendChar2TextCtrl(pTextCtrl[1], HZExtendString[WordIndex + LWordNo].
                                    HZUnicode, TRUE);
            }
        }
        else
        {//联想词个数小于 5 的情况
          for(WordIndex = 0;WordIndex<HZExtendStringOld->HZWordLegendNum;WordIndex++)
          {
                …    //与联想词个数大于 5 时一样,省略
          }
        }
    }
```

代码中的 SearchLegendWord()函数功能是查找被选择汉字的联想词并将查找结果显示在汉字提示栏中。

9) 拼音检查 CheckPY()函数

拼音检查编程思想：主要用于对输入的拼音进行检查,检查工作在拼音输入的同时进行,可能出现的拼音组合允许被输入,不可能出现的拼音组合不能被输入。表 6.19 显示了拼音检查函数的方法描述。

表 6.19 CheckPY 方法描述

名　称	CheckPY		
返回值	U8		
描　述	拼音检查函数		
参　数	名　称	类　型	描　述
1	PYChar	char	刚输入的拼音字母
2	PYLastChar	char	上一次输入的拼音字母

CheckPY()函数代码如下：

```
U8 CheckPY(char PYChar,char PYLastChar)
{
    switch(PYChar)
    {
        case 'Q':
        case 'W':
            …
```

```
        case 'M':
        {//如果与输入的前一个拼音字母可以组合,返回 1;相反,返回 0
            switch(PYLastChar)
            {
                case 'Q':
                    return 0;
                case 'W':
                    return 0;
                    ...
                case 'M':
                    return 0;
                }
            }
        case 'E':
        {
            switch(PYLastChar)
            {
                case 'Q':
                    return 0;
                case 'W':
                    return 1;
                case 'E':
                    return 0;
                case 'R':
                    return 1;
                    ...
            }
        }
            ...
    }
}
```

代码中 CheckPY()函数的功能是对输入的拼音组合进行检查,检查其正确性。返回值:正确时返回 1,不正确时返回 0。整个函数仅提供一个用于判断的值,此值为 1 时,拼音组合被允许输入;此值为 0 时,拼音组合不允许输入。

10) 字符串比较 MCStrcmp()函数

字符串比较编程思想:用于比较两个字符串的内容是否相同。基本算法为逐个判断每个字符,如果有大于的情况,则返回 2;如果有小于的情况,则返回 1;如果直到比较两个字符串中的最后一个字符仍相等,则返回 0。表 6.20 显示了字符串比较函数的方法描述。

表 6.20　MCStrcmp 方法描述

名　称	MCStrcmp		
返回值	U8		
描　述	字符串比较函数		
参　数	名　称	类　型	描　述
1	String1	Char *	参加比较的字符串指针 1
2	String2	Char *	参加比较的字符串指针 2
3	StrLen	U8	比较的位数，即字符串的长度（不含 '\0'）

MCStrcmp()函数代码如下：

```
U8 MCStrcmp(char * String1,char * String2,U8 StrLen)
{
    int CharIndex;
    for(CharIndex = 0;CharIndex<StrLen;CharIndex ++ )
    {
        if(String1[CharIndex]<String2[CharIndex]) return 1;
        else if(String1[CharIndex]>String2[CharIndex]) return 2;
    }
    return 0;
}
```

代码中 MCStrcmp()函数的功能是比较两个字符串的字符。返回值：相等返回 0，小于返回 1，大于返回 2。

11）按钮单击响应 ButtonClickMap()函数

按钮单击响应函数是整个输入法的一个重要的连接部分，它既承担着信息输入的工作，又负责着对汉字查找结果的选择与智能拼音输入法算法相连接的工作。在 Main_Task()函数中，利用系统的消息传送机制，等待 OSM_BUTTON_CLICK 消息，当系统接收到 OSM_BUTTON_CLICK 消息时，会自动进行响应，并返回 pMsg->WParam 和 pMsg->LParam 两个参数，其中返回的 pMsg->WParam 参数存放着点击按钮的 ID，这样就可以很清楚地知道具体点击了哪一个按钮，再调用按钮单击响应函数对此按钮进行下一步的响应工作。由于在系统消息循环过程中，已经获得了被点击按钮的 ID，所以仅对此 ID 值进行判断即可进行不同的响应工作。表 6.21 显示了按钮单击响应函数的方法描述。

表 6.21　ButtonClickMap 方法描述

名　称	ButtonClickMap		
返回值	U16		
描　述	按钮单击响应函数		
参　数	名　称	类　型	描　述
1	BWParam	int	各按钮的 ID 值
2	BLaram	int	此按钮在按钮数组中的下标

ButtonClickMap()函数代码如下：

```
U16 ButtonClickMap(int BWParam,int BLaram)
{
    switch(BWParam){
        case 200:               //ESC 按钮
            if(CnEnChangeFlage == 0xff)
            {
                pTextCtrl[2]->text[0] = 0;
                DrawTextCtrl(pTextCtrl[2]);
            }
            else if(CnEnChangeFlage == 0x00)
            {
                pTextCtrl[0]->text[0] = 0;
                DrawTextCtrl(pTextCtrl[0]);
                PYStrLen = 0;
            }
            break;
        case 201:               // 1     按钮
            if(CnEnChangeFlage == 0xff)
            {
                return pButtonCtrl[201 - 200]->Caption[0];
            }
            else if(CnEnChangeFlage == 0x00)
            {
                pTextCtrl[1]->text[0] = 0;
                pTextCtrl[0]->text[0] = 0;
                DrawTextCtrl(pTextCtrl[0]);
                DrawTextCtrl(pTextCtrl[1]);
                LegendWordFlage = TRUE;
                //检查是否为第一次输入拼音进行汉字查找
                if(NPYWordFlage == 0xff)                                    //(1)
                {
                    HZExtendStringOld = HZExtendString[WordNo + 0];
                    WordCount = HZExtendStringOld.HZWordLegendNum;
                    NPYWordFlage = 0x00;
                }
                //不是第一次输入拼音进行汉字查找
                else if(NPYWordFlage == 0x00)
                {
                    WordCount = HZExtendStringOld.HZWordLegendNum;
                    //添加新的联想词
                    AddNewLegendWordToLib(HZExtendArray, &HZExtendStringOld,
                                          &HZExtendString[WordNo + 0], WordCount,HZCount);
                }
```

```
            //保留查找到的汉字信息
            HZExtendStringOld = HZExtendString[WordNo + 0];
            //汉字的使用次数加 1
            HZExtendArray[HZExtendString[WordNo + 0].HZPos].HZUseNum ++ ;
            //汉字的自适应操作
        ChangeHZPosInLib(HZExtendArray, &HZExtendString[WordNo + 0], HZCount);
            LWordNo = 0;     //显示联想词个数置 0
          //进行联想词查找及显示
            SearchLegendWord(HZExtendArray, HZExtendString, &HZExtendStringOld,
                             pTextCtrl, LWordNo);
            return HZExtendStringOld.HZUnicode; //返回选择的汉字的 Unicode 码
        }
        break;                                                              //(2)
    ...                 //0~9 按键功能类似,省略
    case 211:           //"+"按钮
        if(CnEnChangeFlage == 0xff)
        {
            return pButtonCtrl[211 - 200]->Caption[0];
        }
        else if(CnEnChangeFlage == 0x00)
        {
            pTextCtrl[1]->text[0] = 0;
            DrawTextCtrl(pTextCtrl[1]);
            switch(LegendWordFlage)                                         //(3)
            {
            case TRUE:     //联想词组汉字下翻页
                LWordNo + = 5;
                if(LWordNo + 5<WordCount)
                for(WordIndex = 0;WordIndex<5;WordIndex ++ )
                {
            SearchWordFromPos(HZExtendStringOld.HZWordLegend[WordIndex +
            LWordNo], WordIndex + LWordNo, HZExtendArray,HZExtendString);
                    Int2Unicode(WordIndex + 1, &HZNo);
                    AppendChar2TextCtrl(pTextCtrl[1], HZNo, TRUE);
                    AppendChar2TextCtrl(pTextCtrl[1], HZExtendString[WordIndex +
                                        LWordNo].HZUnicode, TRUE);
                }
                else
                    for(WordIndex = 0;WordIndex<HZExtendStringOld.
                        HZWordLegendNum - LWordNo;WordIndex ++ )
                    {
                        SearchWordFromPos(HZExtendStringOld.HZWordLegend[WordIndex +
                        LWordNo], WordIndex + LWordNo, HZExtendArray,HZExtendString);
                        Int2Unicode(WordIndex + 1, &HZNo);
                        AppendChar2TextCtrl(pTextCtrl[1], HZNo, TRUE);
```

```
                AppendChar2TextCtrl(pTextCtrl[1], HZExtendString[WordIndex +
                                        LWordNo].HZUnicode, TRUE);
            }
            break;                                                        //(4)
        case FALSE:    //拼音汉字下翻页                                     (5)
            WordNo + = 5;
            if(WordNo + 5<WordCount)
                for(WordIndex = 0;WordIndex<5;WordIndex ++ )
                {
                    Int2Unicode(WordIndex + 1, &HZNo);
                    AppendChar2TextCtrl(pTextCtrl[1], HZNo, TRUE);
                    AppendChar2TextCtrl(pTextCtrl[1], HZExtendString[WordNo +
                                        WordIndex].HZUnicode, TRUE);
                }
            else
              for(WordIndex = 0;WordIndex<WordCount - WordNo;WordIndex ++ )
              {
                Int2Unicode(WordIndex + 1, &HZNo);
                AppendChar2TextCtrl(pTextCtrl[1], HZNo, TRUE);
                AppendChar2TextCtrl(pTextCtrl[1], HZExtendString[WordNo +
                                        WordIndex].HZUnicode, TRUE);
              }
            break;                                                        //(6)
        }
    }
    break;
...           //减号功能类似,省略
case 213:    //BackSpace 按钮
    if(CnEnChangeFlage == 0xff)          //EN,Delete The Text of pTextCtrl[2]
    {
        TextCtrlDeleteChar(pTextCtrl[2],TRUE);
    }
    else if(CnEnChangeFlage == 0x00)          //CN,Delete the text of pTextCtrl[0]
    {
        TextCtrlDeleteChar(pTextCtrl[0],TRUE);
        PYStrLen -- ;
        if(PYStrLen == 0)
        {
            pTextCtrl[0] ->text[0] = 0;
            DrawTextCtrl(pTextCtrl[0]);
            break;
        }
    }
    break;
case 215:                        //Q                                       (7)
```

```
        //判断中英文状态
        //英文输入状态
        if(CnEnChangeFlage == 0xff)      //EN
        {
            //判断大小写状态
            //小写状态
            if(CapsChangeFlage == 0x00)
            {
                LabelChar[0] = 'q';
                strChar2Unicode(LabelU16, LabelChar);
                //返回小写字母
                return LabelU16[0];
            }
            //大写状态
            else if(CapsChangeFlage == 0xff)
            {
                    //返回大写字母
                    return pButtonCtrl[215 - 200] ->Caption[0];
            }
        }
        //中文输入状态
        else if(CnEnChangeFlage == 0x00)      //CN
        {   //一个拼音字符
            if(PYStrLen<1)
            {
        AppendChar2TextCtrl(pTextCtrl[0], pButtonCtrl[215 - 200] ->Caption[0], TRUE);
            //拼音长度加 1
                PYStrLen ++ ;
            }
            else
            {//检查拼音的正确性
                if(CheckPY(Unicode2CharEn(pButtonCtrl[215 - 200] ->Caption[0]),
                          Unicode2CharEn(pTextCtrl[0] ->text[PYStrLen - 1])))
            {
                    AppendChar2TextCtrl(pTextCtrl[0], pButtonCtrl[215 - 200] ->
                                   Caption[0], TRUE);
                  //拼音长度加 1
                    PYStrLen ++ ;
                }
            }
        }
        break;                                                                    //(8)
    …     //A～Z 26 个字母功能类似,省略
    case 225:     //[
        if(CnEnChangeFlage == 0xff)      //EN
```

```
        {
            return pButtonCtrl[225 - 200] ->Caption[0];
        }
        break;
    …       //"]""；"","等符号键功能类似，省略
    case 227:     //Caps Lock，大小写转换键的响应
//将大小写转换标志求反。当标志值为 0x00 时求反后的值为 0xff，相反同理
        CapsChangeFlage = ~CapsChangeFlage;
        break;
    case 256:     //Enter 按钮                                        (9)
        //首先进行查找前的初始化操作
        WordNo = 0;                         //将汉字显示页号置零
        pTextCtrl[1] ->text[0] = 0;
        DrawTextCtrl(pTextCtrl[1]);     //将汉字提示栏清空
        LegendWordFlage = FALSE;         //设置联想词标志为 FALSE
        //将拼音提示栏中输入的拼音 Unicode 码转换为 ASCII 码，并将 ASCII 码存放在 PYText
        //数组中
        //由于输入的拼音最多为 6 位，所以 PYText 数组定为只有 6 个元素
        PYText[0] = Unicode2CharEn(pTextCtrl[0] ->text[0]);
        PYText[1] = Unicode2CharEn(pTextCtrl[0] ->text[1]);
        PYText[2] = Unicode2CharEn(pTextCtrl[0] ->text[2]);
        PYText[3] = Unicode2CharEn(pTextCtrl[0] ->text[3]);
        PYText[4] = Unicode2CharEn(pTextCtrl[0] ->text[4]);
        PYText[5] = Unicode2CharEn(pTextCtrl[0] ->text[5]);
        //按照拼音查找相应的汉字并在汉字提示栏中显示，并将输入的拼音字符数清零，PYText
        //中为要查找的拼音组合
        //HZExtendString 为接收查找到的汉字的信息数组，PYStrLen 为输入的拼音长度
          WordCount = SearchWordFromPY(PYText, HZExtendArray,HZExtendString, PYStrLen);
        //输入的拼音字符数清零
        PYStrLen = 0;
        if(WordNo + 5<WordCount)
       //显示查找到的汉字程序段，每页最多显示 5 个汉字
            for(WordIndex = 0;WordIndex<5;WordIndex ++ )
            {
                Int2Unicode(WordIndex + 1, &HZNo);
                AppendChar2TextCtrl(pTextCtrl[1], HZNo, TRUE);
                AppendChar2TextCtrl(pTextCtrl[1], HZExtendString[WordNo +
                                    WordIndex].HZUnicode, TRUE);
            }
        else
            for(WordIndex = 0;WordIndex<WordCount - WordNo;WordIndex ++ )
            {
                Int2Unicode(WordIndex + 1, &HZNo);
                AppendChar2TextCtrl(pTextCtrl[1], HZNo, TRUE);
                AppendChar2TextCtrl(pTextCtrl[1], HZExtendString[WordNo +
```

```
                                    WordIndex].HZUnicode, TRUE);
            }
            break;                                                    //(10)
        case 257:      //EN_CN Change
            CnEnChangeFlage = ~CnEnChangeFlage;
            if(CnEnChangeFlage == 0xff)      //EN
            {
                LabelChar[0] = 'E';
                strChar2Unicode(LabelU16, LabelChar);
                pButtonCtrl[57]->Caption[0] = LabelU16[0];
                DrawButton(pButtonCtrl[57]);
            }
            else if(CnEnChangeFlage == 0x00)      //CN
            {
                LabelChar[0] = 'C';
                strChar2Unicode(LabelU16, LabelChar);
                pButtonCtrl[57]->Caption[0] = LabelU16[0];
                DrawButton(pButtonCtrl[57]);
            }
            break;
    }
}
```

从标号(1)到(2)之间的代码表示确定查找到汉字的响应。当输入状态为中文(即 CnEnChangeFlage 标志值为 0x00),并且已经查找完相应的汉字、在按了 1～5 任意一个键以后,进行确定查找汉字的响应。

查找汉字的响应过程步骤如下:

① 将拼音提示栏和汉字提示栏清空;

② 将联想词标志置为 TRUE,以方便以后的联想词操作;

③ 将上一次查找的汉字的联想词个数记录保存;

④ 将刚选择到的汉字添加到上一个查找汉字的联想词数组里;

⑤ 保存刚选择的汉字信息;

⑥ 刚选择的汉字的使用个数加 1;

⑦ 排列词汉字在汉字扩展字库中的位置;

⑧ 通过对外接口返回选择的汉字的 Unicode 码。

图 6.15 显示了确定查找到的汉字流程图。

从标号(3)到(6)之间的代码表示确定某一汉字后的上下翻页操作组合。下翻页操作和上翻页操作类似,在这段程序中省略了。此部分操作在按钮单击事件响应函数中,作为界面操作与智能拼音算法相连接的一部分。当输入汉语拼音以后,在汉字提示栏中一次仅显示 5 个汉字,若要查找其余的汉字,可以使用"+/-"键进行上下翻页。

● 上翻页操作

首先判断翻页标志 LegendWordFlage,如果此标志为 TRUE 则为对联想词的翻页,为标

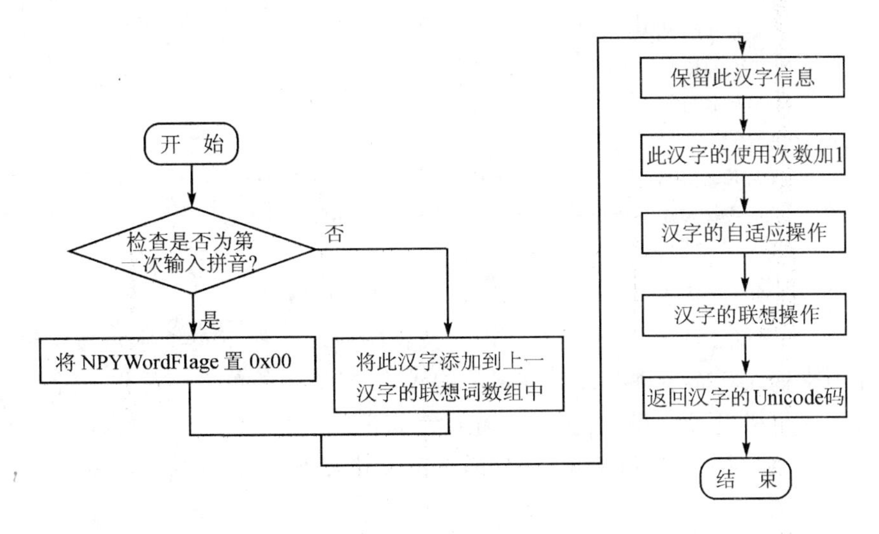

图 6.15 确定查找到的汉字流程图

号(3)到(4)之间的代码;如果此标志为 FALSE 则为对查找汉字的翻页,为标号(5)到(6)之间的代码。上翻页操作流程图如图 6.16 所示。

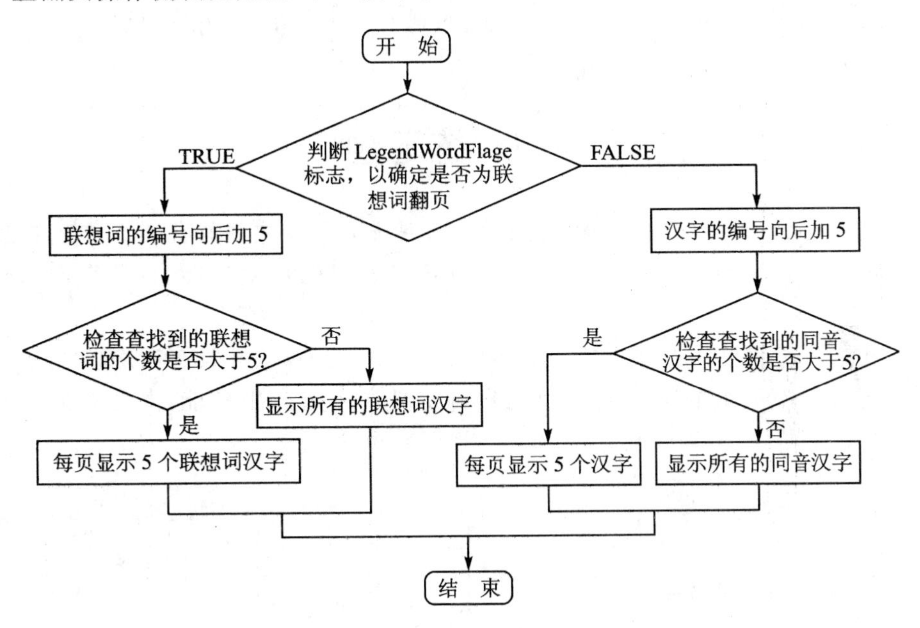

图 6.16 上翻页操作流程图

● 下翻页操作

与上翻页操作基本相同,这里就不再阐述了,具体代码可以参看上翻页的内容,仅将不同点加以说明。

```
//联想词的翻页结构框架
LWordNo - = 5;            //设置联想词显示页数,显示联想词数向前减 5
if(LWordNo + 5<WordCount)
    //联想词数大于 5 的情况
else
```

```
    //联想词数小于5的情况
//查找汉字的翻页结构框架
//设置查找汉字显示页数,显示汉字数向前减5
WordNo- =5;
if(WordNo+5<WordCount)
    //查找到的汉字数大于5的情况
else
    //查找到的汉字数小于5的情况
```

标号(7)到(8)之间的代码表示英文字母的选择响应。在按下英文字母按键时,有两种情况:一种是在中文输入状态下进行英文字母的输入,此时输入的英文字母作为拼音组合的一部分,显示在拼音提示栏里;另一种是在英文输入状态下进行英文字母的输入,此时输入的英文字母通过提供给外部的接口进行输出。另外,在英文状态下,又分为大写输入状态和小写输入状态。

标号(9)到(10)之间的代码表示输入拼音后对拼音进行查找的操作组合。在按下ENTER键后,首先利用Unicode2CharEn()函数将输入的拼音组合由Unicode码转换为ASCII码,之后将转换后的拼音组合传入到SearchWordFromPY()函数中,进行汉字的查找工作,SearchWordFromPY()函数将查找到的汉字返回到HZExtendString中,然后以一次最多显示5个汉字的方法将查找到的汉字显示到汉字提示栏。

6.4 练习题

1. 为PDA环境设计一个全拼输入法组件,设计输入法算法并具有词语联想功能、智能学习功能、高频汉字和词组的顺序调整及用户自定义词组的产生功能,并能在嵌入式环境下使用。

2. 为PDA环境设计一个联想输入法组件,设计输入法算法并具有词语联想功能、智能学习功能、高频汉字和词组的顺序调整及用户自定义词组的产生功能,并能在嵌入式环境下使用。

第7章　科学型计算器组件设计

本章是要在嵌入式系统上开发一个计算器，由于PDA、智能手机的用户群体主要是商务人士，所以对于这类嵌入式产品软件的设计在商务上的功能就尤其重要。计算器正是这么一款极具商务功能的实用软件，极大地丰富了PDA的实用性，为PDA等设备的使用者提供了方便、简单便捷的工作方式。

7.1　引　言

经过技术的不断发展和用户需求的不断增加，现在的计算器软件，不仅能够进行简单的数学运算，而且还可以实现复杂的运算功能，如科学计算、统计计算、函数的转换及存储功能等。还有一些计算器能够实现专业的运算功能，比如：物理上的力学、热学、电磁学的相关运算和化学运算。

本章介绍的是在嵌入式系统上开发一个计算器，它不但能够进行整数加、减、乘、除等简单运算，而且还能够进行浮点的加、减、乘、除运算，及开方、乘方、取对数、指数等科学运算，并且还具有数据存储功能，使系统的计算功能在使用上更加方便。图7.1显示了科学型计算器组件的界面设计。

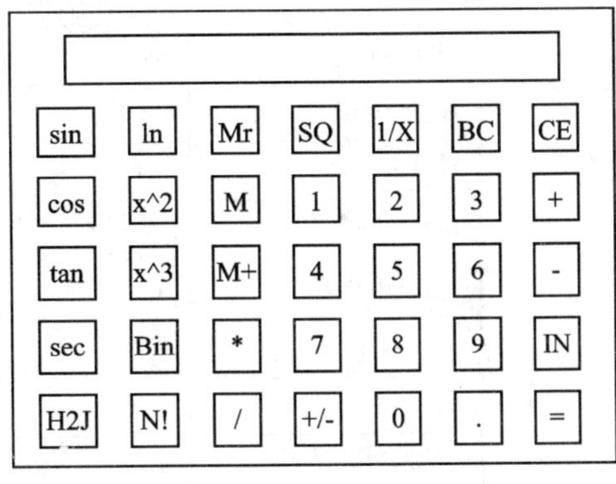

图7.1　界面总体设计图

科学型计算器组件设计中的功能说明：

(1) 实现整数加、减、乘、除等简单运算功能。

(2) 实现浮点运算、整数和负数转换等运算功能。

(3) 科学计算器的功能：立方，平方，阶乘，取整，十进制转二进制，弧度转角度，求sin、cos、sec、tan以及对数据进行存储和调用。

(4) 计算器的附加功能：退格符、清空符、开方及取倒数等。

7.2　编程思想

7.2.1　总体设计

本设计的任务是完成计算器在PDA上的实现。设计简单计算器，主要包括整数加、减、乘、除等简单运算功能。然后对可操作的数进行丰富，如给操作数加上符号位后就可对负数进行操作;给其加上个浮点位,就可对其进行浮点运算等。

计算器组件设计技术路径:

(1) 浮点数的判断与输入。ARM 系统不支持浮点运算,μC/OS-II 系统本身支持虚拟浮点运算,而触摸屏显示以及输入的是 Unicode 码,所以对浮点进行判断以及判断后的转换成为难点。

(2) 正数与负数的转换以及负数的运算。同浮点运算一样,系统不支持负数运算,因此只有将需要进行负数运算的算式进行转化才能达到目的。

(3) 整数、浮点数以及负数的混合运算。由于在数的输入过程中无法判断数的格式(是整数还是浮点数),因此要对它们进行混合运算就必须先对这些数进行判断,当格式统一后再进行运算。

7.2.2 详细设计

1. 计算器组件中的数据结构

计算器组件中的数据结构,如表 7.1 所列。

表 7.1 计算器组件中的数据结构

变量名称	变量类型	说 明
pTextCtrl	PButtonCtrl	定义文本框控件
PButtonCtrl1	PButtonCtrl	定义数字按钮
pButtonCtrl2	int	定义功能按钮
ID_button1	int	数字按钮的 ID
ID_button2	int	功能按钮的 ID
ButtonIndex1	int	数字按钮的序列
ButtonIndex2	int	功能按钮的序列
content1[40]	U16	文本框的内 Unicode 码的内容
Error[6]	U16	错误
Con1	int	接收第一个整数
Sign	int	运算标志位
SignX	int	第一个数的格式标志位
Signfu	int	负数的浮点标志位
SignX2	int	第二个数的格式标志位
Numlength	int	数字长度
Flag	int	正负标志位
Content	float	输出数据变量
Floatnum1	float	接收第一个浮点数
Floatnum2	float	接收第二个浮点数
Floatnumfu	float	负数输出变量

2. 计算器组件的重要函数说明

1) 数字按钮功能实现 ButtonClick()函数

由于计算器需要输入数值并显示所要进行运算的数值，所以这里选择通过调用系统控件来实现这一功能。表 7.2 显示了数字按钮功能实现函数的方法描述。

表 7.2 ButtonClick 方法描述

名 称	ButtonClick		
返回值	U16		
描 述	数字按钮功能实现函数		
参 数	名 称	类 型	描 述
1	PHParam	int	键盘按键号码
2	PLParam	int	按键时同时按下的功能键

ButtonClick()函数代码如下：

```
int Numlength = 0;                          //设置全局变量来知道字符串长度
U16 ButtonClick(int PHParam,int PLParam)
{
    SetTextCtrlEdit(pTextCtrl,TRUE);
    switch(PHParam)                         //通过 switch 来选择触摸到按钮并实现其功能
    {
        case 200:
            AppendChar2TextCtrl(pTextCtrl, pButtonCtrl1[PHParam - 200]
            ->Caption[0], TRUE);            //通过该函数实现在 text 函数中添加字符 '0'
                Numlength ++ ;              //使字符串长度变量加 1
                break;
          ...
        case 209:
            AppendChar2TextCtrl(pTextCtrl, pButtonCtrl1[PHParam - 200]
            ->Caption[0], TRUE);            //通过该函数实现在 text 函数中添加字符 '9'
                Numlength ++ ;
                break;
      ...
    }
}
```

代码中 ButtonClick()函数的功能是通过触摸屏实现触摸到按钮就能够触发相应的事件。

2) 浮点数判断 IntOrFloat()函数

在数进行计算以前先要判断一下该数为整数还是浮点数，如果为整数，则直接按照字符串的方式接收整个数，然后利用函数进行字符串向整型数转换，并对整数进行计算；如果为浮点数则要对浮点数进行输入和输出，图 7.2 显示了浮点数输入、输出及运算流程图。

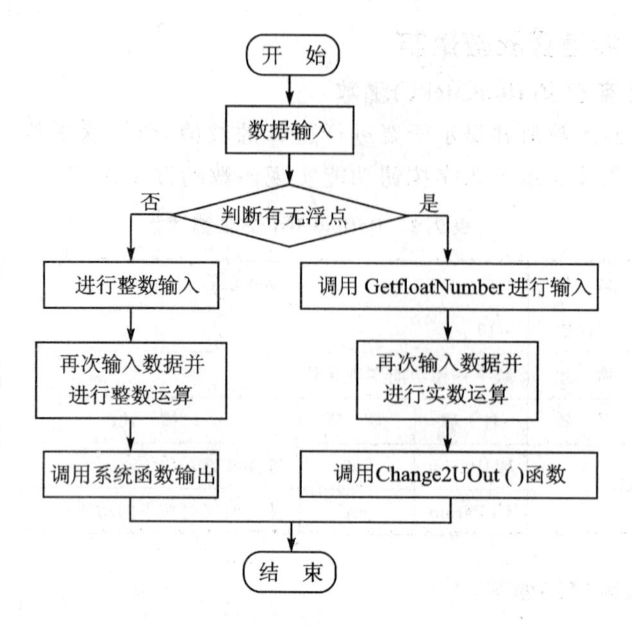

图 7.2 浮点数输入、输出及运算流程图

在有可能出现浮点运算前都要调用浮点数判断函数来对该数进行是否为浮点数的判断，表 7.3 显示了该函数的方法描述。

表 7.3 IntOrFloat 方法描述

名 称	IntOrFloat		
返回值	int		
描 述	浮点数判断函数		
参 数	名 称	类 型	描 述
1	Ustringtext[]	U16	要判断的数

IntOrFloat()函数代码如下：

```
int IntOrFloat(U16 Ustringtext[])            //定义函数名
{
    int i;                                    //循环变量
    for(i = 0;i<40;i ++ )                     //循环
    {
        if(Ustringtext[i] == '.')             //判断有无小数点
        {
            return 1;                         //返回 1
        }
    }
    return 0;                                 //返回 0
}
```

IntOrFloat()函数判断是否为浮点数的方法是观察接收到的数据中有没有“.”符号。如果有则证明是浮点数，如果没有则证明是整数。该函数返回值：若为浮点数则返回 1，否则返回0。

3）输入浮点数 GetFloatNumber()函数

输入一个浮点数及运算，要将浮点数分为两部分：小数点前整数部分和小数点后小数部分。表7.4显示了输入浮点数函数的方法描述。

表7.4 GetFloatNumber 方法描述

名 称	GetFloatNumber		
返回值	float		
描 述	输入浮点数函数		
参 数	名 称	类 型	描 述
1	TextLen	int	整数长度
2	string[]	U16	存储输入浮点数数组

GetFloatNumber()函数代码如下：

```
float GetFloatNumber(int TextLen,U16 string[])
{
    int IntNum = 0;                               //小数点前整数的位数
    int FloatNum;                                 //小数点后浮点数的位数
    int CharIndex,i;                              //累加变量
    int IntNumber;                                //小数点前整数总和
    float FloatNumber1 = 0;                       //FloatNumber1 为输出的浮点数
    FloatNumber2 = 0;                             //FloatNumber2 为小数点后面的小数总和
    U16 NumText[1];                               //Unicode 转换变量
    for(CharIndex = 0;CharIndex<TextLen;CharIndex ++ )      //计算小数点前整数位
    {
        if(string[CharIndex]! = '.')              //判断小数点位置
        {
            IntNum ++ ;                           //变量加 1
        }
        else
        {
            break;                                //停止
        }
    }
    FloatNum = TextLen - IntNum - 1;              //计算小数点后小数位
    for(CharIndex = 0;CharIndex<IntNum;CharIndex ++ )       //计算整数部分总和
    {
        NumText[0] = string[CharIndex];
        IntNumber = Unicode2Int(NumText);
        for(i = 0;i<IntNum - CharIndex - 1;i ++ )
            IntNumber = IntNumber * 10;
        FloatNumber1 + = IntNumber;
    }
```

```
    for(CharIndex = 0;CharIndex<FloatNum;CharIndex++)  //计算小数部分总和
    {
        NumText[0] = string[IntNum + CharIndex + 1];
        IntNumber = Unicode2Int(NumText);
        FloatNumber2 = IntNumber;
        for(i = FloatNum;i>FloatNum - CharIndex - 1;i--)
            FloatNumber2 = FloatNumber2 * 0.1;
        FloatNumber1 + = FloatNumber2;         //得出浮点数
    }
    return FloatNumber1;                      //返回浮点数
}
```

代码中 GetFloatNumber()函数返回值 FloatNumber1,即为输入的浮点数。

4）浮点数的输出 Change2UOUT()函数

表 7.5 显示了浮点数的输出函数的方法描述。

表 7.5　Change2UOUT 方法描述

名　称	Change2UOUT		
返回值	int		
描　述	浮点数的输出函数		
参　数	名　称	类　型	描　述
1	floatY	float	要输出的浮点数

Change2UOUT()函数代码如下：

```
int Change2UOUT(float floatY)
{
    U16 out[30];                          //整数部分输出 Unicode 码转换变量
    U16 out1[6];                          //浮点位输出 Unicode 码转换变量
    U16 dot[1];                           //小数点输出 Unicode 码转换变量
    int x1,x2,x3,x4,x5,x6;
    int A;                                //小数点后位数输出的转换变量
    int floatlen;                         //返回小数点后位数
    int x;                                //接收输入数的整数部分
    x = floatY;
    Int2Unicode(x,out);                   //字符转换
    SetTextCtrlEdit(pTextCtrl,TRUE);      //设置文本框为可编辑
    SetTextCtrlText(pTextCtrl,out,TRUE);  //输出内容
    if((floatY - x) == 0.0)               //判断是否为 0
    {
        return 0;                         //返回 0
    }
    else
    {
        dot[0] = 0x002E;                  //输出小数点
```

```
AppendChar2TextCtrl(pTextCtrl,dot[0],TRUE);
x1 = floatY * 10;                 //去掉小数点后第 1 位
x2 = floatY * 100;                //去掉小数点后第 2 位
x3 = floatY * 1000;               //去掉小数点后第 3 位
x4 = floatY * 10000;              //去掉小数点后第 4 位
x5 = floatY * 100000;             //去掉小数点后第 5 位
x6 = floatY * 1000000;            //去掉小数点后第 6 位
if((floatY * 10 - x1)<0.0000001)  //判断小数点后的位数
{    floatlen = 1;    }           //长度为 1
else if((floatY * 100 - x2)<0.0000001)
{    floatlen = 2;    }           //长度为 2
...
else
{
  floatlen = 6;                   //长度为 6
}
switch(floatlen)                  //判断后根据位数进行输出
{
   case 1:                        //当输出位为 1 位时
        A = x1 - x * 10;
        Int2Unicode(A,out1);
        AppendChar2TextCtrl(pTextCtrl,out1[0],TRUE);
        break;
   ...
   case 6:                        //当输出位为 6 位时
        A = x1 - x * 10;          //输出第 1 位
        Int2Unicode(A,out1);
        AppendChar2TextCtrl(pTextCtrl,out1[0],TRUE);
        A = x2 - x1 * 10;         //输出第 2 位
        Int2Unicode(A,out1);
        AppendChar2TextCtrl(pTextCtrl,out1[0],TRUE);
        A = x3 - x2 * 10;         //输出第 3 位
        Int2Unicode(A,out1);
        AppendChar2TextCtrl(pTextCtrl,out1[0],TRUE);
        A = x4 - x3 * 10;         //输出第 4 位
        Int2Unicode(A,out1);
        AppendChar2TextCtrl(pTextCtrl,out1[0],TRUE);
        A = x6 - x5 * 10;         //输出第 5 位
        Int2Unicode(A,out1);
        AppendChar2TextCtrl(pTextCtrl,out1[0],TRUE);
        A = x6 - x5 * 10;         //输出第 6 位
        Int2Unicode(A,out1);
        AppendChar2TextCtrl(pTextCtrl,out1[0],TRUE);
        break;
 }
```

```
            return 0;
        }
    }
```

IntOrFloat()、GetFloatNumber()和 Change2UOUT()函数完成了浮点数的判断、输入与输出。

5）正负数转换按钮功能实现 ButtonClick()函数

正数与负数的转换以及负数的输入的编程思想是通过用零对整数部分进行减运算来得到想要显示负数的整数部分。负数显示的流程图如图 7.3 所示。

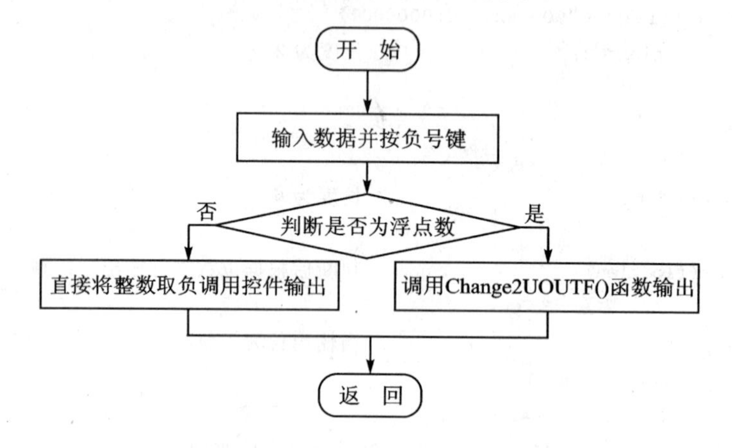

图 7.3　负数显示流程图

正数转化为负数主要包括正整数的转换和正浮点数的转换，方法是点击取反按键“+/−”实现正负数的转换。这个功能的实现通过在 ButtonClick()函数中响应“+/−”按键，表 7.6 显示了 ButtonClick()函数实现正负数转换功能的方法描述。

表 7.6　ButtonClick 方法描述

名　称	ButtonClick		
返回值	U16		
描　述	正负数转换按钮功能实现函数		
参　数	名　称	类　型	描　述
1	PHParam	int	键盘按键号码
2	PLParam	int	按键时同时按下的功能键

ButtonClick()函数代码如下：

```
U16 ButtonClick(int PHParam,int PLParam)
{
    switch(PHParam)                          //通过 switch 选择触摸到的按钮并实现其功能
    {
        case 230:
        for(i = 0;i<Numlength + 1;i ++ )
        {
```

```
        contentfu[i] = pTextCtrl ->text[i];
        //设置变量 contentfu 来接收到 pTextCtrl 控件中的内容
    }
    pTextCtrl ->text[0] = 0;              //将 pTextCtrl 清空
    signfu = IntOrFloat(contentfu);       //设置 signfu 判断 pTextCtrl 内容是否为浮点
    if(signfu == 1)                       //为浮点数
    {
        floatnumfu = GetFloatNumber(Numlength,contentfu);
                                          //设置 floatnumfu 取得 contentfu 内的浮点数
        Change2UOUTF(floatnumfu);         //负浮点数输出
        Numlength ++ ;                    //数字总长加 1
        flag ++ ;                           //设置标志为判断当前数为负数
    }
    else                                  //为整数
    {
        confu = Unicode2Int(contentfu);   //设置 confu 取得 contentfu 内的浮点数
        confu = 0 - confu;                //转换为负数
        Int2Unicode(confu,contentfu);
        SetTextCtrlText(pTextCtrl,contentfu,TRUE); //直接写入控件 pTextCtrl
        Numlength ++ ;                    //数字总长加 1
        flag ++ ;                         //设置标志为判断当前数为负数
    }
    break;
  }
}
```

6）正浮点数转换为负浮点数输出 Change2UOUTF()函数

Button Click 函数代码中由于系统支持负整数直接转为 Unicode 码，因此，当输出为负整数时，可直接用 SetTextCtrlText()函数将转为 Unicode 码的负整数直接写入 pTextCtrl 控件。而浮点数的负数输出的操作则不同，其中 Change2UOUTF()为将正浮点数转换为负浮点数输出，该函数是在 Change2UOUT()函数的基础之上进行修改得来的，主要增加了在要显示数前面增加符号来实现在液晶屏上显示负数的效果。表 7.7 显示了 Change2UOUTF()函数实现正负数转换功能的方法描述。

表 7.7　Change2UOUTF 方法描述

名　称	Change2UOUTF		
返回值	int		
描　述	正浮点数转换为负浮点数输出函数		
参　数	名　称	类　型	描　述
1	floatY	float	要转换的浮点数

Change2UOUTF()函数代码如下：

```
int Change2UOUTF(float floatY)
```

```
{
    U16 outf[2];                                    //定义输出负号
    U16 dot[1];                                     //定义小数点
    int x;                                          //定义变量
    x = floatY;                                     //取整
    if(x == 0)                                      //判断首位是否为 0
    {
        outf[0] = 0x002d;                           //定义零
        outf[1] = 0x0030;                           //定义小数点
        SetTextCtrlEdit(pTextCtrl,TRUE);            //激活文本框
        AppendChar2TextCtrl(pTextCtrl,outf[0],TRUE); //输出零
        AppendChar2TextCtrl(pTextCtrl,outf[1],TRUE); //输出小数点
    }
    else
    {
        x = - x;
        Int2Unicode(x,out);                         //首位不为零
        SetTextCtrlEdit(pTextCtrl,TRUE);            //直接输出数的负数
        SetTextCtrlText(pTextCtrl,out,TRUE);
    }
    if((floatY + x) == 0.0)
    {   return 0;    }
    else
    {
        dot[0] = 0x002E;
        AppendChar2TextCtrl(pTextCtrl,dot[0],TRUE);
        x = floatY;
        x1 = floatY * 10;
        if((floatY * 10 - x1)<0.0000001)
        {  floatlen = 1;  }
          ...
    switch(floatlen)
        { case 1:
                A = x1 - x * 10;
                Int2Unicode(A,out1);
                AppendChar2TextCtrl(pTextCtrl,out1[0],TRUE);
                break;
              ...
        }
      return 0;
    }
}
```

由于 0 的负数仍然为零，因此当要求负浮点数的整数部分为零时就要进行特殊操作，即第一个判断(x==0)后的操作。

7）整数和浮点数的混合运算 ButtonClick()函数

整数和浮点数的混合运算流程图如图 7.4 所示。

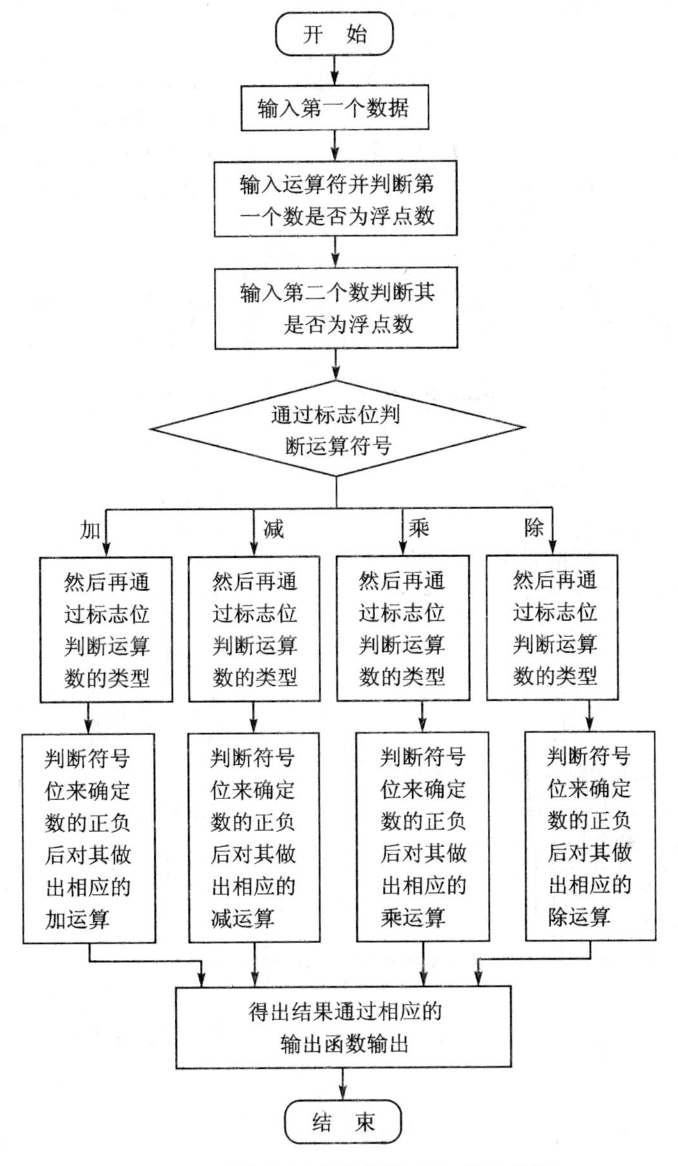

图 7.4 整数和浮点数的混合运算流程图

这个功能是通过在 ButtonClick()函数中响应按键来实现的。表 7.8 显示了 ButtonClick()函数实现正负数转换功能的方法描述。

表 7.8 ButtonClick 方法描述

名 称	ButtonClick		
返回值	U16		
描 述	整数和浮点数的混合运算函数		
参 数	名 称	类 型	描 述
1	PHParam	int	键盘按键号码
2	PLParam	int	按键时同时按下的功能键

ButtonClick()函数代码如下：

```
U16 ButtonClick(int PHParam,int PLParam)
{
    switch(PHParam)                    //通过 switch 来选择所触摸到的按钮所实现的功能
    { case 220:                        //第一个数的输入                    (1)
        sign = 1;                      //设置符号位为加法
        for(i = 0;i<Numlength + 1;i ++ )   //取得文本框内数据
        {   content1[i] = pTextCtrl ->text[i];   }
        pTextCtrl ->text[0] = 0;       //清空文本框
        signX = IntOrFloat(content1);  //判断是否为浮点数
        if(signX == 1)                 //为浮点数
        {
        floatnum1 = GetFloatNumber(Numlength,content1);//将内容存入 floatnum1
        Numlength = 0;                 //字长至零
        }
        else                           //为整数
        {    con1 = Unicode2Int(content1);   //将内容存入 con1
             Numlength = 0;            //字长至零
        }
        break;                                                              (2)
        ...                            //减、乘、除与加法类似,省略
    case 225:                          //第二个数的输入                    (3)
        for(i = 0;i<Numlength + 1;i ++ )
       { content1[i] = pTextCtrl ->text[i];}   //文本框取值
       pTextCtrl ->text[0] = 0;
       signX2 = IntOrFloat(content1);  //判断第二个数是否为浮点数
       if(signX2 == 1)
      { floatnum2 = GetFloatNumber(Numlength,content1);
        Numlength = 0;
        signX2 ++ ;                    //若是则将标志位加 1
      }
      else
      {
        con2 = Unicode2Int(content1);  //若不是则将内容存入 con2
        Numlength = 0;
      }
      signX = signX + signX2;          //求两个操作数符号位之和            (4)
      //整数和整数运算符号位之和为 0
      if(signX == 0)                   //判断符号位
     {
      switch(sign)                     //判断是哪种运算
      {
        case 1:                        //加法
            NumberJia(con1,con2,content3);   //调用整数加函数,见表 7.9       (5)
```

```
        SetTextCtrlText(pTextCtrl,content3,TRUE);
        pTextCtrl ->text[0] = 0;              //清空 pTextCtrl 控件
        sign = 0;
        break;
     ...                                      //减法、乘法省略
    case 4:                                   //除法
        if(con2! = 0)                         //若除数不为 0
        {
            NumberChu(con1,con2,content3);    //调用整数加函数,见表 7.9          (6)
            pTextCtrl ->text[0] = 0;          //清空 pTextCtrl 控件
            sign = 0;
        }
        else                                  //除数为 0
        {
            error[0] = 0x0065;                //设置错误第零位为 e
            error[1] = 0x0072;                //设置错误第一位为 r
            error[2] = 0x0072;                //设置错误第二位为 r
            error[3] = 0x006f;                //设置错误第三位为 o
            error[4] = 0x0072;                //设置错误第四位为 r
            SetTextCtrlEdit(pTextCtrl,TRUE);
            SetTextCtrlText(pTextCtrl,error,TRUE);
        }
        break;
    default:
        break;
   }
  break;
}
//浮点数和浮点数运算的符号位之和为 3,加法的代码如下:
 if(signX == 3)                                                                //(7)
{
   switch(sign)                               //判断运算符
   {
   case 1:                                    //加法
       switch(flag)                           //判断是否存在负数
       {
       case 0:                                //不存在负数
           content4 = floatnum1 + floatnum2;
           Change2UOUT(content4);
           break;
       case 1:                                //后面一个是负数
           content4 = floatnum1 + ( - floatnum2);
           if(floatnum1> = floatnum2)         //判断运算结果是否为正数
               {  Change2UOUT(content4); }    //输出
           else
```

```
                    {
                    content4 = - content4;          //取负
                    Change2UOUTF(content4);          //输出
                    }
                break;
            case 2:                                  //两个都是负数
                content4 = floatnum1 + floatnum2;
                Change2UOUTF(content4);              //输出
                break;
            }
            sign = 0;                                //运算符号位置 0
            flag = 0;                                //负号符号位置 0
            break;
          ...                                        //减、乘、除省略
        }
        break;
    }                                                                      //(8)
  ...    //整数和浮点数,浮点数和整数运算类似,省略
  break;
  ...
  }
}
```

代码中 ButtonClick()函数实现了当输入运算的数为整数和浮点数混合运算时运算的方法。其中标号(1)到(2)之间的代码完成了第一个数据的输入以及运算符号的确定,接着就要对第二个数据的输入进行相关的操作。当数据类型不同时就要对其进行转换然后再进行操作,如:整型和整型,整型和浮点型,浮点型和浮点型等。标号(3)到(4)之间的代码通过求两操作数符号位之和来判断两个数的格式,然后进行不同的转换并进行运算。标号(5)和(6)之间调用了加法和除法的运算函数,减法和乘法省略了。通过这些函数便完成了整数的运算。标号(7)到(8)之间的代码完成的是输入两个数为浮点数和浮点数运算,则符号位之和为 3 的情况,此处以加法为例,减法、乘法、除法运算省略。一个浮点数和整数的运算与整数和浮点数的运算相似,只是在整数转化为浮点数上有所不同。这样就完成了整数、浮点数的混合运算。

8) 加法运算 NumberJia()函数和除法运算 NumberChu()函数

表 7.9 显示了 NumberJia()函数实现加法运算函数的方法描述,表 7.10 显示了 NumberChu()函数实现除法运算函数的方法描述。

表 7.9　NumberJia 方法描述

名　称	NumberJia		
返回值	int		
描　述	加法运算函数		
参　数	名　称	类　型	描　述
1	con	int	参与加法运算的一个数
2	con3	int	参与加法运算的另一个数
3	change[]	U16	运算后结果转换为 U16 类型

NumberJia()函数代码如下：

```
int NumberJia(int con,int con3,U16 change[])
{    con = con + con3;                    //加法运算
     Int2Unicode(con,change);             //整数转化
     return 0;                            //返回
}
```

表 7.10　NumberChu 方法描述

名　称	NumberChu		
返回值	int		
描　述	除法运算函数		
参　数	名　称	类　型	描　述
1	con	int	参与除法运算的被除数
2	con3	int	参与除法运算的除数
3	change[]	U16	运算后结果转换为 U16 类型

NumberChu()函数代码如下：

```
int NumberChu(int con,int con3,U16 change[])
{    float a,b,cc;                                  //定义变量
     int juge;                                      //定义整数
     U16 use[40];                                   //定义输出变量
     a = con;                                       //取除数
     b = con3;                                      //取被除数
     cc = a/b;                                      //除法运算
     juge = cc;                                     //浮点数取整
     if(cc>juge)                                    //判断计算除数是否为浮点数
     {         Change2UOUT(cc);}                    //浮点输出
     else
     {
         Int2Unicode(juge,use);
         SetTextCtrlText(pTextCtrl,use,TRUE);       //整数输出
     }
     Int2Unicode(con,change);
     return 0;
}
```

7.3　计算器科学功能和附加功能

7.3.1　功能说明

计算器科学功能是对简单计算器的功能进行充实，如加入开方、取倒数、立方、平方、阶乘、

取整、十进制转二进制、弧度转角度、三角函数(sin、cos、sec、tan)以及对数据进行存储和调用等功能。为了进一步完善简单计算器,方便用户的使用,还设计了计算器的附加功能,如退格符、清空符。

7.3.2 编程思想

实现这些功能的原理与简单计算器的运算过程相似,只是重新定义一些功能按钮,然后在ButtonClick()函数中实现其功能。

1) 计算器附加功能 ButtonClick()函数

实现计算器的附加功能,主要包括退格、清空、小数点。这个功能是通过在ButtonClick()函数中响应按键来实现的。表7.11显示了ButtonClick()函数实现计算器附加功能的方法描述。

表 7.11 ButtonClick 方法描述

名 称	ButtonClick		
返回值	U16		
描 述	计算器附加功能函数		
参 数	名 称	类 型	描 述
1	PHParam	int	键盘按键号码
2	PLParam	int	按键时同时按下的功能键

ButtonClick()函数代码如下:

```
U16 ButtonClick(int PHParam,int PLParam)
{
    switch(PHParam)                          //通过 switch 选择触摸到的按钮所实现的功能
    {
        ...
        case 224:                            //退格功能                              (1)
            TextCtrlDeleteChar(pTextCtrl,TRUE);
            Numlength --;
            break;                                                                 //(2)
        case 226:                            //清空功能                              (3)
            pTextCtrl->text[0] = 0;
            DrawTextCtrl(pTextCtrl);
            Numlength = 0;
            flag = 0;
            break;                                                                 //(4)
        case 234:                            //输入小数点功能                        (5)
    AppendChar2TextCtrl(pTextCtrl, pButtonCtrl2[PHParam - 220]->Caption[3], TRUE);
            Numlength ++;
            break;                                                                 //(6)
    }
}
```

代码中标号(1)到(2)之间的代码实现退格功能，通过调用 pTextCtrl 文本框控件的 TextCtrlDeleteChar()函数对文本框最后一个输入的数进行删除，然后再对字符串长度减 1 来实现退格功能。标号(3)到(4)之间的代码实现清空功能，由于在 pTextCtrl 中的 text[0]既是文本框中内容的第一个字符又是字符串长度的度量位，因此将其设为 0，既是将文本框清空，又将字符串长度设为 0 来实现清空功能。标号(5)到(6)之间的代码实现输入小数点功能，通过 AppendChar2TextCtrl()函数添加按钮 Caption[3]上第四个字符，即小数点。这样简单计算器的附加功能已经实现。

2) 计算器科学功能 ButtonClick()函数

下面介绍实现计算器科学功能，如开方、取倒数、立方、平方、阶乘、取整、十进制转二进制、弧度转角度、三角函数(sin、cos、sec、tan)以及对数据进行存储和调用等功能。表 7.12 显示了 ButtonClick()函数实现简单计算器附加功能的方法描述。

表 7.12 ButtonClick 方法描述

名　称	ButtonClick		
返回值	U16		
描　述	计算器科学功能函数		
参　数	名　称	类　型	描　述
1	PHParam	int	键盘按键号码
2	PLParam	int	按键时同时按下的功能键

ButtonClick()函数代码如下：

```
U16 ButtonClick(int PHParam,int PLParam)
{
    switch(PHParam)              //通过 switch 选择触摸到的按钮所实现的功能
    {case 227:                   //开方功能                                    (1)
          for(i = 0;i<Numlength + 1;i ++ ) { content1[i] = pTextCtrl ->text[i]; }
          pTextCtrl ->text[0] = 0;
          floatnumsqr = GetFloatNumber(Numlength,content1);
          if(flag == 0)
          {    floatnumsqr = sqrt(floatnumsqr);
               Change2UOUT(floatnumsqr);
          }
          else
          {    error[0] = 0x0065;
               error[1] = 0x0072;
               error[2] = 0x0072;
               error[3] = 0x006f;
               error[4] = 0x0072;
               SetTextCtrlEdit(pTextCtrl,TRUE);
               SetTextCtrlText(pTextCtrl,error,TRUE);
            }
          break;                                                              //(2)
```

```
case 241:    //平方功能                                                    (3)
        for(i = 0;i<Numlength + 1;i ++ ) { content1[i] = pTextCtrl ->text[i]; }
        pTextCtrl ->text[0] = 0;
        floatx2 = GetFloatNumber(Numlength,content1);
        floatx2 = floatx2 * floatx2;
        Change2UOUT(floatx2);
        break;                                                            //(4)
case 242:   //立方功能                                                     (5)
         for(i = 0;i<Numlength + 1;i ++ ){content1[i] = pTextCtrl ->text[i];}
      pTextCtrl ->text[0] = 0;
        floatx3 = GetFloatNumber(Numlength,content1);
        floatx3 = floatx3 * floatx3 * floatx3;
        Change2UOUT(floatx3);
        break;                                                            //(6)
case 228:      //取整功能                                                   (7)
        for(i = 0;i<Numlength + 1;i ++ )
        {    content1[i] = pTextCtrl ->text[i];    }
        pTextCtrl ->text[0] = 0;
        signbai = IntOrFloat(content1);
        if(signbai == 1)
        {
            floatnumbai = GetFloatNumber(Numlength,content1);
            conbai = floatnumbai;
            if(flag == 0)  {    Change2UOUT(conbai);    }
            else
            {    Change2UOUTF(conbai);  }
        }
      else
        {
            conbai = Unicode2Int(content1);
            Change2UOUT(conbai);
        }
        break;                                                            //(8)
case 229:       //取倒数功能                                                 (9)
        for(i = 0;i<Numlength + 1;i ++ ){content1[i] = pTextCtrl ->text[i];}
        pTextCtrl ->text[0] = 0;
        floatnumdao = GetFloatNumber(Numlength,content1);
        if(floatnumdao == 0.0||floatnumdao == 0)
        {    error[0] = 0x0065;
            error[1] = 0x0072;
            error[2] = 0x0072;
            error[3] = 0x006f;
            error[4] = 0x0072;
            SetTextCtrlEdit(pTextCtrl,TRUE);
            SetTextCtrlText(pTextCtrl,error,TRUE);
```

```
            }
            else
            {
                floatnumdao = 1/floatnumdao;
                Change2UOUT(floatnumdao);
            }
        break;                                                              //(10)
    case 239:   //弧度转角度的运算                                           (11)
            for(i = 0;i<Numlength + 1;i ++ ){content1[i] = pTextCtrl ->text[i];}
            floathd = GetFloatNumber(Numlength,content1);
            floathd = floathd * (180/3.1415926);
            if(flag == 0) {   Change2UOUT(floathd);    }
            else
            {   Change2UOUTF(floathd);   }
            break;                                                          //(12)
    case 235:   //sin 运算                                                   (13)
            for(i = 0;i<Numlength + 1;i ++ ){ content1[i] = pTextCtrl ->text[i];}
            pTextCtrl ->text[0] = 0;
            floatsin = GetFloatNumber(Numlength,content1);
            floatsin = sin(floatsin);
            if(flag == 0)
            {
                if(floatsin> = 0) { Change2UOUT(floatsin); }
                else
                {
                    floatsin = - floatsin;
                    Change2UOUTF(floatsin);
                }
            }
          else
            {
                if(floatsin> = 0) {   Change2UOUTF(floatsin); }
                else
                {
                    floatsin = - floatsin;
                    Change2UOUT(floatsin);
                }
            }
            break;                                                          //(14)
    ...             //cos、tan 运算类似,省略
    case 232:   //数据存储功能                                               (15)
            for(i = 0;i<Numlength + 1;i ++ ){ contentm[i] = pTextCtrl ->text[i]; }
            pTextCtrl ->text[0] = 0;
            signX = IntOrFloat(contentm);
            if(signX == 1)
```

```
        {
            floatnumm = GetFloatNumber(Numlength,contentm);
            Numlength = 0;
        }
        else
        {
            conm = Unicode2Int(contentm);
            floatnumm = conm;
             Numlength = 0;
        }
    break;                                                                    //(16)
case 233:   //存储数据加法运算                                                  (17)
        for(i = 0;i<Numlength + 1;i ++ ){contentm1[i] = pTextCtrl ->text[i]; }
        pTextCtrl ->text[0] = 0;
        signmm = IntOrFloat(contentm1);
        if(signmm == 1)
        {
            floatnumm1 = GetFloatNumber(Numlength,contentm1);
            Numlength = 0;
        }
        else
        {
            conm1 = Unicode2Int(contentm1);
            floatnumm1 = conm1;
            Numlength = 0;
        }
        floatnumm0 = floatnumm + floatnumm1;
        SetTextCtrlEdit(pTextCtrl,TRUE);
        Change2UOUT(floatnumm0);
        break;                                                                //(18)
case 240:   //求 ln 功能                                                        (19)
        for(i = 0;i<Numlength + 1;i ++ ){content1[i] = pTextCtrl ->text[i]; }
        pTextCtrl ->text[0] = 0;
        floatln = GetFloatNumber(Numlength,content1);
        floatln = log10(floatln);
        if(flag == 0) {Change2UOUT(floatln); }
        else
        {   error[0] = 0x0065;
            error[1] = 0x0072;
            error[2] = 0x0072;
            error[3] = 0x006f;
            error[4] = 0x0072;
            SetTextCtrlEdit(pTextCtrl,TRUE);
            SetTextCtrlText(pTextCtrl,error,TRUE);
        }
```

```
            break;                                                      //(20)
        case 244:       //求阶乘功能                                      (21)
            for(i = 0;i<Numlength + 1;i ++ ) {content1[i] = pTextCtrl ->text[i];}
            pTextCtrl ->text[0] = 0;
            conjie = Unicode2Int(content1);
            signjie = IntOrFloat(content1);
            Numlength = 0;
            if(flag! = 0||signjie == 1)
            {
                error[0] = 0x0065;
                error[1] = 0x0072;
                error[2] = 0x0072;
                error[3] = 0x006f;
                error[4] = 0x0072;
                SetTextCtrlEdit(pTextCtrl,TRUE);
                SetTextCtrlText(pTextCtrl,error,TRUE);
            }
            else
            {
                jie = 1;
                for(i = 1;i< = conjie;i ++ ){ jie = i * jie; }
                Int2Unicode(jie,content1);
                SetTextCtrlText(pTextCtrl,content1,TRUE);
            }
          break;                                                        //(22)
      }
  }
```

标号(1)到(2)之间的代码实现开方功能，对文本框内数据进行接收并保存到 floatnumsqr 中。通过 flag 标志位判断数据是否为负数，若不为负数则通过调用 math. c 系统类库中的 sqrt 函数来对输入数进行开方，然后通过 Change2OUT()浮点函数输出结果。若为负数则将 error[6] 的 Unicode 码序列定义为“error”，然后输出。

标号(3)到(4)之间的代码是平方运算，对文本框内数据进行接收并保存到 floatx2 中。该算法不用对符号位进行判断，直接通过 Change2OUT()函数对结果进行输出。

标号(5)到(6)之间的代码是立方运算，对文本框内数据进行接收并保存到 floatx3 中。通过 flag 标志位判断数据是否为负数，由函数计算得出结果。若结果为负数，则由 Change2OUTF()函数对结果进行输出；若结果为正数，则由 Change2OUT()函数对结果进行输出。

标号(7)到(8)之间的代码是取整运算，对文本框内数据进行接收并保存到 floatnumbai 中。该段代码先判断 signbai 是否为 1，继而对数据格式进行判断，若为浮点数则再通过 flag 标志位判断数据是否为浮负数，然后由 Change2OUT()函数对结果输出。若 signbai 为 0(即结果是整数)，则直接对结果进行输出。

标号(9)到(10)之间的代码是取倒数运算，对文本框内数据进行接收并保存到 floatnumdao

中。通过 flag 标志位判断数据是否为负数，由函数计算得出结果。但要对文本框数据是否为零进行判断，当 floatnumdao 为零时取倒数是没有意义的。

标号(11)到(12)之间的代码是弧度转角度的运算，对文本框内数据进行接收并保存到 floathd 中。通过 flag 标志位判断数据是否为负数，由函数计算得出结果。

标号(13)到(14)之间的代码是求正弦函数，对文本框内数据进行接收并保存到 floatsin 中。通过 flag 标志位判断数据是否为负数，由函数调用 math.c 系统类库中的 sin，可计算得出结果。由于对数进行正弦运算后有可能改变符号位，因此应当在得出结果后再对结果进行判断，重新确定符号位。

标号(15)到(16)之间的代码是数据存储功能，对文本框内数据进行接收并保存到 floatnumm 或 conm 中。

标号(17)到(18)之间的代码是存储数据加法运算功能，对文本框内第二个数据进行接收并保存到相应的 floatnumm1 或 conm1 中，将第二个存入数据的变量同前一个保存的 floatnumm 或 conm 进行加法运算。

标号(19)到(20)之间的代码是求自然对数(ln)运算功能，对文本框内数据进行接收并保存到 floatln 中。通过 flag 标志位判断数据是否为负数，若不为负数，则通过调用 math.c 系统类库中的 log 函数来对输入数进行自然对数(ln)运算，然后由 Change2OUT()函数输出结果；若为负数，则将 error[6]的 Unicode 码序列定义为“error”，然后输出。

标号(21)到(22)之间的代码是求阶乘运算功能，对文本框内数据进行接收并保存到 conjie 中。由于阶乘为正整数的运算，因此无需对其判断类型，直接通过函数计算出结果输出。

3）十进制转二进制的运算 Jin10toJin2()函数

表 7.13 显示的是实现十进制转二进制的运算函数的方法描述。

表 7.13　Jin10toJin2 方法描述

名　称	Jin10toJin2		
返回值	int		
描　述	十进制转二进制的运算函数		
参　数	名　称	类　型	描　述
1	changto2	int	键盘按键号码

Jin10toJin2()函数代码如下：

```
int Jin10toJin2(int changto2)
{
    U16 ou[1];
    int i,j,yu[30],zheng[30],k,A;
    i = 0;
    k = changto2;
    do
    {
        yu[i] = k % 2;
        zheng[i] = k/2;
        k = zheng[i];
```

```
        i++;
    }
    while(k!=1);
    A=1;
    Int2Unicode(A,ou);
    AppendChar2TextCtrl(pTextCtrl,ou[0],TRUE);
    for(j=i-1;j>=0;j--)
    {
        A=yu[j];
        Int2Unicode(A,ou);
        AppendChar2TextCtrl(pTextCtrl,ou[0],TRUE);
    }
    return 0;
}
```

7.4 练习题

1. 为 PDA 环境设计一个单位换算组件，可以进行常用单位之间的换算，并能在嵌入式环境下使用。

2. 为 PDA 环境设计一个汇率换算组件，可以在多国货币之间根据预设汇率进行换算，并能在嵌入式环境下使用。

第8章　高炮打飞机游戏设计

本章介绍了在硬件开发平台和实时操作系统组成的嵌入式系统环境下，用标准C语言设计、开发人机对战的高炮打飞机游戏的全过程。

8.1　引　言

高炮打飞机游戏设计是一个人机对战游戏，人控制炮台，计算机控制飞机。飞机可以根据炮台的位置进行投弹。飞机在屏幕的上方水平匀速运动，所以打出的子弹也具有一定的初速度，加上重力加速度，飞机打出的子弹的运动路径应该是一个向下加速的抛物线。玩家可以控制炮台左右移动，并发射炮弹。玩家有3次机会，如果炮台被第三次击中，则游戏结束。如果炮台打中飞机，每打中一次加10分，飞机显示为爆炸，并从屏幕的左端重新飞出一架。为了提高对抗性，本游戏将借鉴掌上游戏机的分数规则，即达到一定分数，飞机的移动速度将增加。

8.2　编程思想

8.2.1　总体设计

总体设计思路：玩家通过键盘按键来控制炮台的移动和开炮，也就是响应按键消息。飞机是由机器自动控制，飞机的行为有两个——移动和投弹。移动采用平移贴图实现。什么时候投弹，是通过飞机和炮台的当前位置计算出来的，具体说，就是要计算导弹的落点是否在当前炮台范围内，如果在当前炮台范围内则投弹。注意，在本次设计中使用的重力加速度并非真实的重力加速度，只是个模拟值。在游戏运行过程中，飞机和炮台的子弹每次移动(即每一帧)都要计算是否击中对方。若飞机击中炮台，则玩家命数减一(初始有3条命)；若炮台击中飞机，则加10分，每过100分飞机将加快速度。当飞机3次击中玩家，玩家命数为0，游戏结束。飞机和炮台每次只能发射一枚炮弹，当炮弹在屏幕上消失后，才能发射第2枚。

虽然标准C语言不是面向对象语言，但是可以通过向结构体中添加函数指针的方法模仿类。这样做，可以使整体结构清晰一些。程序中，主要有3个“类”：飞机、炮弹和玩家控制的炮台。在开始游戏之前，需要进行各项初始化，包括加载位图、参数设置等。在游戏的主体函数中，主要调度的内容包括飞机的移动(包含对是否投弹的判断)、飞机子弹的移动(包括对炮台的碰撞检测)、炮台开炮与移动(左移、右移，由玩家通过按键控制)及炮台子弹移动(包括对飞机的碰撞检测)。

游戏设计中主要涉及的算法有物体的变速运动算法和碰撞检测算法。

高炮打飞机游戏设计流程图如图 8.1 所示。程序结构图如图 8.2 所示。

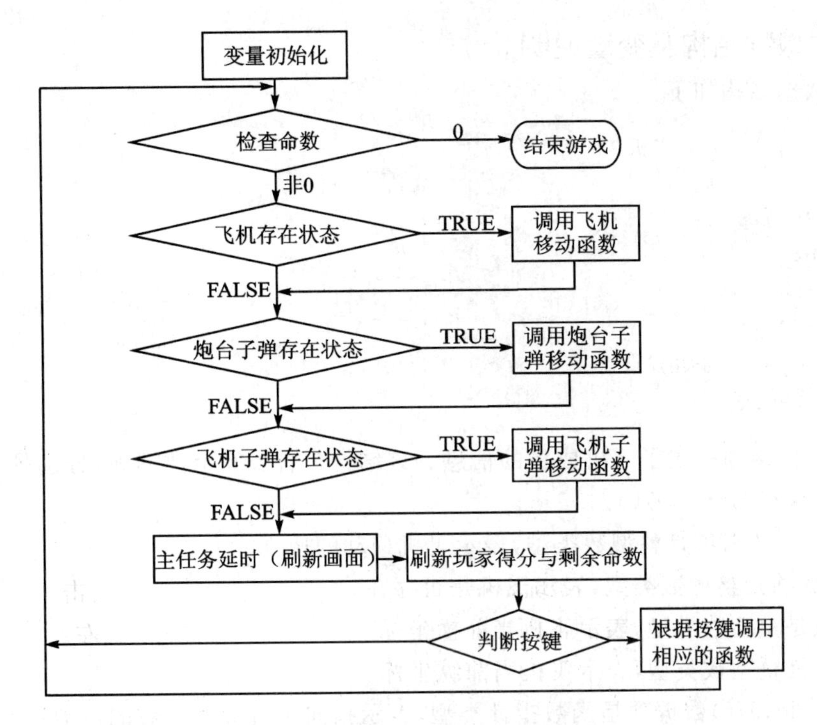

图 8.1 高炮打飞机游戏设计流程图

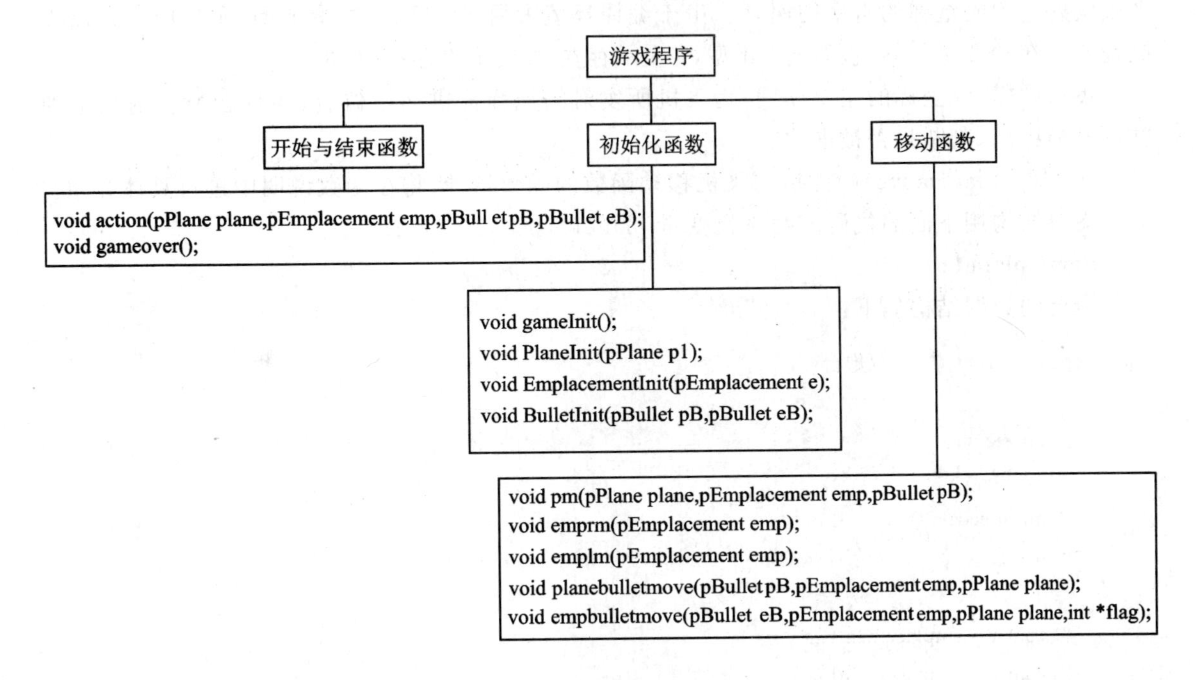

图 8.2 程序的结构图

8.2.2 详细设计

1. 主要数据结构及变量说明

飞机的数据结构如下：

```
typedef struct      //飞机
{
    int PlaneSpeed;
    int exist;
    int x;
    int y;
    void ( * planemove)();
}Plane, * pPlane;
```

飞机的数据结构描述了飞机成员的信息。该结构包含了5个数据项，分别是PlaneSpeed，exist，x，y和(* planemove)()。

PlaneSpeed数据项是整型数类型，表示飞机移动的速度。

exist数据项是整型数类型，表示飞机是否存在。

x数据项是整型数类型，表示飞机当前横坐标。

y数据项是整型数类型，表示飞机当前纵坐标。

(* planemove)()数据项是函数指针类型，表示指向飞机移动函数的函数指针。

飞机在屏幕上方水平匀速运动，在初始化的时候将会给定飞机的移动速度，这个速度就是飞机发射炮弹时炮弹的水平初速度。由于编译环境未提供BOOL变量类型，所以用来判断飞机是否存在的变量exist设置为int型，1表示存在，0表示不存在(被击中)。

飞机的横、纵坐标的主要作用：为飞机所发射的炮弹提供初始位置，与炮台所发射的炮弹进行碰撞检测，判断是否被击中。

void (* planemove)()为指向飞机移动函数的函数指针，将在函数说明中进行具体介绍。

飞机结构用下面的代码声明飞机变量plane1。

Plane plane1;

炮台的数据结构如下：

```
typedef struct      //炮台
{
    int exist;
    int life;
    int speed;
    int x;
    int y;
    void ( * emplacementrmove)();
    void ( * emplacementlmove)();
}Emplacement, * pEmplacement;
```

炮台的数据结构描述了炮台中成员的信息。该结构包含了7个数据项，分别是exist，

life,speed,x,y,(＊emplacementrmove)()和(＊emplacementlmove)()。exist 数据项是整型数类型,表示炮台是否存在。life 数据项是整型数类型,表示玩家命数。speed 数据项是整型数类型,表示炮台移动速度。x 数据项是整型数类型,表示炮台当前横坐标。y 数据项是整型数类型,表示炮台当前纵坐标。(＊emplacementrmove)()数据项是函数指针类型,表示指向炮台右移函数的函数指针。(＊emplacementlmove)()数据项是函数指针类型,表示指向炮台左移函数的函数指针。

有些变量和飞机结构中的类似,在此不再作说明。life 为玩家的命数,在初始化时给定,本游戏中,玩家一共有 3 条命。在炮台结构中的移动速度并没有什么实际含义,仅是为了提高程序的可读性和可扩充性。炮台结构用下面的代码声明炮台变量 useremp。

Emplacement useremp;

子弹的数据结构如下:

```
typedef struct        //子弹
{
    int exist;
    int x;
    int y;
    int v;
    void ( * bulletmove)();
}Bullet, * pBullet;
```

子弹的数据结构描述了子弹中成员的信息。该结构包含了 5 个数据项,分别是 exist,x,y,v 和(＊bulletmove)()。exist 数据项是整型数类型,表示子弹是否存在。x 数据项是整型数类型,表示子弹当前横坐标。y 数据项是整型数类型,表示子弹当前纵坐标。v 数据项是整型数类型,表示子弹速度。(＊bulletmove)()数据项是函数指针类型,表示指向炮台右移函数的函数指针。

由于游戏中使用的物理值均为模拟值,所以速度的单位也就不是传统的“米/秒”,在这里可以理解为“像素/帧”。这个速度只对飞机所发射的子弹有效,因为飞机所发射的子弹在纵向上是加速运动,所以每一帧都需要计算子弹在纵向上的速度。从软、硬件条件及可玩性的角度考虑,将炮台所发出的子弹设置为匀速直线运动(竖直向上)。子弹结构用下面的代码声明飞机子弹变量 PlaneBullet 和炮台子弹变量 EmpBullet。

Bullet PlaneBullet,EmpBullet;

位图的数据结构如下:

```
typedef struct
{
    U8 bmp[230400];
    int nByte;
    U32 cX;
    U32 cY;
}BmpFile;
```

位图的数据结构描述了位图中成员的信息。该结构包含了 4 个数据项,分别是

bmp[230400],nByte,cX 和 cY。bmp[230400]数据项是 U8 类型,表示图片缓存,容量为 320×240×3。nByte 数据项是整型数类型,表示每个像素的字节数。cX 数据项是 U32 类型,表示横向像素数。cY 数据项是 U8 类型,表示纵向像素数。这个结构体较为特殊,它的作用是为两个系统 API 函数提供接口,提高程序的可读性。具体内容将在游戏开发中遇到技术问题及解决方法中进行讨论。位图结构用下面的代码声明位图变量 planebmp、empbmp、explodebmp、eBulletbmp、pBulletbmp。

BmpFile planebmp,empbmp,explodebmp,eBulletbmp,pBulletbmp;

2. 主要函数模块功能说明

游戏中用到的函数分为 3 类:初始化函数、移动函数、开始与结束函数。初始化函数包括游戏初始化、飞机状态初始化、炮台状态初始化和子弹初始化。移动函数包括飞机移动、炮台向右移动、炮台向左移动、炮台子弹移动和飞机子弹移动。移动函数主要以成员函数的身份出现在飞机、炮台、飞机子弹和炮台子弹 4 个对象中。开始与结束函数包括开始函数 action()和结束游戏函数 gameover()。

1) 游戏初始化 gameInit()函数

表 8.1 显示了游戏初始化函数的方法描述。

表 8.1 gameInit 方法描述

名　称	gameInit		
返回值	void		
描　述	游戏初始化函数		
参　数	名　称	类　型	描　述
无			

gameInit()函数代码如下:

```
void gameInit()                    //游戏初始化
{
    Plane plane1;
    Emplacement useremp;
    Bullet PlaneBullet,EmpBullet;
    LoadBmp(Bplane,planebmp.bmp,&planebmp.nByte,&planebmp.cX,&planebmp.cY);
    LoadBmp(Bemp,empbmp.bmp,&empbmp.nByte,&empbmp.cX,&empbmp.cY);
    LoadBmp(Bexplode,explodebmp.bmp,&explodebmp.nByte,&explodebmp.cX,
            &explodebmp.cY);
    LoadBmp(BeBullet,eBulletbmp.bmp,&eBulletbmp.nByte,&eBulletbmp.cX,
            &eBulletbmp.cY);
    LoadBmp(BpBullet,pBulletbmp.bmp,&pBulletbmp.nByte,&pBulletbmp.cX,
            &pBulletbmp.cY);
    LCD_ChangeMode(DspGraMode);
    PlaneInit(&plane1);
```

```
    EmplacementInit(&useremp);
    BulletInit(&PlaneBullet,&EmpBullet);
    score = 0;
    action(&plane1,&useremp,&PlaneBullet,&EmpBullet);        //开始游戏
}
```

代码中 gameInit()函数是游戏初始化函数，其功能是生成飞机、炮台、飞机子弹、炮台子弹对象，并进行初始化，加载所有位图，设置玩家分数为 0(玩家分数为全局变量)。初始化完成后，调用开始游戏函数。

2) 飞机状态初始化 PlaneInit()函数

表 8.2 显示了飞机状态初始化函数的方法描述。

表 8.2 PlaneInit 方法描述

名　称	PlaneInit		
返回值	void		
描　述	飞机状态初始化函数		
参　数	名　称	类　型	描　述
1	p1	pPlane	飞机结构变量

PlaneInit()函数代码如下：

```
void PlaneInit(pPlane p1)
{
    p1 ->PlaneSpeed = 3;          //设置飞机速度为 3
    p1 ->exist = TRUE;            //飞机存在状态为真
    p1 ->planemove = pm;          //指向飞机移动函数
    p1 ->x = 0;                   //飞机初始坐标
    p1 ->y = 20;
}
```

代码中 PlaneInit()函数的功能是设置飞机初始速度为 3，飞机存在状态为真，飞机初始坐标为(0,20)。

3) 炮台状态初始化 EmplacementInit()函数

表 8.3 显示了炮台状态初始化函数的方法描述。

EmplacementInit()函数代码如下：

```
void EmplacementInit(pEmplacement e)
{
    e ->life = 3;            //玩家命数
    e ->exist = TRUE;        //炮台存在状态为真
    e ->x = 105;             //炮台初始坐标
    e ->y = 200;
    e ->speed = 24;          //炮台移动速度
```

```
    ShowBmp2(empbmp.bmp,&empbmp.nByte,&empbmp.cX,&empbmp.cY,e->x,e->y);
      //显示炮台位图
    e->emplacementrmove = emprm;       //指向炮台右移函数
    e->emplacementlmove = emplm;       //指向炮台左移函数
}
```

代码中 EmplacementInit()函数的功能是设置玩家命数为 3,炮台存在状态为真,炮台初始坐标为(105,200),炮台移动速度为 24。

表 8.3　EmplacementInit 方法描述

名　称	EmplacementInit		
返回值	void		
描　述	炮台状态初始化函数		
参　数	名　称	类　型	描　述
1	e	pEmplacement	炮台结构变量

4) 子弹初始化 BulletInit()函数

表 8.4 显示了子弹初始化函数的方法描述。

表 8.4　BulletInit 方法描述

名　称	BulletInit		
返回值	void		
描　述	子弹初始化函数		
参　数	名　称	类　型	描　述
1	pB	pBullet	飞机子弹结构变量
2	eB	pBullet	炮台子弹结构变量

BulletInit()函数代码如下:

```
void BulletInit(pBullet pB,pBullet eB)
{
    pB->exist = FALSE;                   //飞机子弹存在状态为假
    eB->exist = FALSE;                   //炮台子弹存在状态为假
    pB->bulletmove = planebulletmove;    //指向飞机子弹移动函数
    eB->bulletmove = empbulletmove;      //指向炮台子弹移动函数
}
```

代码中 BulletInit()函数的功能是设置飞机子弹和炮台子弹存在状态为假。

5) 飞机移动 pm()函数

表 8.5 显示了飞机移动函数的方法描述。

表 8.5 pm 方法描述

名　称	pm		
返回值	void		
描　述	飞机移动函数		
参　数	名　称	类　型	描　述
1	plane	pPlane	飞机结构变量
2	emp	pEmplacement	炮台结构变量
3	pB	pBullet	子弹结构变量

pm()函数代码如下：

```
void pm(pPlane plane,pEmplacement emp,pBullet pB)          //飞机移动
{
    PDC pdc;
    pdc = CreateDC();
    if(plane ->x>294)
    {
        FillRect(pdc,plane ->x - 2,plane ->y,plane ->x + 26,plane ->y + 24,
                GRAPH_MODE_NORMAL,COLOR_WHITE);
        plane ->x = 0;
    }
    ShowBmp2(planebmp.bmp,&planebmp.nByte,&planebmp.cX,&planebmp.cY,
            plane ->x,plane ->y);
    FillRect(pdc,plane ->x - plane ->PlaneSpeed,plane ->y,plane ->x,plane ->y + 24,
            GRAPH_MODE_NORMAL,COLOR_WHITE);
    LCD_Refresh();
    if(pB ->exist == FALSE)
    {
    if(((plane ->x + plane ->PlaneSpeed * 9 + 20)>emp ->x)&&((plane ->x + plane ->
                PlaneSpeed * 9)<emp ->x + 21))          //9 为下落时间
        {
    //如果子弹落地点在炮台位图范围内,则对飞机子弹对象进行设置
            pB ->exist = TRUE;                          //飞机子弹存在状态
            pB ->x = plane ->x;                         //初始横坐标 x
            pB ->y = plane ->y + 24;                    //初始纵坐标 y
            pB ->v = 0;                                 //竖直初速度
        }
    }
    plane ->x + = 3;
    DestoryDC(pdc);
}
```

代码中 pm()函数的功能是自左向右循环贴图，每一帧都要通过飞机和炮台的位置判断是否进行投弹。模拟重力加速度为 2 像素/帧，通过物理计算，得出子弹落地的理论时间约为 11 帧，但由于各种误差影响，最后实验得出下落时间为 9 帧，为相对理想状态。如果子弹落地点在炮台位图范围内，则对飞机子弹对象进行设置。

6）炮台右移 emprm()函数

表 8.6 显示了炮台右移函数的方法描述。

表 8.6　emprm 方法描述

名　称	emprm		
返回值	void		
描　述	炮台右移函数		
参　数	名　称	类　型	描　述
1	emp	pEmplacement	炮台结构变量

emprm()函数代码如下：

```
void emprm(pEmplacement emp)
{
    PDC pdc;
    pdc = CreateDC();
    if(emp->x<282)
    {
        ShowBmp2(empbmp.bmp,&empbmp.nByte,&empbmp.cX,&empbmp.cY,
                emp->x + emp->speed,emp->y);
        FillRect(pdc,emp->x,emp->y,emp->x + 23,emp->y + 25,GRAPH_MODE_NORMAL,
                COLOR_WHITE);
        LCD_Refresh();
        emp->x += emp->speed;
    }
    DestoryDC(pdc);
}
```

代码中 emprm()函数的功能是当玩家按右移键时调用此函数，每次移动 emp->speed 个像素。

7）炮台左移 emplm()函数

表 8.7 显示了炮台左移函数的方法描述。

表 8.7　emplm 方法描述

名　称	emplm		
返回值	void		
描　述	炮台左移函数		
参　数	名　称	类　型	描　述
1	emp	pEmplacement	炮台结构变量

emplm()函数代码如下：

```
void emplm(pEmplacement emp)
{
    PDC pdc;
    pdc = CreateDC();
    if(emp->x>24)
    {
        ShowBmp2(empbmp.bmp,&empbmp.nByte,&empbmp.cX,&empbmp.cY,
                        emp->x - emp->speed,emp->y);
        FillRect(pdc,emp->x,emp->y,emp->x + 24,emp->y + 25,GRAPH_MODE_NORMAL,
                        COLOR_WHITE);
    LCD_Refresh();
    emp->x- = emp->speed;
    }
    DestoryDC(pdc);
}
```

代码中 emplm()函数的功能是当玩家按左移键时调用此函数，每次移动 emp->speed 个像素。

8）炮台子弹移动 empbulletmove()函数

表 8.8 显示了炮台子弹移动函数的方法描述。

表 8.8 empbulletmove 方法描述

名　称	empbulletmove		
返回值	void		
描　述	炮台子弹移动函数		
参　数	名　称	类　型	描　述
1	eB	pBullet	子弹结构变量
2	emp	pEmplacement	炮台结构变量
3	plane	pPlane	飞机结构变量
4	flag	int *	

empbulletmove()函数代码如下：

```
void empbulletmove(pBullet eB,pEmplacement emp,pPlane plane, int * flag)
{
    PDC pdc;
    pdc = CreateDC();
    if(eB->x<320&&eB->x>0&&eB->y>4)
    {
        if((eB->x + 20>plane->x)&&(eB->x<plane->x + 26)&&(eB->y + 12>plane->y)&&
            (eB->y<plane->y + 24))          //击中
        {
```

```
                eB ->exist = FALSE;                //飞机被击中,炮台子弹存在状态为假
                ShowBmp2(explodebmp.bmp,&explodebmp.nByte,&explodebmp.cX,
                        &explodebmp.cY,plane ->x - 2,plane ->y);
                OSTimeDly(500);
                FillRect(pdc,plane ->x - 20,plane ->y - 20,plane ->x + 50,plane ->y + 50,
                        GRAPH_MODE_NORMAL,COLOR_WHITE);
                LCD_Refresh();
                score + = 10;
                if(score % 100 == 0)
                if( * flag>20)
                        * flag - = 20;
                plane ->x = 0;
            }
            else
            {
                ShowBmp2(eBulletbmp.bmp,&eBulletbmp.nByte,&eBulletbmp.cX,
                        &eBulletbmp.cY,eB ->x,eB ->y - 3);
                FillRect(pdc,eB ->x,eB ->y + 17,eB ->x + 12,eB ->y + 20,GRAPH_MODE_NORMAL,
                        COLOR_WHITE);
                LCD_Refresh();
                eB ->y - = 3;
            }
        }
        else
        {
            FillRect(pdc,eB ->x,eB ->y,eB ->x + 12,eB ->y + 20,GRAPH_MODE_NORMAL,
                    COLOR_WHITE);
            eB ->exist = FALSE;
        }
        DestoryDC(pdc);
    }
```

代码中 empbulletmove()函数功能是每次击中飞机加 10 分(全局变量 score 加 10),每过 100 分,对飞机移动进行提速。程序中每一帧都需要对是否击中飞机进行判断。如果击中,则进行相应设置。

9) 开始 action()函数

表 8.9 显示了开始函数的方法描述。

action()函数代码如下:

```
void action(pPlane plane,pEmplacement emp,pBullet pB,pBullet eB)
{
    flag = 100;
    while(emp ->life)
    {
        if(plane ->exist == TRUE)
```

```
            (plane ->planemove)(plane,emp,pB);
        if(eB ->exist == TRUE)
            (eB ->bulletmove)(eB,emp,plane,&flag);
        if(pB ->exist == TRUE)
            (pB ->bulletmove)(pB,emp,plane);
        OSTimeDly(flag);
        Int2Unicode(emp ->life,LifeStr);
        Int2Unicode(score,ScoreStr);
        SetTextCtrlText(pLCaption,LCStr,TRUE);
        SetTextCtrlText(pSCaption,SCStr,TRUE);
        SetTextCtrlText(pLife,LifeStr,TRUE);
        SetTextCtrlText(pScore,ScoreStr,TRUE);
        pMsg = WaitMessage(1);
        if(pMsg ->Message == OSM_KEY)
        {
            if(pMsg ->WParam == '6')      //右移
                    (emp ->emplacementrmove)(emp);
            if(pMsg ->WParam == '4')      //左移
                    (emp ->emplacementlmove)(emp);
            if(pMsg ->WParam == '\r')     {      //开炮
            if(eB ->exist == FALSE)
                {
                    eB ->exist = TRUE;
                    eB ->x = emp ->x + 2;
                    eB ->y = 170;
                }
            }
            DeleteMessage(pMsg);
        }
    }
    gameover();
}
```

表 8.9　action 方法描述

名　称	action		
返回值	void		
描　述	开始函数		
参　数	名　称	类　型	描　述
1	plane	pPlane	飞机结构变量
2	emp	pEmplacement	炮台结构变量
3	pB	pBullet	飞机子弹结构变量
4	eB	pBullet	炮台子弹结构变量

代码中 action()函数的功能是根据各对象的存在状态调用相应的移动函数，计算并显示玩家的得分以及剩余命数，响应玩家的按键信息。如果玩家命数为 0，则调用结束游戏函数。

10）结束游戏 gameover()函数

表 8.10 显示了结束游戏函数的方法描述。

表 8.10 gameover 方法描述

名　称	gameover		
返回值	void		
描　述	结束游戏函数		
参　数	名　称	类　型	描　述
无			

gameover()函数代码如下：

```
void gameover()
{
    PTextCtrl pGameOver;
    structRECT rect;
    U16 str[] = {0x0047,0x0041,0x004d,0x0045,0x0020,0x004f,0x0056,
                0x0045,0x0052};            //GAME OVER
    ClearScreen();
    LCD_Refresh();
    SetRect(&rect,130,60,240,130);
    pGameOver = CreateTextCtrl(ID_GameoverText,&rect,FONTSIZE_MIDDLE,
                        CTRL_STYLE_NOFRAME,NULL,NULL);
    SetTextCtrlText(pGameOver,str,TRUE);
}
```

代码中 gameover()函数的功能是跳出游戏画面，进入游戏结束画面。

3. 其他函数功能说明

1）贴图函数

系统提供的贴图 API 函数是 void ShowBmp(PDC pdc, char filename[], int x, int y)，它的功能是显示指定的位图(Bitmap)文件到屏幕的指定位置。该函数可以分为 3 部分，第一部分是位图文件的读取，第二部分是贴图，第三部分是调用全屏刷新函数。每次贴图都要进行文件的读取，并且贴图完后还要进行全屏刷新。由此可见，用此函数贴图将极为缓慢，如果使用，需要进行两点改进。首先，将第一部分从函数中脱离，做一个位图加载函数 void LoadBmp(char filename[],U8 * bmp,int * pNByte,U32 * pCX,U32 * pCY)，在游戏初始化的时候，将所有位图文件加载到内存中。此函数返回 4 个参数，所以在程序中创建了一个 BmpFile 的结构体，并在全局变量中生成所有位图文件变量。文件加载完后，就可以随时调用 void ShowBmp2(U8 * bmp,int * pNByte,U32 * pCX,U32 * pCY,int x,int y)函数(去除了读取文件部分)，进行贴图，并且，在 ShowBmp2 中，将全屏刷新改为局部刷新(也可将此部分删除，在游戏程序中进行手动刷新)。

2) 读取 BMP 文件 LoadBmp()函数和读盘加速贴图 ShowBmp2()函数

下面给出修改后的两部分代码。表 8.11 显示了读取 BMP 文件函数的方法描述，表 8.12 显示了读盘加速贴图函数的方法描述。

表 8.11 LoadBmp 方法描述

名　称	LoadBmp		
返回值	void		
描　述	读取 BMP 文件函数		
参　数	名　称	类　型	描　述
1	filename[]	char	文件名
2	bmp	U8 *	图片缓存
3	pNByte	int *	每个像素的字节数
4	pCX	U32 *	横向像素数
5	pCY	U32 *	纵向像素数

表 8.12 ShowBmp2 方法描述

名　称	ShowBmp2		
返回值	void		
描　述	读盘加速贴图函数		
参　数	名　称	类　型	描　述
1	bmp	U8 *	图片缓存
2	pNByte	int *	每个像素的字节数
3	pCX	U32 *	横向像素数
4	pCY	U32 *	纵向像素数
5	x	int	图片左上角 x 坐标
6	y	int	图片左上角 y 坐标

LoadBmp()函数代码如下：

```
void LoadBmp(char filename[],U8 * bmp,int * pNByte,U32 * pCX,U32 * pCY)//读取 BMP 文件
{
    FILE * pfile;
    int i;
    U8 identifier[2];                    //标识符
    BITMAPFILEHEADER bmpfileheader;
    BITMAPINFOHEADER bmpinfoheader;
    pfile = fopen(filename,"r");         //打开文件
    if(pfile == NULL)                    //文件打开失败
        LCD_printf("Can't Open file!\n");
```

```
    fread(identifier, 1, 2, pfile);
    fread((U8 *)&bmpfileheader, 1, sizeof(BITMAPFILEHEADER), pfile);
    fread( (U8 *)&bmpinfoheader, 1, sizeof(BITMAPINFOHEADER), pfile);
    * pCX = bmpinfoheader.biWidth;
    * pCY = bmpinfoheader.biHeight;
    * pNByte = bmpinfoheader.biBitCount/8;
    for(i = ( * pCY) - 1;i> = 0;i -- )
    if(!fread(bmp + i * (( * pCX) * ( * pNByte) + ((( * pCX) * ( * pNByte)) % 2)), 1,
    (( * pCX) * ( * pNByte) + ((( * pCX) * ( * pNByte)) % 2)), pfile))
            break;
    fclose(pfile);                              //关闭文件
}
```

ShowBmp2()函数代码如下：

```
void ShowBmp2(U8 *  bmp,int *  pNByte,U32 *  pCX,U32 *  pCY,int x,int y)      //读盘加速贴图
{
    int i,j,k;
    U32 color;
    U8 *  pBmp;
    U16 bytePerRow;                             //每行字节数
    INT8U err;
    bytePerRow = ( * pCX) * ( * pNByte) + ((( * pCX) * ( * pNByte)) % 2);     //为减少循环中的计算
    OSSemPend(Lcd_Disp_Sem, 0, &err);
    for(i = 0;i<( * pCY);i ++ ){
        pBmp = bmp + i * bytePerRow;
        for(j = 0;j<( * pCX);j ++ ){
            color =  * pBmp;
            for(k = 0;k<( * pNByte) - 1;k ++ ){
                color << = 8;
                pBmp ++ ;
                color| =  * pBmp;
            }
            pBmp ++ ;
            LCDBuffer[y + i][x + j] = color;
        }
    }
    OSSemPost(Lcd_Disp_Sem);
    LCD_Refresh();
}
```

8.3 算法详解

随着游戏产业的发展与游戏开发技术的提高，游戏引擎日趋完善，主要的物理算法、智能算法以及动画制作也形成了一定的标准。在本设计中，主要使用了两种物理算法。

8.3.1 物体的变速运动算法

飞机打出子弹的轨迹是一条向下的抛物线，它要受到重力加速度和飞机的水平初速度的影响。飞机在投弹前要计算高炮的位置，如果投弹的落点正好是当时高炮所在的位置，则进行投弹。加速度与速度的关系如下：

$$v = v_o + at$$

在传统的 Windows 游戏设计中，通常以程序中定时器的时间间隔表示 t 的单位，但是在嵌入式操作系统中，采用"帧"为单位，距离采用"像素"为单位，所以速度的单位为"像素/帧"。每一帧都要处理子弹的移动，所以，子弹每一帧在竖直方向上的速度变化为

$$v = v_o + a$$

在水平方向上，子弹将按飞机的移动速度进行匀速运动，所以在程序中处理子弹位置的代码如下：

```
pB->x+ = plane->PlaneSpeed;
pB->y+ = pB->v;
pB->v+ = 2;
```

"pB—>v+＝2"中所加的"2"为模拟重力加速度值，这个数值是通过实验得来的。最初采用真实重力加速度的近似值 10，但是由 $S=(gt^2)/2$ 可以得出，第 1 帧子弹移动 10 个像素，第 2 帧移动 40 个像素，第 3 帧移动 90 个像素……子弹从 44(屏幕纵坐标点)开始下落，地面水平线纵坐标为 200，也就是说子弹在屏幕上只能显示 3 帧，几乎看不见，所以通过实验得出，取 2 为重力加速度值较为理想。

表 8.13 显示了飞机子弹移动函数的方法描述。

表 8.13 planebulletmove 方法描述

名　称	planebulletmove		
返回值	void		
描述	飞机子弹移动函数		
参　数	名　称	类　型	描　述
1	pB	pBullet	子弹结构变量
2	emp	pEmplacement	炮台结构变量
3	plane	pPlane	飞机结构变量

planebulletmove()函数代码如下：

```
void planebulletmove(pBullet pB,pEmplacement emp,pPlane plane)      //飞机子弹移动
{
    PDC pdc;
    pdc = CreateDC();
    if(pB->x + plane->PlaneSpeed<299&&pB->x>0&&pB->y + pB->v<240)
    {
        if((pB->x + 20>emp->x)&&(pB->x<emp->x + 21)&&(pB->y + 12>emp->y)
```

```
                    &&(pB->y<emp->y+26))              //击中
            {
                emp->exist = FALSE;                           //炮台被击中,存在状态为假
                emp->life--;                                  //玩家命数减一
                pB->exist = FALSE;                            //飞机子弹存在状态为假
                ShowBmp2(explodebmp.bmp,&explodebmp.nByte,&explodebmp.cX,
                        &explodebmp.cY,emp->x,emp->y);
                OSTimeDly(500);
                FillRect(pdc,emp->x-30,emp->y,emp->x+40,emp->y+25,
                        GRAPH_MODE_NORMAL,COLOR_WHITE);
                LCD_Refresh();
                ShowBmp2(empbmp.bmp,&empbmp.nByte,&empbmp.cX,&empbmp.cY,
                        emp->x,emp->y);
            }
            else
            {
                ShowBmp2(pBulletbmp.bmp,&pBulletbmp.nByte,&pBulletbmp.cX,
                        &pBulletbmp.cY,pB->x+plane->PlaneSpeed,pB->y+pB->v);
                FillRect(pdc,pB->x,pB->y,pB->x+20,pB->y+12,GRAPH_MODE_NORMAL,
                        COLOR_WHITE);
                LCD_Refresh();
                pB->x+ = plane->PlaneSpeed;
                pB->y+ = pB->v;
                pB->v+ = 2;
            }
        }
        else
        {
            pB->exist = FALSE;
            FillRect(pdc,pB->x,pB->y,pB->x+20,pB->y+10,GRAPH_MODE_NORMAL,
                    COLOR_WHITE);
            SetPenWidth(pdc,3);
            MoveTo(pdc,0,227);
            LineTo(pdc,320,227);
            LCD_Refresh();
        }
        DestoryDC(pdc);
    }
```

代码中 planebulletmove()函数每一帧都需要对是否击中炮台进行判断。如果击中,则进行相应设置,并且在当前炮台位置上贴爆炸效果位图,延时 500 ms 后,重新贴炮台位图,以便继续游戏;如果未击中,则按物理运动路线进行贴图。

8.3.2 碰撞检测算法

如今,在游戏设计中,主要使用3种碰撞检测的方法:范围检测、颜色检测和路线检测。这3种检测方法各有利弊。

范围检测算法简单,只要判断位图是否相交即可。这种检测运算量小,但误差较大。

颜色检测判断精确,但是算法复杂,运算量大,每次移动都必须重新做镂空处理,并读取位图所有像素的色彩值,然后进行AND运算,判断是否发生了碰撞。如果通过运算结果发现有相同的像素,则说明物体发生了碰撞。从效果看,颜色碰撞检测会更好一些,但是由于现在的设备要求,CPU重负会很重,这种检测方法比较适用于不规则图形的碰撞检测。

路线检测是通过已知的物体运动路线来判断两运动物体是否会有交点,此种算法相对精准,但运算量也较大。它的作用是对以后的行为智能做判断的。这里所提到的行为智能,是指飞机(由计算机控制)躲避子弹的能力。如果通过路线碰撞检测发现飞机会和子弹发生碰撞,那么飞机将在碰撞前改变飞行路线,避免被击中。路线检测通过物体的运动路线来判断物体是否会发生碰撞,比较适用于人工智能。

本次设计采用的是范围检测,虽然颜色检测和路线检测判断精准,但是运算量过大,会影响游戏的速度。范围检测相对于其他两种检测方法来说,误差较大,但是在游戏设计中所采用的位图小,位图周边空白像素少,产生的最大误差也就只有3个像素,所以不会有什么影响。

8.4 练习题

1. 为PDA环境设计一个高炮打飞机游戏组件,使用真实的重力加速度,设置难易程度及记忆功能(能记住胜负比例),并能在嵌入式环境下使用。

2. 为PDA环境设计一个打潜艇游戏组件,可以设置难易程度、计分功能及记忆功能(能记住胜负比例),并能在嵌入式环境下使用。

第9章 沙壶球游戏设计

沙壶球游戏设计是在嵌入式系统环境下，以标准C语言独立实现沙壶球游戏的仿真，模仿现实世界的沙壶球游戏，实现一个由双人对战的电子游戏仿真版本。

9.1 引 言

作为一种休闲活动，沙壶球起源于15世纪英国，老少皆宜，如今在中国大地逐渐风靡。将沙壶球、嵌入式技术以及电子游戏相结合，使用标准C语言，开发出一款嵌入式系统环境下的电子沙壶球游戏，便是沙壶球游戏设计的目标。沙壶球游戏具有一定的技巧性，在速度、力量、变化性及竞争性方面都极具挑战。球桌主要分为直滑式和反弹式两大类。本次设计主要实现直滑式游戏。

沙壶球游戏设计中的功能说明。

沙壶球运动竞技规则：

(1) 双方站在球桌同一端，通过抛硬币决定开球方并确定双方球的颜色，后出球者更具优势。

(2) 开球方球手向球桌的另一端推出自己的第一枚球，第二位球手以同样方式也推出自己的第一枚球，并设法将对手的球击落或超过对手的球。双方交替出球，直到8枚球全部推出，至此，一轮比赛结束。

(3) 推出最远球的球手为本轮的胜方，计算分值。

(4) 以与第一轮完全相同的方式开始下一轮比赛。比赛持续进行，轮数无限定，直至一方先达到或超过15分为止，该方即为本局胜方。

(5) 当一轮比赛结束时，桌面上没有余球，双方不分胜负，均不得分。

沙壶球常规计分方法：

(1) 在一轮比赛中，当球全部推出后，推出最远球的球手为本轮的胜方。

(2) 在每一轮比赛中，只有胜方有权得分，负方不得分。

(3) 计算胜方超过对手最远球的每一枚球的分值，加总这些分值即胜方的本轮得分。

计分区分值计算办法：

球桌中央一列分值(用数字标出，1、2、3、4分区)为计分值。

(1) 球完全处于计分区即得此分区分值。

(2) 如球位于分值线上，则计低分区之分值。

(3) 如球位于计分区边界线之外或压线则不得分，未超过第一条计分区边界线或压线的球应立即移离滑道，放入球槽，未超过第二条计分区边界线或压线的球不可移离滑道。

(4) 球悬于滑道尽头，称之为舰球或有效悬球。在最高分基础上额外再加一分。如球悬于滑道两边，称之为框球或无效悬球，不额外加分，但原分值有效。

9.2 编程思想

9.2.1 总体设计

在沙壶球游戏设计中最重要内容就是要对现实世界中的物理过程进行计算、仿真。

大体上讲，沙壶球游戏的设计可以分为 4 大部分。

(1) 界面显示与处理部分，这是用户最容易看到的部分。它主要负责用户可见的各种界面元素的显示及处理。

(2) 用户交互及程序流程控制部分，这是整个程序的骨架，是它支撑起了整个程序。它主要负责更新各种与用户交互有关的信息，并接收用户的反馈，根据用户的反馈，控制程序的流程，调度不同的模块执行，完成程序要求及用户要求。

(3) 游戏组件及相关处理部分，这是整个程序的资源基地。它主要负责为整个程序提供各种所需的“建材”，程序中所用的各种参数，大部分都是由这些“建材”给出的。

(4) 运动仿真及相关检测、处理部分，这是整个程序的核心部分。它主要负责游戏中各种运动的仿真计算及相关的检测计算、处理等。

当然，以上的划分是粗略的，在每个部分当中都还包含着或多或少的更加细化的模块。另外，这里的每个部分也不是完全独立的，它们相互之间都存在着或多或少的联系，一般靠参数传递信息，构成一个有机整体。

图 9.1 和图 9.2 显示了沙壶球游戏画面，即第一屏画面。

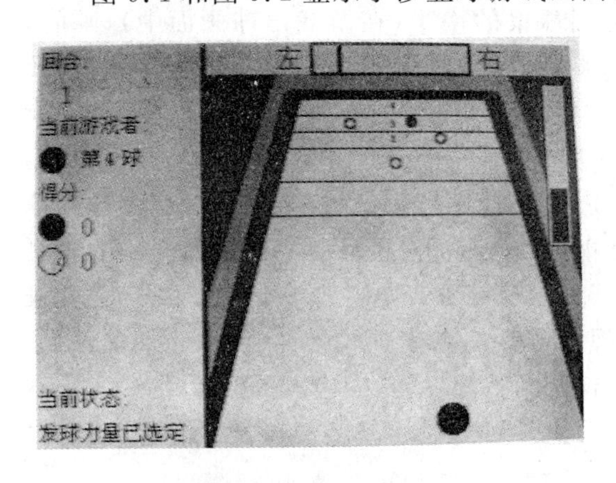

图 9.1 游戏出球画面

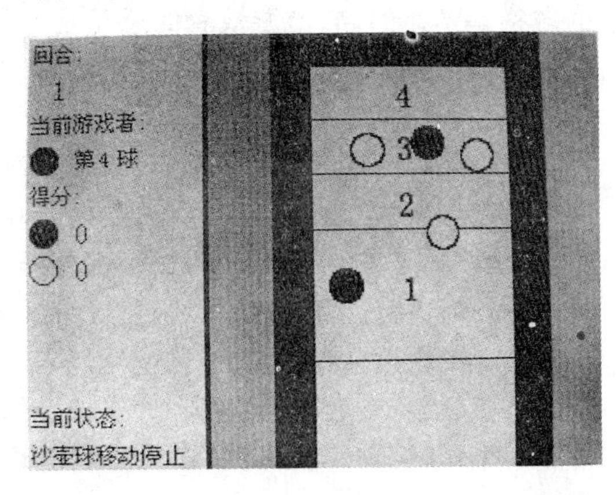

图 9.2 游戏出球结束画面

图 9.1 显示的是游戏的核心画面之一，游戏中的各种组件大部分都在这个画面中体现了出来，游戏中所需的各种参数差不多都是在这个画面中与用户交互而得来的。这个画面大致可以分为左右两部分，左半部分主要显示游戏的各种当前状态，右半部分是利用美术学上的所谓“透视”方法显示出来的一整张沙壶球球桌和一些游戏组件。

首先介绍画面的左半部分。它大概占据屏幕总宽度的 1/3，为 100 像素。在这部分画面中，最上面显示的是游戏当前的回合数。由于游戏是双人对战的，所以在它下面是游戏的当前游戏者,利用黑色或白色的小球图标来指明当前正在游戏的是黑球发球手还是白球发球手,并在图标后面指明是第几次出球。在当前游戏者的下面显示的是游戏双方当前的得分,分别在一个黑球图标和一个白球图标后面跟着各自的分数。这部分中,最值得一提的是最下面的"当前状态"提示区域,游戏中程序需要告知游戏者的各种消息都是由这里给出的,这里相当于游戏程序的"嘴巴",游戏者只要跟着这里的提示就可以轻松地知道现在需要做什么,程序正在做什么。

画面的右半部分,这里之所以要利用美术学的"透视"方法来显示一整张沙壶球球桌,是因为屏幕过于狭小,对于一个长宽比很大的物体(像沙壶球球桌),很难按实际的比例显示它,只有这个方法才可以做到。这里需要让游戏者看到球桌远端桌面上已有的球的位置,这样才可以确定出球的位置、方向和力量。除了球桌外,这部分画面中,在最上面可以见到两边分别标有"左"、"右"的方向选择槽,在右上部还可以见到一个力度槽,这些就是前面提到过的所谓"游戏组件",用来和游戏者进行交互,进而获得数据。此外,这部分画面中可以提供数据的地方还有发球位置选择区,也就是最靠下的那个沙壶球。在这个画面中还会有一段沙壶球运动初始阶段的动画演示,告诉用户沙壶球已经运动起来了,这也是出于对界面友好性的考虑。

图 9.2 显示的是游戏的另一个核心画面——游戏出球结束画面,即第二屏画面,在游戏中,它会紧接着图 9.1 的画面出现。这个画面也可分为左右两部分,左半部分与前一画面完全相同,但是右半部分,与前一画面利用"透视"方法来表现整张球桌不同,这里的视角变为了垂直向下,表现的也不再是整张球桌,而是相对游戏者较远的那"半张"球桌,这里所说的"半张"球桌,是通过计算像素,以球桌中线确定出来的"半张"。这里之所以要强调是精确的"半张",是因为要据此计算沙壶球运动的速度、加速度等(后面详述)。从前一画面到这一画面的转换是迅速的,它给游戏者的感觉是沙壶球走到球桌的一半(在游戏出球画面中),瞬间,视角变了,以垂直向下的视角,游戏者看着沙壶球继续运动、与其他球相互碰撞(在本画面中表现)。

图 9.1 和图 9.2 所示的都是沙壶球球桌,一个是远景,一个是近景,是显示小球运动中的视角切换效果。现在在很多手机游戏中,都需要表现纵横比较大的物体,比如说保龄球的球道,而大多数手机的屏幕都比较小,那怎样处理才能有一个完美显示呢?方法是切换视角,在视角切换时进行坐标转换。以保龄球游戏为例(因为在手机游戏中它的版本较多,技巧也比较成熟),保龄球设计中首先以"透视"方法,用远景视角从整体来表现较大的场面,比如球道,先进行参量设置,然后球开始移动。当球接近终点时,画面瞬间一转,变为近景视角,用来表现球撞击球瓶时的细节场面。沙壶球游戏也是如此,给人一种如临现场的感觉,增加了游戏的真实感。

9.2.2 数学建模

沙壶球游戏设计的流程图如图 9.3 所示。

这个游戏需要完成的是对现实生活中的沙壶球游戏进行仿真。现实中的沙壶球游戏最重要的就是其运动以及碰撞的物理过程,要对它进行电子游戏仿真,关键就是要将其物理过程数字化,并对这些数字加以计算、处理,最后达到真实模拟其物理过程的目的。实际上,对现实中沙壶球游戏的物理过程进行数字化并处理,也就是对其进行数学建模。

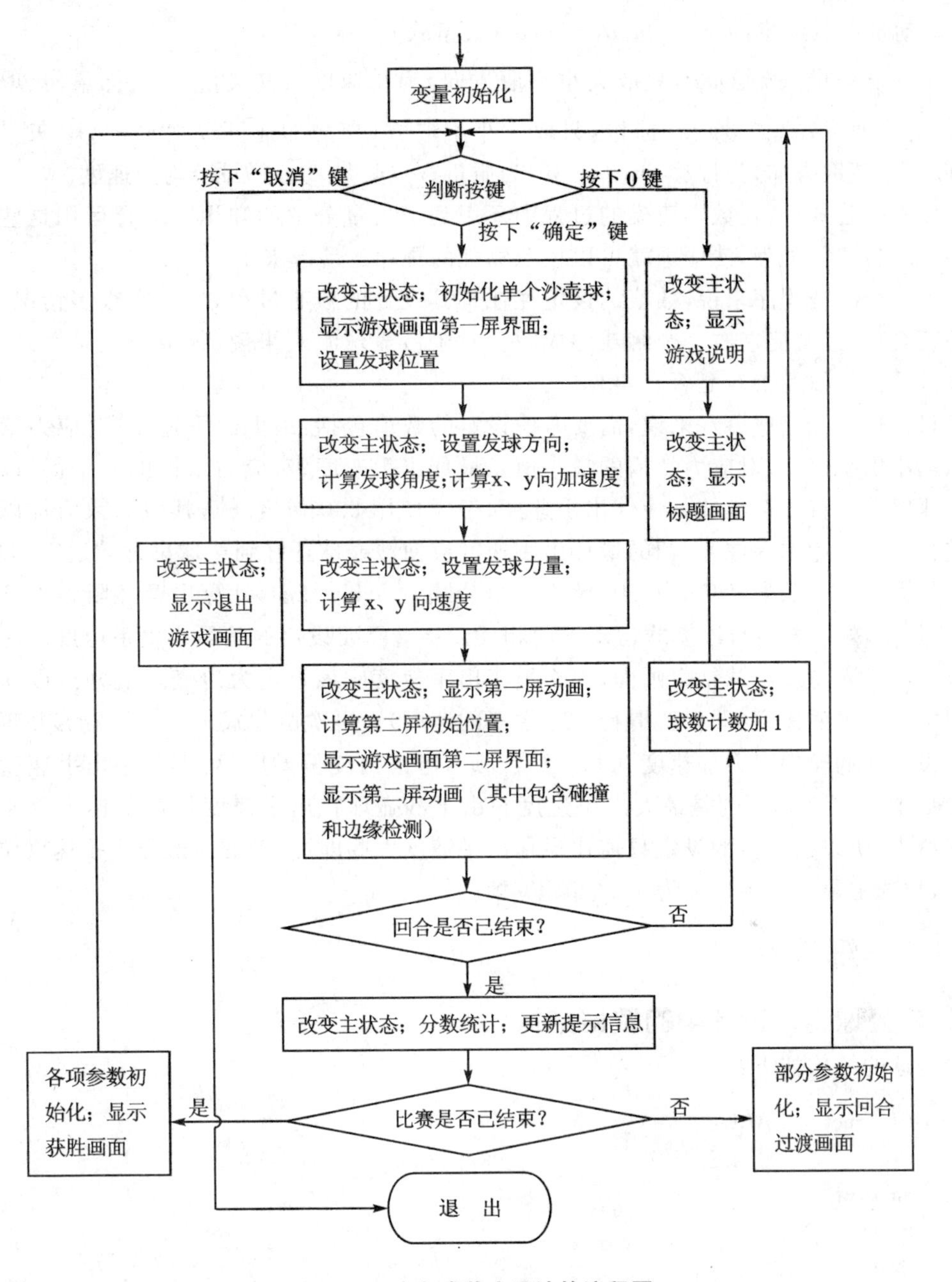

图 9.3　沙壶球游戏设计的流程图

游戏中涉及到的物理过程，大都可以利用物理学中的力学和运动学公式加以解决。在该游戏的设计中，用到的物理学公式有：

(1) $\vec{v}_t=\vec{v}_0+\vec{a}t$（矢量式）

(2) $\vec{s}=\vec{v}_0t+\frac{1}{2}\vec{a}t^2$（矢量式）

(3) $v_t^2-v_0^2=2as$（标量式）

(4) 动能守恒定律：$\frac{1}{2}m_0v_0^2=\frac{1}{2}m_1v_1^2+\frac{1}{2}m_2v_2^2$（标量式）

(5) 动量守恒定律：$m_0\vec{v}_0=m_1\vec{v}_1+m_2\vec{v}_2$（矢量式）

其中，$\vec{v}_0$（矢量）、v_0（标量，只取大小不取方向）为初速度；$\vec{v}_t$（矢量）、v_t（标量，只取大小不取方向）为末速度；$\vec{a}$（矢量）、a（标量，只取大小不取方向）为加速度；t 为时间；$\vec{s}$（矢量）、s（标量，只取大小不取方向）为位移；m_0、m_1、m_2 为质量；$\vec{v}_1$（矢量）、$\vec{v}_2$（矢量）均为速度。

除以上的公式外，在数学建模的过程中还用到了矢量分解的知识。综合运用这些公式和知识，并加以计算、处理，沙壶球就可以按照物理的规律运动起来了。

作为一个游戏程序来说，数值的设定往往是其设计的核心过程之一，在很多情况下，数值设定是否合理，经常能左右一个游戏的成败。对于沙壶球游戏来说，数值设定是否合理，决定了游戏是难是易以及游戏是否真实。

就目前这个沙壶球游戏来说，需要考虑设定的数值包括：最大出手速度（对应力量槽的最大值）、最小出手速度（对应力量槽的最小值）、最佳出手速度（对应力量槽的一个值）以及摩擦阻力加速度等。首先选定的是最佳出手速度，考虑使用 8.0 像素/帧，其他的数值均以此值为基础进行设定。考虑 8 像素/帧的最佳出手速度应使沙壶球正好到达球桌远端边缘，并考虑球桌的全长大约 400 像素（实际为 440 像素），由公式 $v_t^2-v_0^2=2as$，计算出摩擦阻力加速度大约为 0.08 像素/帧^2，方向与沙壶球运动方向相反。接着需要设定的是最小出手速度。考虑应使游戏有机会进入游戏出球结束画面，那么最小出手速度应该设定为沙壶球恰好可以在球桌上滑行到中间位置的速度（即大约滑行 220 像素的速度）。再次由公式 $v_t^2-v_0^2=2as$，并带入已计算出并设定好的摩擦阻力加速度 0.08 像素/帧^2，考虑角度偏差后，可得最小出手速度大约为 6.2 像素/帧。最后剩下的是最大出手速度。由于沙壶球在出手速度超过最佳出手速度时将跌落球槽中，所以这个值的设定只需比最佳出手速度大些即可，考虑使最佳出手速度位于力量槽中部，故选定最大出手速度为 10.0 像素/帧。

9.2.3 详细设计

1. 沙壶球游戏设计中的数据结构

沙壶球的结构如下：

```
typedef struct tagBALL
{
    int x,y;
    float vX,vY;
    float aX,aY;
    float angle;
    int initX110;
    int movable;
    int visible;
    U8 * bmpBall;
    U8 * bmpBallSmall;
    int smallX,smallY;
}BALL, * PBALL;
```

本次需要完成的是一个沙壶球游戏，由此可以想到，沙壶球应该在整个游戏中占有非常重要的位置,游戏程序中的一切代码都将是围绕沙壶球来服务的,所以为沙壶球建立一个结构是必然的。沙壶球结构代码描述了沙壶球结构中成员的信息。该结构包含了14个数据项,分别是x,y,vX,vY,aX,aY,angle,initX110,movable,visible,bmpBall,bmpBallSmall,smallX和smallY。x数据项是整型数类型,表示球心的x坐标;y数据项是整型数类型,表示球心的y坐标;vX数据项是浮点数类型,表示x向速度;vY数据项是浮点数类型,表示y向速度;aX数据项是浮点数类型,表示x向加速度;aY数据项是浮点数类型,表示y向加速度;angle数据项是浮点数类型,表示球的移动角度;initX110数据项是整型数类型,表示折算为110像素后沙壶球x向的初始坐标;movable数据项是整型数类型,表示可移动性,1为可移动,0为不可移动;visible数据项是整型数类型,表示可见性,1为可见,0为不可见;bmpBall数据项是U8指针类型,表示沙壶球图片;bmpBallSmall数据项是U8指针类型,表示沙壶球小图片;smallX数据项是整型数类型,表示小沙壶球球心x坐标;smallY数据项是整型数类型,表示小沙壶球球心y坐标。

沙壶球游戏中,一局有红蓝8个球,因此可以用下面的代码声明8个BALL结构类型的变量ball[0]～ball[7]。

```
BALL ball[8];            //8个沙壶球结构
```

x,y两个变量记录着沙壶球的球心坐标值,因为是屏幕坐标,所以选择int型。游戏中球的贴图位置、球的碰撞检测以及碰撞后球的行为等都需要这两个变量来参与计算。

vX,vY,aX,aY这四个变量分别记录着沙壶球的x向与y向速度和加速度的大小,球的运动行为都是靠它们来控制的,为了增加精度,并且考虑到计算不至于过慢(毕竟CPU不带硬浮点运算器),所以选择float类型。

angle变量记录着沙壶球移动的方向与x轴正向的夹角(弧度),选择float类型同样是出于精度和速度考虑。

initX110变量是整个球的结构中最值得一提的。前面谈界面设计时曾提到,游戏画面分两种,它们采用不同的方式来表现球桌,这就意味着在两个画面间切换时需要转换,这其中最主要的就是坐标的转换。initX110变量记录的就是游戏出球画面中的初始x坐标转换为游戏出球结束画面中的等价的x坐标的值。由于是屏幕坐标,所以选择int型。

movable和visible两个变量分别记录着沙壶球的可移动性和可见性,实际上每个变量只有两种状态,即可移动和可见,或者不可移动和不可见,分别用变量值为1或为0表示,这只需要一个布尔型变量即可,但由于ANSI C中不支持布尔型,所以改用int型。

bmpBall变量记录着所使用的沙壶球贴图图片存放位置的首地址,黑球和白球会有所不同。由于是地址所以采用指针型。

bmpBallSmall变量和smallX,smallY两个变量也是需要特别说明的。前面叙述界面设计时说过,在游戏出球画面上表现了球桌远端桌面上已有的球的位置,由于采用的是"透视"方法,所以这些球看上去要比球的实际尺寸小些,并且它们的坐标也是通过球的实际坐标转换而来的,以上的变量记录就是这相对较小的沙壶球图片的首地址(黑白球有所不同)和转换后的相应坐标值。

2. 沙壶球游戏设计中的重要功能函数

整个游戏程序可大致分为界面显示与处理,用户交互及程序流程控制,游戏组件及相关处理,运动仿真及相关检测、处理4大部分,程序总体结构图如图9.4所示。

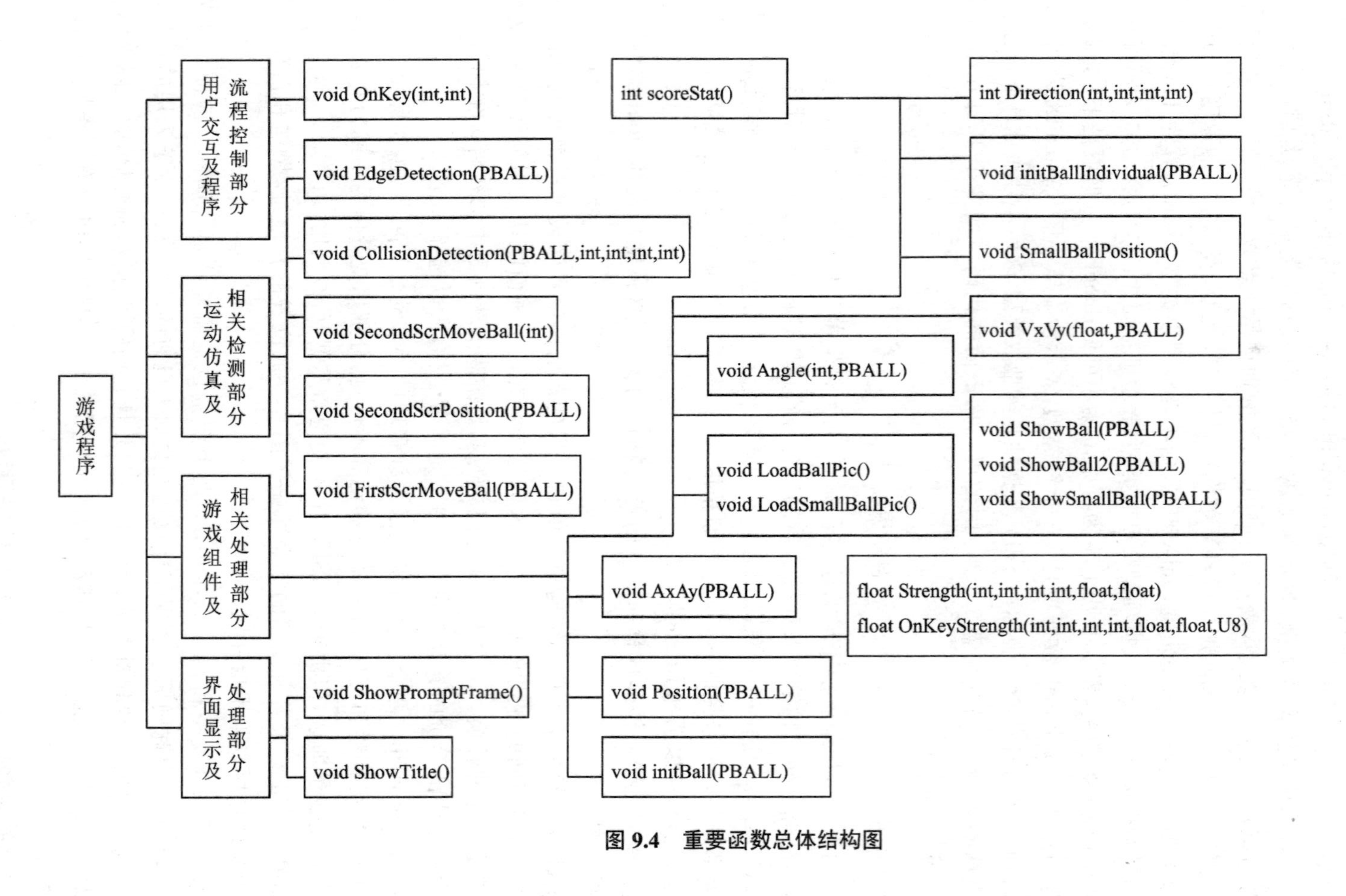

图 9.4 重要函数总体结构图

1) 初始化沙壶球 initBall()函数

表 9.1 显示了初始化沙壶球函数的方法描述。

表 9.1 initBall 方法描述

名 称	initBall		
返回值	void		
描 述	初始化沙壶球函数		
参 数	名 称	类 型	描 述
1	pBall	PBALL	球结构变量

initBall()函数代码如下：

```
void initBall(PBALL pBall)//初始化沙壶球
{
    int i;
    for(i = 0;i<8;i ++ )
    {
        pBall[i].x = 210;               //球心 x 坐标初始化
        pBall[i].y = 225;               //球心 y 坐标初始化
        pBall[i].movable = 0;           //球可移动性初始化为 0,表示不可移动
        pBall[i].visible = 0;           //球可视性初始化为 0,表示不可视
        if(i % 2 == 0)                  //黑球
        {
            pBall[i].bmpBall = ballBlack;
            pBall[i].bmpBallSmall = ballBlackSmall;
        }
        else                            //白球
        {
            pBall[i].bmpBall = ballWhite;
            pBall[i].bmpBallSmall = ballWhiteSmall;
        }
    }
}
```

代码中 initBall()函数的作用是对 8 个沙壶球，也就是对一个拥有 8 个元素的 BALL 型全局结构体数组进行初始化。初始化的内容包括球心坐标、沙壶球可移动性和可见性，以及沙壶球对应的大球和小球图片指针。

2) 初始化沙壶球单个个体 initBallIndividual()函数

表 9.2 显示了初始化沙壶球单个个体函数的方法描述。

表 9.2 initBallIndividual 方法描述

名 称	initBallIndividual		
返回值	void		
描 述	初始化沙壶球单个个体函数		
参 数	名 称	类 型	描 述
1	pBall	PBALL	球结构变量

initBallIndividual()函数代码如下：

```
void initBallIndividual(PBALL pBall)              //初始化沙壶球单个个体
{
    pBall ->visible = 1;
    pBall ->movable = 1;
}
```

initBallIndividual()函数的作用是对某一个沙壶球个体进行单个初始化。initBall()函数是对整体进行的初始化，它将所有的沙壶球都置为不可移动和不可见，目的是它们被屏蔽从而使后面的程序处理起来更方便些。initBallIndividual()函数是在即将对某个沙壶球进行操作时才调用的，目的是使即将被操作的沙壶球解除屏蔽，也就是令其可移动并且可见。

3）运用蒙版显示沙壶球图片 ShowBall()函数

表 9.3 显示了运用蒙版显示沙壶球图片函数的方法描述。

表 9.3　ShowBall 方法描述

名　称	ShowBall		
返回值	void		
描　述	运用蒙版显示沙壶球图片函数		
参　数	名　称	类　型	描　述
1	pBall	PBALL	球结构变量

ShowBall()函数代码如下：

```
void ShowBall(PBALL pBall)                        //运用蒙版显示沙壶球图片
{
    int i,j,k;
    int x,y;                                      //贴图左上角顶点坐标
    U32 pixM;
    U8 * pCurM;
    U32 pixB;
    U8 * pCurB;
    INT8U err;
    x = (pBall ->x) - 9;
    y = (pBall ->y) - 9;
    OSSemPend(Lcd_Disp_Sem, 0, &err);
    for(i = 0;i<19;i ++ )
    {
        pCurM = ballMask + i * 60;                //19 × 3 + 3 = 60
        pCurB = (pBall ->bmpBall) + i * 60;       //19 × 3 + 3 = 60
            for(j = 0;j<19;j ++ )
            {
            pixM = * pCurM;
            pixB = * pCurB;
```

```
            for(k = 0;k<2;k ++ )
            {
                pixM<< = 8;
                pixB<< = 8;
                pCurM ++ ;
                pCurB ++ ;
                pixM|= * pCurM;
                pixB|= * pCurB;
            }
            pCurM ++ ;
            pCurB ++ ;
            LCDBuffer[y + i][x + j]& = pixM;      //与蒙版进行与运算
            LCDBuffer[y + i][x + j]|= pixB;       //与目标图片进行或运算
        }
    }
    OSSemPost(Lcd_Disp_Sem);
    LCD_Refresh() ;
}
```

代码中 ShowBall()函数和 ShowBall2()函数、ShowSmallBall()函数比较相似，都是沙壶球绘制函数，它们的作用是对沙壶球图片进行贴图显示。在显示时，运用了在游戏制作中常用的所谓“蒙版贴图”的方法(蒙版贴图的详细解释将在后面文字中)。这三个函数虽说相似，但还是有区别的。ShowBall()函数是对一般的大沙壶球进行蒙版贴图显示，ShowBall2()函数与 ShowBall()函数的主要区别是它去除了后者最后部分的刷新过程，以方便进行双缓冲区贴图(主要用于游戏出球结束画面中，也是游戏制作中常用的贴图方法，将在后文有详细说明)。ShowSmallBall()函数与 ShowBall()函数的主要区别是前者贴的是小沙壶球，处理过程完全相同。

4) 设置沙壶球的初始位置 Position()函数

表 9.4 显示了设置沙壶球的初始位置函数的方法描述。

表 9.4　Position 方法描述

名　称	Position		
返回值	void		
描　述	设置沙壶球的初始位置函数		
参　数	名　称	类　型	描　述
1	pBall	PBALL	球结构变量

Position()函数代码如下：

```
void Position(PBALL pBall)                    //设置沙壶球的初始位置
{
    U8 ok = 0;                                //旗标
    POSMSG pMsg = 0;
    ShowBall(pBall);
```

```
    do
    {
        pMsg = WaitMessage(0);
        if(pMsg ->Message == OSM_KEY)
        {
            switch(pMsg ->WParam)
            {
                case '4':                          //4 键
                    if((pBall ->x)>116)
                    {
                        (pBall ->x) -- ;
                        ShowBmp3(bmp,&nByte,&cX,&cY,0,196,219,214,100,20);
                        ShowBall(pBall);
                    }
                    break;
                case '6':                          //6 键
                    if((pBall ->x)<303)
                    {
                        (pBall ->x) ++ ;
                        ShowBmp3(bmp,&nByte,&cX,&cY,0,196,219,214,100,20);
                        ShowBall(pBall);
                    }
                    break;
                case '\r':                         //"确定"键
                    ok = 1;
                    break;
            }
        }
        DeleteMessage(pMsg);
    }while(!ok);
}
```

代码中 Position()函数的作用是设置沙壶球发球时的初始位置。函数通过键盘检测获得键盘按键信息，从而决定是向左(4 键)还是向右(6 键)移动，直到按“确定”键为止，并通过加速贴图函数和沙壶球绘制函数，将改变后的结果快速显示出来。

5）设置方向槽 Direction()函数

表 9.5 显示了设置方向槽函数的方法描述。

Direction()函数代码如下：

```
int Direction(int left,int top,int right,int bottom)      //方向槽
{
    int currentPosition;
    U8 ok = 0;//旗标
    POSMSG pMsg = 0;
    PDC pdc;
```

表 9.5 Direction 方法描述

名 称	Direction		
返回值	int		
描 述	设置方向槽函数		
参 数	名 称	类 型	描 述
1	left	int	左上角 x 坐标
2	top	int	左上角 y 坐标
3	right	int	右上角 x 坐标
4	bottom	int	右上角 y 坐标

```
pdc = CreateDC();
currentPosition = left + (right - left - 3)/2 + 2;
//162,0,257,20   209
ClearScreen2(left,top,right,bottom);
FillRect(pdc,left,top,right,bottom,GRAPH_MODE_NORMAL,COLOR_BLACK);
FillRect(pdc,left + 2,top + 2,right - 2,bottom - 2,GRAPH_MODE_NORMAL,COLOR_WHITE);
pdc ->PenWidth = 3;
MoveTo(pdc,currentPosition,top + 2);
LineTo(pdc,currentPosition,bottom - 2);
LCD_Refresh() ;
do
{
    pMsg = WaitMessage(0);
    if(pMsg ->Message == OSM_KEY)
    {
        switch(pMsg ->WParam)
        {
            case '4':          //4 键
                if(currentPosition>(left + 2))
                {
                    pdc ->PenColor = COLOR_WHITE;
                    MoveTo(pdc,currentPosition,top + 2);
                    LineTo(pdc,currentPosition,bottom - 2);
                    pdc ->PenColor = COLOR_BLACK;
                    pdc ->PenWidth = 1;
                    DrawRectFrame(pdc,left + 1,top + 1,right - 1,bottom - 1);
                    currentPosition -- ;
                    pdc ->PenWidth = 3;
                    MoveTo(pdc,currentPosition,top + 2);
                    LineTo(pdc,currentPosition,bottom - 2);
                    LCD_Refresh() ;
```

```
                }
                break;
            case '6':           //6 键
                if(currentPosition<(right - 2))
                {
                    pdc ->PenColor = COLOR_WHITE;
                    MoveTo(pdc,currentPosition,top + 2);
                    LineTo(pdc,currentPosition,bottom - 2);
                    pdc ->PenColor = COLOR_BLACK;
                    pdc ->PenWidth = 1;
                    DrawRectFrame(pdc,left + 1,top + 1,right - 1,bottom - 1);
                    currentPosition ++ ;
                    pdc ->PenWidth = 3;
                    MoveTo(pdc,currentPosition,top + 2);
                    LineTo(pdc,currentPosition,bottom - 2);
                    LCD_Refresh() ;
                }
                break;
            case '\r':          //"确定"键
                ok = 1;
                break;
        }
    }
    DeleteMessage(pMsg);
}while(!ok);
DestoryDC(pdc);
return currentPosition;
}
```

代码中 Direction()函数的作用是在指定的位置(由 4 个参数给定左上角和右下角坐标)生成并显示一个方向选择槽,它可以通过键盘检测获取键盘信息,而决定是向左(4 键)还是向右(6 键)移动方向选择指针,最后按下"确定"键并将选择好的值返回。

6) 设置发球角度 Angle()函数

表 9.6 显示了设置发球角度函数的方法描述。

表 9.6 Angle 方法描述

名　称	Angle		
返回值	int		
描　述	设置发球角度函数		
参　数	名　称	类　型	描　述
1	direction	int	方向槽位置
2	pBall	PBALL	球结构变量

Angle()函数代码如下：

```
void Angle(int direction,PBALL pBall)              //计算发球角度
{
    int deltaX;
    pBall ->initX110 = (int)(210 + (pBall ->x - 210)/2);
    deltaX = direction - pBall ->initX110;
    if(deltaX>0)
        pBall ->angle = (float)(atan(425.0/deltaX));
    else if(deltaX<0)
        pBall ->angle = (float)(atan(425.0/deltaX) + 3.14);
    else
        pBall ->angle = (float)(3.14/2);
}
```

代码中 Angle()函数的一个参数由 int Direction(int,int,int,int)函数的返回值来充当，另一个参数是一个沙壶球结构指针，是为了得到此球的球心坐标。由参数参与计算，首先可得的是沙壶球"结构"的 initX110 分量，再由此并利用反正切函数和数学上的三角知识即可算得沙壶球移动的角度(弧度数)，也就是沙壶球"结构"的 angle 分量。在前面曾经提到，initX110 分量记录的是游戏出球画面中的初始 x 坐标转换为游戏出球结束画面中等价的 x 坐标的值。initX110 分量可由下式计算得到：

$$\text{initX110}=(\text{int})[210+(x-210)/2]$$

其中，210 为游戏画面第一屏和第二屏中右半部分的 x 向中线坐标值($x=210$)；x 为由参数取得的沙壶球球心 x 坐标；2 为游戏画面第一屏中桌面底部宽度(220 像素)与游戏画面第二屏中桌面宽度(110 像素)的比值；(int)标记表示对结果取整。此公式实际上是根据在两种不同的画面坐标下沙壶球球心距中线的距离对应成比例的关系推导出来的。至于 angle 分量的计算，完全就是利用 y 向坐标差与 x 向坐标差之比获得正切值，再对该值求反正切，并确定角的取值范围后得到的。

7) 计算 x、y 向加速度 AxAy()函数

表 9.7 显示了计算 x、y 向加速度函数的方法描述。

表 9.7　Angle 方法描述

名　称	AxAy		
返回值	void		
描　述	计算 x、y 向加速度函数		
参　数	名　称	类　型	描　述
1	pBall	PBALL	球结构变量

Angle()函数代码如下：

```
void AxAy(PBALL pBall)              //计算 x,y 向加速度
{
    pBall ->aX = (float)(fabs(0.08 * cos(pBall ->angle)));
    pBall ->aY = (float)(0.08 * sin(pBall ->angle));
}
```

代码中 Angle()函数的功能比较简单，仅仅是利用在 Angle()函数中获得的沙壶球结构 angle 分量，来对前面已设定好的摩擦阻力加速度(0.08 像素/帧^2)进行 x 向和 y 向的矢量分解，并将结果赋给沙壶球结构的 aX 和 aY 分量。

8) 设置力度槽 Strength()函数

表 9.8 显示了设置力度槽函数的方法描述。

表 9.8 Strength 方法描述

名　称	Strength		
返回值	float		
描　述	设置力度槽函数		
参　数	名　称	类　型	描　述
1	left	int	左上角 x 坐标
2	top	int	左上角 y 坐标
3	right	int	右下角 x 坐标
4	bottom	int	右下角 y 坐标
5	min	float	力度最小值
6	max	float	力度最大值

Strength()函数代码如下：

```
float Strength(int left,int top,int right,int bottom,float min,float max)       //力度槽
{
    int i;
    float currentStrength = -1.0;
    U8 direction;                                          //方向,0 向上,1 向下
    ClearScreen2(left,top,right,bottom);
    DrawRectFrame(pdc,left,top,right,bottom);
    LCD_Refresh();
    do
    {
        direction = 0;
        for(i = bottom - 2;currentStrength<0&&i> = top + 2;i -- )          //向上
        {
            FillRect(pdc,left + 2,i,right - 2,bottom - 2,GRAPH_MODE_NORMAL,
                    COLOR_BLACK);
            LCD_Refresh() ;
            pMsg = WaitMessage(1);
            if(pMsg&&pMsg ->Message == = OSM_KEY)
            {
                currentStrength = OnKeyStrength(pMsg ->WParam,top,bottom,i,min,max,
                                                direction);
                DeleteMessage(pMsg);
            }
```

```
        }
        direction = 1;
        for(i = top + 2;currentStrength<0&&i< = bottom - 2;i ++ )      //向下
        {
            FillRect(pdc,left + 2,top + 2,right - 2,i,GRAPH_MODE_NORMAL,
                    COLOR_WHITE);
            LCD_Refresh();
            pMsg = WaitMessage(1);
            if(pMsg&&pMsg ->Message = = OSM_KEY)
            {
                currentStrength = OnKeyStrength(pMsg ->WParam,top,bottom,i,min,max,
                                              direction);
                DeleteMessage(pMsg);
            }
        }
    }while(currentStrength<0);
    DestoryDC(pdc);
    return currentStrength;
}
```

代码中 Strength()函数的功能是在确定的位置上生成并显示一个力量槽。在力量槽中，力量(即出手速度)的数值不断地快速变化，与之对应，力量槽显示的黑色填充部分的大小不断变化。为了模仿现实世界中推沙壶球时难以把握其出手力量(速度)的感觉，让出手速度中有一种随机的成分在里面，而不使用键盘来精确控制它的大小，这种方法也是游戏设计中一种比较常用的产生随机因素的方法。Strength()函数的后两个参数是力量槽的最小值和最大值，由力量槽产生数值，即 Strength()函数的返回值，都一定处于这两个值之间。Strength()函数的返回值是根据力量槽高度、力量槽的最大值与最小值间的差值以及力量槽显示的黑色填充部分的大小，按比例计算出来的。Strength()函数中同样包含键盘检测的内容，用来收集游戏者的按键信息，当游戏者按下键时，调用键盘响应函数 OnKeyStrength()，它的功能是判断按下的是否为“确定”键，若是，则退出函数并返回当前力量槽显示的黑色填充部分对应的力量(速度)值。当 Strength()函数接收到这个返回值后，再将其继续返回给上层调用函数，该函数同时退出，这样上层调用函数也就获得了游戏者选择的出手力量(速度)。

9) 力度槽键盘响应 OnKeyStrength()函数

表 9.9 显示了力度槽键盘响应函数的方法描述。

OnKeyStrength()函数代码如下：

```
float OnKeyStrength(int nkey,int top,int bottom,int position,float min,
                          float max,U8 direction)                //力度槽键盘响应
{
    if(nkey ==  '\r')                    //“确定”键
        switch (direction)
        { case 0:                        //向上
                return (max - min) * (bottom - position - 1)/(bottom - top - 3) + min;
                break;
```

```
        case 1:                          //向下
                return (max - min) * (bottom - position - 2)/(bottom - top - 3) + min;
                break;
        }
    else
        return -1.0;
}
```

表 9.9 OnKeyStrength 方法描述

名　称	OnKeyStrength		
返回值	float		
描　述	力度槽键盘响应函数		
参　数	名　称	类　型	描　述
1	nkey	int	按键号码
2	top	int	左上角 y 坐标
3	bottom	int	右下角 y 坐标
4	position	int	球的位置
5	min	float	力度最小值
6	max	float	力度最大值
7	direction	U8	力度方向,0 向上,1 向下

10）计算 x 和 y 方向速度 VxVy()函数

表 9.10 显示了计算 x 和 y 方向速度函数的方法描述。

表 9.10 VxVy 方法描述

名　称	VxVy		
返回值	void		
描　述	计算 x 和 y 方向速度函数		
参　数	名　称	类　型	描　述
1	strength	float	力量值,即球出手速度
2	pBall	PBALL	球结构变量

VxVy()函数代码如下：

```
void VxVy(float strength,PBALL pBall)       //计算 x 和 y 方向速度
{
    pBall ->vX = (float)(strength * cos(pBall ->angle));
    pBall ->vY = (float)(strength * sin(pBall ->angle));
}
```

代码中 VxVy()函数的功能与 AxAy()相似,它利用前面已有的沙壶球结构 angle 分量,对从 Strength()函数获得的力量值,即出手速度,进行 x 向和 y 向的矢量分解,将结果赋值给

沙壶球结构的 Vx 和 Vy 分量。

11) 第一屏沙壶球移动 FirstScrMoveBall()函数

表 9.11 显示了第一屏沙壶球移动函数的方法描述。

表 9.11 FirstScrMoveBall 方法描述

名　称	FirstScrMoveBall		
返回值	void		
描　述	第一屏沙壶球移动函数		
参　数	名　称	类　型	描　述
1	strength	float	力量值,即球出手速度
2	pBall	PBALL	球结构变量

FirstScrMoveBall()函数代码如下:

```
void FirstScrMoveBall(PBALL pBall)      //第一屏沙壶球移动
{
    int i;                              //第一屏移动帧数(第一屏只是示意性演示动画)
    int j;                              //延时计数
    float tempX,tempY;
    tempX = pBall ->x;
    for(i = 0;i<10;i ++ )
    {
        tempY = pBall ->y - pBall ->vY;
        tempX + = pBall ->vX;
        pBall ->x = (int)(210 + (tempX - 210) * (tempY + 200)/440 + 0.5);
        pBall ->y = (int)(tempY + 0.5);
         ShowBmp3(bmp,&nByte,&cX,&cY,0,(int)(pBall ->y + pBall ->vY + 0.5) - 9 - 20,219,
                (int)(pBall ->y + pBall ->vY + 0.5) + 9 - 20,100,20);
        ShowBall(pBall); );             //运用蒙版显示沙壶球图片
        for(j = 0;j<50000;j ++ );       //延时
    }
}
```

代码中 FirstScrMoveBall()函数的作用是在游戏画面第一屏中显示一段沙壶球运动的动画。这段动画在设置完游戏程序所需的各种参数后,告知游戏者,现在沙壶球已经开始移动。这里显示的动画仅仅是一段示意性的演示动画,并没有严格地按照物理学和数学方法进行运动仿真。在函数中有两个局部整型变量 i 和 j。变量 i 实际上只是一个循环控制变量,但这个循环却是显示动画的主循环,从而变量 i 也就成为了控制动画显示帧数的关键变量。程序中,变量 i 的值从 1～10,共显示 10 帧动画。在动画显示中,为使动画进行得不致太快,程序中加入了软件延时,这是由一个循环来实现的,这个循环的控制变量就是变量 j,它的大小决定了软件延时的长短。程序中 j 的值为 1～50 000,是根据个人的视觉定下来的值。

注意：ShowBmp3 的格式为 void ShowBmp3(U8 * bmp,int * pNByte,U32 * pCX,U32 * pCY,int left,int top,int right,int bottom,int x,int y)，作用是读盘加速局部贴图，left,top,right,bottom 为相对于图片原点的坐标，x,y 为相对于屏幕原点的坐标。

12）第一屏到第二屏沙壶球的初始位置 SecondScrPosition()函数

表 9.12 显示了第一屏切换到第二屏时沙壶球的初始位置函数的方法描述。

表 9.12　SecondScrPosition 方法描述

名　称	SecondScrPosition		
返回值	void		
描　述	第一屏到第二屏沙壶球的初始位置函数		
参　数	名　称	类　型	描　述
1	pBall	PBALL	球结构变量

SecondScrPosition()函数代码如下：

```
void SecondScrPosition(PBALL pBall)          //计算从第一屏切换到第二屏时沙壶球的初始位置
{
    float numFrame;                          //相当于时间概念
    numFrame = ( - (pBall ->vY) + sqrt(pBall ->vY * pBall ->vY - 440 * pBall ->aY))/
            ( - (pBall ->aY));
    //小球受力运动到停止的时间
    pBall ->x = (int)(pBall ->initX110 + (pBall ->vX/fabs(pBall ->vX)) * (int)((fabs(pBall ->vX)
                  * numFrame - pBall ->aX * numFrame * numFrame/2) + 0.5));
                                             //小球停止 x 坐标
    pBall ->y = 225;
    pBall ->vX = (float)((pBall ->vX/fabs(pBall ->vX)) * (fabs(pBall ->vX) -
            pBall ->aX * numFrame));
    pBall ->vY = (float)(sqrt(pBall ->vY * pBall ->vY - 440 * pBall ->aY) + 0.5);
}
```

代码中 SecondScrPosition()函数的功能是计算从游戏画面第一屏切换到游戏画面第二屏时沙壶球的初始位置及其他运动相关参数。这个函数中首先计算的是沙壶球在 y 向滑动正好半张球桌所需的时间(帧数)，此值用下式即可解出：

$$\vec{s} = \vec{v}_0 t + \frac{1}{2}\vec{a}t^2$$

式中，t 为所求量；$\vec{a}$ 为 y 向摩擦阻力加速度；$\vec{v}_0$ 为 y 向出手速度；$\vec{s}$ 的大小代入 220(正好半张球桌的长度)，各矢量均以箭头符号表示方向。

接着要计算的是沙壶球的 x 坐标。同样，先用前面的公式算出位移，再根据初始位置算出坐标。在计算位移时，$\vec{s}$ 变为所求量，$\vec{a}$ 代入 x 向摩擦阻力加速度，$\vec{v}_0$ 代入 x 向出手速度，t 代入刚求出的时间值(帧数)。在计算坐标时，初始位置用沙壶球结构的 initX110 分量，再与刚算出的位移值相加(位移值可能为负数)，即可得到结果。另外，沙壶球的 y 坐标，由于正好在 y 向滑过了半张球桌，所以将与在游戏画面第一屏中的初始位置相同。

计算沙壶球的 x 向速度，该值可用下式计算：

$$\vec{v}_t = \vec{v}_0 + \vec{a}t$$

式中，$\vec{v}_t$ 为所求量；$\vec{v}_0$ 为 x 向出手速度；$\vec{a}$ 为 x 向摩擦阻力加速度；t 为前面求出的时间值（帧数），各矢量的方向均以箭头符号表示。

计算沙壶球的 y 向速度，可用下式计算：

$$v_t^2 - v_0^2 = 2as$$

式中，v_t为所求量；v_0为 y 向出手速度的大小；a 为 y 向摩擦阻力加速度的大小；s 代入 220（正好半张球桌的长度）。

函数中求得的以上各个量，就是沙壶球从游戏画面第一屏切换到第二屏后的初始运动相关参数，它们将决定之后沙壶球在第二屏上的具体运动细节。由其算法可知，它们都是按照沙壶球在 y 向滑动正好半张球桌（220 像素）来考虑的，这也就是前面强调游戏画面第二屏中球桌是"精确"的半张的真正原因。

13）第二屏沙壶球移动 SecondScrMoveBall()函数

表 9.13 显示了第二屏沙壶球移动函数的方法描述。

表 9.13 SecondScrMoveBall 方法描述

名 称	SecondScrMoveBall		
返回值	void		
描 述	第二屏沙壶球移动函数		
参 数	名 称	类 型	描 述
1	lastBallNum	int	当前正在操作的沙壶球编号

SecondScrMoveBall()函数代码如下：

```
void SecondScrMoveBall(int lastBallNum)         //第二屏沙壶球移动
{
    int i;
    int oldX,oldY;
    int existMovable;                           //旗标，是否还有移动着的球，0 没有，1 有
    do
    {
        for(i = 0;i< = lastBallNum;i ++ )
        {
            if(ball[i].movable)
            {
                oldX = ball[i].x;
                oldY = ball[i].y;
                ball[i].x = (int)(ball[i].x + ball[i].vX + 0.5);
                ball[i].y = (int)(ball[i].y - ball[i].vY + 0.5);
               //碰撞检测及碰撞后的运动状态计算
                CollisionDetection(&ball[i],i,lastBallNum,oldX,oldY);
              //边缘检测及出边缘后的处理
                EdgeDetection(&ball[i]);
```

```
                if(ball[i].vX! = (float)0.0)
                {
                    if((fabs(ball[i].vX) - ball[i].aX)< = (float)0.0)
                    ball[i].vX = (float)0.0;
                    else ball[i].vX = (float)((ball[i].vX/
                            fabs(ball[i].vX)) * (fabs(ball[i].vX) - ball[i].aX));
                }
                if(ball[i].vY! = (float)0.0)
                {
                    ball[i].vY - = ball[i].aY;
                    if(ball[i].vY< = (float)0.0)
                        ball[i].vY = (float)0.0;
                }
                if(ball[i].vX == (float)0.0&&ball[i].vY == (float)0.0)
                    ball[i].movable = 0;
            }
        }
        ShowBmp4(bmp,&nByte,&cX,&cY,34,0,185,239,100,0);//去闪烁贴图
        for(i = 0;i< = lastBallNum;i ++ )
        {
            if(ball[i].visible)
                ShowBall2(&ball[i]);
        }
        LCD_Refresh();          //刷新 LCD
        existMovable = 0;
        for(i = 0;i< = lastBallNum;i ++ )
            if(ball[i].movable)
            {
                existMovable = 1;
                break;
            }
    }while(existMovable);      //当不存在移动球时退出
}
```

代码中 SecondScrMoveBall()函数控制着沙壶球在游戏画面第二屏中的运动，与在游戏画面第一屏中沙壶球的示意性运动不同，这里是真正的物理运动仿真过程。函数中，程序首先用沙壶球的 x、y 向速度分别与其当前 x、y 坐标相加，从而计算出下一帧的位置坐标。应该指出的是，这时计算出的下一帧位置坐标，不一定就是下一帧真正的贴图位置，因为在计算之后，紧接着就要调用整个程序中最具重量的两个函数——碰撞检测及处理函数和边缘检测及处理函数。这两个函数都有可能改变沙壶球的贴图位置或状态，毕竟沙壶球不能被重合地贴在一起，也不能被贴在球桌之外。关于这两个函数的详细解释将在后面进行。

当两个核心函数调用过后，程序要做的是计算并更新沙壶球下一帧的 x 和 y 向速度。这里首先要分别判断当前 x 和 y 向的速度是否为 0，若不是，则分别用当前的 x 和 y 向速度与 x 和 y 向摩擦阻力加速度做相减运算(相减是因为考虑到摩擦阻力加速度与当前速度方向相

反),即可得下一帧沙壶球的 x 和 y 向速度。计算之后再判断沙壶球的 x、y 向速度是否同时为0,若是,则设置沙壶球的可移动性为0(不可移动)。至此,该函数中的主要计算过程就算结束了。

该函数最后做的事情是将桌面上存在的沙壶球都重新刷新显示,这里用到了前面也曾提过的双缓冲贴图方法,为的是消除画面的闪烁,以获得更好的视觉效果。

14) 碰撞检测及碰撞后的运动状态计算 CollisionDetection()函数

表9.14显示了碰撞检测及碰撞后的运动状态计算函数的方法描述。

表9.14 CollisionDetection 方法描述

名　称	CollisionDetection		
返回值	void		
描　述	碰撞检测及碰撞后的运动状态计算函数		
参　数	名　称	类　型	描　述
1	pBall	PBALL	球结构变量
2	currentBallNum	int	当前正在操作的沙壶球编号
3	lastBallNum	int	已经出手的沙壶球编号
4	oldX	int	要碰撞球心 x 坐标
5	oldY	int	要碰撞球心 y 坐标

CollisionDetection()函数代码如下:

```
void CollisionDetection(PBALL pBall,int currentBallNum,int lastBallNum,int oldX,int oldY)
//碰撞检测及碰撞后的运动状态计算
{
    static int i;
    static float tanAngle;                    //正切值
    static float c;                           //常数值
    static float tempY;
    static int deltaX;
    static float angle;                       //合速度
    static float v;
    for(i = 0;i< = lastBallNum;i ++ )         //lastballnum 为当前操作的沙壶球编号
    {
        if(i! = currentBallNum)               //依次检验之前的每个小球
        {
            if(ball[i].visible)
            {
                if(((ball[i].x - pBall ->x) * (ball[i].x - pBall ->x) +
                (ball[i].y - pBall ->y) * (ball[i].y - pBall ->y))< = 324)
                                              //碰撞判断,半径为 9
                {
                    //碰撞时球心位置判定
```

```
        if(pBall->angle! = (float)(3.14/2))
        {
            tanAngle = (float)(tan(pBall->angle));
            c = oldY/tanAngle + oldX - ball[i].x;
            tempY = ((2 * c/tanAngle + 2 * ball[i].y) + (float)(sqrt((2 *
                    c/tanAngle + 2 * ball[i].y) * (2 * c/tanAngle + 2 * ball[i].y) -
                    4 * (1 + 1/(tanAngle * tanAngle)) * (c * c + ball[i].y *
                    ball[i].y - 324))))/(2 * (1 + 1/(tanAngle * tanAngle)));
            pBall->y = (int)(tempY + 0.5);
            pBall->x = (int)(oldY/tanAngle - tempY/tanAngle + oldX + 0.5);
        }
        else
            pBall->y = (int)(ball[i].y + (float)(sqrt(324 - (ball[i].x - oldX) *
                        (ball[i].x - oldX))) + 0.5);
//注意:ball[i]为当前运动小球之前的第 i 个小球,pBall 为当前运动的小球
        //碰撞后的运动行为计算
        deltaX = ball[i].x - pBall->x;
        v = (float)(sqrt(pBall->vX * pBall->vX + pBall->vY * pBall->vY));
        if(deltaX>0)
        {
            ball[i].angle = (float)(atan((pBall->y - ball[i].y)/
                            (float)deltaX));
            angle = pBall->angle - ball[i].angle;      //两个角度之差
            pBall->angle = (float)(ball[i].angle + 3.14/2);
            ball[i].movable = 1;      //抛出的第 i 个小球设为可动
            ball[i].vX = (float)(v * cos(angle) * cos(ball[i].angle));
            ball[i].vY = (float)(v * cos(angle) * sin(ball[i].angle));
            //第 i 个小球速度
            pBall->vX = (float)(v * sin(angle) * cos(pBall->angle));
            pBall->vY = (float)(v * sin(angle) * sin(pBall->angle));
            //当前掷出的小球速度
            ball[i].aX = (float)(0.08 * cos(ball[i].angle));
            ball[i].aY = (float)(0.08 * sin(ball[i].angle));
            //第 i 个小球获得的加速度
            pBall->aX = (float)((-0.08) * cos(pBall->angle));
            pBall->aY = (float)(0.08 * sin(pBall->angle));
            //当前掷出的小球获得的加速度
        }
        else if(deltaX<0)  //和上面原理相同
        {
            ball[i].angle = (float)(atan((pBall->y - ball[i].y)/(float)deltaX)
                            + 3.14);
            angle = ball[i].angle - pBall->angle;
```

```
                    pBall ->angle = (float)(ball[i].angle - 3.14/2);
                    ball[i].movable = 1;
                    ball[i].vX = (float)(v * cos(angle) * cos(ball[i].angle));
                    ball[i].vY = (float)(v * cos(angle) * sin(ball[i].angle));
                    pBall ->vX = (float)(v * sin(angle) * cos(pBall ->angle));
                    pBall ->vY = (float)(v * sin(angle) * sin(pBall ->angle));
                    ball[i].aX = (float)((-0.08) * cos(ball[i].angle));
                    ball[i].aY = (float)(0.08 * sin(ball[i].angle));
                    pBall ->aX = (float)(0.08 * cos(pBall ->angle));
                    pBall ->aY = (float)(0.08 * sin(pBall ->angle));
                }
                else   //原来小球与当前小球位置垂直,将垂直撞击
                {
                    ball[i].angle = (float)(3.14/2);
                    ball[i].movable = 1;
                    ball[i].vX = (float)0.0;
                    ball[i].vY = (float)v;
                    pBall ->vX = (float)0.0;
                    pBall ->vY = (float)0.0;
                    ball[i].aX = (float)0.0;
                    ball[i].aY = (float)0.08;
                    pBall ->aX = (float)0.0;
                    pBall ->aY = (float)0.0;
                    pBall ->movable = 0;
                }
            }
        }
    }
  }
}
```

代码中 CollisionDetection()函数的功能是对沙壶球进行碰撞检测并对碰撞后的运动状态进行计算处理。这个函数是运动仿真及相关检测、处理部分的核心。

15) 边缘检测及出边缘后的处理 EdgeDetection()函数

表 9.15 显示了边缘检测及出边缘后的处理函数的方法描述。

表 9.15　EdgeDetection 方法描述

名　称	EdgeDetection		
返回值	void		
描　述	边缘检测及出边缘后的处理函数		
参　数	名　称	类　型	描　述
1	pBall	PBALL	球结构变量

EdgeDetection()函数代码如下：

```
void EdgeDetection(PBALL pBall)          //边缘检测及出边缘后的处理
{
    static U16 dropPrompt[] = {0x6709,0x6C99,0x58F6,0x7403,0x6ED1,0x51FA,
                               0x684C,0x0000};        //有沙壶球滑出桌
    static PDC pdc;
    if(pBall ->x<156)              //x 方向滑出桌
    {
        pBall ->x = 156;
        pdc = CreateDC();
        ClearScreen2(0,220,96,239);
        TextOut(pdc,2,224,dropPrompt,TRUE,FONTSIZE_SMALL);
        //当前状态提示,有沙壶球出桌
        LCD_Refresh();
        DestoryDC(pdc);
        //给出桌的球赋值
        pBall ->vX = (float)0.0;
        pBall ->vY = (float)0.0;
        pBall ->movable = 0;
        pBall ->visible = 0;
    }
    else if(pBall ->x>264)    //x 方向出桌
    {
        pBall ->x = 264;
        pdc = CreateDC();
        ClearScreen2(0,220,96,239);
        TextOut(pdc,2,224,dropPrompt,TRUE,FONTSIZE_SMALL);//当前状态提示
        LCD_Refresh();
        DestoryDC(pdc);
        pBall ->vX = (float)0.0;
        pBall ->vY = (float)0.0;
        pBall ->movable = 0;
        pBall ->visible = 0;
    }
    if(pBall ->y<21)        //y 方向出桌
    {
        pBall ->y = 21;
        pdc = CreateDC();
        ClearScreen2(0,220,96,239);
        TextOut(pdc,2,224,dropPrompt,TRUE,FONTSIZE_SMALL);//当前状态提示
        LCD_Refresh();
        DestoryDC(pdc);
        pBall ->vX = (float)0.0;
        pBall ->vY = (float)0.0;
```

```
            pBall ->movable = 0;
            pBall ->visible = 0;
        }
    }
```

代码中 EdgeDetection()函数的功能是负责沙壶球的边缘检测及出边缘后的处理工作。这个函数主要利用了沙壶球结构中表示球心坐标 x、y 分量，与沙壶球的球桌边缘坐标相比较，从而判断出沙壶球是否已经滑出了球桌。若是，则给出屏幕提示并设置沙壶球的 x、y 向速度为 0，可移动性为 0(不可移动)，可见性为 0(不可见)。应该指出的是，在与球桌边缘进行比较判断时，只对左、右、上三边进行了处理，因为沙壶球运动时是没有向后滑动的因素的，从而也就决定了它不可能从屏幕下端滑出球桌。

16) 计算第一屏中小沙壶球位置 SmallBallPosition()函数

表 9.16 显示了计算第一屏中小沙壶球位置函数的方法描述。

表 9.16　SmallBallPosition 方法描述

名　称	SmallBallPosition		
返回值	void		
描　述	计算第一屏中小沙壶球位置函数		
参　数	名　称	类　型	描　述
1	pBall	PBALL	球结构变量

SmallBallPosition()函数代码如下：

```
void SmallBallPosition()              //计算第一屏中小沙壶球位置
{
    int i;
    float tempY;
    for(i = 0;i<lastBallNum;i ++ )
        if(ball[i].visible)
        {
            tempY = 70.0/220 * (ball[i].y - 20);
            ball[i].smallY = (int)(tempY + 35 + 0.5);
            ball[i].smallX = (int)(210 - (210 - ball[i].x) * (205 + tempY)/205 + 0.5);
            ShowSmallBall(&ball[i]);
        }
}
```

代码中 SmallBallPosition()函数的功能是计算在游戏画面第一屏中显示小沙壶球的坐标位置。这个计算涉及到了游戏画面第一屏和第二屏间的对应转换问题，其基本原理如图 9.5 所示。

如图 9.5 的①处，这段位置实际上正好是沙壶球的远端半张球桌，也就是在游戏画面第二屏中显示的那半张(在第二屏中长 220 像素)，但是由于在游戏画面第一屏中使用的是所谓“透视”的方法，所以这一段球桌仅仅占第一屏的三分之一左右——70 像素。70 与 220 的比值实际上就是游戏画面第一屏与第二屏中 y 向的长度比(其实这只是在两者都不太长时的一个近

似值)。利用这个比值很容易就可以将游戏画面第二屏中的沙壶球 y 坐标对应转换为第一屏中的 y 坐标。

要想将游戏画面第一屏中的 x 坐标,对应转换为第二屏中的 x 坐标,就要比转换 y 坐标麻烦一些了。如图 9.5 所示,现在已知的或可以求出的量包括:

- 图中标出的 205,这是游戏画面第一屏中经过"透视"后显示在屏幕上的桌面长度。
- ②处,这个值实际上是用前面转换 y 坐标时的一个中间变量——转换出的游戏画面第一屏中的 y 向长度值,与刚才的那个 205 相加后得出的。
- ③处,这个值是由游戏画面第二屏中的桌面 x 向中线坐标($x=210$)与第二屏中的沙壶球 x 坐标做减法而求得的。
- ④处,实际上,这个值正是现在要求解的,有了它,就可以非常容易地解出最终所需的 x 坐标。

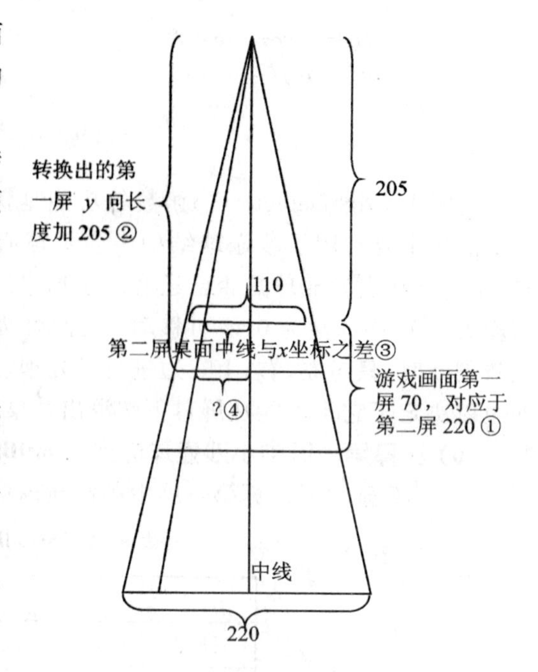

图 9.5 游戏画面的对应转换关系

由图 9.5 可知,以上的 4 个量,实际是位于两组具有相同边的相似三角形中的,根据相似三角形中对应边成比例,④处的值可知,从而转换后的最终 x 坐标可得。

有了转换后的 x 坐标和 y 坐标,再调用前面曾说过的 ShowSmallBall()函数将小沙壶球显示出来,本函数的功能也就完成了。

17) 分数统计 scoreStat()函数

表 9.17 显示了分数统计函数的方法描述。

表 9.17 scoreStat 方法描述

名 称	scoreStat		
返回值	int		
描 述	分数统计函数		
参 数	名 称	类 型	描 述
无			

scoreStat()函数代码如下:

```
int scoreStat()//分数统计
{
    int i;
    int minYBlack;              //黑球方最远球 Y 坐标
    int minYWhite;              //白球方最远球 Y 坐标
    minYBlack = 500;
```

```
minYWhite = 500;
for(i = 0;i<8;i ++ )
{
    if(i % 2 == 0&&ball[i].visible&&ball[i].y<minYBlack)
        minYBlack = ball[i].y;
    if(i % 2 == 1&&ball[i].visible&&ball[i].y<minYWhite)
        minYWhite = ball[i].y;
}
if(minYBlack == 500&&minYWhite == 500)
    return 0;
else if(minYBlack< = minYWhite)
{
    for(i = 0;i<8;i ++ )
    {
        if(i % 2 == 0&&ball[i].visible&&ball[i].y< = minYWhite)
        {
            if(ball[i].y> = 101&&ball[i].y<171)
                scoreBlack + = 1;
            else if(ball[i].y> = 71&&ball[i].y<101)
                scoreBlack + = 2;
            else if(ball[i].y> = 41&&ball[i].y<71)
                scoreBlack + = 3;
            else if(ball[i].y> = 30&&ball[i].y<41)
                scoreBlack + = 4;
            else if(ball[i].y<30)
                scoreBlack + = 5;
        }
    }
    return 1;
}
else
{
  …//计算白球赢时的得分情况,与黑球类似,省略
    return 2;
}
}
```

代码中 scoreStat()函数的功能是在一回合游戏结束后(即游戏双方各发出 4 个球后),按照现实中沙壶球游戏的竞赛规则,对双方是否得分,以及得分的多少进行判定、统计,并利用返回值告知上级调用函数是黑方获胜得分、白方获胜得分还是双方战平均不得分。由于沙壶球运动的输赢、得分是根据球最终停留位置的远近和所达到的区域来决定的,所以利用沙壶球的球心坐标,特别是 y 坐标进行判断。另外,在游戏画面中,桌面的位置是不动的,从而桌面上的各得分区域边界线也是不动的,这样判断得分的多少实际上也就转化为了判断各沙壶球的球心 y 坐标所在的区间。

18）键盘响应 OnKey()函数

表 9.18 显示了键盘响应函数的方法描述。

表 9.18 OnKey 方法描述

名　称	OnKey		
返回值	void		
描　述	键盘响应函数		
参　数	名　称	类　型	描　述
1	nkey	int	键盘按键号码
2	fnkey	int	按键时同时按下的功能键

OnKey()函数代码如下：

```
void OnKey(int nkey,int fnkey)                          //键盘响应
{
    PDC pdc;
    int direction;
    float strength;
    int blackWhiteWin;                                  //双方均不得分为 0,黑方胜为 1,白方胜为 2
    int i;                                              //延时计数
    static U16 leftWord[] = {0x5DE6,0x0000};           //左
    static U16 rightWord[] = {0x53F3,0x0000};          //右
    static U16 positionPrompt[] = {0x8BF7,0x9009,0x62E9,0x53D1,0x7403,0x4F4D,0x7F6E,
                                   0x0000};             //请选择发球位置
    static U16 positionOK[] = {0x53D1,0x7403,0x4F4D,0x7F6E,0x5DF2,0x9009,0x5B9A,
                               0x0000};                 //发球位置已选定
    static U16 directionPrompt[] = {0x8BF7,0x9009,0x62E9,0x53D1,0x7403,0x65B9,0x5411,
                                    0x0000};            //请选择发球方向
    static U16 directionOK[] = {0x53D1,0x7403,0x65B9,0x5411,0x5DF2,0x9009,0x5B9A,
                                0x0000};                //发球方向已选定
    static U16 strengthPrompt[] = {0x8BF7,0x9009,0x62E9,0x53D1,0x7403,0x529B,0x91CF,
                                   0x0000};             //请选择发球力量
    static U16 strengthOK[] = {0x53D1,0x7403,0x529B,0x91CF,0x5DF2,0x9009,0x5B9A,
                               0x0000};                 //发球力量已选定
    static U16 motionPrompt[] = {0x6C99,0x58F6,0x7403,0x6B63,0x5728,0x79FB,0x52A8,
                                 0x0000};               //沙壶球正在移动
    static U16 stopPrompt[] = {0x6C99,0x58F6,0x7403,0x79FB,0x52A8,0x505C,0x6B62,
                               0x0000};                 //沙壶球移动停止
    static U16 nextPlayerPrompt[] = {0x8BF7,0x66F4,0x6362,0x6E38,0x620F,0x8005,
                                     0x0000};           //请更换游戏者
    static U16 roundOverPrompt[] = {0x672C,0x56DE,0x5408,0x5DF2,0x7ECF,0x7ED3,
                                    0x675F,0x0000};//本回合已经结束
    static U16 scoreStatPrompt[] = {0x5206,0x6570,0x7EDF,0x8BA1,0x4E2D,0x0000};
                                                        //分数统计中
    static U16 noScorePrompt[] = {0x53CC,0x65B9,0x5747,0x672A,0x5F97,0x5206,0x0000};
```

```
                                         //双方均未得分
static U16 blackWinPrompt[] = {0x524D,0x4E00,0x56DE,0x5408,0x9ED1,0x65B9,
                               0x80DC,0x0000}; //前一回合黑方胜
static U16 whiteWinPrompt[] = {0x524D,0x4E00,0x56DE,0x5408,0x767D,0x65B9,
                               0x80DC,0x0000}; //前一回合白方胜
static char bmpExplanation[] = "/sys/ucos/explain.bmp";    //游戏说明
static char bmpBlackWin[] = "/sys/ucos/blackwin.bmp";      //黑方获胜
static char bmpWhiteWin[] = "/sys/ucos/whitewin.bmp";      //白方获胜
static char bmpNextRound[] = "/sys/ucos/nextrnd.bmp";      //下一回合准备
static char bmpThanksExit[] = "/sys/ucos/thanks.bmp";      //感谢,退出
pdc = CreateDC();
switch(nkey)
{
    case '\r':                                       //确定键
        switch(MainStatus)                           //系统状态
        {
            case STATUS_SHOWTITLE:                   //显示标题画
            case STATUS_SHOWSTOP:                    //显示沙壶球停止运动提示
            case STATUS_SHOWNEXTROUND:               //显示下一回合准备画面
            case STATUS_SHOWOVER:                    //显示结束画面
            MainStatus = STATUS_SHOWPOSITION;
            initBallIndividual(&ball[lastBallNum]);//初始化沙壶球单个个体
            ShowPromptFrame();                       //提示信息框架
            ShowBmp(pdc,bmpDesk1,100,20);            //显示桌面图片 1
            SmallBallPosition();                     //计算第一屏(桌面 1)中小沙壶球位置
            LoadBmp(bmpDesk1,bmp,&nByte,&cX,&cY);    //读取桌面图片 1
            Position(&ball[lastBallNum]);            //设置沙壶球的初始位置
            break;
        case STATUS_SHOWEXPLANATION:                 //显示游戏说明
            MainStatus = STATUS_SHOWTITLE;
            ShowTitle();                             //显示标题画面
            break;
        case STATUS_SHOWPOSITION:                    //显示初始位置设定
            direction = Direction(162,0,257,20);     //方向槽位置设定
            Angle(direction,&ball[lastBallNum]);     //计算发球角度
            AxAy(&ball[lastBallNum]);                //计算 x,y 向加速度
        case STATUS_SHOWDIRECTION:                   //显示方向槽
            strength = Strength(300,25,314,124,6.2,10.0); //设置力度槽
            VxVy(strength,&ball[lastBallNum]);       //计算 x,y 向速度
        case STATUS_SHOWSTRENGTH:                    //显示力度槽
            LoadBmp(bmpDesk1,bmp,&nByte,&cX,&cY);    //读取桌面图片 1
            FirstScrMoveBall(&ball[lastBallNum]);    //第一屏沙壶球移动
            SecondScrPosition(&ball[lastBallNum]);
            //计算从第一屏切换到第二屏时沙壶球的初始位置
            LoadBmp(bmpDesk2,bmp,&nByte,&cX,&cY);    //读取桌面图片 2
            ShowBall(&ball[lastBallNum]);            //在第二屏初始位置显示沙壶球
```

```
            SecondScrMoveBall(lastBallNum);           //第二屏(桌面 2)沙壶球移动
        case STATUS_SHOWMOTION:                       //显示沙壶球运动动画
            blackWhiteWin = scoreStat();              //分数统计
        case STATUS_ROUNDOVER:                        //回合结束
            initBall(ball);                           //初始化沙壶球
        }
    case '-'://取消键,显示退出界面
    }
    DestoryDC(pdc);
}
```

代码中 OnKey()函数的功能是用户交互及程序流程控制部分。它对从外界接收来的各种信息进行整理、判断,从而正确地转向不同的分支,去调用不同的函数,完成用户或程序本身需要它完成的各项任务。

19) 系统主任务 Main_Task()函数

表 9.19 显示了系统主任务的方法描述。

表 9.19 Main_Task 方法描述

名 称	Main_Task		
返回值	void		
描 述	系统主任务		
参 数	名 称	类 型	描 述
1	ID	void *	

Main_Task()函数代码如下:

```
void Main_Task(void * Id)                     //Main_Task
{
    POSMSG pMsg = 0;
    LoadBallPic();                            //读取蒙版、黑球、白球图片
    LoadSmallBallPic();                       //读取小沙壶球蒙版、黑球、白球图片
    initBall(ball);                           //初始化沙壶球
    lastBallNum = 0;                          //设置当前球数为 0
    scoreBlack = 0;                           //设置黑球得分为 0
    scoreWhite = 0;                           //设置白球得分为 0
    roundNum = 1;                             //当前局数置为 1
    ShowTitle();                              //显示标题画面
    for(;;)                                   //消息检测
    {
        pMsg = WaitMessage(0);                //等待键盘输入消息
        if(pMsg ->Message == OSM_KEY)         //当收到键盘响应后执行 OnKey 函数
            OnKey(pMsg ->WParam,pMsg ->LParam);
        DeleteMessage(pMsg);
    }
}
```

9.3 实现镂空图

对于 GIF 图片(动画)格式比较熟悉的人都会知道,在 GIF 格式的图片中,有一种格式的背景是透明的,这对于游戏制作来说,是非常有用的。因为我们知道,计算机中的图片几乎都是矩形的,而实际需要的只是这个矩形中的一部分,有时甚至只是一小部分,那么剩下的那部分会把真正需要的背景画面遮住。但是,现在的开发系统仅仅支持位图文件(BMP 格式文件),GIF 格式的文件这里用不了,而 BMP 文件却又不支持透明背景,怎么办?下面介绍一种在游戏制作中常用的方法,叫做"镂空图",问题可迎刃而解。

其实,镂空图的技巧也称为蒙版贴图,因为其中使用了一种叫做蒙版的工具。"蒙版贴图"可以使贴图看上去背景像是透明的,下面介绍"蒙版贴图"的具体原理。

图 9.6 蒙版贴图

蒙版贴图实际上需要两幅图,如图 9.6 所示。

假如认为图 9.6 中左边一幅图中的笑脸是真正想要贴在背景画面上的,那么右边的一幅就是"蒙版",两幅图大小完全一致。在进行蒙版贴图时,源图(即真正想贴的图)的背景必须是黑色,而蒙版的背景必须是白色,蒙版上与源图中实际要贴部分对应的位置应该为黑色。黑色在计算机中一般用一串二进制的 0 表示,而白色一般用一串二进制的 1 表示,所以,蒙版贴图的算法如下:

(1) 用蒙版和背景画面做"与(AND)"运算。

蒙版中间的部分为黑色,和背景画面做"与"运算,如下所示:

	000000	蒙版中的黑色部分
AND	101010	背景画面色彩
	000000	最后变成黑色

蒙版四周的部分为白色,和背景画面做"与"运算,如下所示:

	111111	蒙版中的白色部分
AND	101010	背景画面色彩
	101010	最后还是背景画面色彩

假如当前的背景画面如图 9.7 所示,则经过"与"运算后,画面将变为如图 9.8 所示。

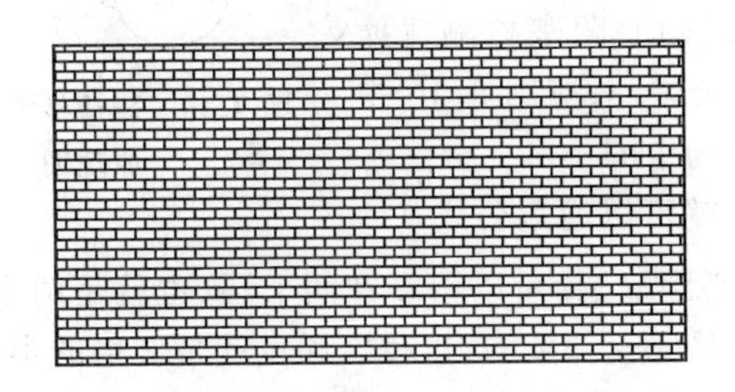

图 9.7 当前背景画面

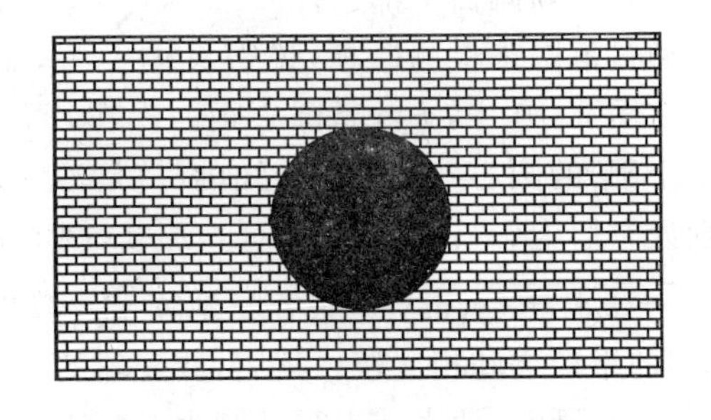

图 9.8 "与"运算后画面

(2) 用源图与刚刚得出的背景画面做“或(OR)”运算。

源图中间要贴部分的色彩(前面图中的笑脸),和刚刚得出的背景画面做“或”运算,如下所示:

	101010	源图中间要贴部分的色彩(笑脸)
OR	000000	背景画面中变成黑色的部分
	101010	最后黑色的部分变成源图中间要贴部分的色彩(笑脸)

源图四周为黑色,和刚刚得出的背景画面做“或”运算,如下所示:

	000000	源图四周的黑色部分
OR	101010	背景画面色彩
	101010	最后还是背景画面色彩

经过“或”运算后,获得最终需要的结果,如图 9.9 所示。

图 9.9 实现镂空图画面图

按这种方法就可产生我们所需要的看似背景透明的贴图了。实际上,综上所述,表现在 C 语言中就是最基本的位运算,实现起来是非常容易的,因此产生背景透明的贴图也就没什么困难的了。

9.4 碰撞检测及碰撞后的行为处理

对于这个游戏程序来说,最核心的技术就是沙壶球的碰撞检测及碰撞后的行为处理。

1. 碰撞的检测

其实,在游戏制作中,有多种检测碰撞的方法,比如,通过范围来检测碰撞,通过颜色检测碰撞,通过判别行进路线是否交叉来检测碰撞。在这个游戏中,选择第一种方法——通过范围来检测碰撞,原因就是后两种方法的计算量较大,用于现在所使用的嵌入式 CPU,可能会使其处理不过来。

碰撞检测原理如图 9.10 所示。

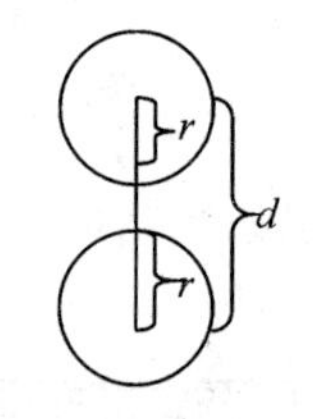

图 9.10 碰撞检测原理图

图 9.10 中的两个圆代表两个沙壶球,它们随时都有可能发生碰撞,也就是说,它们可能在任何一帧中发生碰撞,所以这样的碰撞检测应该在每一帧画面中都进行。

通过范围来检测碰撞,说得具体一些,是通过圆心距来检测碰撞的。在图 9.10 中,d 就是圆心距。现在,两个沙壶球(对应图 9.10 中的两个圆)的圆心坐标都是已知的(就是沙壶球结构中的 x 和 y 分量),分别设它们为(x_1, y_1)和(x_2, y_2),那么,圆心距 d 就可以通过公式 $d=\sqrt{(x_1-x_2)^2+(y_1+y_2)^2}$ 很容易地算出。算出圆心距 d 后,可以用 d 和两个圆(也就是两个沙壶球)的半径之和相比较。其实,沙壶球的大小都是完全一致的,半径之和也就是 2 倍的半径,如图 9.10 所示,沙壶球半径已知为 r。如果 $d>2r$,就可以认为这两个沙壶球没发生碰撞;如果 $d\leqslant 2r$,则说明两个沙壶球已经撞上了。事实上,在真正的物理过程中,如果是钢体碰撞的话，是无论如何也不可能出现 $d<2r$ 的情况，但为什么这里会出现呢？这是因为沙壶球在每一帧画面中的球心坐标，都是通过原坐标再加上当前的速度值后四舍五入取整得出的，而速度值现在只是一个离散量，再加上取整过程，中间都是会有误差的，所以存在 $d<2r$ 的情况。

另外，在嵌入式系统上进行开发，其 CPU 的计算能力是无法和当前主流的 PC 机 CPU 相比的，并且现在使用的 CPU 还没有硬件浮点运算器。浮点运算完全靠软件仿真进行，而求圆心距 d 时的开方运算是需要大量的浮点运算才可以完成的。那怎样才可以回避呢？其实很简单，只要将不等式两边同时做平方运算，比较 d^2 和 $4r^2$ 就可以了，这不会对程序造成任何损失，相反，还提升了速度。

2. 运动沙壶球在碰撞瞬间球心坐标位置的计算

当圆心距 $d\leqslant 2r$（或者说 $d^2\leqslant 4r^2$）时，可以判定两个沙壶球发生了碰撞。事实上，对于判定式来说，假如 $d=2r$ 成立，那么后面的一切运算都将可以很容易地被解决；假如是 $d<2r$ 成立，那这里就比较麻烦。因为为了真实地仿真沙壶球的物理运动过程，必须计算出运动的沙壶球球心在碰撞瞬间按物理规律实际应该的坐标位置。对于等号成立的情况，这个坐标位置就是原坐标与当前速度值的和再四舍五入取整后的结果，而对于小于号成立的情况，这个坐标位置就要通过较复杂的计算才可知了。

具体计算方法见图 9.11。

在计算过程中，可以设其中的一个沙壶球是静止的，先发出去的球或者掉落在了球桌周围的沟槽里，或者运动后停留在桌面上保持静止。对于这个静止的球来说，它的球心坐标和半径是已知的，分别设为 (a,b) 和 r。由图 9.11 可知，图中的圆与静止的沙壶球是同心的，其半径是沙壶球的 2 倍。

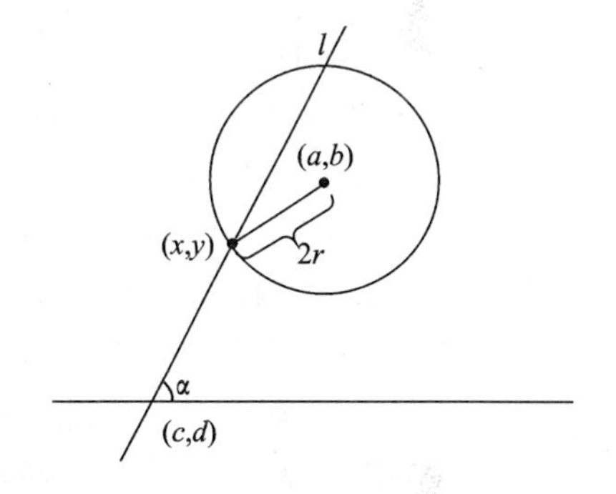

图 9.11　碰撞后位置算法图

既然已经有一个沙壶球是静止的了，那么另一个必然要是运动的。图 9.11 中的直线 l 是这个运动的沙壶球行进时球心所划过的（或将要划过的）路线，与图 9.11 中的圆相割（当然也可能相切，那就是前文所述的判定式中等号成立的情况）。之所以会相割（或相切），是因为圆的半径为 $2r$，直线是球心的路线，两球的半径均为 r，并且已判定两球发生了碰撞。

直线和圆相割，就必然要有两个交点，其中一个就是所要求解的判定式中小于号成立的情况下运动的沙壶球球心在碰撞瞬间按物理规律实际应该的坐标位置。但到底哪一个交点是呢？由于运动的沙壶球每次必然要从下向上运动（图 9.11 中位置），然后由下向上撞静止的沙壶球，所以应该选择靠下的那个交点，设它为 (x,y)。

图 9.11 中，可以看到在直线 l 上还有一个点 (c,d)，这个点是已知点，它实际上是运动的沙壶球在碰撞发生的前一帧中的球心坐标位置。另外，还可以看到，直线 l 和水平方向呈 α 角，这个角实际上就是运动沙壶球的球结构中的 angle 分量。

根据以上所述各量，为求解点 (x,y)，由图 9.11 可列出如下方程组：

$$\begin{cases} d-y=(x-c)\tan\alpha \\ (x-a)^2+(y-b)^2=(2r)^2 \end{cases}$$

由这个方程组即可解得所需的点 (x,y)。在求解过程中，解方程组将会转换为解一元二次方程，而方程的解可以按照前面所述选择交点。其实，由上面的分析可以看出，这个方程组，也已经把碰撞判定式中等号成立的情况包含了进来，在处理上不同的是，对于等号成立的情况，由于方程组只会有一组解，所以省去了选解的过程，会更容易些。

3. 碰撞后的运动行为处理

碰撞后的运动行为处理主要是按照矢量的分解法则(三角形法则)对两个沙壶球发生碰撞后的运动参量分别进行计算、改变，大部分涉及的都是三角函数运算。这里需要说明的是，沙壶球的碰撞在此可以认为是钢体的碰撞，从而它就应该遵守动能守恒定律$\frac{1}{2}m_0 v_0^2=\frac{1}{2}m_1 v_1^2+\frac{1}{2}m_2 v_2^2$和动量守恒定律$m_0\vec{v}_0=m_1\vec{v}_1+m_2\vec{v}_2$，由二式联立，可以得到碰撞后两沙壶球的运动速度方向是互相垂直的(在正碰的情况下，若一方速度变为0除外)，这就是这里的运算都要遵循的法则。

9.5 练习题

1. 为PDA环境设计一个沙壶球游戏组件，可以自动调整摩擦系数，设置难易程度及记忆功能(能记住胜负比例)，并能在嵌入式环境下使用。

2. 为PDA环境设计一个保龄球游戏组件，可以设置难易程度、计分功能及记忆功能(能记住胜负比例)，并能在嵌入式环境下使用。

游戏规则说明：每一局共有10格，每一格里面有两球，共有10支球瓶，要做的是尽量在两球之内把球瓶全部击倒，如果第一球就把全部的球瓶都击倒了，也就是STRIKE，画面出现“X”，就算完成一格。所得分数就是10分再加下一格两球的倒瓶数，但是如果第一球没有全倒，就要再打一球了，如果剩下的球瓶全都击倒，也就是SPARE，画面出现“/”，也算完成一格，所得分数为10分再加下一格第一球的倒瓶数。但是如果第二球也没有把球瓶全部击倒，那分数就是第一球加第二球倒的瓶数，再接着打下一格。以此类推，直到第10格。但是第10格有三球，第10格时如果第一球或第二球将球瓶全部击倒时，可再加打第三球，如此就完成一局了。

游戏设计说明：要打好保龄球，最重要的是出球方式正确。助跑道上通常都会有标示前、中、后三个点，这三个点离球道犯规线的远近不同，这样能够有足够的时间调整球的角度以及调整出手时间。另外还有一点需要注意，不要超过球道上的犯规线，如果球出手时超过犯规线，就算失误，本次也不得分。

第10章 24点游戏设计

24点游戏设计是通过C语言在基于ARM微处理器与μC/OS-II实时操作系统上实现计算24点的游戏。该游戏属于益智小品，操作简单、短小精悍、易于上手，对技术指标和显示屏要求都不高。

10.1 引　言

24点的游戏规则：给定4个一定范围内的整数，任意使用符号＋、－、＊、/、( )，构造出一个表达式，使表达式最终结果为24，其中每个数字只能使用一次。本游戏要求机器与玩家进行模拟比赛，例如，先由机器给玩家出4个数，玩家通过自己的计算得出结果并将结果输入给机器，如果答案是无解，也输入给机器。机器进行验证，如果答案正确则进入下一环节；如果不正确，则机器给玩家以提示。然后玩家出4个规定范围内的数，由机器计算并将结果显示给玩家。最后比较机器与玩家解题时所用的时间，时间短的为胜。胜者可进行加分等相应处理。

出题时4个整数的范围鉴于普通玩家的水平初定于13以内，因为我们经常用扑克牌作为24点游戏的工具，在扑克牌中最大的是K，也就是13。可以通过机器计算时所用的时间长短进行调整，用来增加或者降低难度。根据实际情况也可以将出题的4个数最大值增加，但是对于玩家，过大的数较难计算，所以还需要在实践中检验效果。

10.2 编程思想

10.2.1 总体设计

1. 计算机出题模块

功能要求：计算机随机出4个数并显示，玩家通过计算，将包含4个数和加减乘除四则运算的表达式输入计算机，计算机对表达式进行运算，判断是否等于24，然后给予响应提示。

要求：随机出数，不可产生相同数字。因为仅仅调用标准C中的函数rand在此操作平台每次重启后随机出的数是一样的，所以需要调用时间函数。

应用算法：中缀到后缀转换算法。

计算后缀表达式算法：通常在表达式中经常会用到“(”或者“)”，其作用是优先计算括号内的数，但是计算机无法直接考虑括号问题，所以需要算法解决。其中，最传统的方法就是先把一个普通的表达式即中缀表达式转换为不需要括号的后缀表达式，再计算后缀表达式得出结果。图10.1显示了计算机出题模块的界面。

2. 计算机计算模块

功能要求：计算机得到 1～13 范围内的 4 个数，计算并判断这 4 个数是否可以组成结果为 24 的表达式。

应用算法：计算 24 算法。

图 10.2 显示了计算机计算模块的界面。

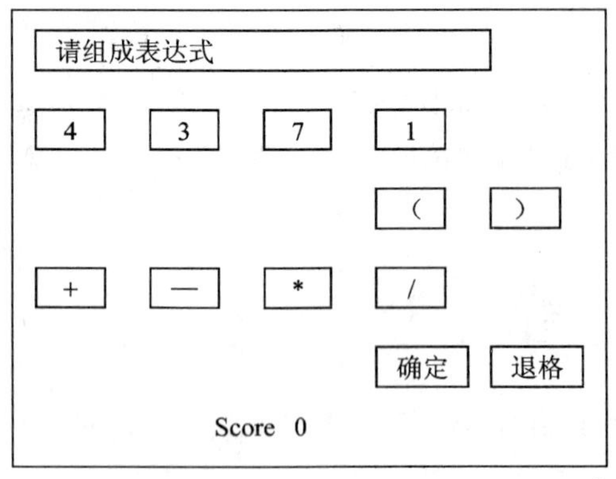

图 10.1 计算机出题模块显示界面

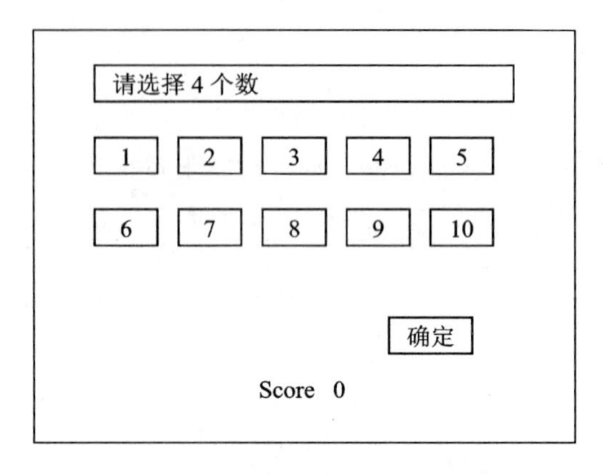

图 10.2 计算机计算模块显示界面

3. 主界面模块

在游戏开始时显示界面并提供玩家选择出题还是做题，图 10.3 显示了 24 点游戏流程图。

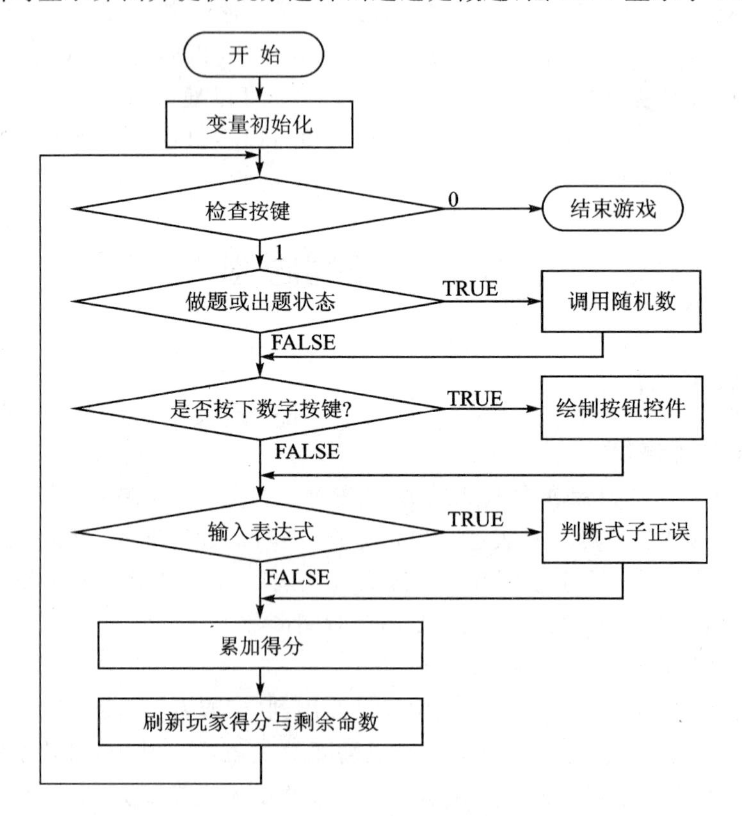

图 10.3 24 点游戏流程图

4. 时间模块

功能要求：从 20 s 开始倒计时，并显示。对于 20 s 的时间，需要从系统时间那里获得。另外在时间进行的同时，玩家要进行录入等操作，所以可以将时间设置为一个任务，以免和主任务冲突。

5. 难度和得分模块

难度分为 4 级，1 级难度出题范围为 1～10，2 级为 1～11，3 级为 1～12，4 级为 1～13。

得分设计：玩家每成功一次成绩加 10 分。判断得分，每得到 30 分难度增加一级。

10.2.2 计算机出题玩家计算详细设计

1. 出题的实现

在标准 C 语言中有随机函数 rand()可用，但是在嵌入式平台上却达不到要求，即每次重新开机后随机函数 rand()给出的 4 个数字是相同的。鉴于每次开机时系统时间是不同的，我们可以通过对系统时间的调用，得到秒这个值。再与随机函数 rand()给出的数进行处理，并对 13 以内的数进行取模运算，得到需要的数字。

那么如何确定给出的 4 个数一定是有解的呢？当调用了计算 24 的算法，每随机出 4 个数后，在显示给玩家之前，由计算机进行验证，只有验证 24 的算法确认可行后，才显示，否则重新出 4 个数。

1) 1 级难度随机数 radom10 函数

表 10.1 显示了 1 级难度随机数函数的方法描述。

表 10.1　radom10 方法描述

名　称	radom10		
返回值	int		
描　述	1 级难度随机数函数		
参　数	名　称	类　型	描　述
无			

random10()函数代码如下：

```
int radom10()
{
    cc24 = 0;
    for(i = 0;i< = 3;i ++ )
    {
        Get_Rtc(&pstrctTime);                    //这里得到了时间机构中的秒
        j = rand() % 123;                        //用 C 语言中的随机函数与 123 求模
        rad = (int)pstrctTime.second^j;
        um[i] = rad % 10;
        Uart_Printf(0," % d\n",um[i]);           //进行调试监控
    }
```

```
    Cal_242();                                    //调用 24 的算法
//如果计算出 4 个数字等于 24 的表达式,就传回 1 个标志,这里用 cc24
    if(cc24! = 1)                                 //判断是否可行
        radom10();
    else
        return um[i];                             //输出了 4 个经过验证后的数
}
```

当代码中 random10 难度为 1 时,出题范围集中在 1～10 的随机数函数,后面的难度逐级增加,范围增大。

2) 2 级难度随机数 radom11()函数

表 10.2 显示了 2 级难度随机数函数的方法描述。

表 10.2 radom11 方法描述

名　称	radom11		
返回值	int		
描　述	2 级难度随机数函数		
参　数	名　称	类　型	描　述
无			

radom11()函数代码如下:

```
int radom11()
{   cc24 = 0;
    for(i = 0;i< = 3;i ++ )
    {
        Get_Rtc(&pstrctTime);
        j = rand() % 123;
        rad = (int)pstrctTime.second^j;
        um[i] = rad % 11;
        Uart_Printf(0," % d\n",um[i]);
    }
    Cal_242();
    if(cc24! = 1)
        radom11();
    else
        return um[i];
}
```

3 级难度随机数函数和 4 级难度随机数函数编写方法与 1 级和 2 级难度随机数函数类似,这里就不再介绍了。

3) 产生随机数 rand()函数

表 10.3 显示了产生随机数函数的方法描述。

表 10.3 rand 方法描述

名 称	rand		
返回值	int		
描 述	产生随机数函数		
参 数	名 称	类 型	描 述
无			

rand()函数代码如下：

```
static unsigned _random_number_seed[55] =
{   0x00000001, 0x66d78e85, 0xd5d38c09, 0x0a09d8f5, 0xbf1f87fb,
    0xcb8df767, 0xbdf70769, 0x503d1234, 0x7f4f84c8, 0x61de02a3,
    0xa7408dae, 0x7a24bde8, 0x5115a2ea, 0xbbe62e57, 0xf6d57fff,
    0x632a837a, 0x13861d77, 0xe19f2e7c, 0x695f5705, 0x87936b2e,
    0x50a19a6e, 0x728b0e94, 0xc5cc55ae, 0xb10a8ab1, 0x856f72d7,
    0xd0225c17, 0x51c4fda3, 0x89ed9861, 0xf1db829f, 0xbcfbc59d,
    0x83eec189, 0x6359b159, 0xcc505c30, 0x9cbc5ac9, 0x2fe230f9,
    0x39f65e42, 0x75157bd2, 0x40c158fb, 0x27eb9a3e, 0xc582a2d9,
    0x0569d6c2, 0xed8e30b3, 0x1083ddd2, 0x1f1da441, 0x5660e215,
    0x04f32fc5, 0xe18eef99, 0x4a593208, 0x5b7bed4c, 0x8102fc40,
    0x515341d9, 0xacff3dfa, 0x6d096cb5, 0x2bb3cc1d, 0x253d15ff
};
static int _random_j = 23, _random_k = 54;
int rand() //产生一个随机数
{
    unsigned int temp;
    temp = (_random_number_seed[_random_k] + = _random_number_seed[_random_j]);
    if (-- _random_j < 0) _random_j = 54, -- _random_k;
    else if (-- _random_k < 0) _random_k = 54;
    return (temp & 0x7fffffff);          /* result is a 31 - bit value */
}
```

4) 准备计算 24 的 Cal_242()函数

表 10.4 显示了准备计算 24 函数的方法描述。

Cal_242()函数代码如下：

```
int Cal_242()
{
    float num[4];
    int i;
    char cx[4][50];
    /* 得到输入,保存在浮点数组 num 里面 */
    for(i = 0;i<4;i ++ )
    {
        num[i] = um[i];
```

```
    }
    /*将num的值变成字符串的形式,为了给出最后的表达式*/
    for(i = 0;i<4;i++)
    {
        sprintf(cx[i], "%d", (int)num[i]);
    }
    /*运行函数,将得到的参数传递过去*/
    fun2(num, cx, 4);
        return;
}
```

表 10.4 Cal_242 方法描述

名　称	Cal_242		
返回值	int		
描　述	准备计算 24 函数		
参　数	名　称	类　型	描　述
无			

5) 计算 24 点 fun2()函数

计算 24 点运算的基本原理：穷举 4 个整数所有可能的表达式,然后对表达式求值。

因为能使用的 4 种运算符 +、-、*、/都是二元运算符,所以只考虑二元运算符。二元运算符接收两个参数,输出计算结果,输出的结果参与后续的计算。

综上所述,构造所有可能的表达式的算法步骤如下：

(1) 将 4 个整数放入数组中。

(2) 在数组中取两个数字的排列,共有 P(4,2) 种排列。m 初始为 4,对每个排列和+、-、*、/运算符进行下列操作：

① 取此排列的两个数字和运算符,计算结果。当 m=1 时,如果结果为 24,则跳转到④；如果结果不为 24,则跳转到(2),取下一组排列。

② 改变数组:将此排列的两个数字从数组中去除,将步骤①计算的结果放入数组中,m 减 1。

③ 对新的数组,重复步骤①。

④ 输出正确表达式,递归结束。

这是一个递归过程。步骤(2)就是递归函数。当数组中只剩下一个数字的时候,就是表达式的最终结果,此时递归结束。

在程序中,一定要注意递归的现场保护和恢复,也就是递归调用之前与之后,现场状态应该保持一致。在上述算法中,递归现场就是指数组,步骤③改变数组以进行下一层递归调用。

括号的作用只是改变运算符的优先级,也就是运算符的计算顺序。所以在以上算法中,无需考虑括号。括号只是在输出时加以考虑。

表 10.5 显示了计算 24 点函数的方法描述。

表 10.5 fun2 方法描述

名 称	fun2		
返回值	void		
描 述	计算 24 点函数		
参 数	名 称	类 型	描 述
1	n[]	float	每个数
2	ch[]	char	表达式
3	m	int	使用多少个数计算 24 点

fun2()函数代码如下：

```
void fun2(float n[],char ch[][50],int m)
{
    int loop1, loop2, y, i, j;
    float num[4];
    char cc[4][50];
    if(m == 1)
    {
/* 如果 n[0] - 24.0 的绝对值小于 0.0001,就认为它们相等,显示表达式的内容,退出 */
        if(fabs(n[0] - 24.0)<0.0001)
        {
            Uart_Printf(0,"\nexpress: %s = 24\n",ch[0]);
            cc24 = 1;
            return ;
        }
    }
    else
    {
        for(loop1 = 0;loop1<m;loop1 ++ )
        {
            for(loop2 = 0;loop2<m;loop2 ++ )
            {
/* loop2 = loop1,进入下一轮循环(同一个数不能使用两次,因为使用 n[loop]来进行运算) */
                if(loop2 == loop1)
                    continue;
                for(y = 0;y<4;y ++ )
                {
                    switch(y)       /* 检查 y 的值,和哪个相符就执行 case 相应的子句 */
                    {
                        case 0: num[0] = n[loop1] + n[loop2];
                                break;
```

```
                    case 1: num[0] = n[loop1] - n[loop2];
                            break;
                    case 2: num[0] = n[loop1] * n[loop2];
                            break;
                    case 3: if(n[loop2] == 0)      /* 除数为 0,break; */
                            break;
                            num[0] = n[loop1]/n[loop2];
                            break;
                    default:
                            break;
                }
                /* 除数为零的除法以外的操作,将表达式的内容存入 cc[0]里面 */
                if(y! = 3||n[loop2]! = 0)
                  sprintf(cc[0],"(%s%c%s)",ch[loop1],sig[y],ch[loop2]);
                  for(i = 0,j = 1;i<m;i++)
                  {
                    if(i! = loop1&&i! = loop2)
                    {
                        num[j] = n[i];
                        /* 字符串 copy,将 ch[i]的内容放入 cc[j]里面 */
                        strcpy(cc[j], ch[i]);
                        j++;
                    }
                }
                /* 递归调用 */
                fun2(num, cc, m - 1);
            }
        }
    }
  }
}
```

2. 计算后,计算机的验证与处理

这部分玩家将会输出一代数表达式,那么计算机如何把人写的代数表达式计算出结果呢?代数表达式是由操作数和运算符连接起来的合法的串,操作数是一个数量(数据的单位),数学运算在操作数的基础上运行。操作数可以是一个变量,比如 x,y,z,也可以是一个常量,比如 5,4,0,9,1 等。运算符是一个表示操作数间数学或逻辑操作的符号,比较熟悉的运算符有+,-,*,/等。根据操作数和运算符的定义,现在可以写出一个表达式的示例,如 x+y*z。注意代数表达式定义中的用语——“合法的串”,在前面提到的例子 x+y*z 中,操作数 x,y,x 和运算符+,*就形成了某种形式的合法的串。又如+xyz*,此表达式中操作数和运算符就没有组成合法的串,这个表达式不是一个有效的表达式。

一个代数表达式有三种表示方法:

(1) 中缀表示：是指用操作数包围着运算符的表示法，比如 x+y，6 * 7 等。

(2) 前缀表示：顾名思义，是指运算符要放到操作数的前面，比如+xy，* +xyz 等。

(3) 后缀表示：与中缀和前缀表达式不同之处在于，在后缀表示法中运算符放在操作数之后，如 xy+，xyz+ * 等。

另外，还要用到运算符的结合性这个概念。运算符的结合性规定了同优先级的运算符间的运算次序。对有左结合性的运算符而言，计算次序是从左到右，而对于右结合性的运算符，是从右到左计算。 *，/，+，－都具有左结合性。

使用中缀表示法时还要考虑运算符的优先级和结合性的问题，所以换用前缀和后缀表示。前缀和后缀表示相比中缀表示的优点在于计算表达式值的时候不需要考虑运算符的优先级和结合性。比如，x/y * z 用前缀表示就变成了 * /xyz，用后缀表示就变成 xy/z *。前缀和后缀表示都能使表达式值的计算变得容易得多。所以，实际上我们要做的就是由用户扫描中缀表达式；将其转换成前缀或后缀形式，然后计算其值，而不用考虑括号和运算符的优先级。

如何将表达式从一种形式转换成另一种形式？有两种方法完成这种转换。一种是用栈完成，另一种是使用表达式树。

为了将表达式从中缀表示转换成前缀和后缀表示，将要用到栈。下面对栈作一简要介绍。栈是一种特殊的数据结构，栈中元素被移出栈的顺序与它们进入栈的顺序相反。栈遵循后进先出(LIFO)的模式。向栈中添加元素称为压栈(PUSH)，从栈中移出元素被称为出栈(POP)。

使用栈将表达式从中缀形式转换成后缀形式，算法如下：

(1) 检查输入的下一元素。

(2) 假如是操作数，则输出。

(3) 假如是开括号，则将其压栈。

(4) 假如是运算符，则：若栈为空，则将此运算符压栈；若栈顶是开括号，则将此运算符压栈；若此运算符比栈顶运算符优先级高，则将此运算符压入栈中；否则，栈顶运算符出栈并输出，重复步骤(4)。

(5) 假如是个闭括号，则栈中运算符逐个出栈并输出，直到遇到开括号。开括号出栈并丢弃。

(6) 假如输入还未完毕，则跳转到步骤(1)。

(7) 假如输入完毕，则栈中剩余的所有操作符出栈并输出它们。

举例：假设要把表达式 2 * 3/(2－1)+5 * (4－1)转换成后缀形式，原表达式的逆序是

)1－4(* 5+)1－2(/3 * 2

当前扫描字符栈中字符(栈顶在右)后缀表达式如下：

2Empty2 * * 23 * 23//23 * (/(23 * 2/(23 * 2－/(－23 * 21/(－23 * 21)/23 * 21－++23 * 21－/5+23 * 21－/5 * + * 23 * 21－/5(+ * (23 * 21－/54+ * (23 * 21－/54－+ * (－23 * 21－/541+ * (－23 * 21－/541)+ * 23 * 21－/541－ Empty23 * 21－/541－ * +

所以得到的后缀表达式是 23 * 21－/541－ * +。

1) 转换成后缀表达式 ConvertToPostfix()函数

表 10.6 显示了转换成后缀表达式函数的方法描述。

表 10.6 ConvertToPostfix 方法描述

名　称	ConvertToPostfix		
返回值	void		
描　述	转换成后缀表达式函数		
参　数	名　称	类　型	描　述
无			

ConvertToPostfix()函数代码如下：

```
void ConvertToPostfix(void)
{
  char opr ;
  while( * (s))
  {
    if( * (s) == ' '|| * (s) == '\t')
    {
      s ++ ;
      continue;
    }
    if(isdigit( * (s))||isalpha( * (s)))     / * Operands * /
    {
      while(isdigit( * (s))||isalpha( * (s)))
      {
         * (t) = * (s);
        s ++ ;
        t ++ ;
      }
    }
    if( * (s) == '(')      / * Opening Parenthesis * /
    {
      l -- ;
      PushOnStack( * (s));
      s ++ ;
    }
    if( * (s) == ' * '|| * (s) == ' + '|| * (s) == '/'|| * (s) == ' % '|| * (s) == ' - '|| * (s) == '^')
    {
      if(top! = - 1)
      {
         opr = PopFromStack();
         while(priority(opr)> = priority( * (s)))
         {
            * (t) = opr;
           t ++  ;
```

```
            opr = PopFromStack();
          }
          PushOnStack(opr);
          PushOnStack( * (s));
        }
        else
          PushOnStack( * (s));
        s++;
        }
        if( * (s) == ')')    / * Closing Parenthesis * /
        {
          l--;
          opr = PopFromStack();
          while(opr! = '(')
          {
            * (t) = opr;
            t++;
            opr = PopFromStack();
          }
          s++;
        }
    }
    while(top! = -1)     / * While stack is not empty * /
    {
       opr = PopFromStack();
       * (t) = opr;
       t++;
    }
    t++;
}
```

2）计算机验证计算结果 Cal()函数

得到了后缀表达式，接下来需要做的就是计算出后缀表达式的结果。原理是把字符串里的第一个和第二个数字用第一个运算符进行计算，将结果放到字符串里。表 10.7 显示了转换成后缀表达式函数的方法描述。

表 10.7　Cal 方法描述

名　称	Cal		
返回值	void		
描　述	计算机验证计算结果函数		
参　数	名　称	类　型	描　述
无			

Cal()函数代码如下：

```
void Cal()
{
    int position = 0;
    int operand1 = 0;
    int operand2 = 0;
    int evaluate;
    Initialize (  ) ;
    SetExpression (input) ;
    Uart_Printf(0,s);
    ConvertToPostfix ( ) ;
    SetOutput();
    iposition = 0;
    Uart_Printf(0,"The Output is % s",output);
    while(output[position]! = '\0'&&output[position]! = '\n')
    {
      if(is_operator(output[position]))
      {
        operand1 = ipop();
        operand2 = ipop();
        ipush(two_result(output[position],operand1,operand2));
      }
      else
      {
        ipush(output[position] - 48);
      }
      position ++ ;
    }
    evaluate = ipop();
    Uart_Printf(0,"The result is % i",evaluate);
    if(evaluate == 24)             //当表达式的值为 24 时,说明玩家计算正确
    {
      ClearScreen();
      SetRect(&wrect,110,60,240,130);
      pwonderful = CreateTextCtrl(ID_wonderText,&wrect,FONTSIZE_MIDDLE,
                                  CTRL_STYLE_NOFRAME,NULL,NULL);
      SetTextCtrlText(pwonderful,wstr,TRUE);
      scori = scori + 10;          //用文本框显示了计算正确的提示,并且将得分加上 10
      OSTimeDly(5000);
    }
    else                           //表达式不等于 24,那么玩家计算错误了
    {
      ClearScreen();
      SetRect(&wrect,130,60,240,130);
      pwonderful = CreateTextCtrl(ID_wonderText,&wrect,FONTSIZE_MIDDLE,
```

```
                    CTRL_STYLE_NOFRAME,NULL,NULL);
      SetTextCtrlText(pwonderful,fstr,TRUE);    //计算错误的提示
      OSTimeDly(5000);
   }
}
```

3) 初始化 Initialize()函数

表 10.8 显示了初始化函数的方法描述。

表 10.8 Initialize 方法描述

名　称	Initialize		
返回值	void		
描　述	初始化函数		
参　数	名　称	类　型	描　述
无			

Initialize()函数代码如下：

```
void Initialize (void)
{
   top = -1;/ * Make stack empty * /
   strcpy(output, "" ) ;
   strcpy(stack, "" ) ;
   l = 0;
}
```

4) 设置表达式 SetExpression()函数

表 10.9 显示了设置表达式函数的方法描述。

表 10.9 SetExpression 方法描述

名　称	SetExpression		
返回值	void		
描　述	设置表达式函数		
参　数	名　称	类　型	描　述
1	str	char *	

SetExpression()函数代码如下：

```
void SetExpression ( char * str )
{
   s = str;
   l = strlen(s);
   t = output;
}
```

5）设置输出 SetOutput()函数

表 10.10 显示了设置输出函数的方法描述。

表 10.10 SetOutput 方法描述

名　称	SetOutput		
返回值	void		
描　述	设置输出函数		
参　数	名　称	类　型	描　述
无			

SetOutput()函数代码如下：

```
void SetOutput()
{
    Uart_Printf(0,"\nlength = % i\n",l);
    output[l] = '\0';
}
```

6）判断符号位 is_operator()函数

表 10.11 显示了判断符号位函数的方法描述。

表 10.11 is_operator 方法描述

名　称	is_operator		
返回值	int		
描　述	判断符号位函数		
参　数	名　称	类　型	描　述
1	operator	char	符号位

is_operator()函数代码如下：

```
int is_operator(char operator)
{
    switch(operator)
    {
        case '+':
        case '-':
        case '*':
        case '/':
            return 1;
        default:
            return 0;
    }
}
```

7）计算结果 two_result()函数

表 10.12 显示了计算结果函数的方法描述。

表 10.12 two_result 方法描述

名　称	two_result		
返回值	int		
描　述	计算结果函数		
参　数	名　称	类　型	描　述
1	operator	int	符号位
2	operand1	int	操作数 1
3	operand2	int	操作数 2

two_result()函数代码如下：

```
int two_result(int operator, int operand1, int operand2)
{
    switch(operator)
    {
        case '+': return (operand2 + operand1);
        case '-': return (operand2 - operand1);
        case '*': return (operand2 * operand1);
        case '/': return (operand2/operand1);
    }
}
```

8) 判断优先级 priority()函数

表 10.13 显示了判断优先级函数的方法描述。

表 10.13 priority 方法描述

名　称	priority		
返回值	int		
描　述	判断优先级函数，返回操作符的优先级		
参　数	名　称	类　型	描　述
1	c	char	操作符

priority()函数代码如下：

```
int priority ( char c )
{
    if(c == '^')
        return 3 ;/ * Exponential operator * /
    if(c == '*'||c == '/'||c == '%')
        return 2 ;
    else if (c == '+'||c == '-')
        return 1 ;
    else return 0 ;
}
```

10.2.3 玩家出题计算机计算详细设计

1. 由4个数计算结果为24的表达式

基本原理是穷举4个整数所有可能的表达式，然后对表达式求值。因为能使用的4种运算符+，-，*，/都是二元运算符，所以本文中只考虑二元运算符。二元运算符接收两个参数，输出计算结果，输出的结果参与后续计算。

综上所述，构造所有可能的表达式的算法如下：

(1) 将4个整数放入数组中。

(2) 在数组中取两个数字的排列，共有P(4,2)种排列。m初始为4，对每个排列和+，-，*，/运算符进行下列操作：

① 取此排列的两个数字和运算符，计算结果。当m=1时，如果结果为24，则跳转到④；如果结果不为24，则跳转到步骤(2)，取下一组排列。

② 改变数组：将此排列的两个数字从数组中去除掉，将步骤①计算的结果放入数组中，m减1。

③ 对新的数组重复步骤①；

④ 输出正确表达式，递归结束。

这是一个递归过程，步骤(2)就是递归函数。当数组中只剩下一个数字的时候，这就是表达式的最终结果，此时递归结束。

在程序中，一定要注意递归的现场保护和恢复，也就是说，在递归调用之前与之后，现场状态应该保持一致。在上述算法中，递归现场就是指数组，步骤③改变数组以进行下一层递归调用。

括号的作用只是改变运算符的优先级，也就是运算符的计算顺序，所以在以上算法中，无需考虑括号。

1) 计算机准备计算24点Cal_24()函数

括号只是在输出时需加以考虑。表10.14显示了计算机准备计算24点函数的方法描述。

表10.14 Cal_24方法描述

名　称	Cal_24		
返回值	int		
描　述	计算机准备计算24点函数		
参　数	名　称	类　型	描　述
无			

Cal_24()函数代码如下：

```
int Cal_24()
{
    float num[4];
    int i;
    char cx[4][50];
    ClearScreen();
```

```
/* 得到输入,保存在浮点数组 num 里面 */
    for(i = 0;i<4;i++)
    {
        num[i] = get[i];
    }
    for(i = 0;i<4;i++)
    {
        sprintf(cx[i], "%d", (int)num[i]);
    }
/* 将 num 的值变成字符串的形式,为了给出最后的表达式 */
    for(i = 0;i<4;i++)
    {
        sprintf(cx[i], "%d", (int)num[i]);
    }
/*   运行函数,将得到的参数传递过去   */
    fun(num, cx, 4);
    OSTimeDly(1000);
}
```

2) 计算机计算 24 点 fun()函数

表 10.15 显示了计算机计算 24 点函数的方法描述。

表 10.15 fun 方法描述

名　称	fun		
返回值	void		
描　述	计算机计算 24 点函数		
参　数	名　称	类　型	描　述
1	n[]	float	每个数
2	ch[][50]	char	表达式
3	m	int	使用多少个数计算 24 点

fun()函数代码如下:

```
void fun(float n[],char ch[][50],int m)
{
    int loop1, loop2, y, i, j;
    float num[4];
    char cc[4][50];
    if(m == 1)
    {
 /* 如果 n[0] - 24.0 的绝对值小于 0.0001,就认为它们相等,显示表达式的内容,退出 */
        if(fabs(n[0] - 24.0)<0.0001)
        {
            LCD_ChangeMode(0);
```

```
            LCD_Cls();
            LCD_printf("\nexpress: %s = 24\n",ch[0]);
            return;
        }
    }
    else
    {
        for(loop1 = 0;loop1<m;loop1 ++ )
        {
            for(loop2 = 0;loop2<m;loop2 ++ )
            {
            /* 如果 loop2 = loop1,则进入下一轮循环(同一个数不能使用两次,
               因为使用 n[loop]来进行运算) */
               if(loop2 == loop1)
                   continue;
               for(y = 0;y<4;y ++ )
               {
                   switch(y) /* 检查 y 的值,和哪个相符就执行 case 的哪个子句 */
                   {
                       case 0: num[0] = n[loop1] + n[loop2];
                           break;
                       case 1: num[0] = n[loop1] - n[loop2];
                           break;
                       case 2: num[0] = n[loop1] * n[loop2];
                           break;
                       case 3: if(n[loop2] == 0)      /* 除数为 0,break; */
                           break;
                           num[0] = n[loop1]/n[loop2];
                           break;
                       default:
                           break;
                   }
                   /* 除数为零的除法以外的操作,将表达式的内容存入 cc[0]里面 */
                   if(y! = 3 || n[loop2] ! = 0)
                   sprintf(cc[0],"(%s%c%s)",ch[loop1],sig[y],ch[loop2]);
                   for(i = 0,j = 1;i<m;i ++ )
                   {
                       if(i! = loop1&&i! = loop2)
                       {
                           num[j] = n[i];
                           /* 字符串 copy,将 ch[i]的内容放入 cc[j]里面 */
                           strcpy(cc[j], ch[i]);
                           j ++ ;
                       }
                   }
```

```
                    /* 递归调用 */
                    fun(num,cc,m-1);
                }
            }
        }
    }
}
```

代码中 fun()函数的功能是根据给定的内容计算 24 点。

2. 时间控制单元详细设计

在游戏中应用了时间元素，比如人做题时限制时间为 20 s，所以需要对时间进行调用并产生相应结果。表 10.16 显示了时间更新任务的方法描述。

表 10.16 Rtc_Disp_Task 方法描述

名　称	Rtc_Disp_Task		
返回值	void		
描　述	时间更新任务		
参　数	名　称	类　型	描　述
无			

Rtc_Disp_Task()函数代码如下：

```
void Rtc_Disp_Task(void * Id) //时钟显示更新任务
{
    POSMSG pmsg;
    INT8U err;
    U32 key = 0;
    int strtimei1 = 20;
    U16 strtimei2[1];
    for(;;)
    {
        if(Rtc_IsTimeChange(RTC_SECOND_CHANGE))
        {//不需要更新显示
            OSSemPend(Rtc_Updata_Sem, 0,&err);
            Int2Unicode(strtimei1, strtimei2);
            SetTextCtrlText(tTextCtrl,strtimei2,TRUE);
            strtimei1 --;
            OSSemPost(Rtc_Updata_Sem);
        }
        if(strtimei1 == 0)
        {
            Uart_Printf(0,"t = %i",strtimei1);
            pmsg = OSCreateMessage(NULL,300, key, key);
            if(pmsg)
            {
```

```
                Uart_Printf(0,"pmsg");
                SendMessage(pmsg);
            }
        }
        break;
    }
}
```

代码中 Rtc_Disp_Task()函数的基本原理是先给定整数值 20,判断时间函数中秒是否改变,如果改变就把整数递减,并显示新的剩余时间。如果递减到需要的值,再做相应处理。其中需要从系统中得到秒改变的信息。将其做成 1 个任务,以保证在时间变化时不会和玩家的操作相冲突。

3. 计分部分详细设计

这里主要考虑的是每一轮完成后,成绩 score 有一定的加分时的情况。在程序中仅需用一个整数 score 来实现,游戏开始后此整数从 0 开始,每得到一定消息,整数加 10。表 10.17 显示了计分函数的方法描述。

表 10.17 Score 方法描述

名　称	Score		
返回值	void		
描　述	计分任务		
参　数	名　称	类　型	描　述
无			

Score()函数代码如下:

```
void Score()
{
    U16 scoru[2];
    U16 ScoreStr[20];
    U16 SCStr[] = {0x0053,0x0063,0x006f,0x0072,0x0065,0x0000};
    PDC pdc;
    pdc = CreateDC();
    Int2Unicode(scori, scoru);  //分值通过 scori 变量存放
    //因为在文本框显示的时候需要 U16 编码,所以在这里将整型转换成 U16 编码
    SetRect(&SCRect,115,229,165,239);
    SetRect(&ScoreRect,166,229,200,239);
    pScore = CreateTextCtrl(ID_ScoreText,&ScoreRect,FONTSIZE_SMALL,CTRL_STYLE_NOFRAME,NULL,
                    NULL);
    pSCaption = CreateTextCtrl(ID_SCaption,&SCRect,FONTSIZE_SMALL,CTRL_STYLE_NOFRAME,NULL,
                    NULL);
    SetTextCtrlText(pScore,scoru,TRUE);
    SetTextCtrlText(pSCaption,SCStr,TRUE);
    DestoryDC(pdc);
}
```

4. 系统主任务部分详细设计

表 10.18 显示了系统主任务的方法描述。

表 10.18 Main_Task 方法描述

名 称	Main_Task		
返回值	void		
描 述	系统主任务		
参 数	名 称	类 型	描 述
1	ID	void *	

Main_Task()函数代码如下：

```
void Main_Task(void * Id)                //主任务,负责键盘的扫描
{
POSMSG pMsg;
     /*********************showtext******************************/
    PDC pdc;
    Uart_Printf(0,"begin Main task \n");
    SetRect(&OutButtonRect,50,190,130,220);
    SetRect(&InButtonRect,190,190,270,220);
xunhuan:
    LCD_Cls();
    LCD_ChangeMode(DspGraMode);
    pdc = CreateDC();
    pOutButton = CreateButton(ID_ButtonOut,&OutButtonRect,FONTSIZE_MIDDLE,3,
                        OutButtonCaption,NULL);
    DrawButton(pOutButton);
    pInButton = CreateButton(ID_ButtonIn, &InButtonRect, FONTSIZE_MIDDLE, 3, InButtonCaption,
                        NULL);
    DrawButton(pInButton);
    if(scori> = 0&&scori<10)              //按得分数将等级分为四级
        dif = 1;
    if(scori> = 10&&scori<20)
        dif = 2;
    if(scori> = 20&&scori<30)
        dif = 3;
    if(scori>30)
        dif = 4;
    Score();
    for(;;)
    {
        POS_Ctrl pCtrl;
        pMsg = WaitMessage(0);
```

```
            if(pMsg ->pOSCtrl)
            {
                if(pMsg ->pOSCtrl ->CtrlMsgCallBk)
                    ( * pMsg ->pOSCtrl ->CtrlMsgCallBk)(pMsg);
                }
                else
                {
                switch(pMsg ->Message)
                {
                    case OSM_BUTTON_CLICK:
                    switch(pMsg ->WParam)
                    {
                        case ID_ButtonOut:          //如果是输出按键的 ID 号,则调用人出题,
                                                    //电脑做题函数
                            ClearScreen();
                            LCD_Refresh();
                            DestoryDC(pdc);
                            DestoryButton(pOutButton);
                            Out();
                            DeleteMessage(pMsg);
                            goto xunhuan;
                            break;
                        case ID_ButtonIn:       //如果是输入按键的 ID 号,则调用电脑出题,
                                                //人做题函数
                            ClearScreen();
                            LCD_Refresh();
                            DestoryDC(pdc);
                            DestoryButton(pInButton);
                            In();
                            DeleteMessage(pMsg);
                            goto xunhuan;
                            break;
                    }
                default:
                OSOnSysMessage(pMsg);
                break;
                }
            }
            DeleteMessage(pMsg);
            OSTimeDly(200);
        }
    }
```

10.3 练习题

1. 为 PDA 环境设计一个记忆测试游戏组件，并能在嵌入式环境下使用。要设置难易程度及记忆功能（能记住胜负比例），还有计时功能，要在规定的时间内完成要求的功能。该组件能够瞬间记忆数字的顺序。操作方法可以在倒计时 3、2、1 时观察数字，记住它们，再按照从小到大的顺序点击。

2. 为 PDA 环境设计一个七巧板游戏组件，并能在嵌入式环境下使用。要设置难易程度及记忆功能（能记住胜负比例），还有计时功能，要在规定的时间内完成要求的功能。

游戏规则说明：七巧板游戏是将一个规则的图形——正方形，分割成七块，其中有五块等腰直角三角形（两块小三角形、一块中三角形和两块大三角形）、一块正方形和一块平行四边形。然后用这七块拼成丰富多彩的几何图形，如三角形、平行四边形、不规则的多角形等；也可以拼成各种具体的人物形象，或者动物，如猫、狗、猪、马等；或者是桥、房子、宝塔，或者是一些中、英文字符号。

初级设计：智力七巧板多幅模仿拼图。计算机会出示一幅图形，玩家根据图形在规定的时间内利用一套七块七巧板拼出该图形。拼成功后，可进入下一关。

高级设计：智力七巧板多幅创意拼图。计算机会给出造型名称，玩家用几套七巧板在规定时间内拼出切合命题的造型。

第11章 高尔夫球游戏设计

高尔夫球游戏设计是在嵌入式系统环境下，使用标准C语言编程实现高尔夫球或类似的击球入洞游戏。游戏将模拟高尔夫球的抛物线及滚动运动、地面的阻尼变化和进洞。

11.1 引 言

高尔夫球起源于苏格兰，后成为苏格兰的一项传统项目，然后传入英格兰。19世纪末传到美洲、澳洲及南非，20世纪传到亚洲。由于打高尔夫球最早在宫庭贵族中盛行，加之高尔夫球场地设备昂贵，故有“贵族运动”之称。

作为一种时尚或某种身份的隐约暗示，高尔夫球已逐渐渗透到我们的都市生活之中，并令不少人向往。“高尔夫”，本是英语golf的译音。在英语中，golf一词是由绿(green)、氧气(oxygen)、阳光(light)和友谊(friendship)这四个单词的首字母组成的。一项运动，能兼有上述四项诱人的内容，在崇尚休闲的现代社会中，使它成为了人们的宠儿。

高尔夫球游戏设计中的功能说明：

(1) 在游戏开始，游戏者可以选择新游戏开始或选择关卡。

(2) 选择新游戏时，游戏者将从第一局开始游戏直至最后一关；选择关卡的功能使游戏者可以从任意一关进行游戏，提高了可选性。

(3) 在游戏中，游戏者的目标是将小球击入洞内，左侧操作区内将显示游戏者的杆数和标准杆数，左下角则在提示信息区显示提示信息，左中部有方向圈和力度槽，方向圈控制小球运动的方向，力度槽控制小球运动的距离，按下两次“确定”键选择方向和力度后小球开始运动；运动的实际方向和长度将受到地形和阻力的影响，最终小球将进洞或者由于阻力停下。如果进洞，则游戏者将返回上层菜单或开始下一局；如果没有进洞，则游戏者将继续击球直至进洞。小球进洞后可以重新开始游戏。

11.2 编程思想

11.2.1 总体设计

在游戏设计中，主要的流程控制方法是事件响应控制，包括状态值控制、键盘响应控制和满足条件的特殊事件控制。状态值控制是在程序中定义不重复的状态值，在游戏运行的每一个阶段，都有相对应的状态值；键盘响应控制主要在键盘响应函数中，根据输入不同的键值，在不同的状态，触发不同事件；满足条件的特殊事件控制是指当游戏者的操作达到某些事件发生条件时(例如球出界或进洞等)，触发不同事件。

本游戏主要流程如下：

游戏开始时，游戏者在开始界面可以选择"开始新游戏"、"选择关卡"、"关于"，如图 11.1 所示。

当选择"开始新游戏"时，游戏将从第一局开始；当选择"选择关卡"时，游戏者可以选择不同的关卡进行游戏，如图 11.2 所示。

图 11.1　游戏主界面

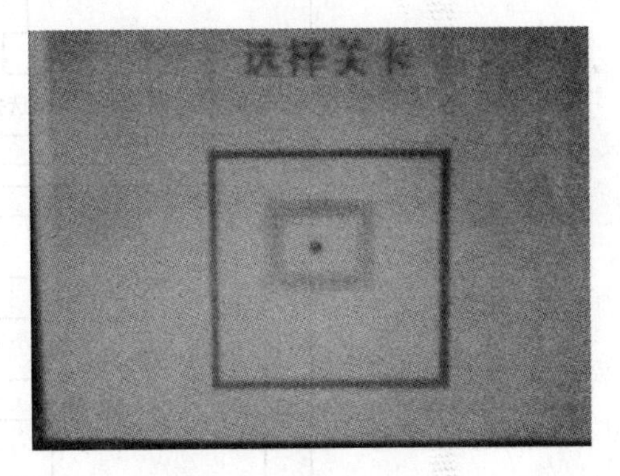

图 11.2　选择关卡界面

选择"关于"时，就可以看到对游戏的介绍，如图 11.3 所示。

在游戏每一关中，游戏将以回合为单位进行，一个回合包括：请游戏者确定方向（见图 11.4）和请游戏者确定力度（见图 11.5）。

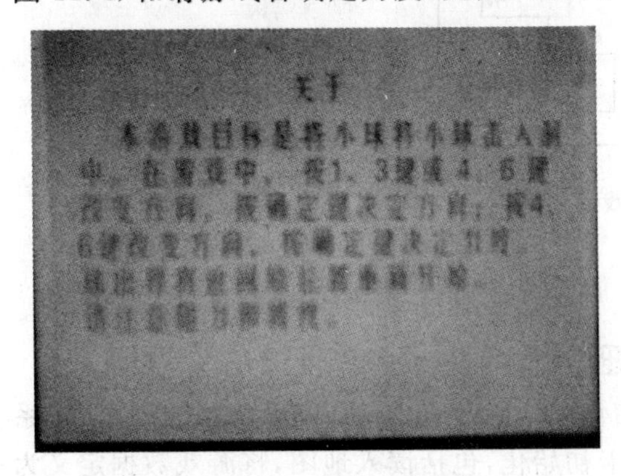

图 11.3　帮助界面

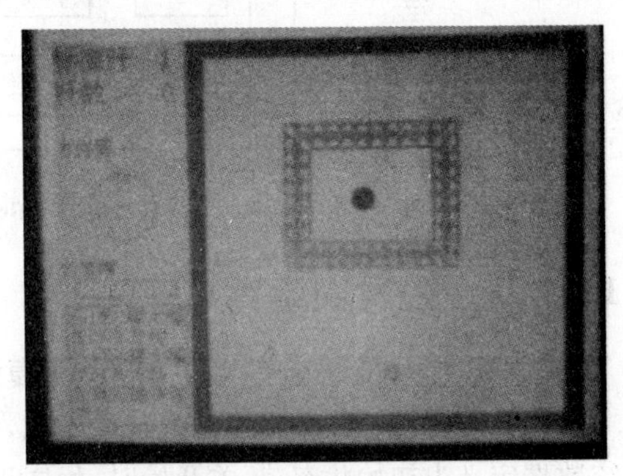

图 11.4　确定方向界面

完成上述设置后，小球开始运动。每回合开始，游戏者通过选择方向和力度引发小球运动，小球运动情况受地形及阻力影响而变化，最终结果可能是停下、出界和进洞。小球停下来将直接进入下一回合；出界时将小球返回上次位置并进入下一回合；进洞则关卡结束。每次关卡结束时将根据游戏者进入本关卡的途径不同，开始下一局（游戏者选择"开始新游戏"进入游戏）或者返回

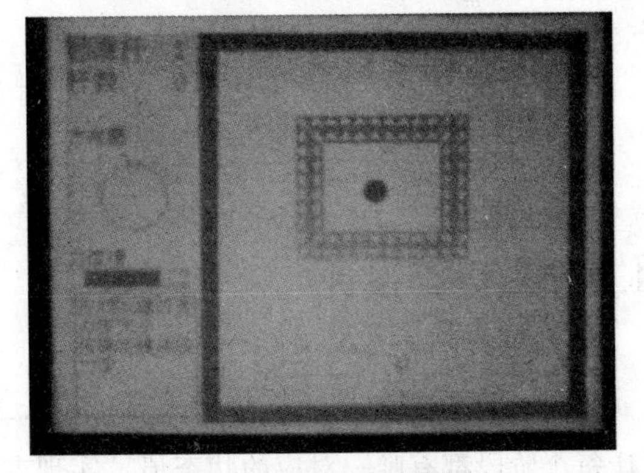

图 11.5　确定力度界面

“选择关卡”界面(游戏者选择“选择关卡”进入游戏)。

在游戏运行中,游戏者可以通过按“取消”键返回游戏开始界面。

高尔夫球游戏设计流程图如图 11.6 所示。

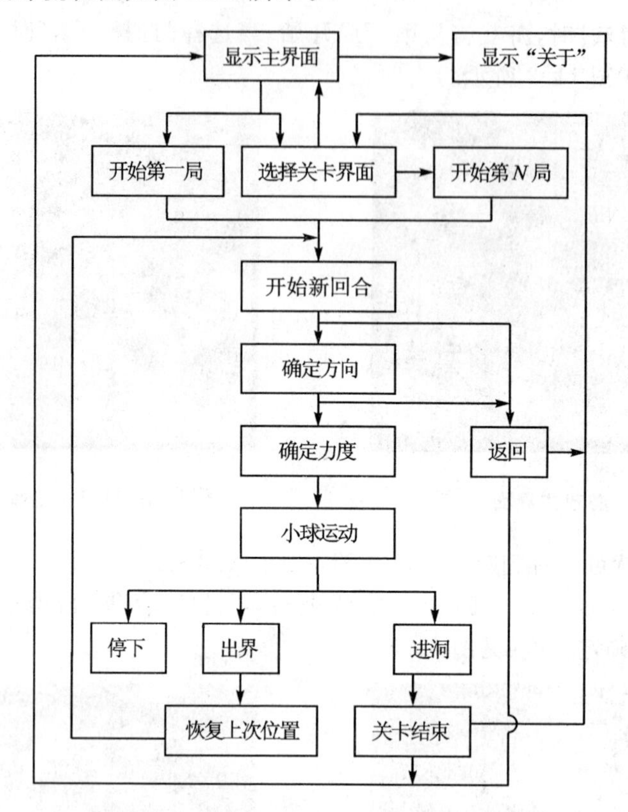

图 11.6　高尔夫球游戏设计的流程图

11.2.2　各模块设计

1. 初始化及部分游戏系统提示模块详细设计

包括:进入游戏时,程序将进行初始化,先初始化三角函数表,将资源读入缓冲区以及将系统数据定义为初始状态;每关开始时,程序进行关卡初始化,包括读入地图,将游戏数据定义为指定值,显示方向圈、力度槽,进入关卡。

2. 球的运动及状况判断模块

包括:处理运动受地形和阻力影响速度和方向的改变;判断球是否出界和进洞。

3. 键盘响应及流程控制模块

包括:键盘响应;控制游戏流程、菜单选择。

11.2.3　详细设计

1. 状态值控制的说明

在游戏运行的每个阶段,其状态是进入下一个阶段的重要依据,所以为了确定游戏状态,要让每个阶段都有唯一对应的状态值。实现方法是:

在程序中声明全局变量 mainstatus 为主状态控制量，进入每个阶段时，将其定义为不同的状态值，这些状态值是定义为全局变量的宏，状态值控制说明代码如下：

```
#define  MAINMENUSHOW        0   //显示主界面
#define  NEWGAME             1   //新游戏界面
#define  SELECTMENUSHOW      2   //选择关卡显示
#define  SELECTDIRECT        3   //选择方向
#define  SELECTPOWER         4   //选择力度
#define  BALLMOVE            5   //球运动
#define  STAGEEND            6   //一局结束
#define  GAMEOVER            7   //游戏结束
```

例如，显示主界面时，应将主状态控制值定义为显示主界面状态：

```
mainstatus=MAINMENUSHOW;
```

这样，在需要判断当前状态时，只需查看主状态控制值便可。

为了便于控制，可以声明第二状态控制量 secondstatus，具体用法将在以后介绍。

另外，由于游戏分很多局，为了记录当前局，声明了当前局控制量 stagestatus，在进入每局时，将其定义为当前局的状态值：

```
#define  STAGEONE     1   //第一局
#define  STAGETWO     2   //第二局
#define  STAGETHREE   3   //第三局
```

2. 动画原理

动画效果实际上是"欺骗"眼睛的结果，由于人的眼睛处理信息的数量有限，每次看到的景像会在大脑中存留 0.1 s 左右，由此，只要在一个景像显示 0.1 s 内显示下一个景像，看上去就好像动起来了一样；如果在 1 秒内连续显示 24 个以上的景像，人眼就会看成是流畅的运动。所以，所有的动画都是反复显示图像的结果。例如在本游戏中，小球的运动就是通过在每秒钟显示 30 次以上的不同位置的小球图像来实现的。

3. 基本图像显示原理

在 UP_NETARM2410 中，系统自带的图片显示函数只有位图显示函数 ShowBmp()，它的原理是：UP_NETARM2410 有两种显示模式，即文本显示模式 DspTxtMode 和图像显示模式 DspGraMode，图像只能在图像显示模式下显示。

程序在内存中声明显存地址指针：

```
U16 * pLCDBuffer16I2=(U16 *)0x32096000;
```

和屏幕缓冲区：

```
U32 LCDBufferII2[LCDHEIGHT][LCDWIDTH];
```

其中，LCDHEIGHT 和 LCDWIDTH 分别表示屏幕的长和宽。

在显示图像和显示基本几何图形时，首先将图形或图像写入缓冲区(图像必须是位图，而且要实现存在平台中，使用位图显示函数 ShowBmp()将其读入到缓冲区中)，然后调用刷新屏幕函数 LCD_Refresh()将缓冲区中的图形或图像写进显存。

虽然缓冲区和显存都是32位的，但它们之间有着重要的区别：缓冲区内数每个32位数对应一个32位数表示的32位真彩像素，其中，前8位是保留位，后24位分别对应RGB三种颜色的8位；而显存中每个32位数对应8个4位数表示的16级灰度像素。这要求刷新屏幕函数在写显存时要将像素的32位数转为4位数。

4. 汉字显示原理

当显示模式是文本显示模式DspTxtMode时，可以使用字符输出函数LCD_printf()将字符直接输出；在图像显示模式DspGraMode时要繁琐一些，文本输出函数TextOut()只能显示字符型变量。由于游戏所有的显示模式都是图像显示模式，所以要将所有要显示的文字声明成字符型数组；同时，文本输出函数只能输出Unicode码汉字，要先将汉字转化成相应的Unicode码。例如，汉字"方向"的Unicode码是0x65B9和0x5411，声明成字符型数组：

```
U16 word_directtip6[]={0x65B9,0x5411,0};
```

这样才能用文本输出函数将其显示在图像显示模式的屏幕上。

5. 游戏初始化

进入游戏时，程序要进行初始化：初始化三角函数表、读取小球位图和蒙版图进入缓冲区、显示主界面。

1）初始化三角函数

表11.1显示初始化三角函数的方法描述。

表11.1 Sintableinit方法描述

名　称	Sintableinit		
返回值	void		
描　述	初始化三角函数		
参　数	名　称	类　型	描　述
无			

Sintableinit()函数代码如下：

```
void Sintableinit()                    //初始化三角函数表
{
    int i;
    for(i = 0;i<SINTABLESIZE;i ++ )
    {
        sintable[i] = (float)sin(i * 2 * 3.14/SINTABLESIZE);
    }
}
```

游戏中涉及到球的运动和方向圈的表示，需要使用三角函数。由于三角函数的计算非常复杂，为了提高程序的运行速度，不能在需要这些数的时候计算，所以在游戏开始时，程序将建立一个三角函数表：

```
float sintable[SINTABLESIZE];          //三角函数表
```

其中,SINTABLESIZE 是定义的表示三角函数表大小的宏:

```
#define SINTABLESIZE 360
```

建立三角函数表后,程序将对其进行初始化:

```
int i;
for(i=0;i<SINTABLESIZE;i++)
{
    sintable[i]=(float)sin(i*2*3.14/SINTABLESIZE);
}
```

这样,在需要不同角度的三角函数时,根据正弦值 sin 与其他的三角函数关系,通过简单的数学运算便可得出结果,例如,要取得余弦值,可通过以下运算:

```
cos(i)=sintable[i+90]
```

2) 读取小球位图和蒙版图进入缓冲区

小球位图和蒙版图是实现动画的必要资源,为了使运动速度足够快,需要将小球位图和蒙版图读入内存,实现方法是:在程序中声明小球位图缓冲区和小球蒙版图缓冲区为全局变量。代码如下:

```
U8 ballh[192];        //小球位图缓冲区
U8 ballmb[192];       //小球蒙版图缓冲区
```

使用专用的读取小球位图函数和读取小球蒙版图函数将小球位图和小球蒙版图读入缓冲区,代码如下:

```
LoadBall(ball,ballh);
LoadBall(ballm,ballmb);
```

3) 显示主界面

游戏在运行时,应首先显示主界面以便游戏者选择菜单,所以应该在程序的主任务中调用显示主界面函数 Showmainmenu()显示主界面。该函数完成两项任务:

(1) 显示主界面位图 TITLE.bmp;

(2) 设置主状态控制量 mainstatus 和第二状态控制量 secondstatus 的状态值为 MAINMENUSHOW。

6. 关卡初始化及进入关卡

游戏在进入关卡前,要把游戏各项数据恢复为初始状态,包括:

(1) 将当前杆数 bout 初始化为 0(直接定义);

(2) 将力度 power 初始化为 0(直接定义);

(3) 将方向 direct 初始化为初始状态,角度为 90°,半径为 20(使用初始化函数 InitDirect())。

当游戏进入关卡时,要显示游戏画面,这些是由关卡初始化函数 InitStage()开始并调用关卡开始函数 StartStage()完成的,包括:显示地图、显示小球、显示方向圈、显示力度槽及显示标准杆、目前杆数和提示信息框。

另外,还要定义主状态控制量 mainstatus 为 SELECTDIRECT(直接定义)。

1）显示标准杆、目前杆数和提示信息框

显示标准杆、当前杆数 bout 和提示信息外框实现比较简单，标准杆是程序定义的全局变量，表示一般游戏者在某一局中将球击入洞所需的杆数。代码如下：

```
int standard[3]={1,2,3};
```

当前杆数也是程序定义的全局变量，表示在某回合结束后，游戏者在本局中已经击出的杆数。代码如下：

```
int bout;
```

使用汉字显示方法显示标准杆和目前杆数，进入关卡时，目前杆数是 0；显示提示信息框的方法和显示力度槽外框相同，由于已进入关卡游戏就进入第一回合，所以现在提示信息区显示请求小球方向的提示。这些简单的细节为游戏者提供了更人性化的界面。

2）显示地图

小球在地图上运动时，需要读取地图，为了提高速度，地图也需要事先保存在缓冲区中，与小球位图、蒙版图相同，在函数中需要声明地图缓冲区，代码如下：

```
U8 map[145200];
```

根据局数不同，程序将把不同的地图保存在缓冲区里，然后使用专用的读取地图及显示地图函数，代码如下：

```
LoadBg();
ShowBg();
```

3）显示小球

在程序中，小球是一个结构，代码如下：

```
struct golfball
{
    int x;              //小球 x 坐标
    int y;              //小球 y 坐标
    int cx;             //小球中心 x 坐标
    int cy;             //小球中心 y 坐标
    int oldx;           //上次小球 x 坐标
    int oldy;           //上次小球 y 坐标
    int oldcx;          //上次小球中心 x 坐标
    int oldcy;          //上次小球中心 y 坐标
    float pax;          //小球初始运动方向水平方向系数
    float pay;          //小球初始运动方向垂直方向系数
    float speedx;       //小球运动水平方向速度
    float speedy;       //小球运动垂直方向速度
}theball;
```

在进入每一局时，程序将使用小球初始化函数 InitBall()定义小球位置，表 11.2 显示了小球初始化函数的方法描述。

表 11.2 InitBall 方法描述

名 称	InitBall		
返回值	void		
描 述	小球初始化函数		
参 数	名 称	类 型	描 述
无			

InitBall()函数代码如下：

```
void InitBall(int i,int j)
{
    theball.x = i;
    theball.y = j;
    theball.cx = theball.x + 4;
    theball.cy = theball.y + 4;
}
```

显示小球函数 show()是重要的核心代码，将在以后详细介绍。

4）显示方向圈

方向圈用来显示小球运动方向，由一个大圆和一个小圆组成，小圆在大圆上相对于大圆中心的方向表示小球运动的方向。在程序中，方向圈是一个结构，代码如下：

```
struct direct
{
    int degree;
    float r;
}thedirect;
```

其中，degree 有两个含义：一是方向圈中小圆位置相对于大圆圆心水平方向的角度；二是小球的运动方向。r 表示大圆的半径。显示方向圈由显示方向圈函数 ShowDirect()完成。表 11.3 显示了显示方向圈函数的方法描述。

表 11.3 ShowDirect 方法描述

名 称	ShowDirect		
返回值	void		
描 述	显示方向圈函数		
参 数	名 称	类 型	描 述
无			

ShowDirect()函数代码如下：

```
void ShowDirect()
{
```

```
    float i,j;
    PDC pdc;
    PDC pdc1;
    pdc = CreateDC();
    pdc1 = CreateDC();
    j = 100 - thedirect.r * sintable[thedirect.degree];
    if(thedirect.degree<270)
        i = 40 + thedirect.r * sintable[thedirect.degree + 90];
    else
        i = 40 + thedirect.r * sintable[thedirect.degree - 270];
    ClearScreen2(15,75,65,130);
    SetPixel(pdc,40,100,00000000);
    SetPixel(pdc,40,101,00000000);
    SetPixel(pdc,40,99,00000000);
    SetPixel(pdc,39,100,00000000);
    SetPixel(pdc,41,100,00000000);
    Circle(pdc,40,100,20);
    Circle(pdc,i,j,4);
    DestoryDC(pdc);
    DestoryDC(pdc1);
}
```

显示方向圈函数使用系统自带的画圆函数 Circle()，首先以坐标(40,100)为圆心，r 为半径画出大圆，然后通过 degree、r 和三角函数的运算得出小圆的位置画出小圆。代码如下：

```
j = 100 - thedirect.r * sintable[thedirect.degree];
if(thedirect.degree<270)
    i = 40 + thedirect.r * sintable[thedirect.degree + 90];
else
    i = 40 + thedirect.r * sintable[thedirect.degree - 270];
//i、j 代表小圆的坐标
```

游戏者可以看到小球的运动方向。

5）显示力度槽

表 11.4 显示了显示力度槽函数的方法描述。

表 11.4 ShowPower 方法描述

名　称	ShowPower		
返回值	void		
描　述	显示力度槽函数		
参　数	名　称	类　型	描　述
无			

ShowPower()函数代码如下：

```
void ShowDirect()
{
    float i,j;
    PDC pdc;
    PDC pdc1;
    pdc = CreateDC();
    pdc1 = CreateDC();
    j = 100 - thedirect.r * sintable[thedirect.degree];
    if(thedirect.degree<270)
        i = 40 + thedirect.r * sintable[thedirect.degree + 90];
    else
        i = 40 + thedirect.r * sintable[thedirect.degree - 270];
    ClearScreen2(15,75,65,130);
    SetPixel(pdc,40,100,00000000);
    SetPixel(pdc,40,101,00000000);
    SetPixel(pdc,40,99,00000000);
    SetPixel(pdc,39,100,00000000);
    SetPixel(pdc,41,100,00000000);
    Circle(pdc,40,100,20);
    Circle(pdc,i,j,4);
    DestoryDC(pdc);
    DestoryDC(pdc1);
}
```

力度 power 是声明在程序中的全局变量，在进入关卡时，显示力度槽外框函数 ShowPowerrect()在提示区以坐标(10,145)、(70,145)、(70,155)、(10,155)为四角画一个方框表示力度槽。在游戏中力度大小由力度槽内从左到右黑色区域的长短变化表示，力度变化由显示函数 ShowPower()完成此任务，实现方法是依据 power 的数值在方向槽内填黑适当的区域：

```
for(i = 11;i< = 11 + power;i ++ )
    for(j = 146;j< = 155;j ++ )
        SetPixel(pdc,i,j,00000000);
```

SetPixe()函数的功能是将指定的像素设置成指定的颜色。

游戏者可以看到小球的运动力度。另外，还有一些系统提示和小球状况结合在一起，在下面将介绍。

7. 球的运动及状况判断模块详细设计

在每次取得小球运动方向和力度后，小球开始运动，运动中受地形和阻力的影响运动状态会变化，这是由以小球运动函数 Move()为主的一系列函数联合完成的。

表 11.5 显示了球的运动函数的方法描述。

表 11.5 Move 方法描述

名　称	Move		
返回值	void		
描　述	球的运动函数		
参　数	名　称	类　型	描　述
无			

Move()函数代码如下：

```
void Move()
{
    PDC pdc;
    pdc = CreateDC();
    theball.oldx = theball.x;
    theball.oldy = theball.y;
    theball.oldcx = theball.cx;
    theball.oldcy = theball.cy;
    moveable = 1;
    mainstatus = BALLMOVE;
    for(moveable;moveable == 1;)
    {
        GetAddSpeed();
        if(((int)theball.speedx! = 0)||((int)theball.speedy! = 0)
        ||((int)addspeedx! = 0)||((int)addspeedy! = 0))
        {
            theball.speedx += addspeedx;
            theball.speedy += addspeedy;
            theball.x += theball.speedx;
            theball.cx += theball.speedx;
            theball.y += theball.speedy;
            theball.cy += theball.speedy;
            Uart_Printf(0,"speedx: % f",theball.speedx);
            Uart_Printf(0,"\n");
            Uart_Printf(0,"speedy: % f",theball.speedy);
            Uart_Printf(0,"\n");
        }
        else
            moveable = 0;
        Show();
        ClearScreen2(5,162,73,233);
        TextOut(pdc,5,162,word_movetip,TRUE,FONTSIZE_SMALL);
        LCD_Refresh();
        Out();
        EnterWhole();
```

```
    }
    bout ++ ;
    ShowBout();
    Uart_Printf(0,"bout: % d",bout);
    Uart_Printf(0,"\n");
    if(mainstatus! = 0)
    {
        Show();
        mainstatus = SELECTDIRECT;
        ClearScreen2(5,162,73,233);
        TextOut(pdc,5,162,word_directtip1,TRUE,FONTSIZE_SMALL);
        TextOut(pdc,5,174,word_directtip2,TRUE,FONTSIZE_SMALL);
        TextOut(pdc,5,186,word_directtip3,TRUE,FONTSIZE_SMALL);
        TextOut(pdc,5,198,word_directtip2,TRUE,FONTSIZE_SMALL);
        TextOut(pdc,5,210,word_yes,TRUE,FONTSIZE_SMALL);
    TextOut(pdc,5,222,word_directtip6,TRUE,FONTSIZE_SMALL);
    }
    DestoryDC(pdc);
}
```

为了控制小球运动，在程序中声明了小球运动状态控制量 moveable。moveable 为 1 时表示小球在运动，为 0 时表示小球停止。

小球一旦得到方向和力度便调用小球运动函数 Move()开始运动：

首先，为了在小球出界后可以返回上次位置，Move()函数将小球当前坐标和当前中心坐标保存为上次坐标和上次中心坐标，并将主状态控制量 mainstatus 定义为 BALLMOVE。

然后，函数进入运动循环，代码如下：

```
for(moveable;moveable == 1;)
{
    //运动处理代码
}
```

运动循环只有在小球运动状态控制量 moveable 为 0 时才退出，否则，函数处理小球运动状况。

运动循环分为三步：

第一步，调用速度变化函数 GetAddSpeed()，取得小球速度变化情况。

表 11.6 显示了调用速度变化函数的方法描述。

表 11.6 GetAddSpeed 方法描述

名 称	GetAddSpeed		
返回值	void		
描 述	调用速度变化函数		
参 数	名 称	类 型	描 述
无			

GetAddSpeed()函数代码如下：

```
void GetAddSpeed()
{
    float fricx,fricy;
    addspeedx = 0;
    addspeedy = 0;
    fricx = fric * ( - (theball.speedx))/sqrt((theball.speedx * theball.speedx) +
                    (theball.speedy * theball.speedy));
    fricy = fric * ( - (theball.speedy))/sqrt((theball.speedx * theball.speedx) +
                    (theball.speedy * theball.speedy));
    switch(stage)
    {
        case STAGEONE:
        break;
        case STAGETWO:
            if(theball.cy> = 64&&theball.cy< = 135)
            {
                addspeedx += braefric;
            }
        break;
    }
    addspeedx += fricx;
    addspeedy += fricy;
    Uart_Printf(0,"addspeedx: % f",addspeedx);
    Uart_Printf(0,"\n");
    Uart_Printf(0,"addspeedy: % f",addspeedy);
    Uart_Printf(0,"\n");
}
```

在程序中声明全局水平速度变化量和垂直速度变化量：

```
float addspeedx,addspeedy;
```

地表阻力 fric 是声明在程序中的全局变量，并通过测试被定义为 0.8。只要小球运动，就有相反方向的阻力，如图 11.7 所示。根据勾股定理：

```
fricx=fric * (-(theball. speedx))/sqrt((theball. speedx * theball. speedx)+(theball. speedy *
    theball. speedy));
fricy=fric * (-(theball. speedy))/sqrt((theball. speedx * theball. speedx)+(theball. speedy *
    theball. speedy));
```

fircx 和 fricy 是小球水平和垂直方向受阻力影响改变的速度：

```
addspeedx+=fricx;
addspeedy+=fricy;
```

斜坡受力 braefric 也是声明在程序中的全局变量，并通过测试被定义为 0.15。根据局数不同，在小球运动中取小球坐标然后在速度变化函数中取得斜坡受力。

在地图中,斜坡的方向是由斜坡上三角形的非对称角方向表示的,如图 11.8 所示。

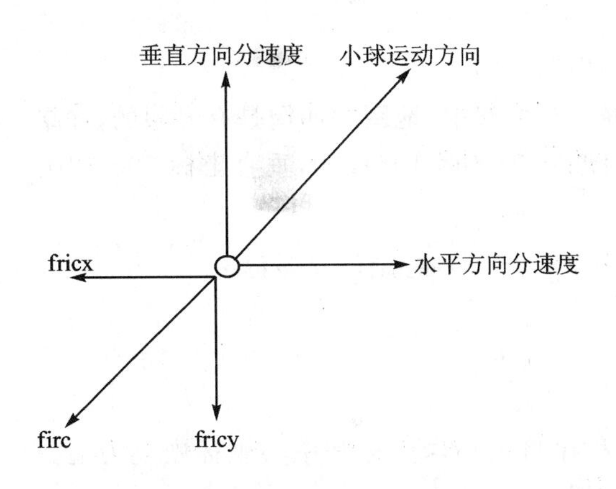

图 11.7　地表阻力分析图

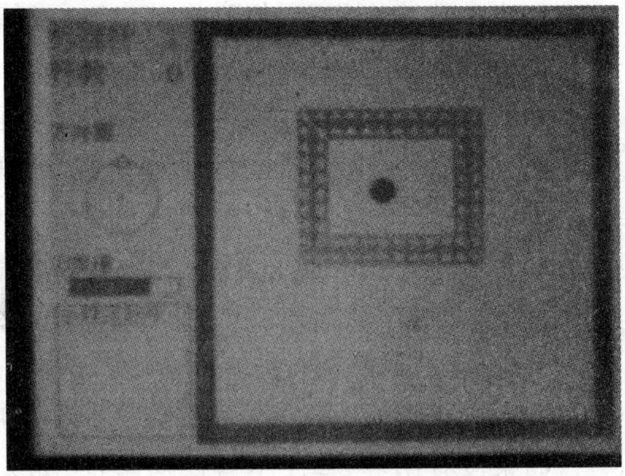

图 11.8　斜坡显示图

在图 11.8 中,小球处于朝向游戏者的斜坡上,所以应受到垂直正方向上的斜坡受力。

```
addspeedy+=braefri;
```

经过处理地表阻力和斜坡受力,最后,水平速度变化量、垂直速度变化量是地表阻力与斜坡阻力的加和。

第二步,处理运动新方向和新速度。

```
if(((int)theball.speedx! = 0)||((int)theball.speedy! = 0)||((int)addspeedx! = 0)||
   ((int)addspeedy! = 0))
{
     theball.speedx += addspeedx;
     theball.speedy += addspeedy;
     theball.x += theball.speedx;
     theball.cx += theball.speedx;
     theball.y += theball.speedy;
     theball.cy += theball.speedy;
}
else
     moveable = 0;
```

程序先判断小球当前速度和速度变化,如果都为 0,说明小球已经停下,定义小球运动控制量 moveable 为 0;如果有一项不为 0,则通过和速度变化量的加和得出小球的新速度,新方向也由新速度表示。

第三步,显示小球和状态判断。

不论小球是否停下,都要进行以下工作。

```
Show();                              //显示小球
ClearScreen2(5,162,73,233);          //现实提示语言
TextOut(pdc,5,162,word_movetip,TRUE,FONTSIZE_SMALL);
LCD_Refresh2(5,162,73,233);
Out();                               //判断是否出界
```

```
EnterWhole();                    //判断是否进洞
```

每次小球改变位置，都要将其显示在屏幕上。

小球运动中，将在有提示信息区显示“小球运动中”。

判断出界函数 OUT()，用来判断小球是否出界。在游戏中，地图的四周是有界限的，如果出界，小球返回上次位置重新开始。地图的四周界线：水平坐标 10～230，垂直坐标 90～310。判断方法如下：

```
if((theball.cx<90)||(theball.cx>310)||(theball.cy<10)||(theball.cy>230))
{
    //处理出界代码
}
```

如果没有出界，程序不做任何事情；如果出界，程序将把小球坐标和中心坐标恢复为上一次的坐标和中心坐标，同时在提示信息区显示“出界！”。

判断进洞函数 EnterWhole()，用来判断小球是否进洞。由于每局的球洞位置不同，球洞的位置是声明在程序中的两个全局变量数组：

```
int wholex[3] = {208,0,0};
int wholey[3] = {41,0,0};
```

判断小球是否进洞时，函数对比小球中心坐标和球洞的位置，如果距离小于 36 并且速度小于 3 时，小球才能进洞：

```
if(((((theball.cx-wholex[stage-1]) * (theball.cx-wholex[stage-1])) + ((theball.cy-wholey[stage-
1]) * (theball.cy-wholey[stage-1])))<36)&&((((theball.speedx) * (theball.speedx)) + ((the-
ball.speedy) * (theball.speedy)))<=2))
```

小球进洞后，本关卡就结束了，程序将调用关卡结束函数 StageEnd()将小球速度恢复为 0。

```
void StageEnd()
{
    theball.speedx = 0;
    theball.speedy = 0;
}
```

最后，如果球没有进洞，那么不论是停下来还是出界，都要进入下一回合，程序将在当前杆数上加 1 显示，并且把主状态控制量设置为 SELECTDIRECT。

8. 键盘响应及流程控制模块

本游戏完全通过键盘控制，所以键盘响应函数是控制整个游戏流程最重要的函数。在系统自带的键盘响应函数 onKey()基础上添加适当代码，使之成为游戏流程控制模块。

键盘响应的基本过程如图 11.9 所示。

在开发平台 UP-NETARM2410 上，共有 16 个键：数字 0～9、+、-、*、/、确定、取消，所有的操作功能均由这些键完成，但一般来说，游戏不可能使用这么多的键，所以经常出现一键多用的情况，这时就要根据状态控制量做出判断以调用不同的函数。

表 11.7 显示了键盘响应函数的方法描述。

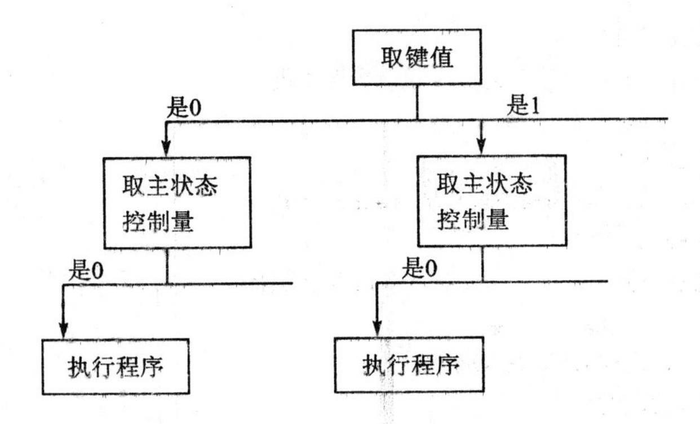

图 11.9 键盘响应过程

表 11.7 onKey 方法描述

名 称	onKey		
返回值	void		
描 述	键盘响应函数		
参 数	名 称	类 型	描 述
1	nkey	int	键盘按键号码
2	fnkey	int	按键时同时按下的功能键

onKey()函数代码如下：

```
void onKey(int nkey, int fnkey)
{
    char temp[3];
    int i;
    PDC pdc;
    pdc = CreateDC();
      if(nkey>9){
            temp[0] = 0x31;
            temp[1] = (nkey - 10)|0x30;
            temp[2] = 0;
            }
       else
            {
           temp[0] = nkey + 0x30;
           temp[1] = 0;
            }
    Uart_Printf(0,temp);
    Uart_Printf(0,"\n");
    switch(nkey)
    {
      Uart_Printf(0,"switch");
```

```
        Uart_Printf(0,"\n");
        case '1':                          //按下 1 键
          Uart_Printf(0,"is a 0");
          Uart_Printf(0,"\n");
          Uart_Printf(0,"mainstatus: %d",mainstatus);
          Uart_Printf(0,"\n");
          switch(mainstatus)               //取主状态值
          {
              Uart_Printf(0,"mainstatus..");
              Uart_Printf(0,"\n");
              case '1':
                  stage = STAGEONE;        //开始第一局
                  secondstatus = MAINMENUSHOW;
                  //至第二状态控制值为 MAINMENUSHOW
                  Uart_Printf(0,"initstage");
                  Uart_Printf(0,"\n");
                  InitStage();             //初始关卡
              break;
              case SELECTDIRECT:
                  if(thedirect.degree<350)
                      thedirect.degree += 10;
                  else
                      thedirect.degree = ((thedirect.degree += 10) - 360);
                  ShowDirect();
              break;
              default:
                  Uart_Printf(0,"default");
                  Uart_Printf(0,"\n");
              break;
          }
      break;
      case '2':
          switch(mainstatus)
          {
          case MAINMENUSHOW:
              Showselectmenu();
                break;
          }
      break;
      case '3':
          switch(mainstatus)
          {
           case SELECTDIRECT:
              if(thedirect.degree>10)
                  thedirect.degree -= 10;
```

```
            else
                thedirect.degree = ((thedirect.degree - = 10) + 360);
            ShowDirect();
        break;
        case MAINMENUSHOW:
            ClearScreen();
            ShowBmp(pdc,guanyu,0,0);
            mainstatus = GUANYU;
            LCD_Refresh();
        break;
        }
    break;
    case '-':  //取消
        switch(mainstatus)
        {
        case SELECTMENUSHOW:
            Showmainmenu();
            break;
        default:
            Uart_Printf(0,"default");
            Uart_Printf(0,"\n");
            Uart_Printf(0,"secondstatus: %d",secondstatus);
            Uart_Printf(0,"\n");
            switch(secondstatus)
            {
                case SELECTMENUSHOW:
                    Showselectmenu();
                    break;
                case GUANYU:
                    Showselectmenu();
                    break;
                case MAINMENUSHOW:
                    Uart_Printf(0,"se: %d",secondstatus);
                    Uart_Printf(0,"\n");
                    Showmainmenu();
                    break;
            }
        break;
        }
    break;
    case '4':
        switch(mainstatus)
        {
        case SELECTMENUSHOW:
                ClearScreen2(95,80,250,210);
```

```
                FillRect(pdc,90,75,230,215,GRAPH_MODE_NORMAL,00000000);
                if(stage == 2)
                {
                    stage -- ;
                    ShowBmp(pdc,pic1,95,80);
                }
                if(stage == 3)
                {
                    stage -- ;
                    ShowBmp(pdc,pic2,95,80);
                }
                LCD_Refresh();
        break;
        case SELECTDIRECT:
            if(thedirect.degree<359)
                thedirect.degree += 1;
            else
                thedirect.degree = 0;
            ShowDirect();
        break;
        case SELECTPOWER:
            if(power>= 1)
                power -= 1;
            ShowPower();
            break;
        }
        break;
    case '6':
        switch(mainstatus)
        {
        case SELECTMENUSHOW:
                ClearScreen2(95,80,250,210);
                FillRect(pdc,90,75,230,215,GRAPH_MODE_NORMAL,00000000);
                if(stage == 2)
                {
                    stage ++ ;

                    ShowBmp(pdc,pic3,95,80);
                }
                if(stage == 1)
                {
                    stage ++ ;
                    ShowBmp(pdc,pic2,95,80);
                }
                LCD_Refresh();
```

```
                break;
            case SELECTDIRECT:
                if(thedirect.degree>0)
                    thedirect.degree-=1;
                else
                    thedirect.degree=359;
                ShowDirect();
                break;
            case SELECTPOWER:
                if(power<=59)
                    power+=1;
                ShowPower();
                break;
        }
    break;
    case '\r'://确定
    switch(mainstatus)
    {
        case SELECTDIRECT:
            theball.pay= -sintable[thedirect.degree];
            if(thedirect.degree<270)
                theball.pax=sintable[thedirect.degree+90];
            else
                theball.pax=sintable[thedirect.degree-270];
            Uart_Printf(0,"pax:%f",theball.pax);
            Uart_Printf(0,"\n");
            Uart_Printf(0,"pay:%f",theball.pay);
            Uart_Printf(0,"\n");
            mainstatus=SELECTPOWER;
            ClearScreen2(5,162,73,233);
            TextOut(pdc,5,162,word_powertip1,TRUE,FONTSIZE_SMALL);
            TextOut(pdc,5,174,word_powertip2,TRUE,FONTSIZE_SMALL);
            TextOut(pdc,5,186,word_yes,TRUE,FONTSIZE_SMALL);
            TextOut(pdc,5,198,word_powertip3,TRUE,FONTSIZE_SMALL);
        break;
        case SELECTPOWER:
            theball.speedx=(power/10+1)*theball.pax;
            theball.speedy=(power/10+1)*theball.pay;
            Uart_Printf(0,"speedx:%f",theball.speedx);
            Uart_Printf(0,"\n");
            Uart_Printf(0,"speedy:%f",theball.speedy);
            Uart_Printf(0,"\n");
            Move();
        break;
        case SELECTMENUSHOW:
```

```
            InitStage();
        break;
    }
    break;
    }
    DestoryDC(pdc);
}
```

当游戏者按下“1”键时，程序取主状态控制量，有两种可能性：

(1) 如果为 MAINMENUSHOW，说明现在游戏处于显示主界面状态，那么便执行下面的代码，定义当前关为第一关，初始化关卡开始新游戏。同时程序定义第二状态控制量为 MAINMENUSHOW，这样是为了在游戏中游戏者退出时可以返回主界面；如果第二状态控制量为 SELECTMENUSHOW，则退出时返回选择关卡界面。

(2) 如果为 SELECTDIRECT，说明现在游戏处于等待游戏者选择方向状态，“1”键的作用是大幅度逆时针改变方向。程序将根据现在的方向处理新的方向并调用显示方向圈函数显示方向圈。

其他按键与此相似。游戏的全部流程如下：

(1) 当进入游戏时，游戏初始化并显示主界面，这时主状态控制量被设置为 MAINMENUSHOW，画面提示共有三个键有功能：

1 键——开始新游戏；

2 键——进入选择关卡菜单；

3 键——关于。

按 1 键后，开始新游戏，如前面的例子。

按 2 键后，程序将主状态控制量和第二状态控制量都设置为 SELECTMENUSHOW，并进入选择关卡菜单。

按 3 键后，屏幕上显示游戏开发者对游戏的介绍。

(2) 选择关卡界面有三个键有功能：

① 按 4、6 键选择关卡，屏幕上显示相对应的地图缩略图，按“确定”键初始化并进入选择的关卡。

② 按“取消”键返回主界面，并将主状态控制量和第二状态控制量都设置为 MAINMENUSHOW。

(3) 进入任一关卡后，因为关卡初始化函数将主状态控制量定义为 SELECTDIRECT，所以立刻进入第一回合第一阶段——请游戏者确定方向。这时有 5 个键有功能：

① 按 1、3 键分别以逆时针、顺时针大幅度改变方向并调用显示方向圈函数显示。

② 按 4、6 键分别以逆时针、顺时针小幅度改变方向并调用显示方向圈函数显示。

③ 按“确定”键最终确定初始方向，并通过以下算法确定初始方向水平系数 pax 和垂直系数 pay：

```
theball.pay = - sintable[thedirect.degree];
if(thedirect.degree<270)
    theball.pax = sintable[thedirect.degree + 90];
else
```

```
theball.pax = sintable[thedirect.degree - 270];
```

同时,程序将主状态控制量定义为 SELECTPOWER,在提示信息区显示"按 4、6 键改变力度大小",进入第一回合第二阶段——请游戏者确定力度。

这时有三个键有功能:

① 按 4、6 键改变力度大小,并调用力度变化显示函数显示。

② 按"确定"键确定最终力度,将其控制在 2~7 之间,并通过以下算法及水平系数 pax、垂直系数 pay 运算得出初始水平速度和初始垂直速度。

```
theball.speedx = (power/10 + 1) * theball.pax;
theball.speedy = (power/10 + 1) * theball.pay;
```

同时,调用小球运动函数 MOVE(),进入第一回合第三阶段——小球运动。

小球运动完全由程序执行,具体情况前边已有介绍,小球将反复重复以上回合过程直至进洞。进洞后程序调用关卡结束函数 StageEnd()。

游戏者如果是选择开始新游戏进入游戏,将返回主界面;如果是选择关卡进入游戏,将返回选择关卡界面。

另外,在任一关卡中,按"取消"键时,游戏将根据第二状态控制量进入下一阶段:

```
switch(secondstatus)
{
    case SELECTMENUSHOW:
        Showselectmenu();
        break;
    case MAINMENUSHOW:
        Showmainmenu();
        break;
}
```

9. 系统主任务部分详细设计

表 11.8 显示了系统主任务的方法描述。

表 11.8 Main_Task 方法描述

名　称	Main_Task		
返回值	void		
描　述	系统主任务		
参　数	名　称	类　型	描　述
1	ID	void *	

Main_Task()函数代码如下:

```
void Main_Task(void * Id)                //Main_Test_Task
{

    POSMSG pMsg = 0;
    Lcd_Disp_Sem = OSSemCreate(1);
```

```
    //创建 LCD 缓冲区控制权旗语，初值为 1 满足互斥条件
    Sintableinit();
    LoadBall(ball,ballh);
    LoadBall(ballm,ballmb);
    mainstatus = MAINMENUSHOW;
    Showmainmenu();
    //消息循环
    for(;;){
        pMsg = WaitMessage(0); //等待消息
        switch(pMsg->Message){
        case OSM_KEY:
            onKey(pMsg->WParam,pMsg->LParam);
            break;
        }
        DeleteMessage(pMsg);//删除消息，释放资源
    }
}
```

11.3 关键技术

11.3.1 加速图像显示技术

由于本设计是开发运动类游戏，最关键的问题是处理图像运算和运动速度问题，基本的图像显示和动画原理前面已经有过介绍，但对于开发平台 UP-NETARM2410 来说，这是远远不够的，如果只用最基本的图像显示函数来实现动画，那么速度是十分缓慢的。为了解决这个问题，必须重写或改写几乎所有的有关图像处理函数。

1）局部图像处理

首先，很多重要函数，如清屏幕缓冲区函数 CleanScreen()作用于全屏，而真正在游戏中大部分时间只是屏幕一部分需要处理，根据这个函数的原理，重写了局部清屏幕缓冲区函数 ClearScreen2()。

局部清屏幕缓冲区函数代码如下：

```
void ClearScreen2(int left,int top,int right,int bottom)              //局部清屏
{
    PDC pdc;
    pdc = CreateDC();
    FillRect(pdc,left,top,right,bottom,GRAPH_MODE_NORMAL,COLOR_WHITE);
    DestoryDC(pdc);
}
```

其中，left,top,right,bottom 是要清空的缓冲区的四周位置，函数调用显示矩形函数 FillRect()，将指定区域内所有像素设置成白色(COLOR_ WHITE)。

2）位图显示加速

前面介绍过，显示位图时，要先将 32 位位图存在平台中，使用显示位图函数 ShowBmp()，

将其读入到缓冲区中，然后调用刷新函数 LCD_Refresh()，将缓冲区中的位图转化为 4 位 16 级灰度图写进显存，因此，每次显示要花费大量时间打开和读取文件。解决的方法是，游戏初始化或关卡初始化时将所需的位图读入特定的缓冲区，使用时，调用专用的刷新屏幕函数将其显示在屏幕上。在本游戏中，小球位图、小球蒙版图和地图都是这样处理的。

以小球位图的显示为例：

第一，在程序中声明小球位图缓冲区(前面已有介绍)：

```
U8 ballh[192];
```

定义小球位图名：

```
char ball[]="/sys/ucos/realball.bmp";
```

将以此为名的位图存入开发平台(24 位位图)。

第二，在游戏初始化时，调用读取小球位图函数 LoadBall(ball,ballh)，先打开字符数组 ball 表示的文件 realball.bmp，代码如下：

```
if((pfile = fopen(filename,"r")) = = NULL)
    return;
fread(identifier, 1, 2, pfile);
if(identifier[0]! = 'B'||identifier[1] ! = 'M')          //不是 BMP 文件
    return;
```

打开文件后，因为 bmp 格式文件的文件定义是前两个字符为 b 和 m，所以要读入两个字符进行判断。确认文件正确后，以行为单位读入缓冲区，代码如下：

```
for(i = 7;i> = 0;i - - )
if(!fread(bmp + i * 24, 1, 24, pfile))
        break;
```

其中，7 是指位图从 0 到 7 有 8 行；24 是指每行有 8 个 24 位像素。

第三，调用显示小球位图函数 ShowBall(U8 * bmp,int x,int y)，将小球显示到 x、y 所指的位置(位图左上角)，代码如下：

```
for(i = 0;i<8;i ++ )
{
    pBmp = bmp + i * 24;
    for(j = 0;j<8;j ++ )
    {
        color = * pBmp;
        for(k = 0;k<2;k ++ )
        {
            color<< = 8;
            pBmp ++ ;
            color| = * pBmp;
        }
        pBmp ++ ;
```

```
            LCDBuffer[y + i][x + j]| = color;
        }
    }
```

程序先声明一个位图缓冲区指针 pBmp,然后按行读入位图缓冲区指针指向的像素,每次读入一个像素,将其写入缓冲区中相应的位置,然后将位图缓冲区指针向后移动一个像素。

第四,程序调用局部刷新屏幕函数将屏幕缓冲区中的位图刷新到屏幕上。

小球蒙版图和地图的处理方法与此相同。

经过这样的处理,省去了每次显示位图时的打开和读取文件,动画速度有了很大提高。

11.3.2 镂空动画技术

在游戏开发中,镂空是一项十分重要的技术。所谓镂空,是指在背景上显示角色或其他背景。因为所有的语言只能显示矩形位图文件,如果不使用镂空技术,那么在显示角色时,角色周围将留有原位图文件的多余部分,如图 11.10 所示。

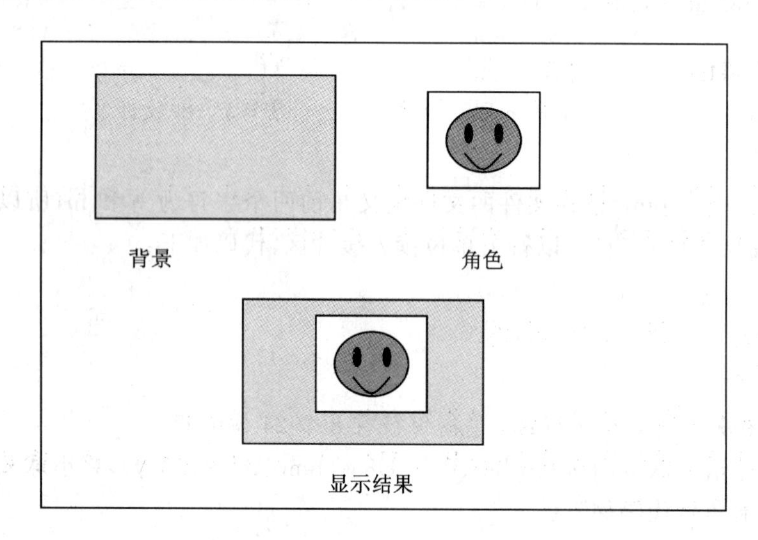

图 11.10　镂空动画技术显示图

为了更真实地显示,需要用镂空技术来去掉多余部分。镂空技术有很多种,本游戏使用的是较简单的一种。

这种技术需要显示的图像有两张位图:原图和蒙版图,如图 11.11 所示。

(a) 角色原图

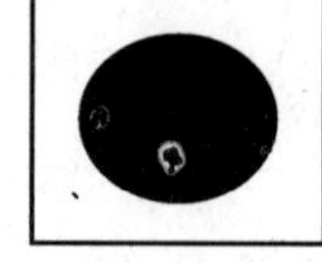

(b) 角色背景图

图 11.11　角色原图和背景图

原图周围是黑色,蒙版图角色是黑色,周围为白色。

在显示时分两步：

第一步，将蒙版图与背景图做 AND 运算。

蒙版中间的角色是黑色，与背景做 AND 运算后，变成黑色。

	00000000	蒙版中的黑色部分
AND	10101010	背景中色彩
	00000000	最后变成黑色

蒙版中间的周围是白色，与背景做 AND 运算后，仍为背景原色。

	11111111	蒙版中的白色部分
AND	10101010	背景中色彩
	10101010	仍为背景原色

第一步后，结果如图 11.12 所示。

第二步，将原图与背景图做 OR 运算。

原图中间的角色，与背景做 OR 运算后，显示角色。

	10101010	角色中彩色部分
OR	00000000	背景中黑色
	10101010	显示角色

原图周围是黑色，与背景做 OR 运算后，仍为背景原色。

	00000000	原图中黑色部分
OR	10101010	背景中色彩
	10101010	仍为背景原色

第二步后，结果如图 11.13 所示。

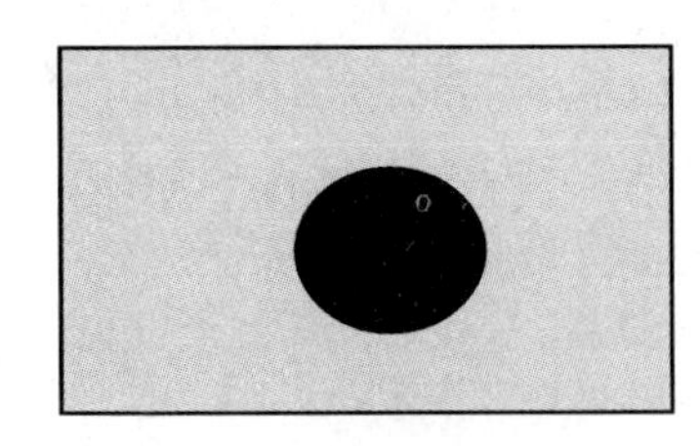

图 11.12 “与”结果

图 11.13 “或”结果

这样，镂空显示就完成了。

以此为原理，本游戏核心代码之一镂空显示小球函数 Show()便完成了，代码如下：

```
void Show()
{
    ShowBallM(ballmb,map,(int)theball.x,(int)theball.y);
    ShowBall(ballh,(int)theball.x,(int)theball.y);
}
```

ShowBallM()函数是显示小球蒙版图函数，其具体实现与显示地图函数类似，只是在写入缓冲区时同时做 AND 运算。在使用读取小球蒙版图函数 LoadBallM()读取小球蒙版图后，ShowBallM()函数将小球蒙版图与背景做 AND 运算。另外，函数还要将显示的小球恢复成背景。由于小球运动最大是 7，所以每次函数将小球四周 7 像素大小的区域恢复成背景。方法与显示地图类似，准确地说是局部显示地图。

ShowBall()函数是显示小球原图函数，在使用读取小球位图函数 LoadBall()读取小球为图后，ShowBall()函数将小球原图与背景图做 OR 运算。

11.4 练习题

1. 为 PDA 环境设计一个高尔夫球游戏组件，可以计时、设置难易程度及记忆功能(能记住胜负比例)，并能在嵌入式环境下使用。

2. 为 PDA 环境设计一个台球游戏组件，可以设置难易程度、计分功能及记忆功能(能记住胜负比例)，并能在嵌入式环境下使用。

3. 为 PDA 环境设计一个网球游戏组件，可以设置难易程度、计分功能及记忆功能(能记住胜负比例)，并能在嵌入式环境下使用。

第12章　五子棋游戏设计

五子棋是一种广受大众喜爱的游戏，其规则简单，变化多样，非常富有趣味性和益智性。而将五子棋游戏应用到PDA等便携式设备中，则更增加了使用这种游戏的灵活性。五子棋游戏设计是在嵌入式系统环境下，根据五子棋游戏规则设计五子棋游戏程序的数据结构和算法，以标准C语言独立实现五子棋游戏。

12.1　引　言

本次所要设计的游戏属于棋牌类游戏——五子棋游戏，并且是基于嵌入式系统上的。现在市场上也有许多嵌入式的游戏，最流行的应该算是手机中的小游戏了。例如Nokia公司的同名RPG(角色扮演)*Nokia*，大宇的《仙剑奇侠传Mobile》，Siemens公司的*Battle Mail*(港译《功夫小子》)，日本的《街头霸王》移动电话版，Sony公司的摔跤游戏《斗魂列传》，Intel和高通公司投资的Jamdat的《角斗士》，芬兰Marvel公司与芬兰游戏研发商Riot Entertainment合作推出的《X战警：无线驰骋》，苏格兰公司Digital Bridges推出的幻想足球世界作品，此外还有高尔夫、篮球、乒乓球、网球等作品，锄大D、跳棋、斗地主、接龙、纸牌、五子棋、暗棋、军棋、麻将等。

12.2　编程思想

12.2.1　总体设计

古语讲不积跬步无以至千里，不积小流无以成江海。做软件也一样，知道了软件最终所要达到的功能，知道了总体的框架，就要从每个具体的功能做起，通过实验实现功能，最后再将功能汇总。不过实事求是地讲，这种方法对于相对小一点的程序或者中型程序还比较适用，如果遇到了大型程序，做起来就十分麻烦。

五子棋游戏规则：对局开始时，先由执黑棋一方将一枚棋子落在天元点上，然后由执白棋一方在黑棋周围的交叉点上落子。此后黑白双方轮流落子，直到某一方首先在棋盘的横线、纵线或斜线上形成连续五子或五子以上，则该方就算获胜。

1. 游戏界面设计

为了达到良好的人机界面效果，需要对游戏中每个画面都做规划。由于本次软件的运行媒介是博创兴业科技有限公司的UP-NETARM2410嵌入式平台，因此图像的处理都与硬件相关，举例来说，像画线画圆这样的操作都由给定的API函数完成，虽然函数给定，但还是限制了开发人员自己的开发空间，所以需要更改底层的API函数。本次设计中的大部分图像都是通过插入图片的方式实现的，即把在 Windows 系统中做好的图片复制到开发板上。

开始界面，如图 12.1 所示。游戏记录界面，如图 12.2 所示。

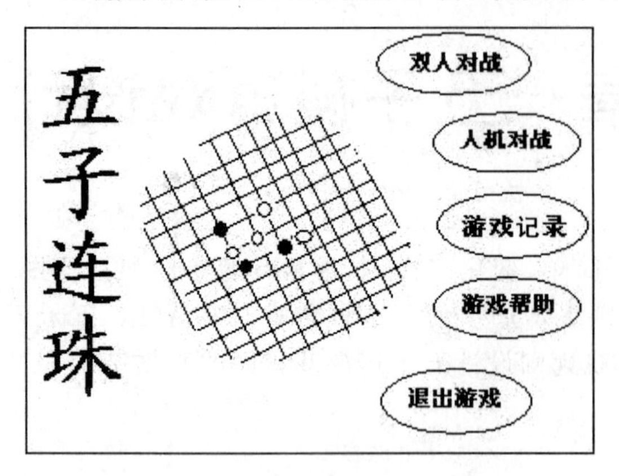

图 12.1　开始界面

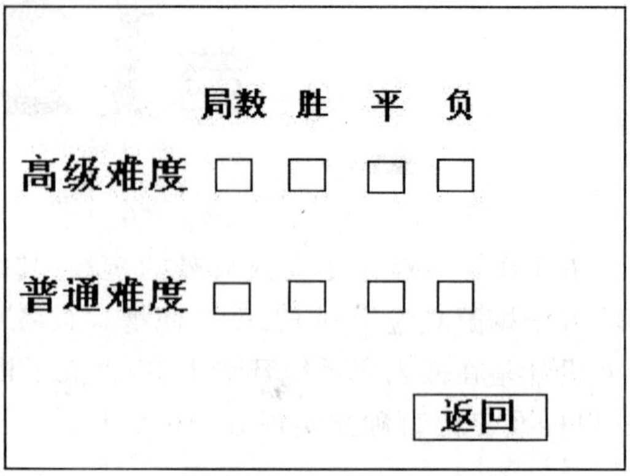

局数　胜　平　负
高级难度
普通难度
返回

图 12.2　游戏记录界面

游戏至尊榜界面，如图 12.3 所示。下棋界面，如图 12.4 所示。

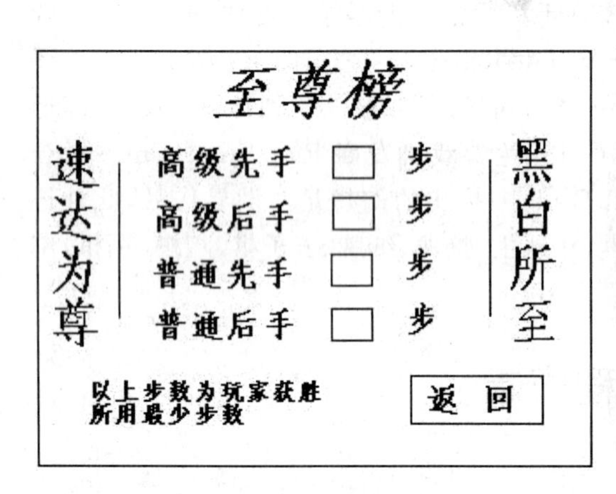

图 12.3　游戏至尊榜界面

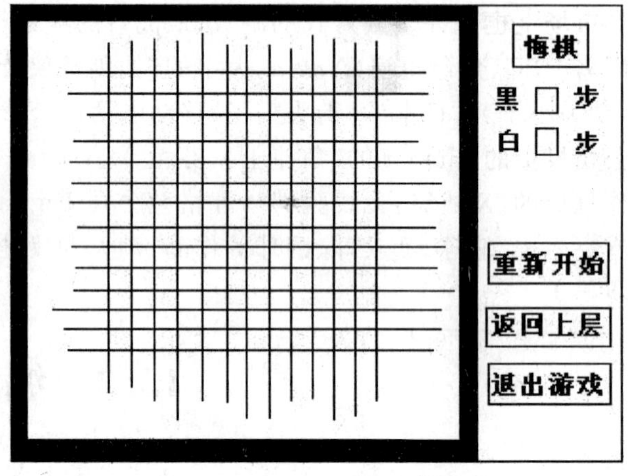

图 12.4　下棋界面

黑棋胜利界面和白棋胜利界面，分别如图 12.5 和图 12.6 所示。

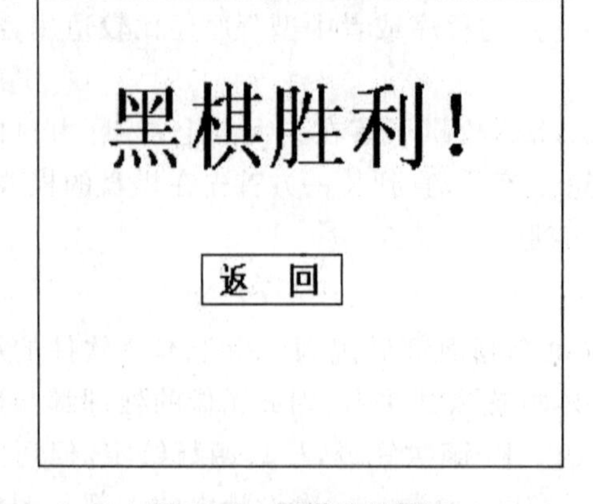

图 12.5　黑棋胜利界面

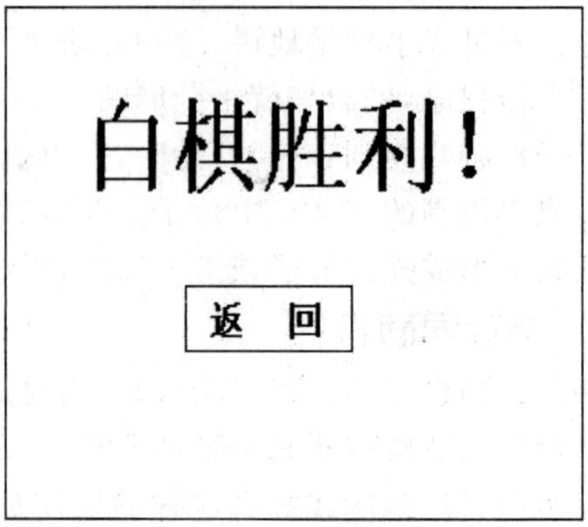

白棋胜利！
返　回

图 12.6　白棋胜利界面

游戏结束界面，如图 12.7 所示。

游戏结束

game over

您可以安全地关机了！

图 12.7 游戏结束界面

从这些界面图形可以看出这款五子棋游戏所具备的一些功能，如存盘读取记录功能、悔棋功能、记录下棋步数功能、界面间的转换功能等，具体流程图如图 12.8 所示。

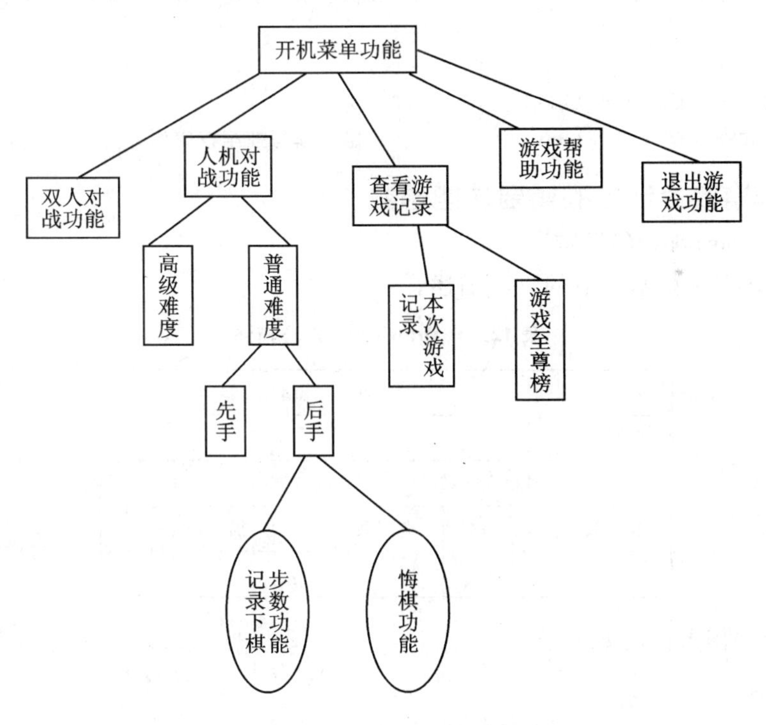

图 12.8 五子棋游戏流程图

以上功能在编程过程中，都是分模块完成的，因此有很灵活的增减性。

2. 算法设计

算法设计是设计重点，本次设计中，共设计了两个五子棋游戏算法，分别是高级难度算法和普通难度算法。有关这方面的内容在本章后面的内容中还有详细介绍。

12.2.2 详细设计

1. 五子棋游戏设计中的数据结构

五子棋游戏设计中的数据结构如下所示：

```
int board[15][15];                          //定义五子棋棋盘的二维数组本游戏中使用的棋盘为
                                            //15×15 标准五子棋棋盘
int  ptable[15][15][572];                   //这两个数组分别表示棋盘上的每一颗棋子是否
int  ctable[15][15][572];                   //在玩家或者计算机的获胜组合中
int win[2][572];                            //表示玩家或者电脑在某种获胜组合中填子的个数
char menu[] = "/sys/ucos/wzlz.bmp";         //程序中用的 bmp 图像名称
    …
char yxbzb[] = "/sys/ucos/yxbzb.bmp";
char sysfilenamea[] = "/sys/ucos/SYSA.DAT"; //程序中用的 4 个文件
char sysfilenameb[] = "/sys/ucos/SYSB.DAT";
char sysfilenamec[] = "/sys/ucos/SYSC.DAT";
char sysfilenamed[] = "/sys/ucos/SYSD.DAT";
PTextCtrl gjxs;                             //程序重要创建的若干文本栏
    …
PTextCtrl pths;
extern OS_EVENT *Lcd_Disp_Sem;
extern OS_EVENT *LCDFresh_MBox;             //定义读写控制权旗语
```

2. 五子棋游戏设计中的重要功能函数

1) 画棋盘 Drawboard()函数

表 12.1 显示了画棋盘函数的方法描述。

表 12.1 Drawboard 方法描述

名　称	Drawboard		
返回值	void		
描　述	画棋盘函数		
参　数	名　称	类　型	描　述
无			

Drawboard()函数代码如下：

```
void Drawboard()
{
    PDC pdc;                                //定义指向绘图设备上下文(DC)的指针
    int i;
    pdc = CreateDC();
    ClearScreen();                          //清除绘图缓冲区
    FillRect(pdc,0,0,240,7,GRAPH_MODE_NORMAL,COLOR_BLACK);
    FillRect(pdc,0,240 - 7,240,240,GRAPH_MODE_NORMAL,COLOR_BLACK);
```

```
    FillRect(pdc,0,0,7,240,GRAPH_MODE_NORMAL,COLOR_BLACK);
    FillRect(pdc,240 - 7,0,240,240,GRAPH_MODE_NORMAL,COLOR_BLACK);
        //以上四句代码完成绘制棋盘边框的功能
    for(i = 0;i< = 15;i ++ )
        {
            MoveTo(pdc,15,15 + i * 15);
            LineTo(pdc,225,15 + i * 15);
        }
    for(i = 0;i< = 15;i ++ )
        {
            MoveTo(pdc,15 + i * 15,15);
            LineTo(pdc,15 + i * 15,225);
        }
            //两个 for 循环语句便绘制出了 15 × 15 的棋盘线
    LCD_Refresh();              //液晶屏刷屏
    DestoryDC(pdc);
}
```

2）填充圆形的 API 函数

说明：系统只提供了填充矩形的 API 函数 void FillRect(PDC pdc int left, int top , int right , int bottom ,U32DrawMode,COLORREF color)，在五子棋游戏中，棋子的形状自然应该是圆形的，而系统提供的 API 函数不符合本人的要求，因此根据原有的 FillRect()函数重新编写了填充圆形的函数 FillRectcir()。表 12.2 显示了填充圆形的 API 函数的方法描述。

表 12.2　FillRectcir 方法描述

名　称	FillRectcir		
返回值	void		
描　述	填充圆形的 API 函数		
参　数	名　称	类　型	描　述
1	pdc	PDC	
2	x0	int	圆心 x 坐标
3	y0	int	圆心 y 坐标
4	r	int	圆形半径
5	DrawMode	U32	矩形的填充模式和颜色
6	color	U32	填充色颜色值

FillRectcir()函数代码如下：

```
void FillRectcir(PDC pdc, int x0,int y0 ,int r,U32 DrawMode, U32 color)
{
    int x,y;
```

```
    INT8U err;
    OSSemPend(Lcd_Disp_Sem,0, &err);//等待并获得 LCD 缓冲区控制权旗语制的信量
    for(x = x0 - r;x< = x0 + r;x ++ )
        for(y = y0 - r;y< = y0 + r;y ++ )
            {
                if(sqrt((y - y0) * (y - y0) + (x - x0) * (x - x0))< = r)
                    SetPixel(pdc,x,y,color);
            }
//判断 x 轴坐标在 x0 - r 到 x0 + r 之间,y 轴坐标在 y0 - r 到 y0 + r 之间的矩形中的每个像素点是否
//在以(x0,y0)为圆心,r 为半径的圆形内,如果在则画出该像素点,如果不在就不用管它了
    OSSemPost(Lcd_Disp_Sem); //释放 LCD 缓冲区控制权旗语制的信号量
    if(pdc ->bUpdataBuffer)
    OSMboxPost(LCDFresh_MBox,(void * )1);     //刷新 LCD
}
```

3）读文件 LoadSysNumber 函数和写文件 SaveSysNumber 函数

说明：本五子棋游戏软件具备一个游戏纪录的功能，该功能中又有两个子功能，一是统计本次开机后进行游戏的胜、平、负情况，一是记录以最少棋子数赢得胜利的玩家步数。第一个子功能的实现比较简单，只要定义几个全局变量就可以解决，而第二个子功能就不同了，它需要把数据保存到文件中，以便关掉机器后也不丢失数据。表 12.3 显示了读文件函数的方法描述，表 12.4 显示了写文件函数的方法描述。

表 12.3　LoadSysNumber 方法描述

名　称	LoadSysNumber		
返回值	void		
描　述	读文件函数		
参　数	名　称	类　型	描　述
无			

LoadSysNumber()函数代码如下：

```
void LoadSysNumber()                        //读文件
{
    FILE * pfile;
    pfile = fopen(sysfilenamea,"r");     //打开文件
    if(pfile == NULL){
        return;
    }
    fread((U8 * )&sysnumber1, 1, sizeof(int), pfile);
    fclose(pfile);                          //关闭文件
}
```

表 12.4 SaveSysNumber 方法描述

名　称	SaveSysNumber		
返回值	void		
描　述	写文件函数		
参　数	名　称	类　型	描　述
无			

SaveSysNumber()函数代码如下：

```
void SaveSysNumber()                    //存文件
{
    FILE * pfile;
    pfile = fopen(sysfilenamea,"w"); //打开文件
    if(pfile == NULL){
        return;
    }
    fwrite((U8 * )&sysnumber1, 1, sizeof(int), pfile);
    fclose(pfile);                      //关闭文件
}
```

4）排行榜 Paihangbang()函数

表 12.5 显示了排行榜函数的方法描述。

表 12.5 Paihangbang 方法描述

名　称	Paihangbang		
返回值	void		
描　述	排行榜函数		
参　数	名　称	类　型	描　述
无			

Paihangbang()函数代码如下：

```
void Paihangbang()                  //排行榜函数
{
    U16 str[20];                    //定义 U16 型数组,Udicode 转码将会用到
    POSMSG pMsg;
    PDC pdc;
    pdc = CreateDC();
    ShowBmp(pdc,zzb,0,0);           //显示名为 zzb 的 bmp 型图片
    LoadSysNumber();                //读文件
    SetRect(&prect, 170,55,200,75);
    gjxs = CreateTextCtrl(sysnum1, &prect, FONTSIZE_MIDDLE, CTRL_STYLE_FRAME, NULL, NULL);
                                    //画文本框
    Int2Unicode(sysnumber1,str);
```

```
    SetWndCtrlFocus(NULL, sysnum1);            //在文本框中显示从文件中
    SetTextCtrlText(gjxs, str,TRUE);           //读到的数据 sysnum1
    for(;;)
    {
        pMsg = WaitMessage(0);
            switch(pMsg ->Message)
            {
            case OSM_TOUCH_SCREEN:
                OnTouchPaihangbang(pMsg ->WParam,pMsg ->LParam);
                break;
            default:
                OSOnSysMessage(pMsg);
                break;
            }
        DeleteMessage(pMsg);
    }
}
```

5) 人机对战模式下的悔棋 Huiqi()函数

说明：目前大部分的棋类游戏都具备悔棋功能，只不过有的软件允许玩家悔 n 步棋，有的软件则只允许玩家悔一步。本软件属于后者。鉴于悔棋函数中消去棋子的原理，在这里有必要解释一下本程序中棋子的下落方法。

UP-NETARM2410 平台的屏幕是一块 640×480 像素（以下数字单位均为像素）的触摸屏幕，定义的棋盘规格是 x 轴从 15 到 225，y 轴从 15 到 225，棋盘线的间距为 15。

表 12.6 显示了人机对战模式下的悔棋函数的方法描述。

表 12.6　Huiqi 方法描述

名　称	Huiqi		
返回值	void		
描　述	人机对战模式下的悔棋函数		
参　数	名　称	类　型	描　述
无			

Huiqi()函数代码如下：

```
void Huiqi()                              //悔棋函数
{
    POSMSG pMsg;
    PDC pdc;
    pdc = CreateDC();
    FillRect(pdc,PlastX - 6,PlastY - 6,PlastX + 6,PlastY + 6,GRAPH_MODE_NORMAL,COLOR_WHITE);
                                          //填充正方形白色
    MoveTo(pdc,PlastX - 6,PlastY);        //******************//
    LineTo(pdc,PlastX + 6,PlastY);        //在屏幕上画横竖交叉的直线//
```

```
    MoveTo(pdc,PlastX,PlastY - 6);
    LineTo(pdc,PlastX,PlastY + 6);    //******************//
    board[(int)((PlastX - 7.5)/15)][(int)((PlastY - 7.5)/15)] = 2;
    FillRect(pdc,ClastX - 6,ClastY - 6,ClastX + 6,ClastY + 6,GRAPH_MODE_NORMAL,COLOR_WHITE);
    MoveTo(pdc,ClastX - 6,ClastY);
    LineTo(pdc,ClastX + 6,ClastY);
    MoveTo(pdc,ClastX,ClastY - 6);
    LineTo(pdc,ClastX,ClastY + 6);
    board[(int)((ClastX - 7.5)/15)][(int)((ClastY - 7.5)/15)] = 2;
    DestoryDC(pdc);
}
```

在程序中定义了4个整型全局变量:ClastX,ClastY,PlastX和PlastY,分别代表下棋时机器和人最后下的那个棋子的x轴、y轴坐标。如图12.9所示,当要消去A中的黑棋时,程序执行FillRect()函数,把棋子范围内的正方形面积都填成白色即B,完成这一步后可以看出原来的黑色棋子被消去了,不过棋盘变得不完整了,所以最后执行了MoveTo()和LineTo()函数为棋盘补充棋盘线,最后完整的棋盘又呈现出来,如图中C。

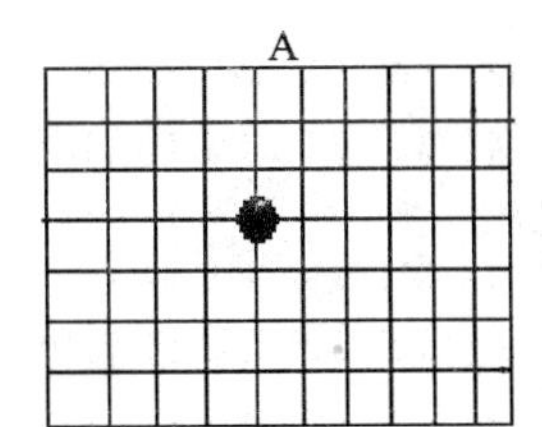

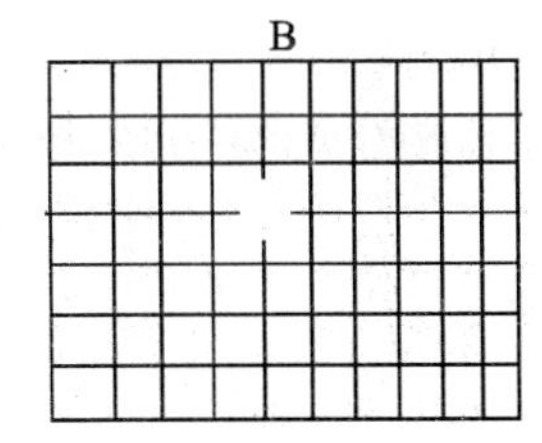

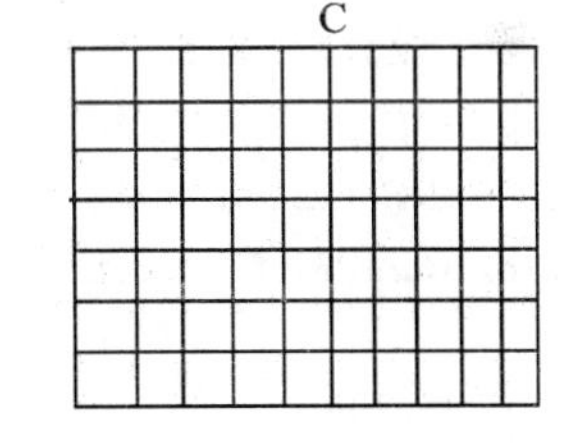

图12.9 悔棋演示过程图

6) 双人对战模式下的悔棋HuiqiRenren()函数

表12.7显示了双人对战模式下的悔棋函数的方法描述。

表12.7 HuiqiRenren方法描述

名 称	HuiqiRenren		
返回值	void		
描 述	双人对战模式下的悔棋函数		
参 数	名 称	类 型	描 述
无			

HuiqiRenren()函数代码如下:

```
void HuiqiRenren()                    //双人对战模式下的悔棋函数
{
    U16 str[1];
    POSMSG pMsg;
    PDC pdc;
    pdc = CreateDC();
    if(bw == 2)                       //判断是否是白棋
```

```
        {
        FillRect(pdc,ClastX - 6,ClastY - 6,ClastX + 6,ClastY + 6,GRAPH_MODE_NORMAL,COLOR_WHITE);
        MoveTo(pdc,ClastX - 6,ClastY);
        LineTo(pdc,ClastX + 6,ClastY);
        MoveTo(pdc,ClastX,ClastY - 6);
        LineTo(pdc,ClastX,ClastY + 6);
        board[(int)((ClastX - 7.5)/15)][(int)((ClastY - 7.5)/15)] = 2;
        Cstep -- ;                          //白棋步数减一
        Int2Unicode(Cstep,str);             //在文本框中显示白棋步数
        SetTextCtrlText(cTextCtrl,str,TRUE);
        }
        if(bw == 1)                         //判断是否是黑棋
        {
        FillRect(pdc,PlastX - 6,PlastY - 6,PlastX + 6,PlastY + 6,GRAPH_MODE_NORMAL,COLOR_WHITE);
        MoveTo(pdc,PlastX - 6,PlastY);
        LineTo(pdc,PlastX + 6,PlastY);
        MoveTo(pdc,PlastX,PlastY - 6);
        LineTo(pdc,PlastX,PlastY + 6);
        board[(int)((PlastX - 7.5)/15)][(int)((PlastY - 7.5)/15)] = 2;
        Pstep -- ;                          //黑棋步数减一
        Int2Unicode(Pstep,str);             //在文本框中显示黑棋步数
        SetTextCtrlText(pTextCtrl,str,TRUE);
        }
        DestoryDC(pdc);
    }
```

双人对战模式下的悔棋函数的执行原理和人机对战的原理相同，只不过双人对战悔棋时只是将提出悔棋要求的一方的棋子消去，而对方的棋子保持不变。这与人机对战的悔棋不同，人机对战时，只有玩家才提出悔棋，机器不会提出悔棋要求，人悔棋时，不但系统将人的棋子消去，还要将机器的最后一子消去。基于以上原因，并且双人对战模式和人机对战模式的编程算法的不同，在双人对战中的悔棋函数需要加入 if 语句作判断。

7）胜负记录模块 Jilu()函数

说明：本游戏中提供了可以查看本次开机过程中，玩家在各个难度级别和机器下棋的胜负情况，统计玩家总共下了几盘棋，赢了几盘，平了几盘，输了几盘。数据由文本框的形式输出。

表 12.8 显示了胜负记录模块函数的方法描述。

表 12.8　Jilu 方法描述

名　称	Jilu		
返回值	void		
描　述	胜负记录模块		
参　数	名　称	类　型	描　述
无			

Jilu()函数代码如下：

```
void Jilu()
{
    U16 str[1];
    POSMSG pMsg;
    PDC pdc;
    pdc = CreateDC();
    ShowBmp(pdc,jilu,0,0);                    //显示名为 jilu 的 bmp 图片
    SetRect(&prect,110,80,130,100);            //局数统计
    jilu1 = CreateTextCtrl(num1,&prect,FONTSIZE_MIDDLE,CTRL_STYLE_3DUPFRAME,NULL,NULL);
    DrawTextCtrl(jilu1);
    SetRect(&prect,150,80,170,100);            //统计胜了几局
    jilu2 = CreateTextCtrl(num2,&prect,FONTSIZE_MIDDLE,CTRL_STYLE_3DUPFRAME,NULL,NULL);
    DrawTextCtrl(jilu2);
    SetRect(&prect,190,80,210,100);            //统计平了几局
    jilu3 = CreateTextCtrl(num3,&prect,FONTSIZE_MIDDLE,CTRL_STYLE_3DUPFRAME,NULL,NULL);
    DrawTextCtrl(jilu3);
    SetRect(&prect,230,80,250,100);            //统计负了几局
    jilu4 = CreateTextCtrl(num4,&prect,FONTSIZE_MIDDLE,CTRL_STYLE_3DUPFRAME,NULL,NULL);
    DrawTextCtrl(jilu4);
    SetRect(&prect,110,140,130,160);           //局数统计
    jilu5 = CreateTextCtrl(num5,&prect,FONTSIZE_MIDDLE,CTRL_STYLE_3DUPFRAME,NULL,NULL);
    DrawTextCtrl(jilu5);
    SetRect(&prect,150,140,170,160);           //统计胜了几局
    jilu6 = CreateTextCtrl(num6,&prect,FONTSIZE_MIDDLE,CTRL_STYLE_3DUPFRAME,NULL,NULL);
    DrawTextCtrl(jilu6);
    SetRect(&prect,190,140,210,160);           //统计平了几局
    jilu7 = CreateTextCtrl(num7,&prect,FONTSIZE_MIDDLE,CTRL_STYLE_3DUPFRAME,NULL,NULL);
    DrawTextCtrl(jilu7);
    SetRect(&prect,230,140,250,160);           //统计负了几局
    jilu8 = CreateTextCtrl(num8,&prect,FONTSIZE_MIDDLE,CTRL_STYLE_3DUPFRAME,NULL,NULL);
    DrawTextCtrl(jilu8);
    Int2Unicode(gjwin + gjlose + gjping,str);
    SetTextCtrlText(jilu1,str,TRUE); Int2Unicode(gjwin,str);
    SetTextCtrlText(jilu2,str,TRUE); Int2Unicode(gjping,str);
    SetTextCtrlText(jilu3,str,TRUE); Int2Unicode(gjlose,str);
    SetTextCtrlText(jilu4,str,TRUE); Int2Unicode(ptwin + ptlose + ptping,str);
    SetTextCtrlText(jilu5,str,TRUE); Int2Unicode(ptwin,str);
    SetTextCtrlText(jilu6,str,TRUE); Int2Unicode(ptping,str);
    SetTextCtrlText(jilu7,str,TRUE); Int2Unicode(ptlose,str);
    SetTextCtrlText(jilu8,str,TRUE);
        //把数据显示到文本框中
    DestoryDC(pdc);
      for(;;)                                  //消息机制
    {
```

```
            switch(pMsg->Message)
                {
                case OSM_TOUCH_SCREEN:
                    OnTouchJilu(pMsg->WParam,pMsg->LParam) ;
                    break;
                default:
                    OSOnSysMessage(pMsg);
                    break;
                }
            DeleteMessage(pMsg);;
        }
    }
```

在程序中,定义了6个整型全局变量:

int gjwin=0, gjlose=0, gjping=0, ptwin=0, ptlose=0, ptping=0

分别表示高级难度获胜、高级难度负、高级难度平、普通难度获胜、普通难度负、普通难度平。初值都设为0,当程序中的判断胜负函数执行时再将相应的变量值增加,总局数则是胜平负之和。

8) 判断下棋胜负模块 Result()函数

说明:该模块只是判断双人对战中的胜负结果,根据算法的不同,人机对战的胜负机制另有不同。

算法说明:就双人对战而言,定义了一个名为board[15][15]的二维数组,两个名为flag、bw的整型变量。board[n][n]=2表示(n,n)点为空,即没有棋子;board[n][n]=1表示(n,n)点为黑色棋子;board[n][n]=0表示(n,n)点为白色棋子;flag=1表示标志黑棋;flag=0表示标志白棋。

当下落一子,得到该子在棋盘中的位置坐标,与二维数组对应。随后再从上、下、左、右、左上、右下、右上、左下这8个位置计算与该子相邻的且与该子颜色相同的棋子的个数,如果计算得出棋子个数大与5,则表示这个颜色的玩家获胜。

表12.9显示了判断下棋胜负模块函数的方法描述。

表12.9 Result方法描述

名　称	Result		
返回值	int		
描　述	判断下棋胜负模块		
参　数	名　称	类　型	描　述
1	x	int	棋子 x 坐标
2	y	int	棋子 y 坐标

Result()函数代码如下:

```
int Result(int x,int y)                //判断结果
{
    int j,k,n1,n2 ;                    //n1,n2 的作用是统计 8 个方向的棋子个数
```

```
while(1)
{
    n1 = 0 ;
    n2 = 0 ;
    /* 水平向左数 */
    for(j = x,k = y;j> = 1;j -- )
    {
        if(board[j][k] == flag)
            n1 ++ ;
        else
            break ;
    }
    /* 水平向右数 */
    for(j = x,k = y;j< = 18;j ++ )
    {
        if(board[j][k] == flag)
            n2 ++ ;
        else
            break ;
    }
    if(n1 + n2 - 1> = 5)
    {
        return(1);
        break ;
    }
    /* 垂直向上数 */
    n1 = 0 ;
    n2 = 0 ;
    for(j = x,k = y;k> = 1;k -- )
    {
        if(board[j][k] == flag)
            n1 ++ ;
        else
            break ;
    }
    /* 垂直向下数 */
    for(j = x,k = y;k< = 18;k ++ )
    {
        if(board[j][k] == flag)
            n2 ++ ;
        else
            break ;
    }
    if(n1 + n2 - 1> = 5)
    {
```

```
        return(1);
        break ;
    }

    /*向左上方数*/
    n1 = 0 ;
    n2 = 0 ;
    for(j = x,k = y;j>= 1,k>= 1;j -- ,k -- )
    {
        if(board[j][k] == flag)
            n1 ++ ;
        else
            break ;
    }
    /*向右下方数*/
    for(j = x,k = y;j<= 18,k<= 18;j ++ ,k ++ )
    {
        if(board[j][k] == flag)
            n2 ++ ;
        else
            break ;
    }
    if(n1 + n2 - 1>= 5)
    {
        return(1);
        break ;
    }
    /*向右上方数*/
    n1 = 0 ;
    n2 = 0 ;
    for(j = x,k = y;j<= 18,k>= 1;j ++ ,k -- )
    {
        if(board[j][k] == flag)
            n1 ++ ;
        else
            break ;
    }
    /*向左下方数*/
    for(j = x,k = y;j>= 1,k<= 18;j -- ,k ++ )
    {
        if(board[j][k] == flag)
            n2 ++ ;
        else
            break ;
    }
```

```
        if(n1 + n2 - 1> = 5)
        {
            return(1);
            break ;
        }
        return(0);
        break ;
    }
}
```

9) 黑白子标识符的转换 Change()函数

表 12.10 显示了黑白子标识符的转换函数的方法描述。

表 12.10 Change 方法描述

名　称	Change		
返回值	void		
描　述	黑白子标识符的转换		
参　数	名　称	类　型	描　述
无			

Change()函数代码如下：

```
void Change()           //黑白子标识符的转换
{
    if(bw == 1)
        bw = 2;
    else
        bw = 1;
}
```

10) 双人对战模块 OnTouchRenren()函数

说明：双人对战模块实现人和人对弈五子棋的功能，主要是利用系统的触摸屏机制，实现两人轮流下子，每次落子后只要执行上面的 Result()函数即可。

表 12.11 显示了双人对战模块函数的方法描述。

表 12.11 OnTouchRenren 方法描述

名　称	OnTouchRenren		
返回值	void		
描　述	双人对战模块		
参　数	名　称	类　型	描　述
1	x	int	棋子 x 坐标
2	y	int	棋子 y 坐标

OnTouchRenren()函数代码如下：

```
void OnTouchRenren(U32 wkey,int lkey)
{
    U32 x,y,z;;
    int a,b;
    int i;
    int oo,pp;
    U16 str[1];
    POSMSG pMsg;
    PDC pdc;
    pdc = CreateDC();
    x = wkey&0x0000FFFF;
    z = wkey&0xFFFF0000;              //得到触摸屏中 x,y 坐标值//
    y = z>>16;
    oo = (int)((x - 7.5)/15);
    pp = (int)((y - 7.5)/15);
    a = ((int)((x - 7.5)/15)) * 15 + 15;
    b = ((int)((y - 7.5)/15)) * 15 + 15;
if(lkey == 1 && x<240 && bw == 1&&board[oo][pp] == 2)
{
    int i;
    flag = 1;
    Circle(pdc,a,b,6);
    FillRectcir(pdc, a,b,6, GRAPH_MODE_NORMAL,COLOR_BLACK);
    LCD_Refresh();
    Pstep ++ ;
    Int2Unicode(Pstep,str);
    SetTextCtrlText(pTextCtrl,str,TRUE);
    PlastX = a;
    PlastY = b;
    board[oo][pp] = flag;
    if (Result(oo,pp) == 1)
        {
            OSTimeDly(800);
            ClearScreen();
            WinHei();
        }
        Change();
    }
        if(lkey == 1 && x<240 && bw == 2&&board[oo][pp] == 2)
        {
            flag = 0;
            FillRect(pdc,a - 6,b - 6,a + 6,b + 6,GRAPH_MODE_NORMAL,COLOR_WHITE);
            Circle(pdc,a,b,6);
            Cstep ++ ;
            Int2Unicode(Cstep,str);
```

```
            SetTextCtrlText(cTextCtrl,str,TRUE);
            ClastX = a;
            ClastY = b;
            board[oo][pp] = flag;
            if(Result(oo,pp) == 1)
                {
                    OSTimeDly(800);
                    ClearScreen();
                    WinBai();
                }
            Change();
        }
        if((lkey == 1 ||lkey == 2 ) && x>240)
            Change();
        if(x>250&&x<310&&y>10&&y<30&&lkey == 1)
            HuiqiRenren();
        if(x>250&&x<310&&y>150&&y<170&&lkey == 1)
            Menu();
        if(x>250&&x<310&&y>180&&y<200&&lkey == 1)
            {
                Pstep = 0;
                Cstep = 0;
                Renren();
            }
        if(x>250&&x<310&&y>210&&y<230&&lkey == 1)
            Exit();
            DestoryDC(pdc);
}
```

12.3 算法详解

五子棋游戏算法说明：为了丰富游戏的可玩性，设计了两个五子棋游戏算法，即高级难度算法和普通难度算法。高级难度算法设计的比较完善，在人工智能方面的表现也很出色，机器的 AI 很高；普通难度算法与之相比就比较逊色，机器的智能型不高，不过机器的防守功能还是一大亮点。

12.3.1 普通难度算法

所谓五子棋的算法，其实根本问题就是解决机器落子问题，即让机器自行判断该往什么地方放子。在普通难度算法中，设计的是一个防守型的机器棋手，它会不顾一切地进行防守，目的就是阻止玩家胜利。

当玩家在棋盘上下了一个棋子，机器就判断该棋子在棋盘中的位置，随后再从上、下、左、右、左上、右下、右上、左下这八个位置计算与该子相邻的且与该子颜色相同的棋子的个数，统计如图 12.10 所示的 4 个方向的棋子个数。

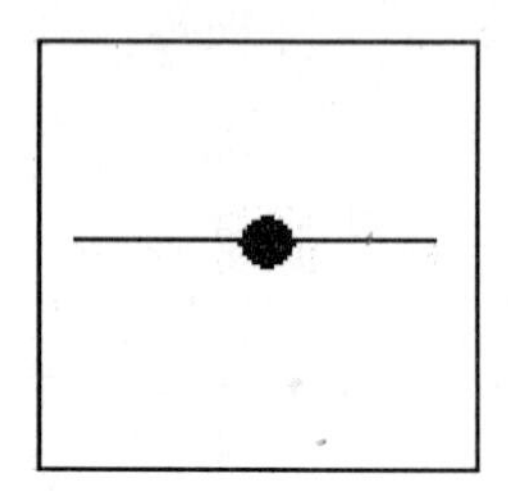 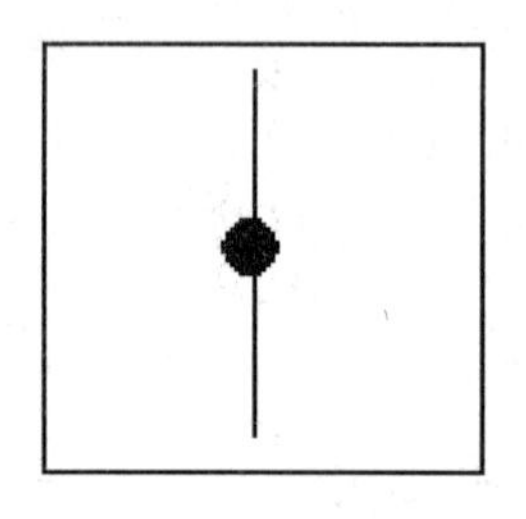 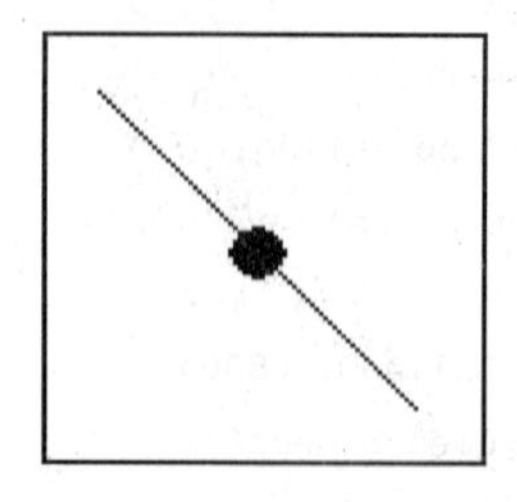 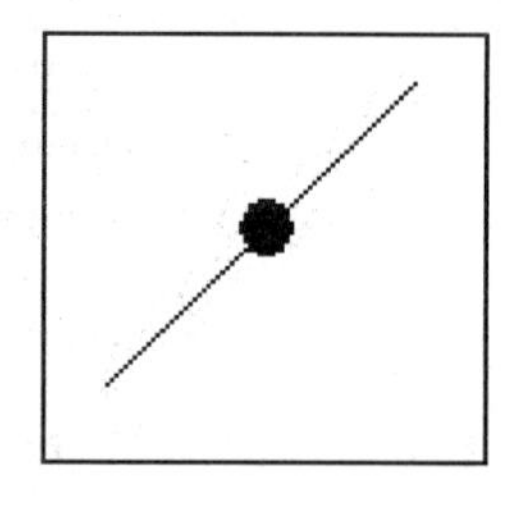

图 12.10　棋子 4 个方向示意图

判断出其中棋子个数最多的方向，得到该方向，则机器就要在这个方向上进行防守。机器判断该方向中第一个 board[n][n]=2(这里表示该(n,n)点位置没有棋子，为空)的位置，并在该位置中下子。在这个判断中，分两步完成，由图 12.10 可以看出 4 个方向中每一个方向都存在棋子左右的两个分方向。由第一个图为例，棋子有左右两个方向，程序将先从左边方向判断第一个空位置，如果左边没有空位置，或者左边出现了与该棋子颜色不同的棋子就转到右边方向搜索，如果两边方向都没有符合要求的空位置，则程序将判断棋子数第二多的方向，再进行判断，以此类推，直到机器落子为止。

12.3.2　高级难度算法

1. 计算所有获胜组合

(1) 计算水平方向的获胜组合总数。如图 12.11 所示，是一个 10×10 的棋盘，每一列的获胜组合为 6 个，总共 10 列，所以水平方向的获胜组合的总数为 6×10=60 个。而本设计中的棋盘为 15×15，所以水平方向的获胜组合总数为 11×15=165 个。

(2) 计算垂直方向的获胜组合总数。如图 12.12 所示，本设计中的垂直方向的总数为 11×15=165 个。

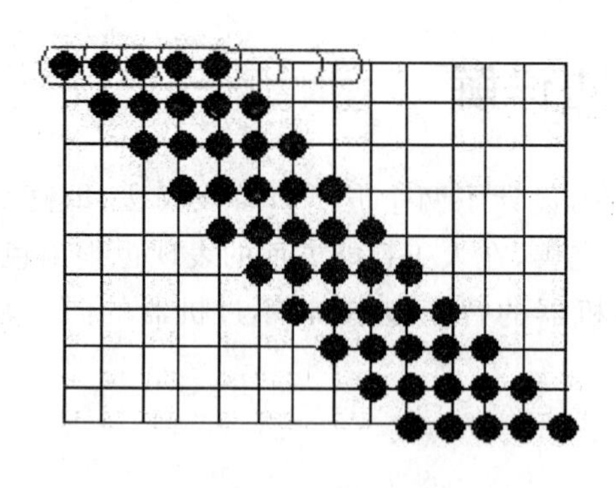

图 12.11　水平方向获胜组合示意图

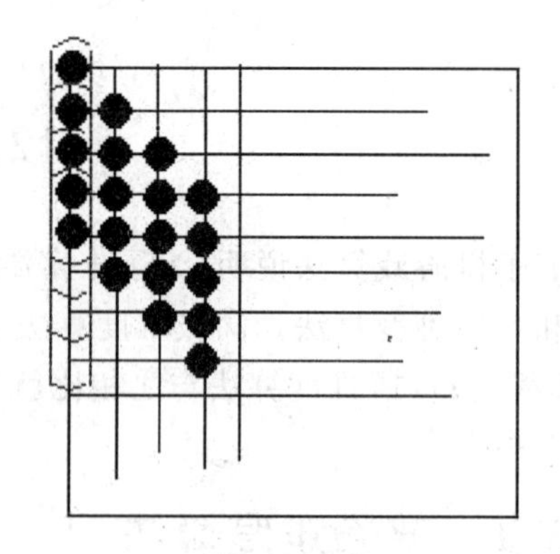

图 12.12　垂直方向获胜组合示意图

(3) 计算正对角线方向的获胜总数，如图 12.13 所示。

本设计中的正对角线方向的获胜组合总是：

$$11+(10+9+8+7+6+5+4+3+2+1)\times 2=121 \text{ 个}$$

(4) 计算反对角线方向的获胜总数，如图 12.14 所示。

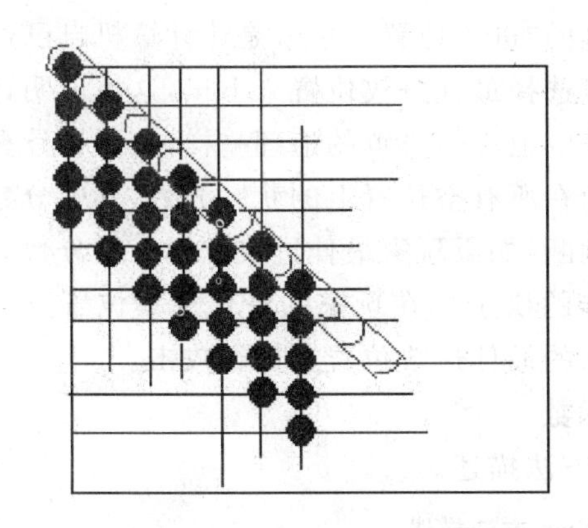

图 12.13　正对角线方向获胜组合示意图

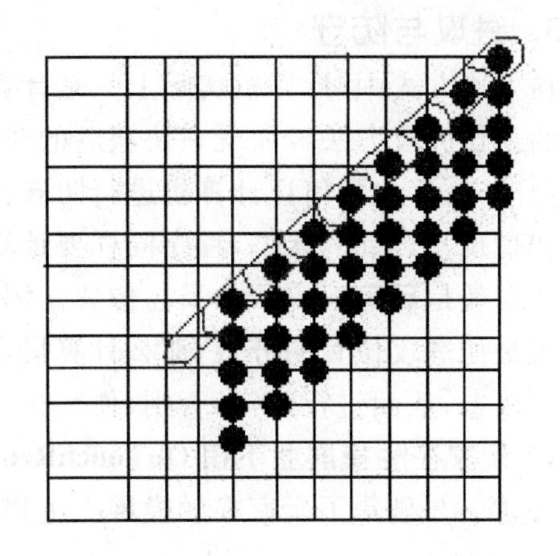

图 12.14　反对角线方向获胜组合示意图

反对角线方向的获胜组合总数是：

$$11+(10+9+8+7+6+5+4+3+2+1)\times 2=121\text{ 个}$$

通过以上步骤，就可以计算出一个 15×15 的五子棋棋盘的所有获胜数量是：

$$165+165+121+121=572\text{ 个}$$

其实这也就是说在 15×15 的棋盘中，想要获胜有 572 种可能。由此定义了几个数据结构，如下：

```
int board[15][15];            //用来记录游戏中目前棋盘的状态
int ptable[15][15][572];      //玩家的每一颗棋子是否在各个获胜组合中
int ctable[15][15][572];      //计算机的每一颗棋子是否在各个获胜组合中
int win[2][572];              //玩家与计算机在各个获胜组合中各填入了几颗棋子
```

2. 分数的设置

在游戏中，为了让计算机能够决定下一步最佳的走法，必须先计算出计算机将棋子下到棋盘上任意一格的分数，而其中的最高分数便是计算机下一步的最佳走法。

如图 12.15 所示，以黑棋为例，黑棋下到了(4,5)点，所以该点的分数值为 0，在它的右边即(5,5)点有白棋，所以在黑棋的向右方向中不可能连成五子，因此(5,5)点的分数为 0，在黑棋的上、下、左、左上、左下、右上、右下这 7 个方向中，都有可能连成五子，并且以相邻原则(离目标子最近的位置分数最高原则)，(4,4)(5,4)(3,4)(4,6)(3,6)(3,5)(5,6)点的分数均为 20 分，之后的点的分数将依次减 5。由图 12.15 可以看到(3,5)点的分值是 5，这是因为(5,5)点有白子的缘故，这样在水平方向上黑棋可以成为五子的机会就少了，所以(3,5)的分数值是 5。

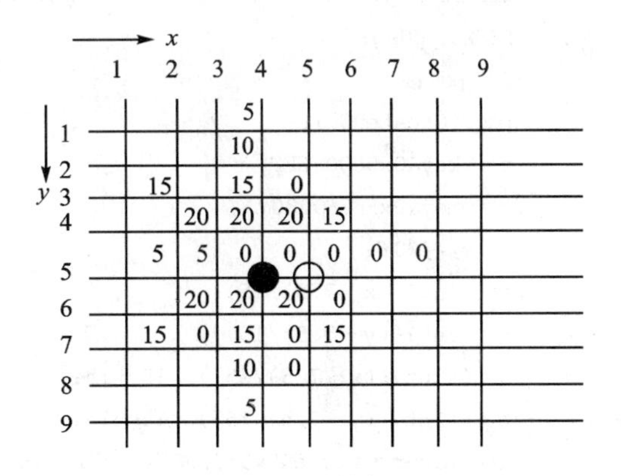

图 12.15　分值计算图

3. 进攻与防守

在上述方式中，计算机实际上只是计算出了最佳的“进攻位置”，也就是让计算机自己达成连线的最佳进攻方法。在玩家快获胜的时候，计算机选择最佳进攻位置来下棋，这也说明计算机不会防守，那么如何让计算机进行防守？其实防守的道理与进攻的道理一样，为了让计算机能够知道玩家目前的状态，程序同样要计算玩家目前在所有空位置上的获胜分数，其中分数最高的位置就是玩家下棋子的最佳位置。因此，只要判断：如果玩家最佳进攻位置上的分数大于计算机最佳进攻位置的分数，那么计算机就将下一步的棋子摆在玩家的最佳进攻位置以阻止玩家的攻击，从而进行防守；否则，便将棋子下在自己的最佳进攻位置去进行攻击。

1）玩家在触摸屏上下棋 OnTouchRenjiXian()函数

表 12.12 显示了玩家在触摸屏上下棋的函数的方法描述。

表 12.12 OnTouchRenjiXian 方法描述

名　称	OnTouchRenjiXian		
返回值	void		
描　述	玩家在触摸屏上下棋的函数		
参　数	名　称	类　型	描　述
1	wkey	U32	触摸点坐标值
2	lkey	int	触摸动作

OnTouchRenjiXian()函数代码如下：

```
void OnTouchRenjiXian(U32 wkey, int lkey)          //玩家在触摸屏上下棋的函数
{
    U32 x,y,z;
    int a,b;
    int i,j;
    int m,n;
    U16 str[1];
    POSMSG pMsg;
    PDC pdc;
    pdc = CreateDC();
    x = wkey&0x0000FFFF;
    z = wkey&0xFFFF0000;
    y = z>>16;
    m = (int)((x - 7.5)/15);
    n = (int)((y - 7.5)/15);
    a = ((int)((x - 7.5)/15)) * 15 + 15;
    b = ((int)((y - 7.5)/15)) * 15 + 15;
    if(player == true&&x>7.5&&x<231.5&&y>7.5&&y<231.5&&lkey == 1&&board[m][n] == 2)
    {
        player = false;
        computer = true;
        Circle(pdc,a,b,6);
```

```
    FillRectcir(pdc, a,b,6, GRAPH_MODE_NORMAL,COLOR_BLACK);
    LCD_Refresh();
    board[m][n] = 1;                          //标志该位置为黑棋
    pcount ++ ;
    Pstep ++ ;
    Int2Unicode(Pstep,str);
    PlastX = a;
    PlastY = b;
    if((ccount == 50) && (pcount == 50))
    {
        gjping ++ ;
    }
    for(i = 0;i<572;i ++ )
    {
    if(ptable[m][n][i] && win[0][i] ! = 7) //判断所下的棋子是否在获胜组合
    win[0][i] ++ ;                        //ptable[m][n][i]中,而且 win[0][I]
    if(ctable[m][n][i])                   //不等于 7,win[0][I]表示玩家在第 I 种
    {                                     //获胜组合中所填入的棋子数,在本程序
    ctable[m][n][i] = false;              //中,如果对方在某一获胜的组合中已经
    win[1][i] = 7;                        //不能取胜,则将该数组的值定为 7
    }
}
for(i = 0;i< = 1;i ++ )
    for(j = 0;j<572;j ++ )
    {
        if(win[i][j] == 5)
        if(i == 0)
        {
            OSTimeDly(800);
            ClearScreen();
            tempp = Pstep;
            if(tempp< = sysnumber1||sysnumber1 == 0)
              sysnumber1 = tempp;
            else
              sysnumber1 = sysnumber1;
            gjwin ++ ;
            SaveSysNumber1();
          //存获胜步数
            WinHei();
          }
        else{
            OSTimeDly(800);
            ClearScreen();
            gjlose ++ ;
            WinBai();
```

```
            }
        }
        Comdown();                          //执行机器下棋的函数
    }
    if(x>250&&x<310&&y>10&&y<30&&lkey == 1)
    {
        Huiqi();                            //调用悔棋函数
        Pstep -- ;
        Cstep -- ;
        Int2Unicode(Pstep,str);
        SetTextCtrlText(pTextCtrl,str,TRUE);
        Int2Unicode(Cstep,str);
        SetTextCtrlText(cTextCtrl,str,TRUE);
    }
    if(x>250&&x<310&&y>150&&y<170&&lkey == 1)
        Menu();                             //调用主菜单函数
    if(x>250&&x<310&&y>180&&y<200&&lkey == 1)
    {
        Pstep = 0;
        Cstep = 0;
        RenjiXian();                        //实现重新游戏的功能
    }
    if(x>250&&x<310&&y>210&&y<230&&lkey == 1)
        Exit();                             //调用离开游戏的函数
        DestoryDC(pdc);
}
```

2）计算机下子 Comdown()函数

表 12.13 显示了计算机下子函数的方法描述。

表 12.13　Comdown 方法描述

名　称	Comdown		
返回值	void		
描　述	计算机下子的函数		
参　数	名　称	类　型	描　述
无			

Comdown()函数代码如下：

```
void Comdown()
{
    int i,j,k;
    int mmm,nnn;
    U16 str[1];
    POSMSG pMsg;
```

```
PDC pdc;
pdc = CreateDC();
for(i = 0;i< = 14;i ++ )              //for 语句计算玩家在空位置上的获胜分数
  for(j = 0;j< = 14;j ++ ){
    pgrades[i][j] = 0;
    if(board[i][j] == 2)
      for(k = 0;k<572;k ++ )
        if(ptable[i][j][k])
    {
        switch(win[0][k])
        {
            case 1:
                pgrades[i][j] += 5;
                break;
            case 2:
                pgrades[i][j] += 50;
                break;
            case 3:
                pgrades[i][j] += 100;
                break;
            case 4:
                pgrades[i][j] += 400;
                break;
        }
    }
}
for(i = 0;i< = 14;i ++ )              //for 语句计算计算机在空位置上的获胜分数
  for(j = 0;j< = 14;j ++ )
  {
      cgrades[i][j] = 0;
      if(board[i][j] == 2)
        for(k = 0;k<572;k ++ )
          if(ctable[i][j][k])
          {
              switch(win[1][k])
              {
              case 1:
                  cgrades[i][j] += 5;
                  break;
              case 2:
                  cgrades[i][j] += 50;
                  break;
              case 3:
                  cgrades[i][j] += 100;
                  break;
```

```
                    case 4:
                        cgrades[i][j] += 400;
                        break;
                    }
                }
            }
        for(i = 0;i<15;i ++ )
          for(j = 0;j<15;j ++ )
            if(board[i][j] == 2)                        //求最高分数的位置
          {
              if(cgrades[i][j]> = cgrade)
              {
                  cgrade = cgrades[i][j];
                  mat = i;
                  nat = j;
              }
        if(pgrades[i][j]> = pgrade)
        {
            pgrade = pgrades[i][j];
            mde = i;
            nde = j;
        }
    }
    if(cgrade> = pgrade)
    {
        mmm = mat;
        nnn = nat;
        FillRect(pdc,mmm * 15 + 15 - 6,nnn * 15 + 15 - 6,mmm * 15 + 15 + 6,nnn * 15 + 15 + 6,GRAPH_MODE_
                NORMAL,COLOR_WHITE);
        Circle(pdc,mmm * 15 + 15,nnn * 15 + 15,6);
        LCD_Refresh();
        Cstep ++ ;
        Int2Unicode(Cstep,str);
        SetTextCtrlText(cTextCtrl,str,TRUE);
    }
    else
    {
        mmm = mde;
        nnn = nde;
        FillRect(pdc,mmm * 15 + 15 - 6,nnn * 15 + 15 - 6,mmm * 15 + 15 + 6,nnn * 15 + 15 + 6,GRAPH_MODE_
                NORMAL,COLOR_WHITE);
        Circle(pdc,mmm * 15 + 15,nnn * 15 + 15,6);
        LCD_Refresh();
        Cstep ++ ;
        Int2Unicode(Cstep,str);
```

```
    SetTextCtrlText(cTextCtrl,str,TRUE);
}
player = true;
computer = false;
ClastX = mmm * 15 + 15;
ClastY = nnn * 15 + 15;
cgrade = 0;
pgrade = 0;
board[mmm][nnn] = flag;
ccount ++ ;
if((ccount == 50) && (pcount == 50))
{
    gjping ++ ;
}
for(i = 0;i<572;i ++ )
{
    if(ctable[mmm][nnn][i] && win[1][i] != 7)
    win[1][i] ++ ;
    if(ptable[mmm][nnn][i])
    {
        ptable[mmm][nnn][i] = false;
        win[0][i] = 7;
    }
}
for(i = 0;i< = 1;i ++ )
    for(j = 0;j<572;j ++ )
    {
        if(win[i][j] == 5)
          if(i == 0)
        {
            OSTimeDly(800);
            ClearScreen();
            gjwin ++ ;
            WinHei();
        }
      else{
          OSTimeDly(800);
          ClearScreen();
          gjlose ++ ;
          WinBai();
        }
    }
}
```

12.4 问题和解决方法

12.4.1 触摸屏定位问题

在游戏设计初期，对游戏做了一些整体规划，其中一项就是考虑到底最终游戏的操作是通过触摸屏完成，还是通过按键完成。既然是嵌入式产品，目前大部分的 PDA 产品都支持触摸功能，而且为了节省产品空间，键盘基本上都简化了，所以最终决定使用触摸屏机制来完成游戏的操作。

使用触摸屏，就必须确定用户按触摸屏时的触摸点。本嵌入式系统附加了相关的任务初始化函数 OSAddTask_Init()，它定义了 4 个系统任务：触摸屏任务，优先级为 9；键盘扫描任务，优先级为 58；系统任务，优先级为 1；LCD 刷新任务，优先级为 59。在触摸屏任务中，如果有触摸动作，系统则发出消息号为 OSM_TOUCH_SCREEN 的消息，Wparam 参数中低 16 位存放了触摸点的 x 坐标值，高 16 位存放了触摸点的 y 坐标值，Lparam 参数中存放了相应的触摸动作（如单击、双击等）。由此，在程序中需要相应触摸任务的位置定义了一些 OnTouch 任务，如 OnTouchMenu(pMsg ->WParam，pMsg ->LParam)函数，这个函数就是在开始菜单界面相应触摸屏任务的函数，该函数中有如下几行关键代码：

```
void OnTouchMenu(U32 wkey,int lkey)
{
    U32 x,y,z;
    x = wkey&0x0000FFFF;
    z = wkey&0xFFFF0000;
    y = z >> 16;
    if(x>197&&x<277&&y>11&&y<38&&lkey == 1)
    Renren();
      …
}
```

形式参数 U32 wkey，用来接收 Wparam 的数据；int lkey 用来接收 Lparam 的数据。因为在 Wparam 的数据中，低 16 位存放了触摸点的 x 坐标值，高 16 位存放了触摸点的 y 坐标值，所以定义了三个 U32 型的变量（x，y，z）。用 Wparam 的值与十六进制数 00000000000000001111111111111111 做“与”运算，所得的数就是 x 轴坐标，将这个数传给 x。用 Wparam 的值与十六进制数 11111111111111110000000000000000 做与运算，所得的数传给 z，再将 z 的值向右移动 16 位，这样就得到了 y 轴的坐标。

游戏设计的初期，考虑到定位准确性的因素，只定义了一个 10×10 大小的棋盘，并且棋子下落在方格中，并不是落在交叉线上，如图 12.16 所示。这显然不够美观，不过它的优点就是图形比例较大，定位思路简单。在这个棋盘上，每个方格是一个正方形，程序判断如果有触摸动作，并且触摸点在其中的某个方格内，则就以该方格的中心位置为圆心坐标画棋子。

具体判断范围的方法：因为该棋盘为 10×10 的盘面，所以定义了一个 board[10][10]数组，用这个数组来表示棋盘中的 100 个方格。假定每个方格的长宽均为 20，棋盘的左上角坐标为(0,0)，那么加入玩家点到了(21,59)位置，显然应该在第2行、第3列的方格内画棋子，对应的数组是 board[2][1]。从通用的角度来看，设点到的坐标为 x、y，所要画棋子的圆心坐标为(x_0, y_0)，公式如下：

$$x_0=(x/20)\times20+10,\quad y_0=(y/20)\times20+10$$

最终，本着游戏规范、界面美观的原则，还是改用了15×15的盘面，棋子落到交叉线上，如图12.17所示。

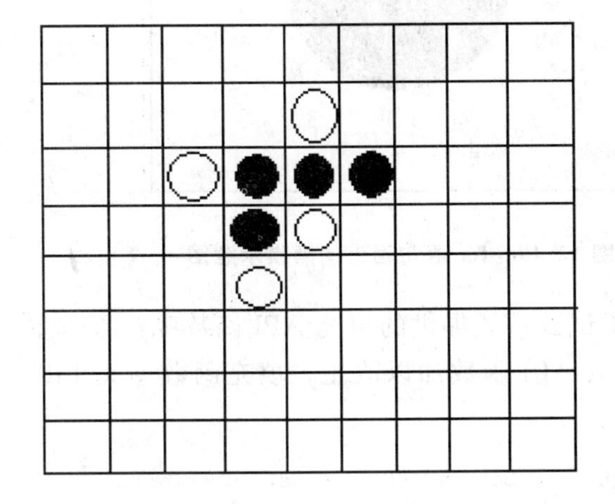

图12.16 10×10棋盘图

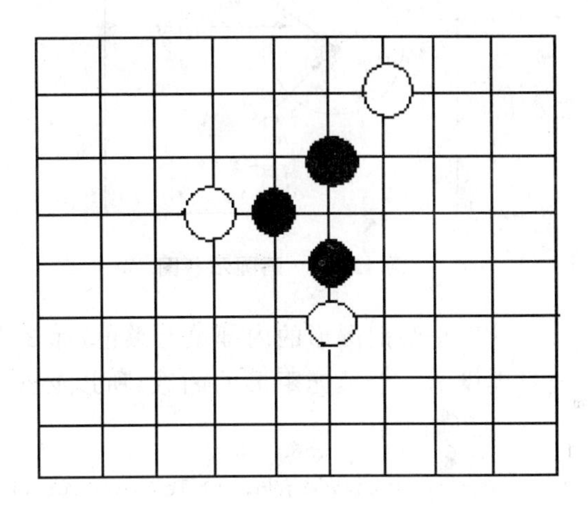

图12.17 15×15棋盘图

12.4.2 棋子制作问题

最初棋子的制作想用贴图的方式完成，即在画图板或者 photoshop 之类的软件中制作出 bmp 格式的图片，再把图片下载到硬件开发板中，通过系统提供的 ShowBmp() API 函数把图片显示到屏幕上，不过通过实验发现，这样做的效果十分不理想。首先棋盘是15×15的盘面，开发板的屏幕大小是640×480，所以棋子的大小应该在半径为6像素左右。这样的图片不太好做，太小了，下到开发板中，显示的图片大小为0 Kb，而且显示在屏幕上的图片还有失真现象，且失真现象严重。基于以上原因，决定使用直接在开发板中绘制的方法来制作棋子。五子棋的棋子，应该是圆形的，并且有一黑、一白两种颜色。这时，又出现了新的问题。当画黑子时，怎样才能使黑棋的颜色饱满？当画白子时，怎样才能使整个白子区域内都是白色？

1) 画黑子

棋子是圆形的，所以考虑用系统提供的一个 API 函数来绘制棋子。该 API 函数就是画圆函数 void Circle(PDC pdc,int x0,int y0,int r)，通过该函数就可以画出一个以(x_0, y_0)为圆心，r 为半径的圆形，如图12.18所示。

黑棋应该是一个实心的黑色圆形，在开发板中如何绘制呢？最初是用一个 for 循环语句实现的，即

```
for(i=r;i>=0;i--)
    Circle(pda,x,y,r);
```

假如是一个半径为10个像素的圆，那么先画半径为10的圆，再画半径为9的圆……，最后画半径为1的圆。这时，可以明显地发现，圆心位置的像素点并没有被画上，其实不只圆心

位置，其他也有些位置没有被画到，该黑色圆形的效果并不太理想，示意图如图 12.19 所示。

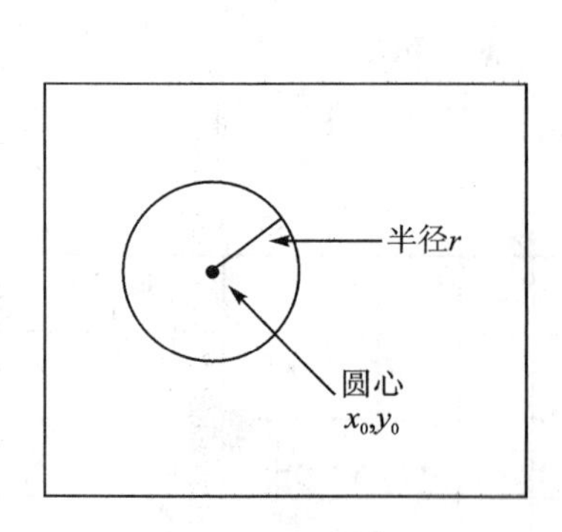

图 12.18　画圆示意图

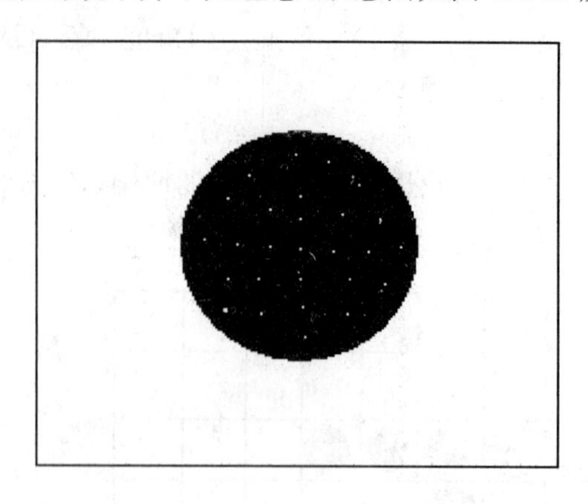

图 12.19　for 语句画出的黑棋示意图

既然是要把圆形的内部填上黑色，那么为何不试试系统提供的填充 API 函数呢？不过系统只提供了一个填充矩形的函数，所以必须要对该 API 函数加以改正。填充函数 void FillRect 源码如下：

```
void FillRect(PDC pdc, int left,int top ,int right, int bottom,U32 DrawMode, U32 color)
{
    int i,j;
    INT8U err;
    OSSemPend(Lcd_Disp_Sem,0, &err);
    for(i = left;i< = right;i ++ )
    {
        for(j = top;j< = bottom;j ++ )
        SetPixel(pdc,i,j,color);                    //在触摸屏(i,j)处画颜色为 color 的点
    }
    OSSemPost(Lcd_Disp_Sem);
    if(pdc ->bUpdataBuffer)
        OSMboxPost(LCDFresh_MBox,(void * )1);//刷新 LCD
}
```

可以看出，上面程序的思想就是在一个矩形范围内逐点描点。同理，填充圆形也应该是描点，关键是如何判断所描的点是否在圆形区域内。利用平面内两点间距离公式：

$$\mathrm{sqrt}[(y-y_0)\times(y-y_0)+(x-x_0)\times(x-x_0)]$$

该公式可以求出(x,y)点到(x_0,y_0)点的距离，所以只要判断目标点(x,y)与圆心点(x_0,y_0)的距离是否小于圆形的半径 r。如果小于 r，那么说明目标点在圆内；否则就是在圆外。通过这一思想就可以设计出填充圆形的函数 FillRectcir()了。

通过使用填充函数画出的黑棋图像如图 12.20 所示。比较可以看出，填充函数画出的黑棋比 for 语句画出的黑棋效果要好很多。

2）画白子

有了画黑子的经验，画白子就好办多了。原理和画黑子一样，也是先画出一个圆形，再用

填充函数把圆形内部填成白色，即把 color 属性置成 WHITE。过程如图 12.21 所示。

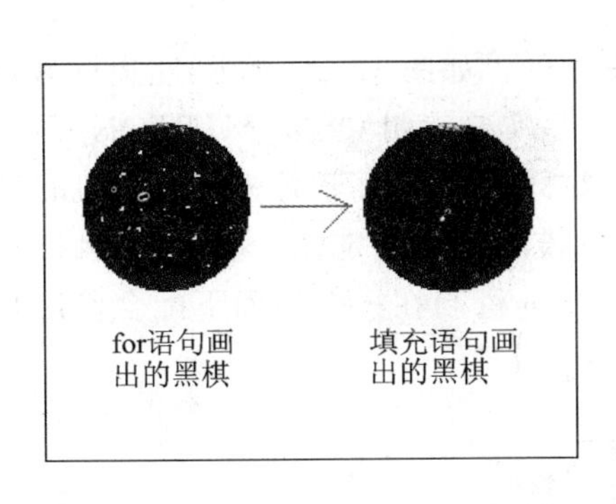

图 12.20　填充函数画出的黑棋示意图

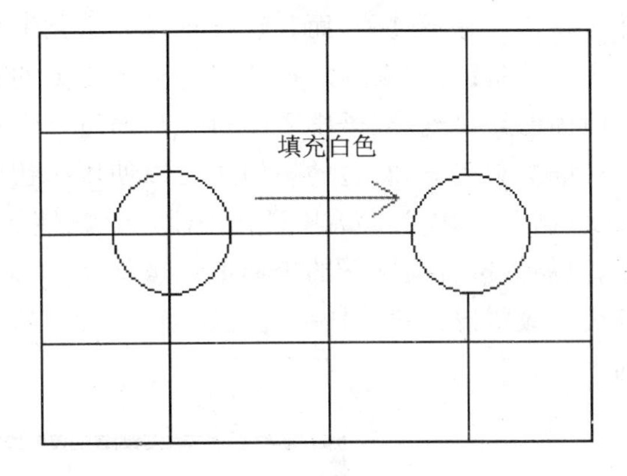

图 12.21　填充函数画出的白棋示意图

12.4.3　文件问题

文件模块是在游戏设计的后期才加入的，加入的目的主要是考虑到加强游戏的健壮性和趣味性。由于时间的关系，该模块设计的比较仓促，遇到了一些问题，虽然解决了，但是解决的方法比较笨拙。

本游戏中的文件模块主要完成记录玩家步数的功能，即把游戏中玩家用最少步数赢得胜利的步数值记录到文件中去，看谁能打破这个纪录。本游戏中还有一个多难度级别功能和先手、后手功能，所以要记录的数据有四个：高级难度先手、高级难度后手、普通难度先手、普通难度后手。在 C 语言中，可以很方便地把这 4 个整型量存入一个文件中，需要使用的时候可以方便提取。但是在本次的环境中，由于用到了硬件开发板，存在数据类型转换的问题，因此把 4 个数据存入一个文件中，再提取用户需要的数据，这一过程实现比较复杂，最终直接建立了 4 个文件，一个数据存入一个文件，需要调用哪个数据就直接打开哪个文件就行了。4 个文件的定义如下：

```
char sysfilenamea[]="/sys/ucos/SYSA.DAT";
char sysfilenameb[]="/sys/ucos/SYSB.DAT";
char sysfilenamec[]="/sys/ucos/SYSC.DAT";
char sysfilenamed[]="/sys/ucos/SYSD.DAT";
```

要想使用文件，先要建立文件，在 C 语言中，如果需要打开的文件不存在，则系统自行创建该文件。本系统就不同了，要想打开.DAT 型的文件就要先建立一个文件，并把该文件导入到 UP-NETARM2410 硬件开发板中。在这一过程中存在一个很重要的问题，该硬件不支持用户在 Windows 系统中右键手动建立.DAT 文件(即单击鼠标右键，在新建中建立.DAT 文件)。解决这一问题有两种方法：一种方法是利用 C 或 C++等编程语言在 Windows 系统中建立.DAT 文件；二是直接复制硬件开发商在硬件配套软件中提供的.DAT 文件。通过这两种方法，文件模块问题便得到了解决。

12.4.4　按钮机制问题

本系统的 API 函数库中提供了按钮控件，无论从按钮的功能还是从按钮的形状来看，该控键设计的都很不错。五子棋游戏中有许多需要用到按钮的地方,所以使用系统提供的按钮控件实在是再好不过了,而且这样还可以简化编程。最初游戏设计的确也是这么设计的,不过通过实践的验证,该系统的按钮机制存在很大的漏洞。

前面已经提到,五子棋下棋过程是通过点击棋盘下子的。如图 12.22 所示,左边棋盘部分用触摸屏机制完成,右边的按钮则可以使用按钮机制,但是实验表明 OSM_BUTTON_CLICK(按钮机制)和 OSM_TOUCH_SCREEN(触摸屏机制)在同一个界面下无法实现按钮的消息传递,只能传递触摸屏下的坐标值。也就是,只能实现触摸屏的消息定位,这是因为触摸屏的任务优先级要比按钮的任务优先级高。因此,按钮和触摸屏机制在一个界面下配合使用是不行的。

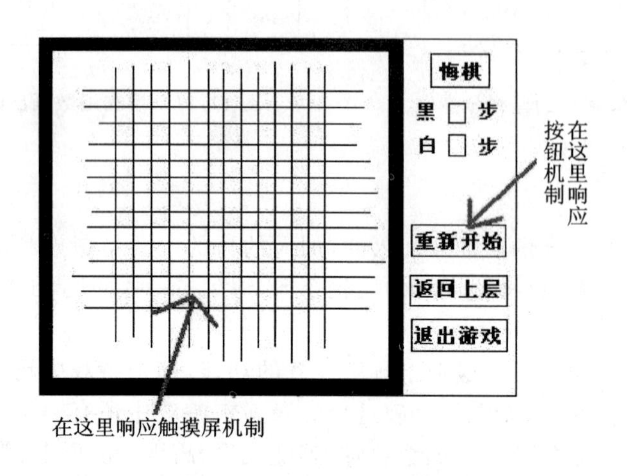

图 12.22　按钮界面示意图

除了上述问题以外,按钮控件还存在着另外一个严重的问题。如图 12.23 所示,A、B 表示两个不同的界面,当点击 A 界面中的 1 号按钮时,假设响应 1 号按钮的功能,屏幕跳转到 B 界面,按常规 B 界面就应该显示 4 号和 5 号按钮。但实际情况是,B 界面中还有 A 界面中 1、2、3 号按钮的痕迹,不过相应位置中的 1、2、3 号按钮的功能就不响应了,而在 B 界面中系统只响应 4、5 号按钮的任务。这就是说系统的功能不受影响,但是界面就一塌糊涂了,这种问题无论在哪里都是不允许的!

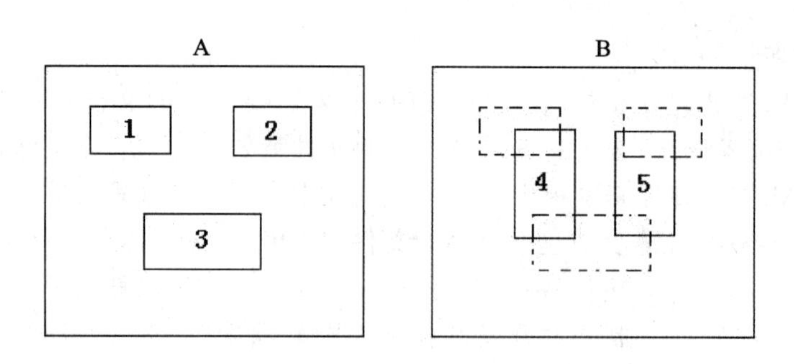

图 12.23　按钮控件问题示意图

基于以上原因,五子棋游戏软件中所有的按钮都是通过触摸屏实现的。

12.4.5 函数、变量命名问题

函数、变量的命名，这项工作看起来不起眼，根本谈不上是个问题，但是通过这次软件编写，感觉到这个问题的确不容忽视！这个五子棋游戏软件程序包括两个五子棋游戏算法、一个文件系统、若干个函数调用，总计有上千行的源代码。这么大的程序本人以前也没写过，而且这些程序模块是分开写的，里面用到了大量的局部变量和全局变量，当整合整个系统时，在编译的过程中遇到了许多意想不到的、莫名其妙的、不可思议的错误！这其中一大部分原因不是因为编程逻辑问题，而是因为变量，函数的名称定义不好。举个例子，就拿“int i;”来说，在一个函数中被定义成局部变量，而在整个程序中又把它作为了全局变量，当然这在C语言中是允许的，但是如果这个变量出了问题后果就是严重的。诸如此类的问题还有很多，这里就不一一赘述了。

在本次程序中，函数和变量采用中文拼音与英文混合的方法来命名。所用函数的第一个字母均大写，变量均小写。以下是一些列子：

```
void Menu();                 //开始菜单 L
void OnTouchMenu();          //菜单的触摸屏函数
void Renren();               //双人对战函数
void Drawboard();            //画棋盘函数
void Huiqi();                //悔棋函数
void Comdown();              //计算机下子函数
void MenuRenji();            //人机对战菜单
void MenuNandu();            //难度选择菜单
void MenuPutong();           //普通难度菜单
void PutongXian();           //普通难度先手函数
void PutongHou();            //普通难度后手函数
void RenjiXian();            //人机对战先手函数
void RenjiHou();             //人机对战后手函数
void Jilu();                 //记录函数
```

12.5 练习题

1 为PDA环境设计一个五子棋游戏组件，具有修改悔棋功能，并且能悔任意步，设置难易程度及记忆功能(能记住胜负比例)，增加存盘功能，增加记步骤功能，并能在嵌入式环境下使用。

2. 为PDA环境设计一个围棋游戏组件，可以设置难易程度、悔棋功能、计分功能及记忆功能(能记住胜负比例)，并能在嵌入式环境下使用。

3. 为PDA环境设计一个跳棋游戏组件，可以设置难易程度、悔棋功能、计分功能及记忆功能(能记住胜负比例)，并能在嵌入式环境下使用。

第13章 拼图游戏设计

电子游戏平台从电视游戏机到通用个人计算机，再到网络，现在的手机、PDA 等嵌入式设备，各种游戏每时每刻都会出现在我们的眼前！本章使用 C 语言编写一个广泛流行的小型游戏拼图游戏。

13.1 引 言

拼图游戏是一个益智游戏，如同现在手机中的游戏一样。拼图游戏就是将一幅混乱的图片拼成完整的图形。现在的拼图游戏有两种方式，一种是利用移动将打乱的图形恢复正常，一种是将上百的碎片拼成一幅完整的图片。为了设计一个益智类的游戏，下面选用的是第一种游戏设计方案。

就实现方法来说，要让计算机知道该拼图游戏如何对一个完整的图片进行随意分割，判断出图形是否已经组装完毕，判断是否成功地拼完整个图形，并且游戏还要有步数的记录和倒计时的功能。

游戏的开始时进入到开始界面，如图 13.1 所示，它包括了四幅图。点击其中一幅图后，自动将所选择的图形切割，之后进入到游戏界面，并显示在游戏区中，如图 13.2 所示，这时时间任务同时启动，接下来就可以玩游戏了。

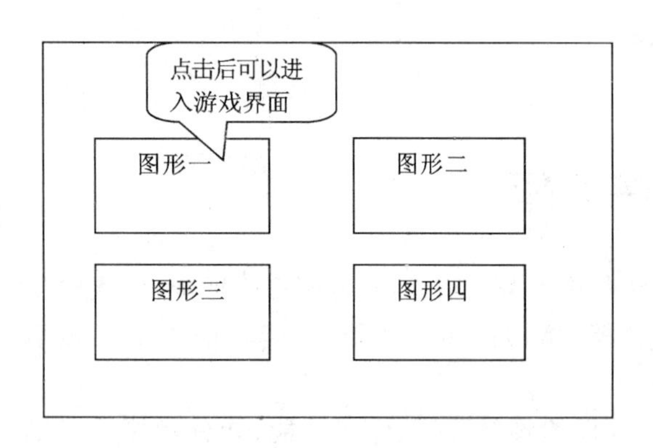

图 13.1 开始界面

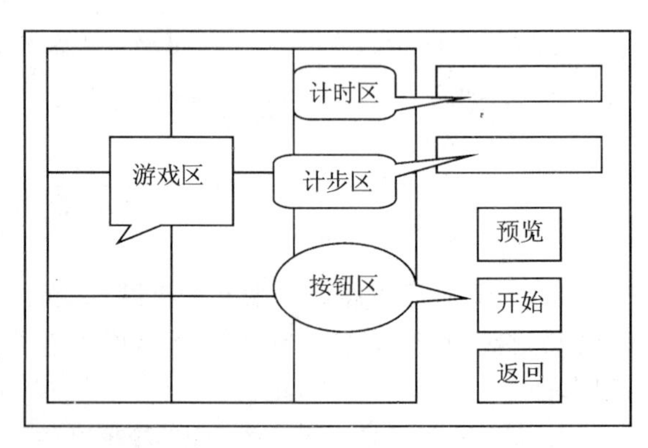

图 13.2 游戏界面

图 13.2 中的按钮中包括开始按钮、返回按钮和预览按钮。开始按钮是放弃现在的游戏重新开始新的一局的时候使用，它的任务包括结束现在的游戏，同时重新打乱拼图，开始新的游戏。返回按钮就是返回到主界面下。预览按钮就是可以看到完整的图片，可以清楚地知道图形应该在什么地方，方便完成这个游戏。计时窗口主要显示当前剩余的时间。开始游戏的时

候给一个固定的时间,这样可以增加一些游戏的刺激感和急迫感,可以使游戏更加有趣。计步窗口显示的是经历了多少步以后才玩出的游戏,提高游戏的吸引力。计分窗口显示的是拼图成功后,游戏自动显示此次游戏中得到的分数。

13.2 编程思想

13.2.1 总体设计

游戏的内核设计:游戏的关键就是图形如何地分割成小型碎片,又如何判断出图形是否已经组装完毕。游戏的开发难度还在图形的移动上,如何使图形在自由移动的同时又可以智能地判断图形是否已经成功。游戏的存在肯定有它的输赢。玩游戏的目的一是为了消磨时光,二是为了在娱乐中体验竞争。为了实现这些功能,游戏中应该有计分功能。拼图游戏,有计步数功能,同时还应该有计时功能。

游戏者通过触摸屏实现对图片的操作,主要是实现对图片的移动来完成游戏。算法主要包括:

(1) 图形切割算法,就是将一张完整的图片分成数张小图片。

(2) 打乱算法,就是将数张组成完整图形的图片打乱顺序,成不规则图形。

(3) 移动算法,点击图片以后可以上下左右移动。

(4) 图形显示算法,就是将图形在 PDA 机上显示。

(5) 触摸屏算法,点击触摸屏后,分析触摸屏数据完成动作。

(6) 时间算法,以任务形式进行倒计时。

利用数学建模的思想,将图形分割成形状相同的碎片。在图形切割上,可以使用图形学上的切割方法充分考虑图形的边缘地区。但是在游戏中,为了方便和简单,在图形的输入上可以由自己控制,这样的话坐标就可以由自己决定。在图形的切割上可以轻松地利用数组实现。图片在 PDA 上作为一个二维的图形,它的显示可以在一个二维的数组上实现。这样的话就可以利用一个二维数组来记录图片的分布情况,利用二维数组中记录的值来实现图片的移动。同时还有打乱算法,具有一定的随机性,这样就要用到随机函数。

拼图游戏总体设计编程思想:首先在 main 函数中生成一个主任务 Main_Task,根据优先级开始执行主任务。主任务中先是显示主界面,在主界面中单击“开始”按钮后就可以进入主界面二,也就是选择图片的地方,点击图片以后就可以进入到游戏区了。进入到游戏界面之前将图片进行打乱,执行 getway() 函数(该函数在 13.3.2 小节中有介绍),同时执行时间函数 Rtc_Disp_Task(该函数在 13.2.2 小节中有介绍)。这时进入到触摸屏的机制 onKey() 函数(该函数在 13.2.2 小节中有介绍)中,开始等待触摸屏的消息。在同一个循环中判断标志,根据标志的情况退出游戏界面的消息机制重新开始执行开始界面,又是一个轮回。游戏失败或成功都返回主界面。图 13.3 显示了拼图游戏总体设计流程图。

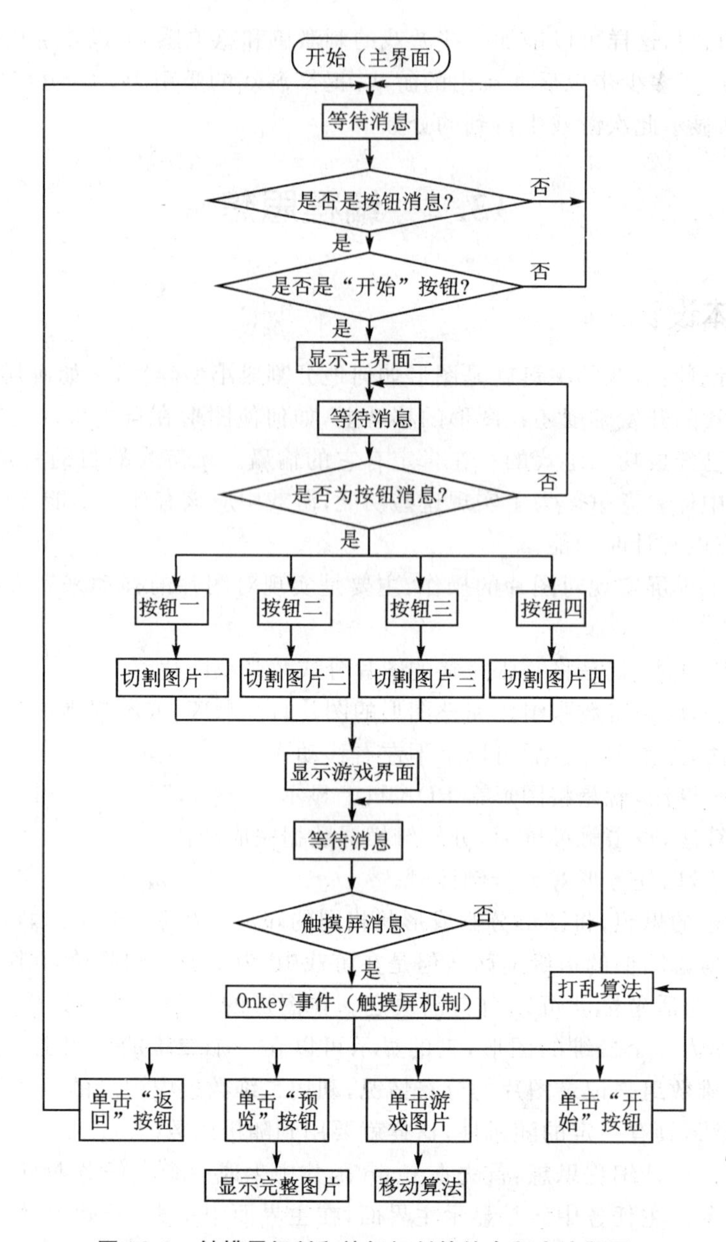

图 13.3　触摸屏机制和按钮机制的结合程序流程图

13.2.2　详细设计

1. 拼图游戏中用到的主要数据结构

图形名称的结构如下：

```
typedef struct ppfilename
{
    U8 bmp6[400][400];
}ppfile;
```

结构描述了记录图形名称的结构体。该结构包含了一个数据项 bmp6。bmp6 数据项是 U8 类型二维数组,表示图形名称。下面代码完成了一些声明:

```
ppfile picname[8];            //记录图形名称的结构体
int thename[3][3]={{0,1,2},{3,4,5},6,7,8}};
//将游戏区看做是一个二维数组记录图片的位置
```

随机数种子结构如下:

```
static unsigned _random_number_seed[55] =
{   0x00000001, 0x66d78e85, 0xd5d38c09, 0x0a09d8f5, 0xbf1f87fb,
    0xcb8df767, 0xbdf70769, 0x503d1234, 0x7f4f84c8, 0x61de02a3,
    0xa7408dae, 0x7a24bde8, 0x5115a2ea, 0xbbe62e57, 0xf6d57fff,
    0x632a837a, 0x13861d77, 0xe19f2e7c, 0x695f5705, 0x87936b2e,
    0x50a19a6e, 0x728b0e94, 0xc5cc55ae, 0xb10a8ab1, 0x856f72d7,
    0xd0225c17, 0x51c4fda3, 0x89ed9861, 0xf1db829f, 0xbcfbc59d,
    0x83eec189, 0x6359b159, 0xcc505c30, 0x9cbc5ac9, 0x2fe230f9,
    0x39f65e42, 0x75157bd2, 0x40c158fb, 0x27eb9a3e, 0xc582a2d9,
    0x0569d6c2, 0xed8e30b3, 0x1083ddd2, 0x1f1da441, 0x5660e215,
    0x04f32fc5, 0xe18eef99, 0x4a593208, 0x5b7bed4c, 0x8102fc40,
    0x515341d9, 0xacff3dfa, 0x6d096cb5, 0x2bb3cc1d, 0x253d15ff
};
```

随机数种子结构是为打乱算法中能将图形彻底的打乱提供随机数的种子。这样产生的图形碎片的位置会随机变化,使游戏难度增加,也更加好玩。

2. 拼图游戏设计中重要的功能函数

1) 产生随机数 rand()函数

表 13.1 显示了产生随机数函数的方法描述。

表 13.1　rand 方法描述

名　称	rand		
返回值	int		
描　述	产生随机数函数		
参　数	名　称	类　型	描　述
无			

rand()函数代码如下:

```
int rand()                    //产生一个随机数
{
    unsigned int temp;
    temp = (_random_number_seed[_random_k] += _random_number_seed[_random_j]);
    if (-- _random_j < 0) _random_j = 54, -- _random_k;
    else if (-- _random_k < 0) _random_k = 54;
    return (temp & 0x7fffffff);        /* result is a 31 - bit value */
}
```

图形显示函数编程思想：ARM 中提供了一定的 API 函数，但 ShowBmp()函数只是将读入的文件逐行显示，没有将已经存入数组形式的图片显示的函数。根据 ShowBmp 中的含义，改变一个可以显示现有形式的图形文件的函数。在写这个函数的时候要注意的是，每个点读入数组以后在数组中占的地方是三个字节，不是一个字节。所以在描点的时候不是数组的一个字节就可以将点描出的，需要的是一次读入三个字节，根据它们的比较，利用描点函数将点描出，再利用 for 循环语句将点全部描出。图 13.4 显示了图形显示流程图。

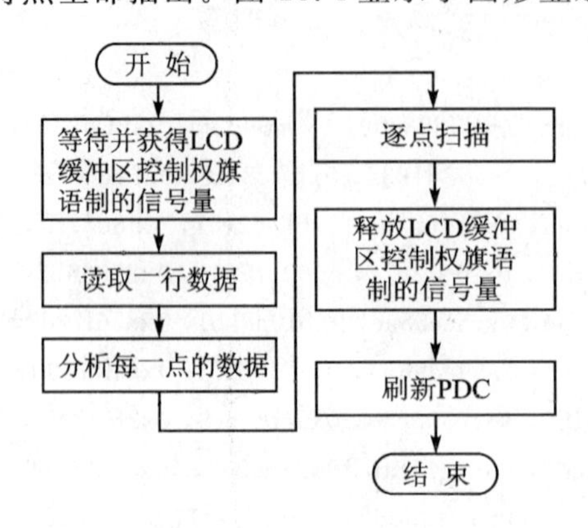

图 13.4　图形显示流程图

2) 图形显示 showfile()函数

表 13.2 显示了图形显示函数的方法描述。

表 13.2　showfile 方法描述

名　称	showfile		
返回值	void		
描　述	图形显示函数		
参　数	名　称	类　型	描　述
1	pdc	PDC	指向绘图设备上下文(DC)的指针
2	Filename[][]	U8	显示图形的数组名称
3	x	int	显示图形的 x 坐标
4	y	int	显示图形的 y 坐标

showfile()函数代码如下：

```
void showfile(PDC pdc,U8 filename[400][400],int x,int y)
{
    U32 color;                              //替代 * bmp
    U8  * pbmp;                             //指向数组的指针,用来记录图形数组的一行
    INT8U err;                              //出错信号
    OSSemPend(Lcd_Disp_Sem,0,&err);//等待并获得 LCD 缓冲区控制权旗语制的信号量
    for(i = 69;i> = 0;i -- )
    {
        pbmp = filename[i];
        for(j = 0;j<70;j ++ )
```

```
    {
        color = *pbmp;
        for(k = 0;k<nbyte - 1;k ++ )          //一行一行地描点,显示图片
        {
            color<< = 8;
            pbmp ++ ;
            color| = *pbmp;
        }
        pbmp ++ ;
        SetPixel(pdc,x + j, y + i, color);   //描点
    }
  }
  OSSemPost(Lcd_Disp_Sem);                  //释放 LCD 缓冲区控制权旗语制的信号量
                                            //发出信号刷新 lcd
  if(pdc ->bUpdataBuffer)
    OSMboxPost(LCDFresh_MBox,(void * )1);
}
```

代码中 showfile()函数行文件显示的情况下,首要的目的是检查文件是不是属于 ShowBmp 显示规格,然而在这个程序设计中输入的文件都是自己已经切割好的文件,这个第一步就舍去检查的步骤而是直接获得 lcd 的控制权"OSSemPend(Lcd_Disp_Sem, 0, &err);",这样就可以根据小数组中的信息将点逐点描出了。

3) 时间 Rtc_Disp_Task()函数

时间函数编程思想:时间函数利用的是系统自己时间的改变来改变。游戏中用到的时间是倒计时,不是像系统时间一样来显示现在几点了。这样的话不是简单地调用系统时间就够了,而是需要如何可以像时钟那样倒计时显示现在所剩下的时间。图 13.5 显示了时间函数流程图。

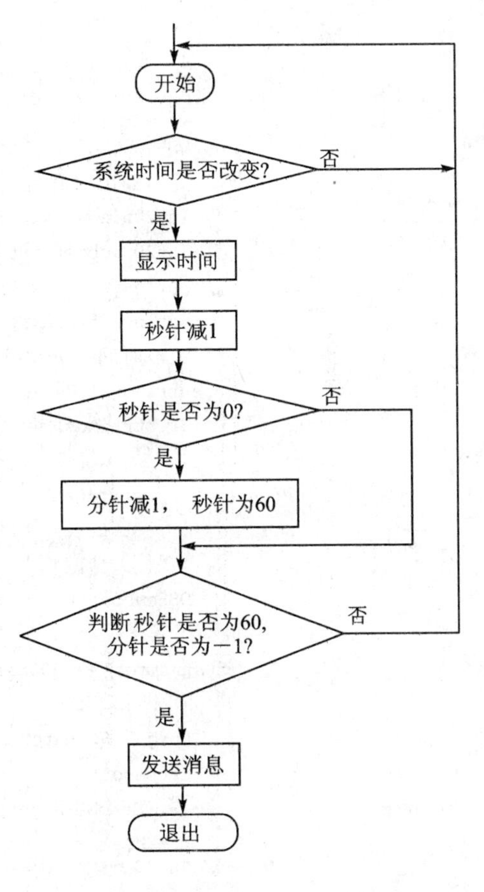

图 13.5 时间算法程序流程图

表 13.3 显示了时间函数的方法描述。

表 13.3 Rtc_Disp_Task 方法描述

名 称	Rtc_Disp_Task		
返回值	void		
描 述	时间函数		
参 数	名 称	类 型	描 述
1	Id	void *	

Rtc_Disp_Task()函数代码如下:

```
//一个时间任务,在必要的地方生成时间任务
```

```
OS_EVENT * Rtc_Updata_Sem;                            //时钟更新控制权                    (1)
OS_STK Rtc_Disp_Stack[STACKSIZE] = {0, };             //Rtc_Disp_Task 堆栈
void Rtc_Disp_Task(void * Id);                        //声明 Rtc_Disp_Task
#define Rtc_Disp_Task_Prio        14                  //定义优先级大小
Rtc_Updata_Sem = OSSemCreate(1);//创建一个系统的信号量,参数 1 表示此信号量有效
OSTaskCreate(Rtc_Disp_Task,(void *)0,(OS_STK *) &Rtc_Disp_Stack[STACKSIZE - 1],
            Rtc_Disp_Task_Prio);                      //创建时间任务                      (2)
//在任务生成以后,执行的是以下的代码,以优先级的大小和主任务在交替执行
//这样时间函数的执行不会干扰到主任务的执行
void Rtc_Disp_Task(void * Id)                         //时钟显示更新任务                  (3)
{
    U16 strtime[10];
    INT8U err;
    U32 key = 0;
    int strtimes1 = 60;                               //代表秒数
    int strtimei1 = 4;                                //代表分数
    U16 strtimes2[1],strtimei2 [1];                   //分别表示转换 Unicode 码的秒和分
    POSMSG pmsg;
    for(;;)
        {
            if(Rtc_IsTimeChange(RTC_SECOND_CHANGE)) //不需要更新显示
                {
                    OSSemPend(Rtc_Updata_Sem, 0,&err);
                      //输出时间值
                    Int2Unicode(strtimes1, strtimes2);
                    Int2Unicode(strtimei1, strtimei2);
                    SetTextCtrlText(ptimetextctrl1,strtimei2,TRUE);
                    SetTextCtrlText(ptimetextctrl2, strtimes2, TRUE);
                      //时间的分和秒的变换,在秒为 0 的情况下,分减 1,秒变为 60
                    strtimes1 -- ;
                    if(strtimes1 == 0)
                    {
                        strtimei1 -- ;
                        strtimes1 = 59;
                    }
                    OSSemPost(Rtc_Updata_Sem);
                }
                if(strtimes1 == 59&&strtimei1 == - 1)                                     //(4)
                {
                    pmsg = OSCreateMessage(NULL,999, key, key);
                    if(pmsg)
                        SendMessage(pmsg);
                    break;
                }                                                                         //(5)
                OSTimeDly(250);
        }
}
```

标号(1)到(2)之间的代码功能是在多任务系统中再创建一个新的任务 Rtc_Disp_Task，必须先为任务定义自己的栈空间 Rtc_Disp_Stack，选定一个唯一的任务优先级 Rtc_Disp_Task_Prio，对任务进行声明，最后在需要创建任务的地方通过 OSTaskCreate()函数创建任务。

标号(3)中函数 Rtc_Disp_Task 功能是利用 API 函数中一个功能就是在时间每改变 1 秒的情况下都会改变一次时间值，也就是利用系统函数的改变来实现自己数值的改变，在系统时间改变的时候调用一次该函数对时间进行改变。

标号(4)到(5)之间的代码功能是当时间的分和秒都变为 0 的时候发出一个消息，说明时间已经用完，游戏结束。发出消息后，主任务中收到这个消息，调用函数结束游戏。

需要注意的是，在游戏还没有开始之前、结束之后以及一些界面用不到时间函数时，需要将 Rtc_Disp_Task 任务删除。删除方法：通过调用 OSTaskDel 来完成，OSTaskDel 只是将这个任务从执行状态转换到休眠状态。

```
OSTaskDel( Rtc_Disp_Task_Prio);          //删除任务
```

4) 判断胜利条件 wingame()函数

判断胜利条件函数是在移动拼图的时候，每次移动完拼图，系统都要判断当前走完这一步有没有将拼图拼好。如果拼好了，则发出消息，主任务收到消息后，调用函数结束游戏。表 13.4 显示了判断胜利条件函数的方法描述。

表 13.4 wingame 方法描述

名　称	wingame		
返回值	int		
描　述	判断胜利条件函数		
参　数	名　称	类　型	描　述
无			

wingame()函数代码如下：

```
int wingame()//以数组的形式判断胜利条件
{
    int i,j,k = 0;
    POSMSG pmsg;
    U32 key = 0;
    for(i = 0;i<3;i ++ )                                    //(1)
        for(j = 0;j<3;j ++ )
        {
            if(thename[i][j] == k)
                k ++ ;
            else
                return 0;
        }                                                   //(2)
    pmsg = OSCreateMessage(NULL,888, key, key);
    if(pmsg)
            SendMessage(pmsg);
}
```

标号(1)到(2)之间的代码表示如果每个拼图都放在正确的位置上,则执行发送消息语句,如果发现有位置不对的拼图,则返回调用函数的地方,继续等待移动拼图。

5) 触摸屏控制机制 onKey()函数

触摸屏控制机制思想说明:点击触摸屏以后,触摸屏发出的消息用一个 PMSG 接收。在收到的消息中包括了点击的坐标消息和点击的模式(是单击还是双击,还是按下或者抬起)。从消息 pmsg 的 WParam 中移位得到 x 坐标和 y 坐标。这样根据 x 坐标和 y 坐标的范围来决定是否点击这个按钮或者图片,同时判断是否为单击。根据这些信息来确定调用什么函数来实现触摸屏的消息机制。图 13.6 显示了触摸屏控制机制流程图。

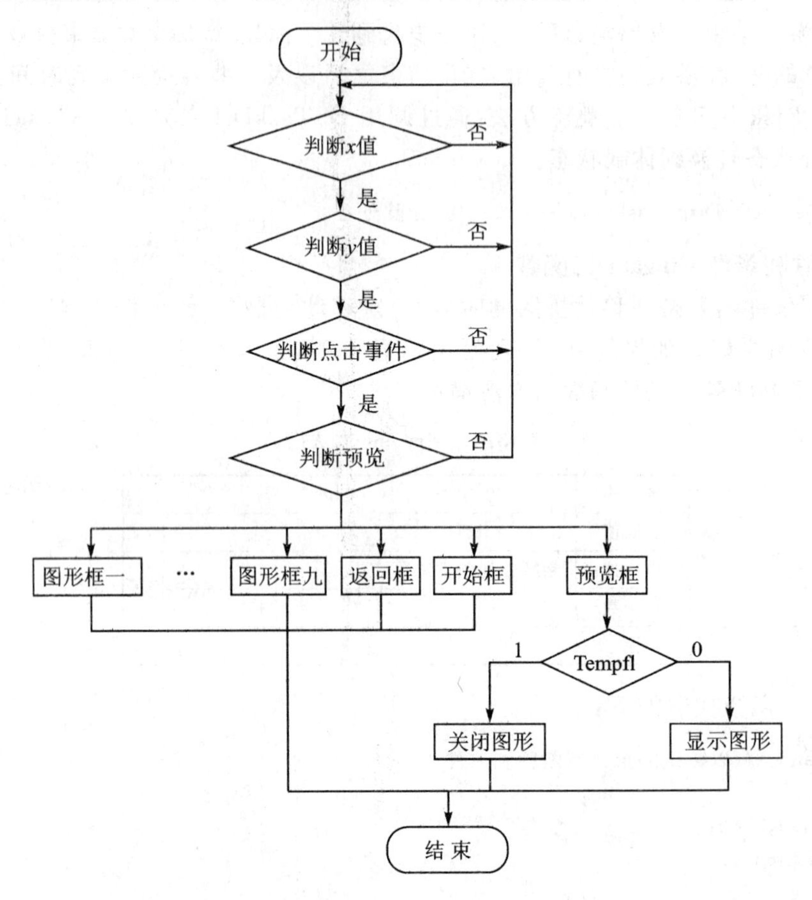

图 13.6 触摸屏控制机制流程图

表 13.5 显示了触摸屏控制机制的方法描述。

表 13.5 onKey 方法描述

名 称	onKey		
返回值	int		
描 述	触摸屏控制机制函数		
参 数	名 称	类 型	描 述
1	nkey	U32	存放触摸点的坐标值
2	fnkey	int	存放相应的触摸动作

onKey()函数代码如下：

```
int  onKey(u32 nkey, int fnkey)                                          (1)
{   //从消息中提出含有坐标的消息,根据移位得到点击的坐标
    x = nkey&0xFFFF0000;
    z = nkey&0xFFFF0000;
    y = z>>16;
    //根据分析出的坐标和点击的概念,触发以后的事件
    if(x<70&&x>20&&y>20&&y<70&&fnkey == 1 &&seemflag == 0)  //方框 1          (2)
    {
        m = 0;
        n = 0;
        movepway0(m, n);                           //调用判断移动函数
        return 1;
    }                                                                    //(3)
    …                                              //方框 2～9 省略
    if(x<295&&x>255&&y>150&&y<180&&fnkey == 1)     //点击"开始"按钮          (4)
    {
        getway();                                  //打乱图形
        load_windows();                            //显示图片
        OSTaskDel( Rtc_Disp_Task_Prio);            //删除任务
        showtime();                                //显示时间
        return 1;
    }
    if(x<295&&x>255&&y>190&&y<220&&fnkey == 1) //"返回"按钮
    {  return 7;            }
    pdc = CreateDC();
    //"预览"按钮实现的两个功能:显示图片和关闭图片
    if(x<295&&x>255&&y>105&&y<135&&fnkey == 1) //"预览"按钮
    {   if(tempflag1 == 0 )                        //如果是预览选项就显示图形
        {
            switch(tempflag)
              {
               case 1:
                    ShowBmp1(pdc, picFilename1, 12, 12);
                    seemflag = 1;
                    break;
                    …   //预览 2、3、4 图片省略
              }
              tempflag1 = 1;
        }
        //否则就显示游戏界面
        else
        {
          showgame1();   //回到拼图界面
          FillRect(pdc, 252, 107, 298, 133,
                   GRAPH_MODE_NORMAL, COLOR_WHITE);
```

```
            TextOut(pdc, 252, 110, seem, TRUE,FONTSIZE_MIDDLE);
            tempflag1 = 0;
            seemflag = 0;
        }
    }                                                                  //(5)
    DestoryDC( pdc);
}
```

标号(1)中的 onKey()函数是在点击触摸屏之后系统调用这个函数。首先从返回的消息里面分析出所点击的坐标。

标号(2)到(3)之间的代码是点击游戏区的响应。在点击图形以后,从触摸屏的消息上得到大致的位置,同时调用移动算法开始图形的移动。

标号(4)到(5)之间的代码是在点击辅助按钮(包括"开始"、"预览"和"返回"按钮)时候执行的一些程序。对于触摸屏机制来说最主要的就是对触摸屏消息的分析,也就是从消息中得到点击的坐标位置。

6) 消息机制

消息机制算法编程思想:嵌入式系统是一个实时系统,任务在优先级的形式下不停地监听着消息。而游戏的主体是在主任务中也就是在触摸屏机制和按钮机制的地方。在主任务中,有消息机制在不时地监听有没有消息发出。游戏的失败和成功如果用标志来说明就太麻烦了,如果选用消息机制,在游戏失败或者成功的情况下,自动地发出消息,让主任务中的消息机制接收,通过主任务下不同界面的转换来实现各自任务。

简单代码说明:

```
pmsg = OSCreateMessage(NULL,888, key, key);              //生成的消息
    if(pmsg)
        SendMessage(pmsg);                               //发出消息
```

13.3 算法详解

13.3.1 图片切割算法

编程思想:图形切割的算法根据图形的显示函数 SHOWBMP 改编而成。在文件中只有数据流,没有这些数据的具体形式,要考虑的是将文件中的数据怎么有效地分配到一定的形式中进行运用,将一个图形切割成 9 个部分。图形的切割主要是在切割边界点的判断,也就是判断哪些数据是要在切割的部分中。而游戏中每个图形的大小是规定的,这样就不用刻意地利用直线画图的形式来标明切割的地方。每个切割的地方都可以在程序中直接表明,这样判断起来也简单。将图形读入到二维数组的形式后,直接用数据下标来表示切割后图形的大小。利用循环,将二维数组切成 9 个小部分。图 13.7 显示的是图形切割算法流程图。

切割图形最主要的就是认识图形的存储文件的格式。在 PDA 上显示的图形只能是 24 位位图。对于图形的分割,最主要的是对于图形边缘的分析。对于制定的图形的文件大小,同时还有显示形势,可以利用二位数组的形势进行切割。

具体的操作就是将文件读入到一个二维数组中，同时利用二维数组的下标将文件分成 9 个小文件。唯一要注意的就是在算下标的时候一定要考虑到一个像素点在二维数组中所占的字节数。将文件分割后，分别放在 9 个小的二维数组中为以后的显示做好准备。在游戏的代码中，图形的大小是根据具体的数值指定的。如果要扩大游戏的可玩性，可以自由选择图形的大小（等于可以控制想要进行多少个图形来移动），那么可以加入这样的算式：

宽：(cx * nbyte+((4-cx * nbyte%4)%4)))/m

高：cy/n

这样玩家就可以自由地选择想要多少图形移动了。

在游戏设计中只做了关于游戏的直线切割，并没有做曲线的切割。对于曲线的切割，主要是曲线的确定。对于正规的曲线，切割如图 13.8 所示。

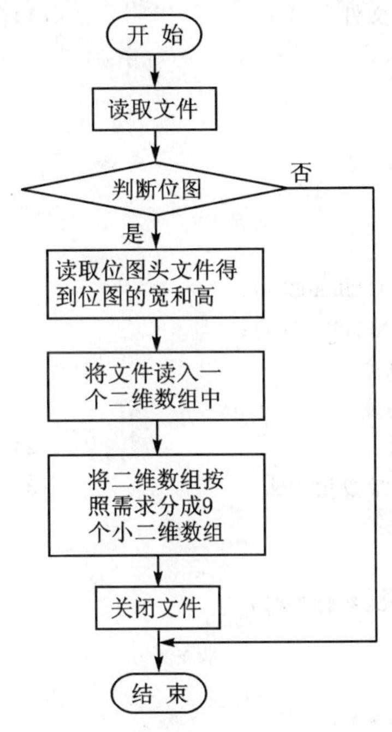

图 13.7　图形切割算法流程图

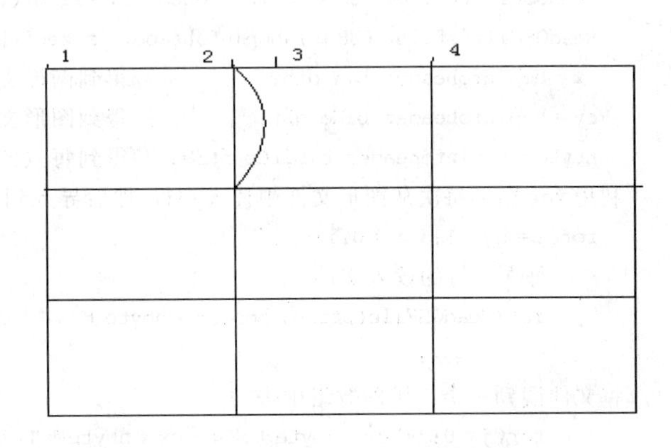

图 13.8　曲线切割图形的图形表示

可以在图 13.8 的 1～2 之间先设立一个二维数组，在 2～4 之间设置一个二维数组，同样，还要设置一个在 2～3 之间的二维数组。作为曲线分割的重点在 2～3 的数组上，根据曲线的范围，将 2～3 数组按曲线分割成两个部分。分成两个部分后，就可以将 2～3 前部分加入 1～2 数组中，同时 2～4 数组也要删除 2～3 的前部分，这样曲线切割的一部分就实现了。这就是曲线分割的方法。如果是不规则的曲线，那么在操作上会很麻烦，但大体的思路不变。

表 13.6 显示了图形切割算法函数的方法描述。

表 13.6　setfile 方法描述

名　称	setfile		
返回值	void		
描　述	图形切割算法函数		
参　数	名　称	类　型	描　述
1	Filename[]	char	要切割文件名

setfile()函数代码如下：

```
void setfile(char filename[])
{
    int i,j,k,h,g;
    U32 cx,cy;                              //分别是图形的宽度和高度
    FILE * pfile;                           //指向文件的指针
    static U8 bmp[4096];                    //图形一行的数据
    static U8 bmp1[300][4096];              //整个图形读入后的格式
    BITMAPFILEHEADER bmpfileheader;         //图形的头文件
    BITMAPINFOHEADER bmpinfoheader;         //图形头文件中的信息文件
    int x1,x2;
  //首先将文件打开,读取文件中的前两个字节判断是不是 BMP 文件                    (1)
    if((pfile = OpenOSFile(filename, FILEMODE_READ)) == NULL)
        return;
    ReadOSFile(pfile, (U8 * )bmp, 2);
    if(bmp[0]! = 'B' ||bmp[1] ! = 'M')
        return;
    //随后读取它的头文件中的信息文件
    ReadOSFile(pfile, (U8 * )&bmpfileheader, sizeof(BITMAPFILEHEADER));
    ReadOSFile(pfile, (U8 * )&bmpinfoheader, sizeof(BITMAPINFOHEADER));
    cx = bmpinfoheader.biWidth;             //得到图形文件的宽度
    cy = bmpinfoheader.biHeight;            //得到图形文件的高度
    nbyte = bmpinfoheader.biBitCount/8; //得到每点的字节数                      (2)
//利用 for 循环每次从图形文件中读入一行,然后导入到一个二维数组中去              (3)
    for(i = cy - 1;i> = 0;i -- )
    { //每次一行的读入文件
        if(!ReadOSFile(pfile, bmp,cx * nbyte + ((4 - cx * nbyte % 4) % 4)))
            break;
//将文件读到一个二维的数组中去
        for(j = 0;j<cx * nbyte + ((4 - cx * nbyte % 4) % 4);j ++ )
            bmp1[i][j] = bmp[j];
    }                                                                           //(4)
    h = 0;
    for(g = 0;g<200;g += 70)                                                    //(5)
    {
        for(i = g,x1 = 0;i<(g + 69);i ++ )
        {
            for(j = 0,x2 = 0;j<(69 * nbyte + (4 - 69 * nbyte % 4) % 4);j ++ )
            {
                picname[h].bmp6[x1][x2] = bmp1[i][j];
                x2 ++ ;
            }
            x1 ++ ;
        }
        h++ ;
```

```
        for(i = g,x1 = 0;i<(g + 69);i ++ )
        {
            for(j = 71 * nbyte,x2 = 0;j<(139 * nbyte + (4 - 139 * nbyte % 4) % 4);j ++ )
            {
                picname[h].bmp6[x1][x2] = bmp1[i][j];
                x2 ++ ;
            }
            x1 ++ ;
        }
        h ++ ;
        for(i = g,x1 = 0;i<(g + 69);i ++ )
        {
            for(j = 141 * nbyte,x2 = 0;j<(209 * nbyte + (4 - 209 * nbyte % 4) % 4);j ++ )
            {
                picname[h].bmp6[x1][x2] = bmp1[i][j];
                x2 ++ ;
            }
            x1 ++ ;
        }
        h ++ ;
    }                                                                       // (6)
    CloseOSFile(pfile);
}
```

标号(1)到(2)之间的代码先判断所导入的是否是 BMP 文件。读入文件的头文件，从头文件的信息中得到图片的宽和高(即 cx＝bmpinfoheader. biWidth; cy＝ bmpinfoheader. biHeight;)，为后面读文件打好基础。

标号(3)到(4)之间代码在 for 循环语句下一行一行地将文件读入到一个二维数组中。

标号(5)到(6)之间代码随后根据自己的需求按照一定的大小将二维数组分成 9 个小的二维数组。每个二维数组的大小都是 69 * nbyte＋(4－69 * nbyte%4)%4 * 69 * nbyte＋ (4－69 * nbyte%4)%4。切割的方法就是将大数组分成 3 部分(3 个大横条)，再将 3 个部分依次分成 3 个部分(3 个小方块)。要注意的是，在 24 位的位图中，一个点的数据大小在二维数组中占了 3 字节的位置。同时对于 bitmap 文件来说，在头文件中包含着点占多少字节的信息 nbyte＝bmpinfoheader. biBitCount/8。数组切割完以后，将 9 个小数组分别存到一个结构体里面，为以后的显示做好准备。在这个切割里面进行的是规则图形的切割，而且图形的大小都是由自己规定，同时想切多少都是自己定的，这样就降低了复杂度和难度。

13.3.2 打乱算法

编程思想：打乱算法就是利用图形自己移动来进行打乱，也就是说这样的打乱不会引起此次游戏无法玩出的结果。随机函数生成一个值，同时取现在系统时间的秒数，取它们“异或”以后的值再取 4 的模，这样随机得到的值是 0、1、2、3，用它们来各自代表一个方向。这样的打乱就是随机的，出现重复的机会小。同时值的改变是利用数组。数组记录了图形打乱以后的所在位置。图 13.9 是打乱算法流程图。

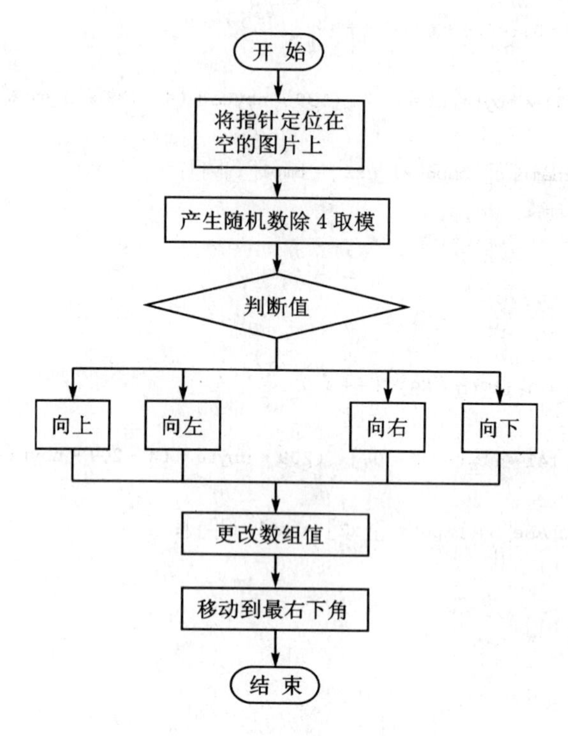

图 13.9 打乱算法流程图

表13.7显示了打乱算法函数的方法描述。

表 13.7 getway 方法描述

名 称	getway		
返回值	void		
描 述	打乱算法函数		
参 数	名 称	类 型	描 述
无			

getway()函数代码如下:

```
void getway()                           //进行图像的打乱
{
    int tempx,tempy,flagx,flagy;        //tempx、flagx 数组的后下标也就是图形的 x
                                        //坐标,tempy、flagy 数组的前下标也就是图形的 y 坐标
    structTime randtime;                //记录系统的时间
    …
    for(i = 0;i<3;i ++ )                                                  //(1)
        for(j = 0;j<3;j ++ )
        {
            thename[i][j] = k;          //记录关于图片位置数组
            k ++ ;
        }                                                                 //(2)
    for(j = 0;j<400;j ++ )                                                //(3)
```

```
{
    flagx = tempx;
    flagy = tempy;
    Get_Rtc(&randtime);           //从系统中得到现在的时间的秒数                (4)
    i = (rand()^randtime.second) % 4;                                        //(5)
    //产生随机数,得到的值是 0、1、2、3,分别表示向上、向左、向右、向下
    switch(i)                     //随机数产生后,运用 switch 功能将数组中的值替换
    {
    case 0:                       //向上移动,让空白区和有图区互换
        if((flagy - 1)> - 1)      //如果向上移动可以的情况下
        {
            temp = thename[flagy - 1][flagx];
            thename[flagy - 1][flagx] = 8;
            thename[flagy][flagx] = temp;
            tempy = flagy - 1;
        }
        break;
    case 1:                       //向左移动,让空白区和有图区互换
        if((flagx - 1)> - 1)      //如果向左移动可以的情况下
        {
            temp = thename[flagy][flagx - 1];
            thename[flagy][flagx - 1] = 8;
            thename[flagy][flagx] = temp;
            tempx = flagx - 1;
        }
        break;
    case 2:                       //向下移动,让空白区和有图区互换
        if((flagx + 1)<3)         //如果向右移动可以的情况下
        {
            temp = thename[flagy][flagx + 1];
            thename[flagy][flagx + 1] = 8;
            thename[flagy][flagx] = temp;
            tempx = flagx + 1;
        }
        break;
    case 3:
        if((flagy + 1)<3)
        {
            temp = thename[flagy + 1][flagx];
            thename[flagy + 1][flagx] = 8;
            thename[flagy][flagx] = temp;
            tempy = flagy + 1;
        }
        break;
    }
```

```
    }                                                           //(6)
//为了使游戏开始的时候空白区肯定在最右下角,加入以下代码
//使得空白区无论在什么地方都可以移到最右下角
    while(tempx<2)
    {
        flagx = tempx;
        flagy = tempy;
        if((flagx + 1)<3)
        {
            temp = thename[flagy][flagx + 1];
            thename[flagy][flagx + 1] = 8;
            thename[flagy][flagx] = temp;
            tempx = flagx + 1;
        }
    }
//以上是将空白图形向下移动
    while(tempy<2)
    {
        flagx = tempx;
        flagy = tempy;
        if((flagy + 1)<3)
        {
            temp = thename[flagy + 1][flagx];
            thename[flagy + 1][flagx] = 8;
            thename[flagy][flagx] = temp;
            tempy = flagy + 1;
        }
    }
//以上是将空白图形向右移动
}
```

代码打乱算法中,由于打乱是在任何时候都要进行的,所以开始的时候空的图片在什么位置是不一定的,如果盲目地打乱会出现错误的情况。在一开始的情况下将数组设定为{0,1,2,3,4,5,6,7,8},也就是将空白的地方放在最右下角。

标号(1)到(2)之间代码的功能是利用两个 for 循环语句将 thename[][]中的值重新设为原先的值,数组设置完以后,就要将空白图形的位置传到一个设定的值内:

```
tempx=2;tempy=2;
```

设定完以后就开始打乱。

标号(3)到(6)之间代码的功能是为了寻求能够将打乱的图片都可以成功地拼完,用的是将数组中的8这个值同上下左右的值交换的方法。通过400次的循环(目的是能够将图形彻底打乱),完成初步的打乱算法。打乱中的上下左右由随机产生的数字在除4取模后得到,也就是产生0、1、2、3四个数字。用0代表上、1代表左、2代表右、3代表下进行移动。

标号(4)到(5)之间的代码是随机取数的算法。

13.3.3 移动算法

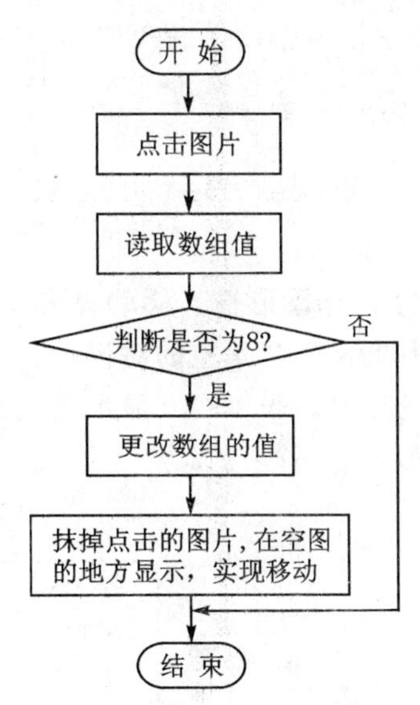

图 13.10 移动算法程序流程图

编程思想：点击图片以后，分析代表图形分布情况的数组，得到什么地方是空的没有图片，就将点中的图形显示到空白的区域，而同时也将原本点击过而有图片的地方抹掉，显示空白。同时将记录图形分布情况的数组进行改写，将点击过的地方改写为 8(即表示为空)，而原先空的地方要写入挪到那个地方图片的信息。这样就实现了图片的移动。

移动算法的主题还是对数组的改动，以二维的数组为根本，进行二维图形的操作。图 13.10 显示了移动算法程序流程图。

1) 得到移动图片序号 getpicname()函数

点击图片以后，根据点击位置得到点击的图片的序号。表 13.8 显示了得到移动图片序号函数的方法描述。

表 13.8 getpicname 方法描述

名 称	getpicname		
返回值	int		
描 述	得到移动图片序号函数		
参 数	名 称	类 型	描 述
1	flagx1	int	图片位置的 x 坐标
2	flagy1	int	图片位置的 y 坐标

getpicname()函数代码如下：

```
int getpicname(int flagx1,int flagy1)
{    int x;
     x = thename[flagy1][flagx1];
     thename[flagy1][flagx1] = 8;
     return x;
}
```

2) 更改数组值 changname()函数

判断出哪个是空的时候，图片移动到空的位置同时将空位置的数组上的数值设置为点击图片的序号。表 13.9 显示了更改数组值函数的方法描述，图 13.30 显示了对应函数的代码。

表 13.9 changname 方法描述

名 称	changname		
返回值	void		
描 述	更改数组值函数		
参 数	名 称	类 型	描 述
1	flagx1	int	图片位置的 x 坐标
2	flagy1	int	图片位置的 y 坐标
3	x	int	点击图片的序号

changname()函数代码如下：

```
void changname(int flagx1,int flagy1,int x)
{
    thename[flagy1][flagx1] = x;
}
```

3）点击图形框5移动算法 movepway4()函数

判断出哪个是空的时候，图片移动到空的位置同时将空位置的数组上的数值设置为点击图片的序号。表13.10显示了点击图形框5移动算法的方法描述，点击其他图片框的移动算法类似，这里省略了。

表13.10 movepway4方法描述

名　称	movepway4		
返回值	void		
描　述	点击图形框5移动算法函数		
参　数	名　称	类　型	描　述
1	flagx	int	图片位置的 x 坐标
2	flagy	int	图片位置的 y 坐标

movepway4()函数代码如下：

```
void movepway4(int flagx,int flagy)//点击图片框 5
{
    int temp;
    PDC  pdc;
    U16 str[1];
    pdc = CreateDC();
  //判断图形框二的位置是否为空,为空则移到空的地方
    if(thename[flagy - 1][flagx] == 8)              //move to 1                     (1)
    {
        temp = getpicname( flagx,flagy);            //得到图形的名称
        changname( flagx, flagy - 1, temp);         //更改数组值
        FillRect( pdc, 82, 82,150, 150,GRAPH_MODE_NORMAL,COLOR_WHITE);
        //将原先显示图形的地方涂成白色
        showfile(pdc, picname[temp].bmp6, 82, 12);
        count ++ ;                                  //记录步数
        Int2Unicode(count, str);
        SetTextCtrlText(pcounttextctrl, str, TRUE);
        wingame();
    }
//判断图形框四是否为空,为空则移到空的地方
    if(thename[flagy][flagx - 1] == 8)              //move to 3                     (2)
    {
        temp = getpicname(flagx,  flagy);
        changname(flagx - 1, flagy, temp);
        FillRect( pdc, 82, 82,150, 150,GRAPH_MODE_NORMAL,COLOR_WHITE);
        showfile(pdc, picname[temp].bmp6, 12, 82);
        count ++ ;
```

```
        Int2Unicode(count, str);
        SetTextCtrlText(pcounttextctrl, str, TRUE);
        wingame();
    }
//判断图形框六是否为空,为空则移到空的地方                                    (3)
    if(thename[flagy][flagx + 1] == 8)//move to 5
    {
        temp = getpicname( flagx, flagy);
        changname( flagx + 1, flagy, temp);
        FillRect( pdc, 82, 82,150, 150,GRAPH_MODE_NORMAL,COLOR_WHITE);
        showfile( pdc, picname[temp].bmp6, 152, 82);
        count ++ ;
        Int2Unicode(count, str);
        SetTextCtrlText(pcounttextctrl, str, TRUE);
        wingame();
    }
//判断图形框八是否为空,为空则移到空的地方                                    (4)
    if(thename[flagy + 1][flagx] == 8)//move to 7
    {
        temp = getpicname( flagx,  flagy);
        changname(flagx,  flagy + 1, temp);
        FillRect( pdc, 82, 82,150, 150,GRAPH_MODE_NORMAL,COLOR_WHITE);
        showfile( pdc, picname[temp].bmp6, 82, 152);
        count ++ ;
        Int2Unicode(count, str);
        SetTextCtrlText(pcounttextctrl, str, TRUE);
        wingame();
    }
    DestoryDC(pdc);
}
```

代码中 movepway4()函数先根据代码(1)、(2)、(3)和(4)中的 thename[flagy－1][flagx],thename[flagy][flagx－1],thename[flagy][flagx＋1]和 thename[flagy＋1][flagx]四个(也就是点击图形的上下左右)数组值判断哪个值为8(为空),再开始图形的移动。根据点击图形的位置从数组中得到点击的是哪张图片信息,同时将点击的位置设为空的数值,再将原本空的位置设置为点击图形的序号值。在屏幕上显示就是在原本空的地方将点击的图片显示出来,同时将点击过的地方擦除。这就实现了图形的移动,同时将步数加一显示。

13.4 练习题

1. 为 PDA 环境设计一个拼图游戏组件,采用拼图第2方案,将几十甚至上百的碎片拼成一幅完整的图片,将拼图碎片摆在屏幕四周,屏幕中央留出空白区域,点击选择的图片放到正确位置,将并能在嵌入式环境下使用。

2. 为 PDA 环境设计一个华容道游戏组件,可以设置难易程度、计分功能及记忆功能(能记住胜负比例),并能在嵌入式环境下使用。

附录　常用函数

显示部分 Display. h

相关结构

```
typedef struct{
    int DrawPointx;
    int DrawPointy;              //绘图所使用的坐标点
    int PenWidth;                //画笔宽度
    U32 PenMode;                 //画笔模式
    COLORREF PenColor;           //画笔的颜色
    int DrawOrgx;                //绘图的坐标原点位置
    int DrawOrgy;
    int WndOrgx;                 //绘图的窗口坐标位置
    int WndOrgy;
    int DrawRangex;              //绘图的区域范围
    int DrawRangey;
    structRECT DrawRect;         //绘图的有效范围
    U8 bUpdataBuffer;            //是否更新后台缓冲区及显示
    U32 Fontcolor;               //字符颜色
}DC, * PDC
typedef struct {
    int left;
    int top;
    int right;
    int bottom;
}structRECT
```

相关函数

initOSDC

定义：void initOSDC()

功能：初始化系统的绘图设备上下文(DC)，为 DC 的动态分配开辟内存空间。

CreateDC

定义：PDC CreateDC()

功能：创建一个绘图设备上下文(DC)，返回指向 DC 的指针。

DestoryDC

定义：void DestoryDC(PDC pdc)

功能：删除绘图设备上下文(DC)，释放相应的资源。

参数说明：pdc——指向绘图设备上下文(DC)的指针。

SetPixel

定义：void SetPixel(PDC pdc, int x, int y, COLORREF color)

功能：设置指定点的像素颜色到 LCD 的后台缓冲区，LCD 范围以外的点将被忽略。

参数说明：pdc——指向绘图设备上下文(DC)的指针。

x，y——指定的像素坐标。

color——指定的像素的颜色，高 8 位为空，接下来的 24 位分别对应 RGB 颜色的 8 位码。

SetPixelOR

定义：void SetPixelOR(PDC pdc, int x, int y, COLORREF color)

功能：设置指定点的像素颜色和 LCD 的后台缓冲区的对应点“或”运算，LCD 范围以外的点将被忽略。

参数说明：pdc——指向绘图设备上下文(DC)的指针。

x，y——指定的像素坐标。

color——指定的像素的颜色，高 8 位为空，接下来的 24 位分别对应 RGB 颜色的 8 位码。

SetPixelAND

定义：void SetPixelAND(PDC pdc, int x, int y, COLORREF color)

功能：设置指定点的像素颜色和 LCD 的后台缓冲区的对应点“与”运算，LCD 范围以外的点将被忽略。

参数说明：pdc——指向绘图设备上下文(DC)的指针。

x，y——指定的像素坐标。

color——指定的像素的颜色，高 8 位为空，接下来的 24 位分别对应 RGB 颜色的 8 位码。

SetPixelXOR

定义：void SetPixelXOR(PDC pdc, int x, int y, COLORREF color)

功能：设置指定点的像素颜色和 LCD 的后台缓冲区的对应点“异或”运算，LCD 范围以外的点将被忽略。

参数说明：pdc——指向绘图设备上下文(DC)的指针。

x，y——指定的像素坐标。

color——指定的像素的颜色，高 8 位为空，接下来的 24 位分别对应 RGB 颜色的 8 位码。

GetFontHeight

定义：int GetFontHeight(U8 fnt)

功能：返回指定字体的高度。

参数说明：fnt——输出字体的大小型号，可以是附表1中的一项。

附表1 字体大小

字体的型号	数 值	说 明
FONTSIZE_SMALL	1	小字体模式，12×12字符
FONTSIZE_MIDDLE	2	中字体模式，16×16字符
FONTSIZE_BIG	3	大字体模式，24×24字符

TextOut

定义：void TextOut(PDC pdc, int x, int y, U16 *ch, U8 bunicode, U8 fnt)

功能：在LCD屏幕上显示文字。

参数说明：pdc——指向绘图设备上下文(DC)的指针。

x,y——所输出文字左上角的屏幕坐标。

ch——指向输出文字字符串的指针。

bunicode——是否为Unicode码，如果是TRUE，表示ch指向的字符串为Unicode字符集；如果为FALSE，表示ch指向的字符串为GB字符集。

fnt——指定字体的大小型号，可以是附表1中的一项或附表2的数值。

附表2 字的显示方式

显示模式	数 值	说 明
FONT_NORMAL	0	正常显示
FONT_TRANSPARENT	4	透明背景
FONT_BLACKBK	8	黑底白字

TextOutRect

定义：void TextOutRect(PDC pdc, structRECT * prect, U16 * ch, U8 bunicode, U8 fnt, U32 outmode)

功能：在指定矩形的范围内显示文字，超出的部分将被裁剪。

参数说明：pdc——指向绘图设备上下文(DC)的指针。

prect——所输出文字的矩形范围。

ch——指向输出文字字符串的指针。

bunicode——是否为Unicode码，如果是TRUE，表示ch指向的字符串为Unicode字符集；如果为FALSE，表示ch指向的字符串为GB字符集。

fnt——指定字体的大小型号，可以是附表1中的一项或附表2的数值。

outmode——指定矩形中文字的对齐方式，可以是附表3中的数值。

附表 3 矩形中文字的对齐方式

对齐方式	数 值	说 明
TEXTOUT_LEFT_UP	0	文字从左上角开始
TEXTOUT_MID_X	1	水平居中
TEXTOUT_MID_Y	2	垂直居中

MoveTo

定义：void MoveTo(PDC pdc, int x, int y)

功能：把绘图点移动到指定的坐标。

参数说明：pdc——指向绘图设备上下文(DC)的指针。

x,y——移动画笔到绘图点的屏幕坐标。

LineTo

定义：void LineTo(PDC pdc, int x, int y)

功能：在屏幕上画线。从当前画笔的位置画直线到指定的坐标位置,并使画笔停留在当前指定的位置。

参数说明：pdc——指向绘图设备上下文(DC)的指针。

x,y——直线绘图目的点的屏幕坐标。

DrawRectFrame

定义：void DrawRectFrame(PDC pdc, int left,int top ,int right, int bottom)

功能：在屏幕上绘制指定大小的矩形方框。

参数说明：pdc——指向绘图设备上下文(DC)的指针。

left——绘制矩形的左边框位置。

right——绘制矩形的右边框位置。

top——绘制矩形的上边框位置。

bottom——绘制矩形的下边框位置。

DrawRectFrame2

定义：void DrawRectFrame2(PDC pdc, structRECT *rect)

功能：在屏幕上绘制指定大小的矩形方框。

参数说明：pdc——指向绘图设备上下文(DC)的指针。

rect——绘制矩形的位置及大小。

FillRect

定义：void FillRect(PDC pdc, int left,int top ,int right, int bottom,U32 DrawMode , COLORREF color)

功能：在屏幕上填充指定大小的矩形。

参数说明：pdc——指向绘图设备上下文(DC)的指针。

left——绘制矩形的左边框位置。

right——绘制矩形的右边框位置。

top——绘制矩形的上边框位置。

bottom——绘制矩形的下边框位置。

DrawMode——矩形的的填充模式和颜色，它的数值可以是附表 4 中的一项和附表 5 中的“或”运算的结果。

color——填充的颜色值，高 8 位为空，接下来的 24 位分别对应 RGB 颜色的 8 位码。

附表 4　绘图模式

绘图模式	数　值	说　明
GRAPH_MODE_NORMAL	0x00	普通绘图模式
GRAPH_MODE_OR	0x10	“或”绘图模式
GRAPH_MODE_AND	0x20	“与”绘图模式
GRAPH_MODE_XOR	0x30	“异或”绘图模式

附表 5　前景颜色

图形显示模式	数　值	说　明
COLOR_BLACK	1	黑色前景色
COLOR_WHITE	0	白色前景色

FillRect2

定义：void FillRect2(PDC pdc, structRECT ＊rect,U32 DrawMode , COLORREF color)

功能：在屏幕上填充指定大小的矩形。

参数说明：pdc——指向绘图设备上下文(DC)的指针。

rect——绘制矩形的位置及大小。

DrawMode——矩形的的填充模式和颜色，它的数值可以是附表 4 中的一项和附表 5 中的“或”运算的结果。

color——填充的颜色值，高 8 位为空，接下来的 24 位分别对应 RGB 颜色的 8 位码。

ClearScreen

定义：void ClearScreen()

功能：清除整个屏幕的绘图缓冲区，即清空 LCDBuffer2。

SetPenWidth

定义：U8 SetPenWidth(PDC pdc, U8 width)

功能：设置画笔的宽度，并返回以前的画笔宽度

参数说明：pdc——指向绘图设备上下文(DC)的指针。

width——画笔的宽度，默认值是 1，即一个像素点宽。

SetPenMode

定义：void SetPenMode(PDC pdc, U32 mode)

功能：设置画笔画图的模式。

参数说明：pdc——指向绘图设备上下文(DC)的指针。

mode——绘图的更新模式，可以是附表 4 数值中的一种。

Circle

定义：void Circle(PDC pdc, int x0, int y0, int r)

功能：绘制指定圆心和半径的圆。

参数说明：pdc——指向绘图设备上下文(DC)的指针。

x0,y0——圆心坐标。

r——圆的半径。

ArcTo

定义：void ArcTo(PDC pdc, int x1,int y1, U8 arctype, int R)

功能：绘制圆弧，从画笔的当前位置绘制指定圆心的圆弧到给定的位置。

参数说明：pdc——指向绘图设备上下文(DC)的指针。

x1,y1——绘制圆弧的目的位置。

arctype——圆弧的方向可以是附表 6 中的一项。

R——圆弧的半径。

附表 6　圆弧的方向

园弧绘制模式	数　值	说　明
GRAPH_ARC_BACKWARD	0	逆时针画圆
GRAPH_ARC_FORWARD	1	顺时针画圆

SetLCDUpdata

定义：U8 SetLCDUpdata(PDC pdc, U8 isUpdata)

功能：设定绘图的时候是否及时更新 LCD 的显示，返回以前的更新模式。

参数说明：pdc——指向绘图设备上下文(DC)的指针。

isUpdata——是否更新 LCD 的显示，可以为 TRUE 或者 FALSE。如果选择及时更新，则每调用一次绘图的函数都要更新 LCD 的后台缓冲区，并把后台缓冲区复制到前台。虽然可以保证绘图的实时性，但是，总体来讲，降低了绘图的效率。

Draw3DRect

定义：void Draw3DRect(PDC pdc, int left,int top, int right, int botton, COLORREF color1,COLORREF color2)

功能：绘制指定大小和风格的 3D 边框的矩形。

参数说明：pdc——指向绘图设备上下文(DC)的指针。

left——绘制矩形的左边框位置。

right——绘制矩形的右边框位置。

top——绘制矩形的上边框位置。

bottom——绘制矩形的下边框位置。

color1——左和上的边框颜色，高 8 位为空，接下来的 24 位分别对应 RGB 颜色的8位码。

color2——右和下的边框颜色,高8位为空,接下来的24位分别对应RGB颜色的8位码。

Draw3DRect2

定义:void Draw3DRect2(PDC pdc, structRECT rect, COLORREF color1,COLORREF color2)

功能:绘制指定大小和风格的3D边框的矩形。

参数说明:pdc——指向绘图设备上下文(DC)的指针。

rect——绘制矩形的位置及大小。

color1——左和上的边框颜色,高8位为空,接下来的24位分别对应RGB颜色的8位码。

color2——右和下的边框颜色,高8位为空,接下来的24位分别对应RGB颜色的8位码。

GetPenWidth

定义:U8 GetPenWidth(PDC pdc)

功能:返回当前绘图设备上下文(DC)画笔的宽度。

参数说明:pdc——指向绘图设备上下文(DC)的指针。

GetPenMode

定义:U32 GetPenMode(PDC pdc)

功能:返回当前绘图设备上下文(DC)画笔的模式。

参数说明:pdc——指向绘图设备上下文(DC)的指针。

SetPenColor

定义:U32 SetPenColor(PDC pdc, U32 color)

功能:设定画笔的颜色,返回当前绘图设备上下文(DC)画笔的颜色。

参数说明:pdc——指向绘图设备上下文(DC)的指针。

color——画笔的颜色,高8位为空,接下来的24位分别对应RGB颜色的8位码。

GetPenColor

定义:U32 GetPenColor(PDC pdc)

功能:返回当前绘图设备上下文(DC)画笔的颜色。

参数说明:pdc——指向绘图设备上下文(DC)的指针。

GetBmpSize

定义:void GetBmpSize(char filename[], int * Width, int * Height)

功能:取得指定位图文件位图的大小

参数说明:filename[]——位图文件的文件名。

Width——位图的宽。

Height——位图的高。

ShowBmp

定义：void ShowBmp(PDC pdc, char filename[], int x, int y)

功能：显示指定的位图(Bitmap)文件，到指定的坐标。

参数说明：pdc——指向绘图设备上下文(DC)的指针。

filename[]——显示位图(Bitmap)文件名。

x,y——显示位图的左上角坐标。

SetDrawOrg

定义：void SetDrawOrg(PDC pdc, int x,int y, int * oldx, int * oldy)

功能：设置绘图设备上下文(DC)的原点。

参数说明：pdc——指向绘图设备上下文(DC)的指针。

x,y——设定的新原点。

oldx,oldy——返回的以前原点的位置。

SetDrawRange

定义：void SetDrawRange(PDC pdc, int x,int y, int * oldx, int * oldy)

功能：设置绘图设备上下文(DC)的绘图范围。

参数说明：pdc——指向绘图设备上下文(DC)的指针。

x,y——设定的横向、纵向绘图的范围，如果 x(或者 y)为 1，则表示 x(或者 y)方向的比例随着 y(或者 x)方向的范围按比例缩放。如果参数为－1，表示方向相反。

oldx,oldy——返回的以前横向、纵向绘图的范围。

LineToDelay

定义：void LineToDelay(PDC pdc, int x, int y, int ticks)

功能：在屏幕上画线。从当前画笔的位置画直线到指定的坐标位置，并使画笔停留在当前指定的位置。

参数说明：pdc——指向绘图设备上下文(DC)的指针。

x,y——直线绘图目的点的屏幕坐标。

ticks——指定的延时时间，系统的时间单位。

ArcToDelay

定义：void ArcToDelay(PDC pdc, int x1, int y1, U8 arctype, int R, int ticks)

功能：按照指定的延时时间绘制圆弧，从画笔的当前位置绘制指定圆心的圆弧到给定的位置。

参数说明：pdc——指向绘图设备上下文(DC)的指针。

x1,y1——绘制圆弧的目的位置。

arctype——圆弧的方向可以是附表 6 参数中的一种。

R——圆弧的半径。

ticks——指定的延时时间，系统的时间单位。

操作系统的消息相关函数 OSMessage.h

相关结构

```
typedef struct {
    POS_Ctrl pOSCtrl;          //消息所发到的窗口(控件)
    U32 Message;
    U32 WParam;
    U32 LParam;
}OSMSG, * POSMSG
```

相关函数

initOSMessage

定义：void initOSMessage()

功能：操作系统初始化消息，为消息队列分配内存空间。

OSCreateMessage

定义：POSMSG OSCreateMessage(POS_Ctrl pOSCtrl, U32 Message, U32 wparam, U32 lparam)

功能：向指定的控件创建消息返回指向消息的指针。

参数说明：pOSCtrl——指向控件的指针，为 NULL 时指桌面。

Message——发送的消息类型，可以是附表 7 中的一项。

wparam——随消息发送的附加参数，参见附表 8。

lparam——随消息发送的附加参数。

附表 7 系统消息类型

消息类型	数 值	说 明
OSM_KEY	1	键盘消息
OSM_TOUCH_SCREEN	2	触摸屏消息
OSM_LISTCTRL_SELCHANGE	1001	列表框的选择被改变的消息
OSM_LISTCTRL_SELDBCLICK	1002	列表框的选择双击消息
OSM_BUTTON_CLICK	003	单击按钮消息

附表 8 系统消息参数

消息参数	wparam	lparam
OSM_KEY	键盘扫描码	
OSM_TOUCH_SCREEN	低 16 位存放了触摸点的 x 坐标值，高 16 位存放了触摸点的 y 坐标值	触摸动作
OSM_LISTCTRL_SELCHANGE	CtrlID	CurrentSel
OSM_LISTCTRL_SELDBCLICK	CtrlID	CurrentSel
OSM_BUTTON_CLICK	CtrlID	

SendMessage

定义：U8 SendMessage(POSMSG pmsg)

功能：发送消息，添加消息到消息队列中，如果队列缓慢则返回 FALSE，否则返回 TRUE。

参数说明：pmsg——指向发送消息的指针。

WaitMessage

定义：POSMSG WaitMessage(INT16U timeout)

功能：在超时的时间内等待消息，收到消息时返回指向消息结构的指针。

参数说明：timeout——消息等待的超时设定，如果为 0，表示没有超时时间。

DeleteMessage

定义：void DeleteMessage(POSMSG pMsg)

功能：删除指定的消息结构，释放相应的内存。

参数说明：pMsg——指向所要删除消息的指针。

控件的相关函数 Control.h

相关结构

```
typedef struct typeWnd{
    U32 CtrlType;                          //控件的类型
    U32 CtrlID;
    structRECT WndRect;                    //窗口的位置和大小
    structRECT ClientRect;                 //看客户区域
    U32 FontSize;                          //窗口的字符大小
    U32 style;                             //窗口的的边框风格
    U8 bVisible;                           //是否可见
    struct typeWnd * parentWnd;            //控件的父窗口指针
    U8 ( * CtrlMsgCallBk)(void * );
    PDC pdc;                               //窗口的绘图设备上下文
    U16 Caption[20];                       //窗口标题
    List ChildWndList;
    U32 FocusCtrlID;                       //子窗口焦点 ID
    U32 preParentFocusCtrlID;              //显示窗口之前的父窗口焦点 ID
    OS_EVENT * WndDC_Ctrl_mem;             //窗口 DC 控制权
}Wnd, * PWnd

typedef struct {
    U32 CtrlType;                          //控件的类型
    U32 CtrlID;
    structRECT ListCtrlRect;               //控件的位置和大小
```

```
    structRECT ClientRect;                    //客户区域
    U32 FontSize;                             //控件的字符大小
    U32 style;                                //控件的边框风格
    U8 bVisible;                              //是否可见
    PWnd parentWnd;                           //控件的父窗口指针
    U8 ( * CtrlMsgCallBk)(void * );
}OS_Ctrl, * POS_Ctrl

typedef struct{
    U32 CtrlType;                             //控件的类型
    U32 CtrlID;
    structRECT ListCtrlRect;                  //列表框的位置和大小
    structRECT ClientRect;                    //列表框列表区域
    U32 FontSize;
    U32 style;                                //列表框的风格
    U8 bVisible;                              //是否可见
    PWnd parentWnd;                           //控件的父窗口指针
    U8 ( * CtrlMsgCallBk)(void * );
    U16 **pListText;                          //列表框所容纳的文本指针
    int ListMaxNum;                           //列表框所容纳的最大文本的行数
    int ListNum;                              //列表框所容纳的文本的行数
    int ListShowNum;                          //列表框所能显示的文本行数
    int CurrentHead;                          //列表的表头号
    int CurrentSel;                           //当前选中的列表项号
    structRECT ListCtrlRollRect;              //列表框滚动条方框
    structRECT RollBlockRect;                 //列表框滚动条滑块方框
}ListCtrl, * PListCtrl

typedef struct{
    U32 CtrlType;                             //控件的类型
    U32 CtrlID;                               //控件的 ID
    structRECT TextCtrlRect;                  //文本框的位置和大小
    structRECT ClientRect;                    //客户区域
    U32 FontSize;                             //文本框的字符大小
    U32 style;                                //文本框的风格
    U8 bVisible;                              //是否可见
    PWnd parentWnd;                           //控件的父窗口指针
    U8 ( * CtrlMsgCallBk)(void * );
    U8 bIsEdit;                               //文本框是否处于编辑状态
    char * KeyTable;                          //文本框的字符映射表
    U16 text[40];                             //文本框中的字符块
}TextCtrl, * PTextCtrl
```

```
typedef struct{
    U32 CtrlType;                          //控件的类型
    U32 CtrlID;
    structRECT PictureCtrlRect;            //图片框的位置和大小
    structRECT ClientRect;                 //客户区域
    U32 FontSize;                          //图片框的字符大小
    U32 style;                             //图片框的风格
    U8 bVisible;                           //是否可见
    PWnd parentWnd;                        //控件的父窗口指针
    U8 ( * CtrlMsgCallBk)(void * );

    char picfilename[12];                  //图片文件名
}PictureCtrl, * PPictureCtrl

typedef struct {
    U32 CtrlType;                          //控件的类型
    U32 CtrlID;
    structRECT ButtonCtrlRect;             //控件的位置和大小
    structRECT ClientRect;                 //客户区域
    U32 FontSize;                          //控件的字符大小
    U32 style;                             //控件的的边框风格
    U8 bVisible;                           //是否可见
    PWnd parentWnd;                        //控件的父窗口指针
    U8 ( * CtrlMsgCallBk)(void * );
    U16 Caption[10];                       //按钮标题
}ButtonCtrl, * PButtonCtrl
```

相关函数

initOSCtrl

定义：void initOSCtrl()

功能：初始化系统的控件，为动态创建控件分配空间。

SetWndCtrlFocus

定义：U32 SetWndCtrlFocus(PWnd pWnd, U32 CtrlID)

功能：设置窗口中控件的焦点，返回原来窗口控件焦点的 ID。

参数说明：pWnd——指向窗口的指针，如果是 NULL，表示没有父窗口，属于桌面。

CtrlID——焦点控件的 ID。

GetWndCtrlFocus

定义：U32 GetWndCtrlFocus(PWnd pWnd)

功能：得到窗口中焦点控件的 ID。

参数说明：pWnd——指向窗口的指针，如果是 NULL，表示没有父窗口，属于桌面。

ReDrawOSCtrl

定义：void ReDrawOSCtrl()

功能：绘制所有的操作系统可见的控件。

GetCtrlfromID

定义：OS_Ctrl * GetCtrlfromID(U32 ctrlID)

功能：由指定控件的ID返回控件的指针，如果没有这个控件则返回NULL。控件的ID是系统运行过程中唯一的，它可以用来标识控件。

参数说明：ctrlID——控件的ID。

CreateOSCtrl

定义：OS_Ctrl * CreateOSCtrl(U32 CtrlID, U32 CtrlType, structRECT * prect, U32 FontSize, U32 style , PWnd parentWnd)

功能：创建控件，为控件动态分配内存空间，返回指向控件的指针。

参数说明：CtrlID——创建控件的ID，此控件ID必须是唯一的。

CtrlType——控件的类型，可以是附表9数值的一种。

prect——指向控件大小和位置的指针。

FontSize——控件显示文字的字体大小，可以是附表1中的一项。

style——控件的风格，可以是附表9中的一项。

parentWnd——指向控件父窗口的指针，如果是NULL，表示没有父窗口，控件属于桌面。

附表9　控件风格

控件的显示模式	数　值	说　明
CTRL_STYLE_DBFRAME	1	双重边框
CTRL_STYLE_FRAME	2	单边框
CTRL_STYLE_3DUPFRAME	3	突起3D边框
CTRL_STYLE_3DDOWNFRAME	4	凹陷3D无边框
CTRL_STYLE_NOFRAME	5	无边框

SetCtrlMessageCallBk

定义：void SetCtrlMessageCallBk(POS_Ctrl pOSCtrl, U8(* CtrlMsgCallBk)(void *))

功能：设置控件的消息回调函数。系统收到发给此控件的消息的时候，调用此回调函数，如果控件的消息回调函数，返回TRUE的时候，则控件本身不继续处理消息，返回FALSE的时候，消息继续发给控件本身处理。

参数说明：pOSCtrl——指向控件的指针。

U8(* CtrlMsgCallBk)(void *)——控件的消息回调函数。

OSOnSysMessage

定义：void OSOnSysMessage(void * pMsg)

功能：系统的消息处理函数，当收到系统消息的时候，调用此函数，把消息传递给各个控件。

参数说明：pMsg——指向消息结构的指针。

ShowCtrl

定义：void ShowCtrl(OS_Ctrl * pCtrl, U8 bVisible)

功能：设定指定的控件是否可见。

参数说明：pCtrl——指向控件的指针。

bVisible——控件是否可见。如果为 TRUE,则可见;如果为 FALSE,则不可见。

CreateListCtrl

定义：PListCtrl CreateListCtrl(U32 CtrlID, structRECT * rect, int MaxNum, U32 FontSize, U32 style , PWnd parentWnd)

功能：创建列表框控件,返回指向列表框的指针。

参数说明：CtrlID——创建的列表框控件的 ID,此控件 ID 必须是唯一的。

rect——指向控件大小和位置的指针。

MaxNum——列表框所能列出的最大列表项目数。

FontSize——列表框的字体大小,可以是附表 1 中的一种。

style——列表框的风格,可以是附表 9 中的一种。

parentWnd——指向控件父窗口的指针,如果是 NULL,表示没有父窗口,空间属于桌面。

AddStringListCtrl

定义：U8 AddStringListCtrl(PListCtrl pListCtrl, U16 string[])

功能：向指定的列表框中添加字符串,字符串的最大长度为 64 字符。

参数说明：pListCtrl——指向列表框的指针。

string——向列表框中添加的字符串的指针。

ListCtrlReMoveAll

定义：void ListCtrlReMoveAll(PListCtrl pListCtrl)

功能：删除列表框中所有的文本。

参数说明：pListCtrl——指向列表框的指针。

DrawListCtrl

定义：void DrawListCtrl(PListCtrl pListCtrl)

功能：绘制指定的列表框。

参数说明：pListCtrl——指向列表框的指针。

ListCtrlSelMove

定义：void ListCtrlSelMove(PListCtrl pListCtrl, int moveNum, U8 Redraw)

功能：移动列表框高亮度条,正数下移,负数上移。

参数说明：pListCtrl——指向列表框的指针。

moveNum——高亮度条移动的相对位置,正数下移,负数上移。

Redraw——是否重新绘制空间,如果为 TRUE,则重绘;如果为 FALSE,则不重绘。

ListCtrlOnTchScr

定义：void ListCtrlOnTchScr(PListCtrl pListCtrl, int x, int y, U32 tchaction)

功能：列表框的触摸屏响应函数，当有触摸屏消息的时候，系统自动调用。

参数说明：pListCtrl——指向列表框的指针。

x,y——触摸屏的屏幕坐标。

tchaction——触摸屏的消息可以是附表 10 中的一项。

附表 10　触摸屏动作

触摸屏消息	数　值	说　明
TCHSCR_ACTION_NULL	0	触摸屏空消息
TCHSCR_ACTION_CLICK	1	触摸屏单击
TCHSCR_ACTION_DBCLICK	2	触摸屏双击
TCHSCR_ACTION_DOWN	3	触摸屏按下
TCHSCR_ACTION_UP	4	触摸屏抬起
TCHSCR_ACTION_MOVE	5	触摸屏移动

ReLoadListCtrl

定义：void ReLoadListCtrl(PListCtrl pListCtrl,U16 * string[],int nstr)

功能：重新装载类表框中的字符串。

参数说明：pListCtrl——指向列表框的指针。

string——装载的字符串指针。

nstr——装载的字符串的个数。

CreateTextCtrl

定义：PTextCtrl CreateTextCtrl(U32 CtrlID, structRECT * prect, U32 FontSize, U32 style, char * KeyTable, PWnd parentWnd)

功能：创建文本框控件，返回指向文本控件的指针。

参数说明：CtrlID——创建的文本框控件的 ID，此控件 ID 必须是唯一的。

rect——指向文本框控件大小和位置的指针。

FontSize——文本框的字体大小，可以是附表 1 中的一种。

style——文本框的风格，可以是附表 9 中的一种。

KeyTable——文本框的字符映射表，即按键对应的在文本框中显示的字符。如果是 NULL，表示使用默认的字符映射表。

parentWnd——指向控件父窗口的指针，如果是 NULL，则表示没有父窗口，空间属于桌面。

DestoryTextCtrl

定义：void DestoryTextCtrl(PTextCtrl pTextCtrl)

功能：删除文本框控件。

参数说明：pTextCtrl——指向文本框的指针。

SetTextCtrlText

定义：void SetTextCtrlText(PTextCtrl pTextCtrl, U16 *pch)

功能：设置文本框的文本。

参数说明：pTextCtrl——指向文本框的指针。

pch——指向文本框显示文字的字符串指针。

GetTextCtrlText

定义：U16 * GetTextCtrlText(PTextCtrl pTextCtrl)

功能：返回指向文本框文字的指针。

参数说明：pTextCtrl——指向文本框的指针。

DrawTextCtrl

定义：void DrawTextCtrl(PTextCtrl pTextCtrl);

功能：绘制指定的文本框。

参数说明：pTextCtrl——指向文本框的指针。

AppendChar2TextCtrl

定义：void AppendChar2TextCtrl(PTextCtrl pTextCtrl, U16 ch, U8 IsReDraw)

功能：在指定文本框中追加一个字符。

参数说明：pTextCtrl——指向文本框的指针。

ch——增加的字符。

IsReDraw——是否要重画。如果为 TRUE，则重绘；如果为 FALSE，则不重绘。

TextCtrlDeleteChar

定义：void TextCtrlDeleteChar(PTextCtrl pTextCtrl,U8 IsReDraw)

功能：在指定文本框中删除最后一个字符。

参数说明：pTextCtrl——指向文本框的指针。

IsReDraw——是否要重画。如果为 TRUE，则重绘；如果为 FALSE，则不重绘。

SetTextCtrlEdit

定义：void SetTextCtrlEdit(PTextCtrl pTextCtrl, U8 bIsEdit);

功能：设置文本框是否为编辑状态。

参数说明：pTextCtrl——指向文本框的指针。

IsEidt——指定文本框是否为编辑状态。

TextCtrlOnTchScr

定义：void TextCtrlOnTchScr(PTextCtrl pListCtrl, int x, int y, U32 tchaction)

功能：文本框的触摸屏响应函数，当有触摸屏消息的时候，系统自动调用。

参数说明：pTextCtrl——指向列表框的指针。

x,y——触摸屏的屏幕坐标。

tchaction——触摸屏的消息可以是附表 10 中的一项。

CreatePictureCtrl

定义：PPictureCtrl CreatePictureCtrl(U32 CtrlID, structRECT * prect, char filename[], U32 style, PWnd parentWnd)

功能：创建图片框,返回指向图片框的指针。

参数说明：CtrlID——创建的图片框控件的ID,此控件ID必须是唯一的。

prect——指向图片框控件大小和位置的指针。

filename——图片框中的图片文件名。

style——图片框的风格,可以是附表9中的一项。

parentWnd——指向控件父窗口的指针,如果是NULL,表示没有父窗口,空间属于桌面。

DestoryPictureCtrl

定义：void DestoryPictureCtrl(PPictureCtrl pPictureCtrl)

功能：删除图片框控件。

参数说明：pPictureCtrl——指向图片框的指针。

DrawPictureCtrl

定义：void DrawPictureCtrl(PPictureCtrl pPictureCtrl)

功能：绘制指定的图片框。

参数说明：pPictureCtrl——指向图片框的指针。

CreateButton

定义：PButtonCtrl CreateButton(U32 CtrlID, structRECT * prect, U32 FontSize, U32 style, U16 Caption[], PWnd parentWnd)

功能：创建按钮控件,返回指向按钮控件的指针。

参数说明：CtrlID——创建的按钮控件的ID,此控件ID必须是唯一的。

prect——指向按钮控件大小和位置的指针。

FontSize——按钮控件的字体大小。

style——按钮的风格,可以是附表9中的一项。

Caption——按钮文本。

parentWnd——指向控件父窗口的指针,如果是NULL,表示没有父窗口,空间属于桌面。

DestoryButton

定义：void DestoryButton(PButtonCtrl pButton)

功能：删除按钮控件。

参数说明：pButton——指向按钮控件的指针。

DrawButton

定义：void DrawButton(PButtonCtrl pButton);

功能：绘制按钮控件。

参数说明：pButton——指向按钮控件的指针。

ButtonOnTchScr

定义：void ButtonOnTchScr(PButtonCtrl pButtonCtrl, int x, int y, U32 tchaction)

功能：按钮的触摸屏响应函数，当有触摸屏消息的时候，系统自动调用。

参数说明：pButtonCtrl——指向按钮控件的指针。

x,y——触摸屏的屏幕坐标。

tchaction——触摸屏的消息可以是附表10中的一项。

CreateWindow

定义：PWnd CreateWindow(U32 CtrlID, structRECT * prect, U32 FontSize, U32 style, U16 Caption[], PWnd parentWnd)

功能：创建窗口，返回指向窗口的指针。

参数说明：CtrlID——创建的窗口的ID，此窗口ID必须是唯一的。

prect——指向窗口大小和位置的指针。

FontSize——窗口的字体大小。

style——窗口的风格，可以是附表11中的一项。

Caption——窗口标题。

parentWnd——指向控件父窗口的指针，如果是NULL，表示没有父窗口，空间属于桌面。

附表11　窗口风格

	数　值	说　明
WND_STYLE_MODE	0x10000	有模式窗口
WND_STYLE_MODELESS	0x00000	无模式窗口
WND_STYLE_TITLE	0x20000	有窗口标题

ShowWindow

定义：void ShowWindow(PWnd pwnd, BOOLEAN isShow)

功能：显示窗口。

参数说明：pwnd——指向窗口的指针。

isShow——是否显示窗口。

DrawWindow

定义：void DrawWindow(PWnd pwnd)

功能：绘制窗口。

参数说明：pwnd——指向窗口的指针。

WndOnTchScr

定义：void WndOnTchScr(PWnd pCtrl, int x,int y, U32 tchaction)

功能：窗口的触摸屏响应函数，当有触摸屏消息的时候，系统自动调用。

参数说明：pCtrl——指向窗口的指针。

x,y——触摸屏的屏幕坐标。

tchaction——触摸屏的消息可以是附表10中的一项。

文件相关函数(与标准C的文件操作相同)

文件的打开函数 fopen()

fopen()函数用来打开一个文件,其调用的一般形式为:

文件指针名=fopen(文件名,使用文件方式);

其中,“文件指针名”必须是被说明为FILE类型的指针变量;“文件名”是被打开文件的文件名;“使用文件方式”是指文件的类型和操作要求;“文件名”是字符串常量或字符串数组。

使用文件的方式共有12种,下面给出了它们的符号和意义。

rt　只读打开一个文本文件,只允许读数据;

wt　只写打开或建立一个文本文件,只允许写数据;

at　追加打开一个文本文件,并在文件末尾写数据;

rb　只读打开一个二进制文件,只允许读数据;

wb　只写打开或建立一个二进制文件,只允许写数据;

ab　追加打开一个二进制文件,并在文件末尾写数据;

rt+　读/写打开一个文本文件,允许读和写;

wt+　读/写打开或建立一个文本文件,允许读和写;

at+　读/写打开一个文本文件,允许读,或在文件末追加数据;

rb+　读/写打开一个二进制文件,允许读和写;

wb+　读/写打开或建立一个二进制文件,允许读和写;

ab+　读/写打开一个二进制文件,允许读,或在文件末追加数据。

文件关闭函数 fclose()

文件一旦使用完毕,应用关闭文件函数把文件关闭,以避免文件的数据丢失等错误。

fclose()函数调用的一般形式如下:

fclose(文件指针);

读字符函数 fgetc

fgetc函数的功能是从指定的文件中读一个字符,字符读/写函数是以字符(字节)为单位的,函数调用的形式如下:

字符变量=fgetc(文件指针);

写字符函数 fputc

fputc函数的功能是把一个字符写入指定的文件中,字符读/写函数是以字符(字节)为单位的,函数调用的形式如下:

fputc(字符量,文件指针);

数据块读写函数 fread 和 fwtrite

C语言还提供了用于整块数据的读/写函数。可用来读/写一组数据,如一个数组元素,一个结构变量的值等。

读数据块函数调用的一般形式如下:

fread(buffer,size,count,fp);

写数据块函数调用的一般形式如下：

fwrite(buffer,size,count,fp)；

其中,buffer 是一个指针,在 fread()函数中,它表示存放输入数据的首地址；在 fwrite()函数中,它表示存放输出数据的首地址。size 表示数据块的字节数。count 表示要读/写的数据块块数。fp 表示文件指针。

双向链表相关函数 List. h

相关结构

```
typedef struct typeList{                //系统控件的链表
    struct typeList *  pNextList;
    struct typeList *  pPreList;
    void  * pData;
}List, * PList
```

相关函数

initOSList

定义：void initOSList()；

功能：初始化链表,为链表分配动态空间。

AddListNode

定义：void AddListNode(PList plist, void * pNode)；

功能：在指定的位置为链表增加一个节点。

参数说明：plist——指向链表的当前节点。

pNode——增加的节点。

DeleteListNode

定义：void DeleteListNode(PList pList)；

功能：删除链表的指定节点。

参数说明：plist——指向链表的当前节点。

GetLastList

定义：PList GetLastList(PList pList)；

功能：返回链表的最后一个节点。

参数说明：plist——指向链表的一个节点。

触摸屏相关函数 tchScr. h

TchScr_init

定义：void TchScr_init()

功能：初始化设置触摸屏，系统启动初始化硬件的时候调用。包括触摸屏的读/写芯片和接口。

TchScr_GetScrXY

定义：void TchScr_GetScrXY(int * x, int * y)

功能：获得触摸屏的坐标。

参数说明：x,y——触摸屏的坐标的指针。

键盘相关函数 KeyBoard.h

Key_init

定义：void Key_init(void)

功能：在系统任务 SYS_Task 里被调用。

KeyBoard_Read

定义：int KeyBoard_Read(int ndev, BOOL isBlock)

功能：读取键盘按键扫描码，如果没有按键，则返回－1。

参数说明：ndev——设备号。

isBlock——否阻塞。

液晶显示相关函数 Lcd320.h

LCD_Cls

定义：void LCD_Cls()

功能：文本模式下清除屏幕。

LCD_Init

定义：void LCD_Init(void)

功能：初始化 LCD，在系统启动的时候此函数被调用。

LCD_printf

定义：void LCD_printf(char * format,...)

功能：在 LCD 的文本模式下输出字符串，屏幕自动滚动。

参数说明：fmt——所输出的字符串。

LCD_ChangeMode

定义：void LCD_ChangeMode(U8 mode)

功能：改变 LCD 的显示模式。

参数说明：mode——设定的 LCD 的显示模式，可以是附表 12 中的一项。

LCD_Refresh

定义：void LCD_Refresh()

功能：更新 LCD 的显示，把后台缓冲区 LCDBuffer[][]的内容更新到 LCD 的显示屏上，LCDBuffer 中每一个点用一个 32 位的整数表示。

LCDDisplayOpen

定义：void LCDDisplayOpen(U8 isOpen)

功能：打开或者关闭 LCD 显示。

参数说明：isOpen——设定打开或者关闭 LCD 的显示，可以是 TRUE 或者 FALSE。

附表 12　LCD 的显示模式

显示模式	数　值	说　明
DspTxtMode	0	文本模式
DspGraMode	1	图形模式

串行口相关函数 Uhal.h

Uart_Init

定义：int Uart_Init(int whichUart, int baud)

功能：初始化串行口，设置串行口通信的波特率。

参数说明：whichUart——所设定的串行口号。

band——所设定的串行口通信的波特率。

Uart_Printf

定义：void Uart_Printf(int whichUart, char *fmt,...)

功能：输出字符串到串口 0。

参数说明：whichUart——所设定的串行口号。

fmt——输出到串行口的字符串。

Uart_Getch

定义：char Uart_Getch(int whichUart)

功能：接收指定串口的数据。

参数说明：whichUart——所设定的串行口号。

Uart_SendByte

定义：int Uart_SendByte(int whichUart,int data)

功能：向指定的串口发送一个字节的数据。

参数说明：whichUart——所设定的串行口号。

data——发送的字节数据。

字符串相关函数 Ustring.h

Int2Unicode

定义：void Int2Unicode(int number, U16 str[]);

功能：从 int 型变量到 Unicode 字符串的转换。

参数说明：number——被转换的整型数字。

str——转换成的 Unicode 字符串。

Unicode2Int

定义：int Unicode2Int(U16 str[]);

功能：Unicode 字符串到 int 型的转换，遇到字符串结束符 '\0' 或者非数字字符的时候返回，返回值是转换的结果——int 型整数。

参数说明：str——被转换的 Unicode 字符串。

strChar2Unicode

定义：void strChar2Unicode(U16 ch2[], const char ch1[]);

功能：char 类型(包括 GB 编码)到 Unicode 码的转换。如果有 GB 编码，则自动进行 GB 到 Unicode 码的转换。

参数说明：ch1——转换成的 Unicode 字符串。
ch2——被转换的 char 字符串。

UstrCpy

定义：void UstrCpy(U16 ch1[],U16 ch2[])

功能：字符串复制。

参数说明：ch1——目标字符串。
ch2——源字符串。

系统图形相关函数 Figure.h

相关结构

```
typedef struct {
    int cx;
    int cy;
}structSIZE

typedef struct {
    int x;
    int y;
}structPOINT

typedef struct {
    int left;
    int top;
    int right;
    int bottom;
}structRECT
```

相关函数

CopyRect

定义：void CopyRect(structRECT * prect1, structRECT * prect2)

功能：复制一个矩形。

参数说明：prect1——被复制的目标矩形的指针。

prect2——复制的原矩形的指针。

SetRect

定义：void SetRect(structRECT * prect, int left, int top, int right, int bottom);

功能：设置一个矩形的大小。

参数说明：prect——指向设置矩形的指针。

left——矩形的左边框。

top——矩形的上边框。

right——矩形的右边框。

bottom——矩形的下边框。

InflateRect

定义：void InflateRect(structRECT * prect, int cx,int cy);

功能：以矩形的中心为基准,缩放矩形。

参数说明：prect——指向设置矩形的指针。

cx——扩展矩形的水平方向。正数为扩大,负数为缩小。

cy——扩展矩形的垂直方向。正数为扩大,负数为缩小。

RectOffSet

定义：void RectOffSet(structRECT * prect, int x,int y)

功能：移动矩形。

参数说明：prect——指向设置矩形的指针。

x——移动矩形的水平方向相对距离。

y——移动矩形的处置方向的相对距离。

GetRectWidth

定义：int GetRectWidth(structRECT * prect)

功能：返回矩形的宽度。

参数说明：prect——指向设置矩形的指针。

GetRectHeight

定义：int GetRectHeight(structRECT * prect)

功能：返回矩形的高度。

参数说明：prect——指向设置矩形的指针。

IsInRect

定义：U8 IsInRect(structRECT *prect, int x, int y);

功能：判断指定的点是否在矩形区域之内,如果是则返回 TRUE;否则,返回 FALSE。

参数说明：prect——指向设置矩形的指针。

x,y——指定点的 x,y 坐标。

IsInRect2

定义：U8 IsInRect2(structRECT *prect, tructPOINT * ppt)

功能：判断指定的点是否在矩形区域之内，如果是则返回 TRUE；否则，返回 FALSE。

参数说明：prect——指向设置矩形的指针。

ppt——指向指定点的结构指针。

系统启动时相关函数 LoadFile.h

LoadFont

定义：U8 LoadFont()

功能：装载 12×12、16×16、24×24 字库。

系统附加任务相关函数 OSAddTask.h

OSAddTask

定义：void OSAddTask_Init()

功能：定义了 4 个系统任务：触摸屏任务，优先级为 9；键盘扫描任务，优先级为 58；系统任务，优先级为 1；LCD 刷新任务，优先级为 59。

键盘扫描任务：如果键被按下，则发出消息号为 OSM_KEY 的消息，Wparam 参数中存放了键盘扫描码。

触摸屏任务：如果有触摸动作，则发出消息号为 OSM_TOUCH_SCREEN 的消息，Wparam 参数中低 16 位存放了触摸点的 x 坐标值，高 16 位存放了触摸点的 y 坐标值，LParam 参数中存放了相应的触摸动作。触摸屏可以响应附表 10 中的触摸动作。

TCP/IP 相关函数 Internet.h&Sockets.h

相关结构

```
struct in_addr {
  u32_t s_addr;
};

struct sockaddr {
  u8_t sa_len;
  u8_t sa_family;            /* 地址族,AF_xxx */
  char sa_data[14];          /* 14 字节的协议地址 */
} ;
struct sockaddr_in {
  u8_t sin_len;
  u8_t sin_family;           /* 地址族 */
  u16_t sin_port;            /* 端口号 */
```

```
    struct in_addr sin_addr;      /* IP 地址 */
    char sin_zero[8];             /* 填充 0 以保持与 struct sockaddr 同样大小 */
};
```

相关函数

NetPortChoose

定义：void NetPortChoose(int n)

功能：选择网口。

参数说明：n——网口号。

initOSNet

定义：void initOSNet(U32 ipaddr32,U32 ipmaskaddr32,U32 ipgateaddr32, U8 Mac[])

功能：初始化网络配置。

参数说明：ipaddr32——IP 地址。
ipmaskaddr32——子网掩码。
ipgateaddr32——网关。
Mac[]——物理层地址。

socket

定义：int socket(int domain, int type, int protocol)

功能：建立 Socket,返回一个整型 socket 描述符。

参数说明：domain——指明所使用的协议族,通常为 PF_INET,表示互联网协议族(TCP/IP 协议族)。
type——参数指定 Socket 的类型,SOCK_STREAM 或 SOCK_DGRAM;Socket 接口还定义了原始 Socket(SOCK_RAW),允许程序使用低层协议。
protocol——通常赋值 0。

bind

定义：int bind(int s, struct sockaddr * name, int namelen)

功能：配置 socket,将 socket 与本机上的一个端口相关联。该函数在成功被调用时返回 0;出现错误时返回 -1 并将 errno 置为相应的错误号。需要注意的是,在调用 bind 函数时一般不要将端口号置为小于 1 024 的值,因为 1~1 024 是保留端口号,你可以选择大于 1 024 中的任何一个没有被占用的端口号。

参数说明：s——调用 socket 函数返回的 socket 描述符。
name——一个指向包含有本机 IP 地址及端口号等信息的 sockaddr 类型的指针。
namelen——常被设置为 sizeof(struct sockaddr)。

sendto

定义：int sendto(int s, void * dataptr, int size, unsigned int flags,struct sockaddr * to, int tolen)

功能：发送数据，返回实际发送的数据字节长度或在出现发送错误时返回－1。

参数说明：s——传输数据的 socket 描述符。

dataptr——一个指向要发送数据的指针。

size——以字节为单位的数据的长度。

flags——一般情况下置为 0(关于该参数的用法可参照 man 手册)。

to——目地机的 IP 地址和端口号信息。

tolen——常常被赋值为 sizeof (struct sockaddr)。

recvfrom

定义：int recvfrom(int s, void *mem, int len, unsigned int flags, struct sockaddr *from, int *fromlen)

功能：接收数据，返回接收到的字节数或当出现错误时返回－1，并置相应的 errno。

参数说明：s——接收数据的 socket 描述符。

mem——存放接收数据的缓冲区。

len——缓冲的长度。

flags——也被置为 0。

from——保存源机的 IP 地址及端口号。

fromlen——常置为 sizeof (struct sockaddr)。当 recvfrom()返回时，fromlen 包含实际存入 from 中的数据字节数。

close

定义：close(sockfd)

功能：结束传输，释放该 socket，从而停止在该 socket 上的任何数据操作。

参数说明：Sockfd 是需要关闭的 socket 的描述符。

htons

定义：u16_t htons(u16_t n)

功能：把 16 位值从主机字节序转换成网络字节序。

参数说明：n——需要转换的值。

htonl

定义：u32_t htonl(u32_t n)

功能：把 32 位值从主机字节序转换成网络字节序。

参数说明：n——需要转换的值。

光盘说明

本书所附光盘为北京航空航天大学出版社出版的由王小妮、魏桂英、杨根兴主编的《嵌入式组件设计——驱动·界面·游戏》一书的配套光盘。光盘内容包含嵌入式组件设计课件、嵌入式组件设计芯片文档及嵌入式组件设计源代码。

1. 嵌入式组件设计课件

第1部分概述PPT,为第1章概述课件。

第2部分基于嵌入式组件的应用程序设计PPT,为第2章基于嵌入式组件的应用程序设计课件。该课件包括6个驱动程序,分别是串行口、键盘、I/O、A/D、LCD及触摸屏课件。

第3部分游戏设计PPT,为电话簿、时间日历、智能拼音输入法、科学型计算器、高炮打飞机、24点、高尔夫球、五子棋和拼图游戏设计课件。

2. 嵌入式组件设计芯片文档

包括博创ARM9/XScale经典三核心教学、科研平台中涉及到的芯片资料。

3. 嵌入式组件设计源代码

C*为应对章节中的源代码文件。如C3telephone为第3章电话簿组件设计中设计的程序源代码。这些源代码已经在博创ARM9/XScale经典三核心教学、科研平台中下载成功实现。

参考文献

[1] 王田苗. 嵌入式系统设计与实例开发[M]. 3 版. 北京:清华大学出版社,2008.

[2] 贾智平. 嵌入式系统原理与接口技术[M]. 北京:清华大学出版社,2005.

[3] 荣钦科技. Visual C++游戏设计[M]. 北京:北京科海电子出版社,2003.

[4] 魏洪兴. 嵌入式系统设计与实例开发实验教材 I——基于 ARM 微处理器与 μC/OS-II 实时操作系统[M]. 北京:清华大学出版社,2005.

[5] 胡昭民. 游戏设计概论[M]. 3 版. 北京:清华大学出版社,2011.

[6] (美)Binstock A. 程序员实用算法[M]. 北京:机械工业出版社,2009.

[7] (美)Labrosse J J. 嵌入式实时操作系统 μC/OS-II [M]. 2 版. 北京:北京航空航天大学出版社,2007.

[8] (美)Jacobs S. 游戏编程精粹 7[M]. 北京:人民邮电出版社,2010.

[9] 谭浩强. C 语言程序设计教程[M]. 3 版. 北京:高等教育出版社,2006.

[10] (美)Rogers D F. 计算机图形学的算法基础[M]. 2 版. 北京:机械工业出版社,2002.